网络空间安全
技术丛书

信息隐私
工程与设计

［美］威廉·斯托林斯（William Stallings）著

王伟平 译

INFORMATION
PRIVACY ENGINEERING AND
PRIVACY BY DESIGN

U0296263

机械工业出版社
China Machine Press

图书在版编目（CIP）数据

信息隐私工程与设计 /（美）威廉·斯托林斯（William Stallings）著；王伟平译 .-- 北京：机械工业出版社，2021.9
（网络空间安全技术丛书）
书名原文：Information Privacy Engineering and Privacy by Design
ISBN 978-7-111-69160-0

I. ①信… II. ①威… ②王… III. ①计算机网络 - 信息安全 - 研究 IV. ① TP393.08

中国版本图书馆 CIP 数据核字（2021）第 191405 号

本书版权登记号：图字 01-2020-4452

信息隐私工程与设计

出版发行：机械工业出版社（北京市西城区百万庄大街 22 号　邮政编码：100037）

责任编辑：姚　蕾　张梦玲　　　　　　责任校对：马荣敏

印　　刷：三河市宏达印刷有限公司　　版　　次：2021 年 10 月第 1 版第 1 次印刷

开　　本：186mm×240mm　1/16　　　印　　张：23.75

书　　号：ISBN 978-7-111-69160-0　　定　　价：149.00 元

客服电话：（010）88361066　88379833　68326294　　投稿热线：（010）88379604
华章网站：www.hzbook.com　　　　　　　　　　　　读者信箱：hzjsj@hzbook.com

版权所有 · 侵权必究
封底无防伪标签均为盗版
本书法律顾问：北京大成律师事务所　韩光 / 邹晓东

前　　言

　　信息隐私是个人的权利，这种权利让人能够控制和影响个人相关信息的收集、处理和存储，以及可以由谁和向谁披露这些信息。在信息领域中，**隐私**一词通常是指确保表面上的个人隐私信息对不应获取此信息的各方不可见。

　　信息隐私已成为所有私有和公共组织的重点考虑事项。在我们面临更大的隐私威胁的同时，互联网隐私的相关技术也随之发展，安全性对于保护我们的组织和自身变得至关重要。实现信息隐私保护是 IT 组织（特别是 IT 管理、IT 安全管理和 IT 工程师）的责任。此外，目前大多数组织都有一个高级隐私官或小组来监督隐私要求的遵守情况。通常来说，此职务由首席隐私官、数据保护官或隐私主管担任。

　　有效的信息隐私保护难以实现，越来越多的组织采用基于以下两个概念的相关方法：

- **隐私设计**：包括隐私注意事项的管理和技术手段，旨在将隐私嵌入 IT 系统和业务实践的设计和架构中。其中，隐私注意事项贯穿系统开发全生命周期。
- **隐私工程**：包括对系统中的隐私特性和隐私控制进行实施、开发、持续操作和管理。隐私工程涉及技术功能和管理过程。

　　无论是国际标准化组织（International Organization for Standardization，ISO）发布的标准文件，还是欧盟《通用数据保护条例》（General Data Protection Regulation，GDPR）等法规，都是通过隐私设计和隐私工程来实现隐私保护的。

　　本书基于隐私设计和隐私工程，提出一种全面的隐私处理方法，使得隐私管理人员和隐私工程师能够对相关标准、法规、合同承诺和组织政策等规定的隐私要求进行管理和实施。

内容架构

　　本书由六部分组成：

- **第一部分——概述**：第 1 章概述信息安全和密码学相关领域的概念，涵盖信息隐私的一些必要方面。第 2 章介绍信息隐私的基本概念，包括隐私设计和隐私工程。
- **第二部分——隐私需求和威胁**：第 3 章讨论组织必须满足的信息隐私需求，主要内容包括涉及隐私的个人数据类型的定义、公平信息实践原则的概念，以及推动隐私解决方案开发的隐私法规、标准和最佳实践。第 4 章介绍信息隐私威胁和信息系统的隐私漏洞，以及需求理解、威胁和漏洞结构，并通过隐私设计和隐私工程解决方案指导隐私保护实现。
- **第三部分——隐私安全控制技术**：信息安全和信息隐私的需求存在相当多的重叠，因此，隐私设计者和工程师可以选择适当的安全控制来满足部分隐私需求。第三部分详述这些安全控制。第 5 章介绍系统访问的安全控制,包括授权、用户身份验证和访问控制。第 6 章讨论针对恶意软件和入侵者的应对策略。

- **第四部分——隐私增强技术**:第四部分讨论超出传统安全控制范围的技术和实践,以满足隐私需求并应对隐私威胁。第 7 章讨论数据库中复杂的隐私问题,涉及的主题包括匿名化、去标识化和可查询数据库中的隐私。第 8 章概述在线隐私的威胁、需求和实现方法。第 9 章讨论数据丢失防范的概念,并探讨与云计算和物联网相关的隐私问题。
- **第五部分——信息隐私管理**:第五部分讨论管理和组织隐私控制和程序。第 10 章讨论信息隐私治理作为企业治理的一个组成部分,如何在整个企业范围内指导和监督与信息隐私相关的活动。该章还重点介绍与信息隐私有关的管理问题。第 11 章详细介绍信息隐私管理的核心任务之一——隐私影响评估。第 12 章论述组织的必要任务,即基于组织范围内的隐私意识建立隐私文化,并对负有隐私职责的员工进行培训和教育。第 13 章讨论审计和监控隐私控制性能的技术,以发现系统中的漏洞并设计改进方案。该章还讨论通过事故管理来计划和应对隐私威胁。
- **第六部分——法律法规要求**:第 14 章详细介绍欧盟的《通用数据保护条例》,这也是大多数组织必须了解的最重要的隐私法规。第 15 章介绍与隐私相关的主要美国联邦法律以及《加州消费者隐私法》。

支持网站

作者维护的网站 WilliamStallings. com/Privacy 按章列出了相关链接和本书的勘误表。

作者还维护着计算机科学学生资源网站 ComputerScienceStudent. com。该网站旨在为计算机科学专业的学生和专业人员提供文档、信息和链接,内容分为以下七类:

- **数学**:包括基本的数学相关知识、排队分析入门、数字系统入门以及许多数学网站链接。
- **操作方法**:为家庭作业答疑、撰写技术报告和准备技术演示提供建议和指导。
- **研究资源**:提供重要论文集、技术报告和参考文献的链接。
- **其他用途**:提供多种其他可参考的文件和链接。
- **计算机科学职业**:为有志于计算机科学领域工作的人员提供可参考链接和文件。
- **写作帮助**:有助于更清晰、更高效地撰写论文。
- **其他话题**:需要偶尔转移注意力以放松大脑。

相关书籍推荐

本书作者也编撰了 *Effective Cybersecurity*:*A Guide to Using Best Practices and Standards*(Pearson,2019)一书。这本书适用于 IT 和安全管理人员、IT 安全维护人员以及其他对网络安全和信息安全感兴趣的人。这本书能够帮助隐私管理人员和工程师更好地掌握信息隐私计划的基本要素:安全实践的技术和管理。

致谢

本书得益于许多人的努力，他们慷慨地付出了大量的时间和精力。这里特别感谢 Bruce DeBruhl 和 Stefan Schiffner，他们花费了大量时间来详细审阅整个手稿。我还要感谢那些对书籍原稿提出了建设性意见的人：Steven M. Bellovin、Kelley Dempsey、Charles A. Russell、Susan Sand 和 Omar Santos。

还要感谢那些详细审阅了一章或多章内容的人：Kavitha Ammayappan、Waleed Baig、Charlie Blanchard、Rodrigo Ristow Branco、Tom Cornelius、Shawn Davis、Tony Fleming、Musa Husseini、Pedro Inacio、Thomas Johnson、Mohammed B. M. Kamel、Rob Knox、Jolanda Modic、Omar Olivos、Paul E. Paray、Menaka Pushpa、Andrea Razzini、Antonius Ruslan、Ali Samouti、Neetesh Saxena、Javier H. Scodelaro、Massimiliano Sembiante、Abhijeet Singh 和 Bill Woolsey。

最后，我要感谢 Pearson 公司负责本书出版的工作人员，特别是 Brett Bartow（IT 专业产品管理总监）、Chris Cleveland（开发编辑）、Lori Lyons（高级项目编辑）、Gayathri Umashankaran（产品经理）和 Kitty Wilson（文字编辑）。也要感谢 Pearson 的市场和销售人员，本书能够成功面世离不开他们的努力。

作者简介

    William Stallings 博士为计算机安全、计算机网络和计算机架构等技术发展的广泛传播做出了独特的贡献。他撰写了 18 部著作,再加上这些著作的修订版,共出版了 70 余本书籍,这些书籍涉及这些领域的各个方面。他的作品出现在众多 ACM 和 IEEE 出版物中,包括 *Proceedings of the IEEE* 和 *ACM Computing Reviews*。他曾 13 次获得美国教材和学术专著作者协会(Text and Academic Authors Association)颁发的年度最佳计算机科学教材奖。

    在 30 多年的计算机工作生涯中,William Stallings 博士曾经做过技术员、技术经理和高科技公司的主管。他曾为多种计算机和操作系统设计并实现基于 TCP/IP 和 OSI 的协议簇,涉及范围从微型计算机到大型计算机。目前,他是一名独立顾问,其客户包括计算机和网络制造商及消费者、软件开发公司以及领先的政府研究机构。

    William Stallings 博士创建并维护着计算机科学学生资源网站 ComputerScienceStudent. com。该网站为计算机科学专业的学生和专业人员提供了大家普遍关心的各种主题的相关文档和链接。

    William Stallings 博士是 *Cryptologia* 编辑委员会的成员之一,该期刊涉及密码学各个方面的内容。

    William Stallings 博士拥有 MIT 计算机科学博士学位和圣母大学电气工程学士学位。

目　　录

第一部分

概　　述

第 1 章

安全和密码学

学习目标：

经过本章的学习，你应当具备以下能力：

- 描述安全的五个主要目标；
- 解释密码学的主要用途；
- 描述四类密码学算法；
- 理解公钥基础设施的概念。

理解信息隐私概念的关键在于理解信息安全。如第 2 章所述，信息安全和信息隐私这两个概念互相交叉，但又不完全相同。本书提供了很多关于隐私管理、设计和技术等概念的例子，它们都会涉及信息安全的概念。1.1 节到 1.4 节将简要概述信息安全的概念；1.5 节到 1.10 节将概述密码学（信息安全的一项基础技术）的主要内容及其含义；1.11 节将重点介绍公钥基础设施；1.12 节将介绍有关网络安全的内容。

1.1 网络空间安全、信息安全和网络安全

在本章的开头，我们有必要先对**网络空间安全**（cybersecurity）、**信息安全**（information security）以及**网络安全**（network security）等术语进行定义。美国国家标准与技术研究院的内部报告（NISTIR）（Small Business Information Security：The Fundamentals，2016，小型企业信息安全：基础，2016 年）给出了合理且全面的网络空间安全定义：

网络空间安全指的是保护电子信息和通信系统、电子通信服务、无线通信、电子通信等系统设施以及其中的信息免受未经授权的使用、开发、还原和破坏，保证系统设施和信息的可用性、完整性、真实性、机密性和不可抵赖性。

作为网络空间安全的子集，我们按照如下方式定义信息安全和网络安全：

- **信息安全**（information security）：保证信息的机密性、完整性和可用性。此外，也可以保证真实性、可问责性、不可抵赖性和可靠性等其他属性。
- **网络安全**（network security）：保证网络及其服务免受未经授权的修改、破坏或披露，并保证网络的核心功能正常运行，不会产生负面影响。

网络空间安全涵盖了网络安全和电子载体的信息安全，信息安全还涉及物理载体（如纸张）上的信息。但实际上，**网络空间安全**（cybersecurity）和**信息安全**（information security）这两个概念经常被混淆。

1.1.1　安全的目标

在网络空间安全的定义中，我们已经引入了信息安全和网络安全的三个核心目标：

- **机密性**（confidentiality）：也被称为**数据机密性**（data confidentiality），指信息不能被未授权的个人、实体或过程获得或披露。机密性缺失是指信息在未经授权的情况下被泄露。
- **完整性**（integrity）：主要包括以下两个概念。
  - **数据完整性**（data integrity）：确保数据（包括存储的及传输过程中的）和程序只有在指定且获得授权的情况下才能被更改。数据完整性缺失是指信息在未经授权的情况下被修改或销毁。
  - **系统完整性**（system integrity）：确保系统在执行其预期功能时，不受蓄意或无意的未授权操作的影响。
- **可用性**（availability）：确保系统能够及时响应，并且不会拒绝对已授权用户的服务。可用性缺失是指对信息或信息系统的访问或使用被中断。

> **说明**
>
> 我们可以将信息定义为以任何媒介或形式（包括文本、数字、图形、制图、叙事或视听）传播或表示的知识，如事实、数据或观点；而数据则是具有特定表示形式的信息，可以由计算机产生、处理或存储。同其他安全文献一样，本书不会对这两者做太多区分。

机密性、完整性和可用性构成了我们通常所说的 **CIA 三元组**（CIA triad），体现了数据、信息和计算服务的基本安全目标。例如，NIST（National Institude of Standards and Technology）标准 FIPS 199（Standards for Security Categorization of Federal Information and Information Systems，联邦信息和信息系统安全分类）将机密性、完整性和可用性列为信息安全和信息系统的三个安全目标。

尽管早已确定使用 CIA 三元组来定义安全目标，但是在安全领域中，一些人仍认为需要一些额外的概念来完善安全目标，如图 1-1 所示。下面是两个最经常被提到的安全概念：

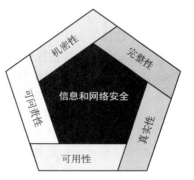

图 1-1　信息安全和网络安全的基本目标

- **真实性**（authenticity）：指能够被验证和信任的表示真实情况或正确程度的属性，它使得传输、消息或消息源的有效性充分可信。这就意味着要验证用户的身份是否与其所声称的一致，并需要保证到达系统的每一个输入都来自可信的数据源。

● **可问责性**（accountability）：该安全目标要求实体的动作能够被唯一地追踪。这需要支持不可抵赖性、壁垒、故障隔离、入侵检测及防护，以及事后恢复和诉讼。由于当前无法完全保证系统安全，因此必须通过追踪来找到安全问题的具体责任方。系统必须保留活动记录，允许事后的取证分析，以跟踪安全问题或为处理纠纷提供帮助。

1.1.2 信息安全面临的挑战

信息和网络安全的问题极具吸引力而又十分复杂。原因如下：

1. 安全问题并不像初学者想象的那么简单。安全需求看起来是非常直接的，实际上，大多数主要的安全服务需求都可以用一个含义明确的术语来表示，比如机密性、身份验证、不可抵赖性和完整性等。然而，用来满足这些需求的机制可能非常复杂，要充分理解它们，可能涉及相当细致的推理论证。

2. 在开发某种安全机制或算法时，我们必须始终考虑对这些安全特性的潜在攻击。在很多情况下，成功的攻击往往以一种完全不同的方式看待问题，从而利用机制中难以预料的弱点。

3. 鉴于第 2 点所述的原因，用于提供特定服务的程序通常是与直觉相反的。通常情况下，安全机制的设计十分复杂，不能单纯地通过需求来判定方法是否可用。只有充分考虑各种不同的威胁后，精心设计的安全机制才有意义。

4. 无论是在物理层面（比如哪些网络节点需要特定的安全机制），还是在逻辑层面（比如是否应该用容器或虚拟机来隔离个人信息，是否应该基于用户角色和权限来控制访问请求，从而保护各类数据），选择一个合适的场景来应用这些设计好的安全机制是十分必要的。

5. 除了特定的算法或协议，安全机制通常还要求参与者拥有一些机密信息（如加密密钥），这就产生了一系列诸如创建、分发和保护该机密信息的问题。还可能存在对通信协议的信任问题，这些协议的行为可能会使开发安全机制的任务变得更加复杂。例如，如果安全机制的某些功能需要对从发送方到接收方的消息传输时间进行限制，那么任何引入了可变且不可预测的延迟的协议或网络都可能使这种时间限制变得毫无意义。值得一提的是，安全机制本身通常不具备保密性，实际上它们可能是开源的，但是正如后文所述，我们可以通过维护加密密钥的安全性来提供保密性。

6. 信息和网络安全本质上是一场斗智斗勇的较量，一方是试图找出漏洞进行破坏的攻击者，另一方是试图修复漏洞阻止攻击的设计者或管理员。攻击者的主要优势在于他们只需要找到一个漏洞即可，而设计者必须找到并消除所有的漏洞才能实现真正的安全。

7. 部分用户和系统管理员在安全故障发生前，会很自然地认为没有必要对安全进行投资。

8. 需要定期甚至持续地对系统进行监视才能保障信息和网络安全，而在目前注重时效、超负荷运转的环境中很难做到这一点。

9. 安全性通常是在设计完成后才考虑的问题，而不是设计过程中不可分割的一部分。

10. 许多用户甚至安全管理员都认为，强力的安全措施会防碍信息系统或信息使用的高效性和用户操作的友好性。

上述问题同样适用于信息隐私。在本书中，当我们研究各种隐私威胁和机制时，会经常遇到上述问题。

1.2 安全攻击

ITU-T Recommendation X. 800（Security Architecture for Open Systems Interconnection［OSI］，开放系统互连的安全架构）定义了一个通用安全架构，可以为管理员组织实施安全任务提供帮助。OSI 的安全架构专注于安全攻击、安全机制和安全服务，它们可以简单地定义如下：

- **安全攻击**（security attack）：任何可能威胁到机构所拥有信息的安全的行为。
- **安全机制**（security mechanism）：用于检测、阻止安全攻击或从安全攻击中恢复的过程（或包含该过程的设备）。
- **安全服务**（security service）：用于加强数据处理系统和信息传输安全性的进程或通信服务。安全服务旨在对抗安全攻击，它们利用一个或多个安全机制来提供服务。在安全文献中，**威胁**（threat）和**攻击**（attack）这两个术语被广泛使用，其含义如下：
- **威胁**（threat）：任何借助信息系统通过未授权的访问、破坏、披露、修改信息以及拒绝服务而可能对组织运营（包括任务、职能、形象或声誉）、组织资产、个人、其他组织或国家产生不利影响的情况或事件。
- **攻击**（attack）：任何试图收集、破坏、拒绝、降级或破坏信息系统资源或信息本身的恶意活动。

1.2 节至 1.4 节概述了攻击、服务和机制的概念。图 1-2 总结了它们的核心概念。

图 1-2　安全的核心概念

X.800 将安全攻击分为**被动攻击**（passive attack）和**主动攻击**（active attack）。被动攻击试图在不影响系统资源的情况下，从系统中学习或利用信息。主动攻击则试图改变系统资源或影响它们的操作。

1.2.1 被动攻击

被动攻击的本质是窃听或监视数据传输。攻击者的目标是获取正在传输的信息。下面列举了两种类型的被动攻击，即消息内容泄露和流量分析：

- **消息内容泄露**（release of message contents）：攻击者成功窃听通信（如电话交谈、电子邮件信息或传送的文件）的一种攻击形式。
- **流量分析**（traffic analysis）：一种不检查传输数据块内容的攻击形式。假设我们有一种方法可以隐藏消息或其他信息流量的内容，那么攻击者即便捕获了该消息也无法从中提取信息。隐藏内容的常用技术是加密。不过就算使用了恰当的加密保护，攻击者仍然可能观察到这些消息的模式。攻击者可以确定通信主机的位置和身份，并能观察到所交换消息的频率和长度。这些信息对于判断正在发生的通信的性质可能很有帮助。

被动攻击很难被检测到，因为它们不涉及任何数据更改。通常，消息流量表面上以正常的方式发送和接收，发送方和接收方都不知道第三方已经读取了消息或观察到了流量模式。尽管如此，还是有办法阻止这些攻击，这通常使用加密的方式实现。因此，处理被动攻击的重点是防范而不是检测。

1.2.2 主动攻击

主动攻击包括对存储或传输的数据进行修改或伪造，主要分为四类：重放、伪装、数据修改和拒绝服务。

- **伪装**（masquerade）在一个实体假装成另一个实体时发生。伪装攻击通常包括其他形式的主动攻击。例如，可以在身份验证序列验证通过之后捕获和重放该身份验证序列，从而使具有很少特权的授权实体通过冒充具有更多特权的实体来获得额外的特权。
- **重放**（replay）涉及对数据单元的被动捕获及其随后的重传，以产生非授权的效果。
- **数据修改**（data modification）简单来说就是合法消息的某些部分被修改，或者消息被延迟或重新排序以产生非授权的效果。例如，"允许 John Smith 读取机密文档账户"的消息可能被修改为"允许 Fred Brown 读取机密文档账户"。
- **拒绝服务**（denial-of-service）攻击会阻碍通信设施的正常使用或管理。这种攻击可能有具体的目标。例如，一个实体可能会禁止所有发向特定目的地（如安全审计服务）的消息。拒绝服务也可能破坏整个网络，使网络失效或用消息过载的方式来降低网络性能。

主动攻击与被动攻击具有相反的特征。被动攻击虽然很难被检测到，但却有办法防范。然而，要完全防范主动攻击就相当困难了，因为要实现这个目标需要对所有的 IT 系统、通信设施和路径进行不间断的物理保护。因此，我们的目标是检测主动攻击，并从它们造成的中断或延迟中恢复过来。检测手段同时具有威慑作用，因此也可以对防范起到一定作用。

图 1-3 展示了客户端/服务器交互环境中的攻击方式。被动攻击（图 1-3b）不会干扰客户端和服务器之间的信息流，但是能够观察到信息流。

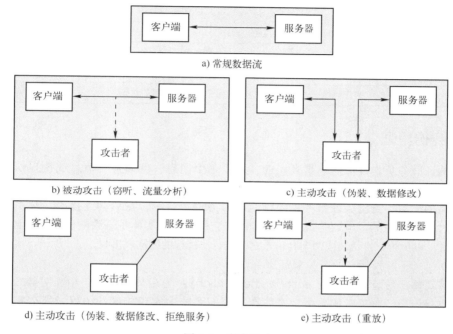

图 1-3 安全攻击

中间人攻击是伪装攻击的一种形式（如图 1-3c）。在这种攻击方式中，攻击者伪装成服务器的客户端和客户端的服务器。图 1-3d 展示了伪装攻击的另一种形式。在这里，攻击者可以伪装成授权用户访问服务器资源。

数据修改可能涉及中间人攻击。在这种攻击中，攻击者有选择地修改客户端和服务器之间的通信数据（如图 1-3c）。数据修改攻击的另一种形式是在攻击者获得非授权的访问权限后修改存储在服务器或另一个系统上的数据（如图 1-3d）。

图 1-3e 展示了重放攻击。与被动攻击一样，攻击者不会干扰客户端和服务器之间的信息流，但会捕获客户端消息。攻击者随后可以向服务器重放任何客户端消息。

图 1-3d 还展示了在客户端/服务器环境下的拒绝服务攻击。拒绝服务攻击可以采取两种形式：用大量数据"淹没"服务器，或在服务器上触发一些消耗大量计算资源的动作。

1.3 安全服务

安全服务支持一个或多个安全需求（如机密性、完整性、可用性、真实性、可靠性）。安全服务由安全机制实现，用于实现安全策略。

我们在图 1-2b 中展示了最重要的安全服务，并在表 1-1 中对其进行了总结。

表 1-1 安全服务

服 务	描 述
身份验证	在授予访问权限之前对身份的真实性进行判断
访问控制	同意或驳回为某个目的而获取资源的请求
数据机密性	信息只对使用和访问它的人可见
数据完整性	信息只能由已授权的人通过适当的方式进行修改
不可抵赖性	不能否认先前执行过的行为
可用性	应用程序、服务和硬件应随时保持就绪和可用的状态

1.3.1 身份验证

身份验证服务负责确保通信是真实的。对于单个消息，例如警告信息或警报信号，身份验证服务的功能是确保消息的实际来源和它声称的来源保持一致。对于实时交互，例如客户端到服务器的连接，身份验证服务主要涉及两个方面。第一，在启动连接时，必须确保两个实体是经过身份验证的。也就是说，每个实体与它所声称的实体是一致的。第二，必须确保连接不受干扰，以免第三方伪装成两个合法方之一进行非授权的传输或接收。

X.800 定义了两种特定的身份验证服务：

- **对等实体身份验证**（peer entity authentication）：为在某种关系中相互对等的两个实体提供身份验证服务。如果两个实体在不同的系统中实现相同的协议，那么它们就被认为是对等的。对等实体身份验证用于建立连接或数据传输阶段。它的目的是确保实体没有执行伪装或在非授权的情况下重放前一个连接。
- **数据源身份验证**（data origin authentication）：为数据单元来源提供身份验证服务。该服务无法保护数据单元免遭复制或修改。这类服务主要支持通信实体间没有实时交互的应用程序（如电子邮件）。

1.3.2 访问控制

访问控制是限制和控制通过通信链路对主机系统和应用程序进行访问的能力。要实现这一点，首先必须标识或验证每个试图获得访问权限的实体，以便根据个体调整访问权限。

1.3.3 数据机密性

数据机密性保护传输的数据不受被动攻击。根据数据传输的内容，可以定义不同级别的保护。最常用的是保护两个用户在一段时间内传输的所有数据。例如，当在两个系统之间建立逻辑网络连接时，这种广泛的保护方式可以有效防止任何连接传输的用户数据发生泄露。

数据机密性的另一个方面是保护流量不被分析。这要求通信设施上的源地址和目的地址以及通信频率、消息长度或其他流量特征不能被攻击者观察到。

1.3.4 数据完整性

面向连接的完整性服务是一种处理消息流的服务,它确保接收到的信息与发送的信息一致,不存在重复、插入、修改、重新排序或重放等情况。销毁数据也包括在这项服务之内。因此,面向连接的完整性服务同时处理消息流修改和拒绝服务。另一方面,无连接完整性服务则是一种处理单个消息而不考虑任何上下文的服务,它通常只提供对消息修改的保护。

我们可以将服务分为包含恢复机制和不包含恢复机制两类。因为完整性服务与主动攻击相关,所以我们关心的是检测而不是防范。如果检测到违反数据完整性的行为,那么服务将简单地报告此次行为,但需要软件的其他部分或人工干预来从此次行为中恢复。不过,正如我们将在后面讨论的那样,有一些服务整合了可以从数据完整性的缺失中恢复的机制。通常,合并自动恢复机制是更具吸引力的选择。

1.3.5 不可抵赖性

不可抵赖性可以避免发送方或接收方否认发送过或接收过传输的消息。因此,在发送消息时,接收方可以证明所谓的发送方确实发送了消息。类似地,在接收消息时,发送方可以证明所谓的接收方确实收到了消息。

1.3.6 可用性服务

可用性是指授权的系统实体可以根据实际需求,按照系统的性能规范访问和使用系统或系统资源。换句话说,如果在用户请求服务时,系统能够根据系统设计提供对应服务,就认为系统具备可用性。各种攻击可能导致可用性的缺失或降低。其中一些攻击可以通过自动对策予以应对,比如身份验证和加密,而另一些则需要某种物理操作来防范或恢复分布式系统组件可用性的缺失。

X.800 将可用性视为与各种安全服务相关联的属性。尽管如此,单独调用可用性服务(即确保系统可用性的服务)也是有意义的,因为它可以解决拒绝服务攻击引起的安全问题。可用性服务依赖于对系统资源的正确管理和控制,因此依赖于访问控制服务和其他安全服务。

1.4 安全机制

图 1-2b 列出了最重要的几个安全机制,包括:
- **密码算法**(cryptographic algorithms):1.5 节到 1.9 节将讨论此内容。
- **数据完整性**(data integrity):这个类别涵盖了用于确保数据单元或数据单元流完整性的各种机制。
- **数字签名**(digital signature):通过附加到数据单元或对数据单元进行加密转换而得到的数据,它允许数据单元的接收方证明数据单元的来源和完整性,并防止数据伪造。
- **身份验证交换**(authentication exchange):一种通过信息交换来确保实体身份的机制。

- **流量填充**（traffic padding）：在数据流的间隙中插入信息位以阻止流量分析。
- **路由控制**（routing control）：在某些情况下，特别是疑似发生安全泄露事故时，能够为某些数据选择特定的物理或逻辑安全路由并允许路由更改的控制。
- **公证**（notarization）：使用可信的第三方来确保数据交换的某些属性的真实性。
- **访问控制**（access control）：对资源实施访问权限的各种机制。

1.5 密码算法

NIST 计算机安全术语表（https：//csrc. nist. gov/glossary）提供了如下定义：

- **密码学**（cryptography）：一门以隐藏数据语义内容、防止非授权使用和未检测到的修改为目的，并研究实现这一目的所需的数据转换原则、手段和方法的学科。一门研究一系列可以确保信息安全（包括机密性、数据完整性、不可抵赖性和真实性）的原则、手段和方法的学科。
- **密码算法**（cryptographic algorithm）：一种与密码学相关的、具有明确定义的计算过程，它接受可变的输入（通常包括加密密钥）并生成输出。

在各方数据的安全存储、传输以及交互中，密码学是一个必不可少的组成部分。1.5 节至 1.10 节简要介绍使用密码学和密码算法的一些重要知识。文献［STAL20］详细阐述了密码学的相关内容。

如图 1-4 所示，密码算法可分为三类，包括：

- **无密钥**（keyless）：在密码转换过程中不使用任何密钥的算法。
- **单密钥**（single-key）：通过一个函数对输入数据和单密钥（通常被称为密钥）进行运算，并以运算结果作为转换结果的算法。
- **双密钥**（two-key）：在计算的不同阶段使用两个不同但相关的密钥（分别称为私钥和公钥）的算法。

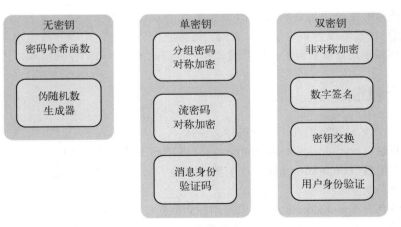

图 1-4 密码算法

1.5.1 无密钥算法

无密钥算法是一种确定性函数，它具有对密码学有用的某些属性。

密码哈希函数是一类重要的无密钥算法。哈希函数将可变数量的文本转换为小的、固定长度的值，称为**哈希值**（hash value）、**哈希码**（hash code）或**摘要**（digest）。**密码哈希函数**（cryptographic hash function）的一些附加属性使其能够在另一种加密算法（如消息身份验证代码或数字签名）中发挥作用。

伪随机数生成器（pseudorandom number generator）可以产生一个确定的数字或比特序列，该序列看起来像是一个真正的随机序列。虽然该序列似乎缺少确定的模式，但它会在一定的序列长度后重复。不管怎样，这种明显的随机序列足以满足我们的加密需求。

1.5.2 单密钥算法

单密钥密码算法依赖于密钥的使用。该密钥可能为单个用户所知，例如，在保护只允许数据创建者访问的数据时就是这种情况。通常，双方通过共享密钥的方式来保护通信安全。对于某些应用程序，可能有两个以上的用户共享同一个密钥。在这种情况下，算法主要保护数据免受共享密钥的群体之外的人的影响。

使用单密钥的加密算法被称为**对称加密算法**（symmetric encryption algorithm）。对于对称加密，加密算法将需要保护的数据和密钥作为输入，并对这些数据进行复杂的转换。对应的解密算法使用转换后的数据和相同的密钥来恢复原始数据。

另一种形式的单密钥加密算法是**消息验证码**（Message Authentication Code，MAC）。消息验证码是与数据块或消息相关联的数据元素。消息验证码通常是由密钥和消息密码哈希函数通过加密转换生成的。消息验证码的设计目的是让拥有密钥的人能够验证消息的完整性。因此，消息验证码算法将消息和密钥作为输入，并生成消息验证码。消息和消息验证码的接收者可以对消息执行相同的计算，如果计算得到的消息验证码与消息附带的消息验证码匹配，则可以确定消息没有被更改。

1.5.3 双密钥算法

双密钥算法涉及一对密钥的使用。私钥只对单个用户或实体可见，而对应的公钥对多用户可用。使用一对密钥的加密算法被称为**非对称加密算法**（asymmetric encryption algorithm）。非对称加密有两种工作方式：

- 加密算法将需要保护的数据和私钥作为输入，并对数据进行复杂的转换。对应的解密算法使用转换后的数据和对应的公钥恢复原始数据。在这种情况下，只有私钥所有者才能执行加密，而任何公钥所有者都可以执行解密。
- 加密算法将需要保护的数据和公钥作为输入，并对数据进行复杂的转换。对应的解密算法使用转换后的数据和对应的私钥恢复原始数据。在这种情况下，任何公钥所有者都可以执行加密，只有私钥所有者可以执行解密。

非对称加密在许多领域都得到了应用，其中最重要的应用之一就是**数字签名算法**（digital signature algorithm）。数字签名是加密算法计算得出的与数据对象相关联的值，任何数据接收方都可以使用该签名验证数据的来源和完整性。通常，数据对象的签名者使用自己的私钥生成签名，任何拥有相应公钥的人都可以验证该签名的有效性。

非对称算法同样可以应用于其他两个重要的场景。一个是**密钥交换**（key exchange），它将对称密钥安全地分发给两个或多个参与方。另一个是**用户身份验证**（user authentication），它可以验证试图访问应用程序或服务的用户是否真实，类似地，也可以验证应用程序或服务是否真实。

1.6 对称加密

对称加密也称为密钥加密，是一种使用同一密钥进行加密和解密的加密方案。对称加密方案有五个要素（如图 1-5 所示）：

- **明文**（plaintext）：加密算法的输入，通常为原始的消息或数据块。
- **加密算法**（encryption algorithm）：对明文执行各种替换和转换的算法。
- **密钥**（secret key）：加密算法的输入，决定了加密算法执行的替换和转换。
- **密文**（ciphertext）：加密算法的输出。看起来是完全随机且杂乱的数据，依赖于明文和密钥。对于给定的数据块，两个不同的密钥将产生两个不同的密文。
- **解密算法**（decryption algorithm）：加密算法的逆运算，用密文和密钥来生成原始明文。

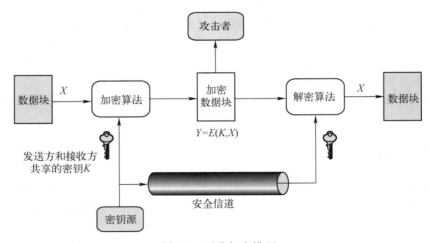

图 1-5 对称加密模型

安全使用对称加密需要满足以下两个要求：

- 加密算法必须足够健壮。至少该算法应该满足以下条件：即使攻击者知道该算法并能够得到一个或多个密文，也无法破译密文或找出密钥。这一要求通常以一种更全面的形式提出：即使攻击者拥有大量的密文和产生每个密文的明文，也无法破译密文或发现密钥。

- 发送方和接收方必须以安全的方式获得密钥的副本，并且保持密钥的安全。如果有人能够发现密钥并知道算法，那么就能读取使用该密钥加密的所有通信内容。

密钥的生成和分发是对称加密方案的两个基本要素。通常，密钥生成算法先生成一个随机数，然后根据该随机数派生出一个密钥。对通信双方来说，密钥的分发主要有以下几种方式：

- 一方生成密钥并将其安全地传输给另一方。
- 双方使用安全密钥交换协议，该协议允许双方联合生成只有双方知道的密钥。
- 第三方生成密钥并将其安全地传输给两个通信方。

图 1-5 展示了第一种方式。建立安全通信通道的一种方法是，如果双方已经共享了旧密钥，则生成密钥的一方可以使用旧密钥来加密新密钥，也可以使用公钥加密技术来加密密钥。公钥加密技术会在随后的章节中讨论。

图 1-5 还表明了试图获取明文的潜在攻击者的存在。假设攻击者可以窃听加密的数据，并且知道所使用的加密和解密算法。

攻击者可以运用以下两种常见的方法对对称加密方案进行攻击。第一种方法是**密码分析**（cryptanalysis）。密码分析攻击依赖于算法的性质，可能还需要了解明文的一般特征，甚至是一些明文/密文样本对。这种类型的攻击试图利用算法的特征来推断特定的明文或正在使用的密钥。如果攻击成功推断出密钥，将会导致灾难性的后果：危及所有未来和过去使用该密钥加密的消息的安全。第二种方法被称为**蛮力攻击**（brute-force attack），它在某条密文上尝试每一个可能的密钥，直到把它转化成可理解的明文。平均而言，必须尝试所有可能密钥的一半才能成功。因此，安全对称加密方案需要一种不受密码分析影响的算法和一个足够长的密钥来抵御蛮力攻击。

1.7 非对称加密

公钥密码，也称为**非对称密码**（asymmetric cryptography），它使用两个单独密钥，而对称加密只使用一个密钥。使用两个密钥在机密性、密钥分发和身份验证方面产生了深远影响。公钥加密方案有 6 个组成部分（参见图 1-6a，与图 1-5 比较）：

- **明文**（plaintext）：加密算法的输入，通常为可读消息或数据块。
- **加密算法**（encryption algorithm）：加密算法对明文执行各种转换。
- **公钥和私钥**（public key and private key）：被选出的一对密钥，一个用于加密，另一个用于解密。加密算法执行的转换依赖于作为输入的公钥或私钥。
- **密文**（ciphertext）：加密算法的输出，依赖于明文和密钥。对于给定的消息，两个不同的密钥将产生两个不同的密文。
- **解密算法**（decryption algorithm）：接收密文和对应的密钥，生成原始明文。

图 1-6a 的主要步骤如下：

1. 每个用户生成一对密钥，用于对消息进行加密和解密。

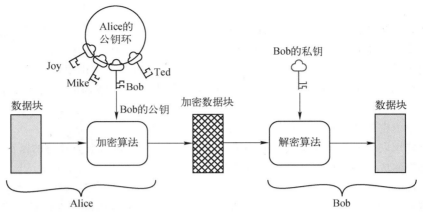

a) 公钥加密/解密（Alice只将数据块加密发送给Bob）

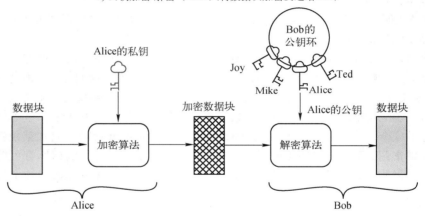

b) 公钥加密/解密（Alice为所有数据块的接收者提供真实性证明）

图 1-6 非对称加密模型

2. 每个用户将两个密钥中的一个放在公共寄存器或其他可访问的文件中，该密钥就是公钥，另一个则是私钥。如图 1-6a 所示，每个用户都有一个集合，用来维护从其他用户那里获得的公钥。

3. 如果 Alice 想向 Bob 发送机密消息，那么 Alice 需要使用 Bob 的公钥对消息进行加密。

4. 当 Bob 收到消息时，他使用自己的私钥对其解密。由于只有 Bob 知道自己的私钥，其他接收者都无法解密消息。

不管是使用公钥加密私钥解密，还是使用私钥加密公钥解密，加密解密的流程都可以正常进行，即在输出时生成正确的明文。使用这种方法，所有的参与者都可以访问公钥，并且私钥由每个参与者在本地生成，因此无须分发。只要用户保证私钥的安全，那么通信就是安全的。在任何时候，系统都可以更改私钥并发布相应的公钥来替换旧的公钥。表 1-2 总结了对称和非对称加密的一些重要方面。

表 1-2 对称加密与非对称加密

对 称 加 密	非 对 称 加 密
功能需求:	功能需求:
使用相同的算法和相同的密钥进行加密和解密	使用一对密钥（公钥和私钥）、一个加密算法和一个相应的解密算法进行加密和解密。这两个密钥可以按任意一种顺序使用，一个用于加密，另一个用于解密
发送方和接收方必须共享算法和密钥	发送方和接收方必须各自拥有唯一的公钥/私钥对
安全需求:	安全需求:
密钥必须保密	私钥必须保密
如果密钥是保密的，必须保证信息的破译是不可能的，或者最起码是不现实的	如果私钥是保密的，必须保证信息的破译是不可能的，或者最起码是不现实的
必须确保算法知识和密文样本无法破解密钥	必须确保算法知识、公钥和密文样本无法破解密钥

与对称加密一样，非对称密钥也是通过随机数生成的。在这种情况下，密钥生成算法从随机数中计算出私钥，然后通过私钥函数计算公钥。在不知道私钥的情况下是无法计算公钥的。同时，只知道公钥也是无法计算私钥的。

图 1-6b 描述了公钥加密的另一种用途。假设 Alice 想要向 Bob 发送一条消息，尽管消息并不需要保密，但是她想让 Bob 确信消息就是她发送的。在本例中，Alice 使用她的私钥加密消息。当 Bob 收到密文时，他发现可以用 Alice 的公钥来解密，从而证明消息一定是由 Alice 加密的：因为只有 Alice 有自己的私钥，其他人都不可能创建可以用 Alice 的公钥解密的密文。

与对称加密算法一样，公钥加密的安全性取决于算法的强度和私钥的长度。对于给定的数据块长度，公钥加密算法要比对称算法慢得多。因此，公钥加密通常局限于使用小块数据，比如密钥或哈希值。

1.8 密码哈希函数

哈希函数接受任意长度的输入，并将其映射到固定长度的数据块，该数据块通常比输入数据块短。因此，这是一个多对一的函数，也就是说，多个输入块会产生相同的输出。输出值被称为哈希值或哈希摘要。密码哈希函数（也称为安全哈希函数）是具有特定性质的哈希函数，这些性质对于各种加密算法非常有用，后面将对此进行解释。安全哈希函数是许多安全协议和应用程序的基本元素。哈希函数 H 要实现对安全应用有用，则必须具有表 1-3 所示的性质。

表 1-3 对密码哈希函数 H 的要求

要　　求	描　　述
输入的大小可变	H 可以应用于任意大小的数据块
输出的长度固定	H 产生固定长度的输出
效率	对于任意给定的 x，计算 $H(x)$ 都比较容易，用硬件和软件均可实现
抗原象（单向性）	对于任何给定的哈希值 h，要找到满足 $H(y)=h$ 的 y 在计算上是不可行的

（续）

要　　求	描　　述
第二抗原象（弱抗碰撞）	对于任意给定的块 x，要找到满足 $y \neq x$ 且 $H(y) = H(x)$ 的 y 在计算上是不可行的
抗碰撞（强抗碰撞）	要找到任意满足 $H(y) = H(x)$ 的 (x, y)，在计算上是不可行的
伪随机性	H 的输出满足伪随机性标准检验，也就是说，输出看起来是一个随机的比特序列

图 1-7 指出了使用哈希函数的两种常见方式。图 1-7a 说明了如何使用哈希函数来确保数据块的数据完整性，这一过程通常被称为消息认证。消息认证的两个重要方面是验证消息的内容没有被更改以及消息来源是真实的。哈希函数还可以通过在消息中加入时间戳和序列号来验证消息的时效性（查看它是否被人为地延迟和重放），以及双方交互的其他消息的相对顺序。

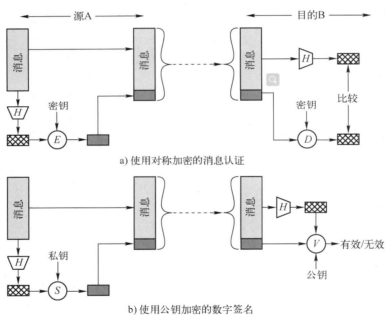

a) 使用对称加密的消息认证

b) 使用公钥加密的数字签名

E = 加密算法　　S = 签名算法　　D = 解密算法　　V = 验证算法　　H = 哈希函数

图 1-7　安全哈希函数的使用

使用哈希值进行消息认证的过程如下。首先，为源消息生成一个哈希值。接下来，使用与合作伙伴共享的密钥加密哈希值。然后，将源消息和加密的哈希值一起传输到目的地址。接收方将加密的哈希值解密，并从接收的消息中生成新的哈希值，然后比较这两个哈希值。若只有接收方和发送方知道密钥，那么只要接收到的哈希值与计算得到的哈希值匹配，则：

- 接收者可以确信消息没有被更改。如果攻击者更改了消息但没有更改哈希值，那么接收方计算得到的哈希值将与接收的哈希值不同。对安全哈希函数来说，攻击者不可能在不更改哈希值的前提下更改消息。
- 接收方可以确信消息来自其声称的发送方。因为没有其他人知道密钥，所以其他人无法产生具有正确哈希值的消息。
- 如果消息包含序列号（如 TCP 中使用的序列号），则可以确定接收方的正确序列，因为攻击者无法更改序列号。

哈希函数的第二个重要用途是应用在数字签名的过程中，下面将对此进行解释。

1.9　数字签名

NIST FIPS 186-4（数字签名标准）对数字签名的定义如下：

数字签名（digital signature）是数据加密转换的结果。（如果得到适当实施）能够提供保证原始身份验证、数据完整性和签名的不可抵赖性的机制。

因此，数字签名是一种依赖于数据的位模式（bit pattern），由行为主体根据文件、消息或其他形式的数据块生成。另一个行为主体可以获取数据块及其对应的签名以验证数据块已被声称的签名者签名，且数据块自签名以来未被更改。此外，签名者不能否认签名。

图 1-7b 简述了数字签名的过程。假设 Bob 想要签署一个文档或消息，虽然信息无须保密，但他想让别人知道消息确实是他发送的。为此，Bob 使用一个安全哈希函数为消息生成一个哈希值，然后将这个哈希值和 Bob 的私钥一起作为数字签名生成算法的输入，生成一个小数据块作为数字签名。Bob 将附带签名的信息发送出去，任何其他用户都可以计算该消息的哈希值，然后用户将哈希值、附带的签名和 Bob 的公钥输入数字签名验证算法中。如果算法返回的结果表明签名有效，则可以确定消息一定是由 Bob 签名的。因为其他人没有 Bob 的私钥，所以其他人无法创建能用 Bob 的公钥验证的签名。此外，在没有 Bob 的私钥的情况下无法更改消息，因此消息在源和数据完整性方面都得到了验证。消息还具有不可抵赖性。Bob 不能否认已经签署了消息，因为没有其他人可以这样做。

数字签名广泛应用于多个场景，包括：
- 对电子邮件进行数字签名以验证发件人。
- 对软件程序进行数字签名，以验证程序源代码的真实性和应对软件篡改的威胁。
- 验证数字数据的作者或来源。
- 确保数字数据的完整性以应对数据篡改。
- 认证网络实体的真实性。

1.10　实际应用中的注意事项

本节将讨论实际使用密码算法时需要注意的两个方面：具体算法和密钥长度的选择以及密码算法实现中需要注意的事项。

1.10.1　密码算法和密钥长度的选择

随着处理器速度的提高和容量的增大，以及对密码算法研究的深入，曾经被认为安全的算法已经被抛弃。类似地，曾经被认为安全的密钥长度和哈希值长度现在也难以保障使用的安全性。因此，安全管理人员应该谨慎选择算法和长度，以达到所需的安全级别。一些指南类的资料，比如 FIPS 140-2A（Approved Security Functions for FIPS PUB 140-2，FIPS PUB 140-2 已经认可的安全函数）可以帮助我们选择算法，SP 800-131A（Transitioning the Use of Cryptographic Algorithms and Key Lengths，转换使用的密码算法和密钥长度）可以帮助我们选择密钥和哈希值长度。文献［ECRY18］中提供了类似的建议。

对于对称加密，NIST 建议使用高级加密标准（Advanced Encryption Standard，AES），并将密钥长度设置为 128、192 或 256 位。AES 在世界范围内被广泛接受，已成为标准的对称加密算法。

对于哈希函数，NIST 建议在两个 NIST 标准哈希函数中进行选择：SHA-2 或 SHA-3。这两个函数认可的哈希长度从 224 位到 512 位不等。SHA-3 使用的结构和功能与 SHA-2 有很大的不同。因此，如果在 SHA-2 或 SHA-3 中发现了缺陷，用户可以选择切换到另一个标准。SHA-2 一直表现良好，NIST 认为它足够安全，可以广泛使用。所以 SHA-3 是对 SHA-2 的补充而不是替代。SHA-3 相对紧凑的特性使它适用于嵌入式设备或智能设备，这些设备连接到电子网络，但它们本身并不是功能齐全的计算机。例如，建筑安全系统中的传感器和可远程控制的家用电器。

对于数字签名，NIST 推荐了三种备选的数字签名算法：

- 长度为 2048 位的数字签名算法（Digital Signature Algorithm，DSA）
- 长度为 2048 位的 RSA 算法
- 长度为 224 位的 Elliptic-Curve 数字签名算法

SP 800-131A 还包括关于随机位生成算法、消息认证代码、密钥协议算法和密钥加密算法的建议。

1.10.2 实现的注意事项

SP 800-12（An Introduction to Information Security，信息安全简介）列出了在组织内实现密码算法时的重要管理注意事项：

- **设计和实现标准的选择**（selecting design and implementation standards）：通常情况下不建议依赖于专用的密码算法，特别是在算法本身保密的情况下。标准化的算法如 AES、SHA 和 DSS，是经过专业社区严格审查的，管理人员可以相信算法本身以及推荐的长度是绝对安全的。NIST 和其他组织已经开发了许多用于设计、实现和使用的密码算法，并规定了将其集成到自动化系统中的标准。系统的管理人员和用户应该根据成本效益分析、标准的接受趋势和互操作性需求来选择适当的密码标准。
- **在硬件、软件和固件实现之间做出决定**（deciding between hardware，software，and firmware implementations）：在符合标准的各类安全产品之间做选择时，管理人员还需要考虑安全性、成本、简洁性、效率和实现的易用性。
- **管理密钥**（managing key）：密钥管理是为加密系统或应用程序管理加密密钥的过程。它涉及密钥的生成、创建、保护、存储、交换、替换和使用，并允许对某些密钥进行选择性限制。除访问限制之外，密钥管理还包括监视和记录每个密钥的访问、使用和上下文。密钥管理系统还包括密钥服务器、用户程序和协议（包括密码协议设计）。这些内容有些复杂,已经超出了本书的范围,有兴趣的读者可以查阅文献［STAL19］的相关内容。

- **加密模块的安全性**(security of cryptographic module):加密模块包含密码算法、某些控制参数和临时存储算法所使用的密钥的设施。加密的正常运行需要加密模块的安全设计、实现和使用,包括保护模块不受篡改。一个有用的工具是 NIST 的密码模块验证程序(Cryptographic Module Validation Program,CMVP),它使用独立的认证实验室验证供应商的产品。这个验证过程参照了 FIPS 140-2(Security Requirements for Cryptographic Modules,加密模块的安全要求)中的安全要求。FIPS 140-2 在四个安全级别上提供了一组详细的需求,可以根据这些需求评估供应商的硬件、固件和软件产品。

1.10.3 轻量级密码算法

在密码学领域中,最近两个比较热门的领域是**轻量级密码**(lightweight cryptography)和**后量子密码**(post-quantum cryptography)。在未来几年,这两个领域的许多新算法可能会得到广泛应用。从本质上讲,轻量级加密主要专注于开发既安全又能使执行时间、内存使用和功耗最小化的算法。这种算法适用于小型嵌入式系统,如在物联网中广泛使用的嵌入式系统。轻量级密码的研究几乎完全专注于对称(密钥)算法和密码哈希函数。2018 年,NIST 宣布了一个征集轻量级密码算法设计的项目。NIST 计划开发和维护一系列使用轻量级算法和模式的产品,这些算法和模式被批准受限使用。系列产品中的每个算法都将与一个或多个框架(profile)相关联,这些框架由算法目标和可接受的度量范围组成。NISTIR 8114(Report on Lightweight Cryptography,轻量级密码学报告)指出,最初的重点是对称加密和安全哈希函数的开发。NIST 已经发布了关于这些算法的两个初步框架:一个用于硬件和软件的实现,另一个仅用于硬件的实现。

1.10.4 后量子密码算法

后量子密码是从人们对量子计算机将打破目前使用的非对称密码算法的担忧中产生的一个研究领域。最近的研究论证了一些打破常用非对称算法的可行方法。因此,后量子密码的研究致力于开发新的非对称密码算法。

对于目前使用的算法,还没有一个被广泛接受的替代方案,研究人员正在探索一些数学方法。在向 NIST 提交的后量子标准化工作中,人们发现研究人员对这些方法很感兴趣。正如 NISTIR 8105(Report on Post-Quantum Cryptography,关于后量子密码学的报告)报道的那样,NIST 希望将一些可以用来取代或补充现有非对称方案的算法标准化。对轻量级密码算法和后量子密码算法有兴趣的读者可以查阅文献［STAL20］。

1.11 公钥基础设施

公钥基础设施(Public-Key Infrastructure,PKI)支持公钥的分发和识别,确保用户和计算机可以在互联网等网络上安全地交换资料并核实对方的身份。PKI 将公钥与实体进行绑定,使其他实体能够验证和撤销公钥的绑定，并提供对管理公钥至关重要的其他服务。

在概述 PKI 之前，本节将首先介绍公钥证书的概念。

1.11.1 公钥证书

公钥证书是唯一标识某个实体的一组数据。证书包含实体的公钥和其他数据，并由可信的**认证中心**（certification authority）进行数字签名，从而将公钥与实体进行绑定。

公钥证书是为解决公钥分发问题而设计的。通常，在公钥方案中，无论是要将数据加密发送给 A，还是验证 A 的数字签名，都会涉及多个用户需要访问 A 的公钥的情况。每个公钥/私钥对的持有者都可以简单地将其公钥广播给所有人，但这种方法存在一个问题，那就是很容易让攻击者 X 冒充 A，并将 X 的公钥标记为 A 的公钥传播给大家。为了解决这个问题，可以设置一些可信的中央权威机构，与每个用户交互以进行身份验证，并维护 A 的公钥副本。这样，所有用户都可以通过安全的、经过身份验证的通信通道访问可信的中央权威机构，并获得密钥副本，但很明显，这个解决方案无法有效扩展。

另一种方法就是依赖公钥证书。参与者可以使用公钥证书交换密钥，而无须与公钥权威机构进行交互，这种方式与直接从公钥权威机构获得密钥一样可靠。本质上，证书由公钥和密钥所有者的标识符组成，整个数据块由可信的第三方签名。通常，第三方是用户社区信任的**认证中心**（Certification Authority，CA），例如政府机构或金融机构。用户可以以一种安全的方式向认证中心提供公钥，并获得证书。然后用户可以发布证书。任何需要此用户的公钥的人都可以获得该证书，并通过附加的可信签名验证其有效性。参与者还可以通过发送证书将其密钥信息传递给另一个参与者。其他参与者可以验证证书是由认证中心创建的。

图 1-8 说明了生成公钥证书的总体方案。Bob 的公钥证书包括 Bob 的唯一标识信息、Bob

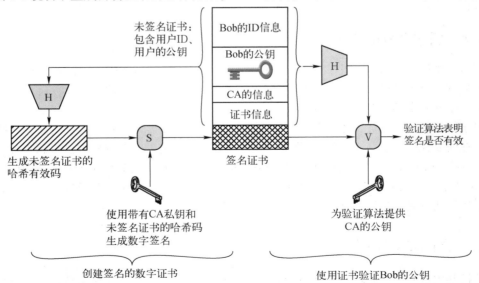

图 1-8 公钥证书的使用

的公钥、CA 的标识信息和证书信息（如过期日期）。然后计算信息的哈希值，使用哈希值和 CA 的私钥生成数字签名，并对信息进行签名。然后 Bob 可以将此证书广播给其他用户，或者将证书附加到他签名的任何文档或数据块上。任何需要使用 Bob 的公钥的人都可以确保 Bob 的证书中包含的公钥是有效的，因为证书是由可信的 CA 签名的。

ITU-T X. 509（The Directory：Public-Key and Attribute Certificate Frameworks，目录：公钥和属性证书框架）已经成为普遍认可的公钥证书标准。

1.11.2 PKI 架构

PKI 架构定义了 CA 和 PKI 用户之间的组织和相互关系。PKI 架构满足以下要求：
- 任何参与者都可以通过读取证书来确定证书所有者的名称和公钥。
- 任何参与者都可以通过验证来确定证书来自认证中心且不是伪造的。
- 只有认证中心才能创建和更新证书。
- 任何参与者可以验证证书当前是否有效。

图 1-9 提供了一个典型的 PKI 架构，其中的主要组件定义如下：
- **终端实体**（end entity）：可以是终端用户、设备（如路由器或服务器）、进程或任何可以在公钥证书的主体名称中标识的项。终端实体也可以是 PKI 相关服务的消费者，在某些情况下，还可以是 PKI 相关服务的提供者。例如，从认证中心的角度来看，注册中心可以被认为是终端实体。
- **认证中心**（Certification Authority，CA）：被一个或多个用户信任的机构，用于创建和颁发公钥证书。认证中心也可以根据需要创建主体的密钥。CA 对公钥证书进行数字签名，从而有效地将主体名称与公钥进行绑定。CA 还负责发布证书撤销清单（CRL）。CRL 标识了以前由 CA 颁发的证书，这些证书在过期之前被撤销。撤销证书一般是因为用户的私钥已被破解、用户不再由此 CA 认证或证书已被破解。
- **注册中心**（Registration Authority，RA）：一个可选组件，可用于分担 CA 的一些管理功能。RA 通常与终端实体的注册过程有关，主要包括验证试图使用 PKI 注册并获取公钥证书的终端实体的真实身份。
- **资源库**（repository）：可以存储和检索 PKI 相关信息（如公钥证书和 CRL）的任何方法。资源库可以是基于 x. 500 并使用轻量级目录访问协议（Lightweight Directory Access Protocol，LDAP）实现客户端访问的目录，也可以简单一些，比如通过文件传输协议（File Transfer Protocol，FTP）或超文本传输协议（Hypertext Transfer Protocol，HTTP）在远程服务器上检索平面文件（flat file）。
- **依赖方**（relying party）：在做决策时依赖证书中数据的用户或代理。

图 1-9 表明了各个组件之间的交互。考虑到依赖方 Alice 需要使用 Bob 的公钥。Alice 首先必须以一种可靠、安全的方式获取 CA 的公钥副本。这一过程有很多实现方式，可以根据具体的 PKI 架构和企业条款来决定使用哪种方式。如果 Alice 想将加密的数据发送给 Bob，她需要先检查资源库以确定 Bob 的证书是否已被撤销。如果没有被撤销，Alice 就可以获取 Bob 的证书副本。然后，Alice 可以使用 Bob 的公钥加密发送给 Bob 的数据。Bob 还可以向 Alice 发送一

个用 Bob 的私钥签名的文档。Bob 可以将他的证书放在文档内，或者假设 Alice 已经拥有或能够获得证书。无论是哪种情况，Alice 首先都需要使用 CA 的公钥验证证书是否有效，然后使用 Bob 的公钥（从证书中获得）验证 Bob 的签名。

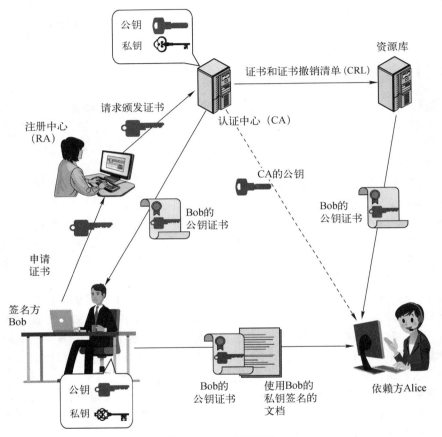

图 1-9　PKI 应用场景

相比于单个 CA，企业可能更需要依赖多个 CA 和资源库。可以通过分层的方式来管理和组织 CA，并使用一个大众信任的 CA 作为根节点来签名下级 CA 的公钥证书。许多根证书都已嵌入 Web 浏览器中，所以它们对这些 CA 产生了内置信任。Web 服务器、电子邮件客户端、智能手机和许多其他类型的硬件和软件也支持 PKI，并包含来自主要 CA 的可信根证书。

1.12　网络安全

网络安全是一个广泛的术语，它包括网络通信路径的安全、网络设备的安全以及附加到网络上的设备的安全。

1. 12. 1 通信安全

在网络安全的背景下，通信安全涉及保护通过网络的通信，包括防范被动和主动攻击的措施（如图 1-10）。

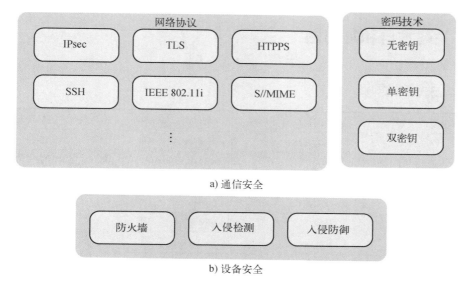

图 1-10 网络安全的关键要素

通信安全主要通过网络协议实现。网络协议由控制网络中各点之间数据传输和接收的格式和过程组成。协议定义了单个数据单元（如数据包）的结构和管理数据传输的控制命令。

就网络安全而言，安全协议可能是对现有协议或独立协议中某部分的增强。前者的例子有 IPsec（Internet 协议（Internet Protocol，IP）的一部分）和 IEEE 802.11i（IEEE 802.11 Wi-Fi 标准的一部分），后者的例子有传输层安全性（Transport Layer Security，TLS）和安全 Shell（Secure Shell，SSH）。

这些协议的一个共同特征是使用大量的加密算法作为机制的一部分来提供安全性。

1. 12. 2 设备安全

除通信安全之外，网络安全的另一个方面是保护网络设备（如路由器和交换机），以及连接到网络的终端系统（如客户端系统和服务器）。主要的安全问题是入侵者获得系统的访问权限后执行非授权的操作、插入恶意软件或占用系统资源以降低其可用性。以下三种设备安全值得注意：

- **防火墙（firewall）**：一种硬件或软件功能，可以根据特定的安全策略限制网络和设备之间的访问。防火墙充当一个过滤器，根据一组基于流量内容和流量模式的规则，允许或拒绝传入和传出的数据流量。

- 入侵检测（intrusion detection）：在计算机或网络中收集和分析不同区域信息的硬件或软件产品，目的是发现并提供实时或接近实时的警告，以防止有人试图以非授权的方式访问系统资源。
- 入侵防御（intrusion prevention）：一种硬件或软件产品，用于检测入侵活动并试图阻止该活动，最好是在其达到目标之前。

1.13 关键术语和复习题

1.13.1 关键术语

accountability	可问责性	information security	信息安全
asymmetric cryptography	非对称加密	integrity	完整性
availability	可用性	network security	网络安全
authenticity	真实性	nonrepudiation	不可抵赖性
brute-force attack	蛮力攻击	privacy	隐私
Certification Authority（CA）	认证中心	private key	私钥
ciphertext	密文	public key	公钥
confidentiality	机密性	public-key certificate	公钥证书
cryptanalysis	密码分析	public-key encryption	公钥加密
cryptographic algorithm	密码算法	Public-Key Infrastructure（PKI）	公钥基础设施
cryptography	密码学	PKI architecture	PKI 架构
cybersecurity	网络空间安全	plaintext	明文
data authenticity	数据真实性	Registration Authority（RA）	注册中心
data confidentiality	数据机密性	relying party	依赖方
data encryption	数据加密	repository	资源库
data integrity	数据完整性	secret key	密钥
decryption algorithm	解密算法	secure hash function	安全哈希函数
digital signature	数字签名	symmetric encryption	对称加密
encryption algorithm	加密算法	system integrity	系统完整性
end entity	终端实体	user authentication	用户身份验证

1.13.2 复习题

1. 列出并定义主要的安全目标。
2. 描述数据加密的用途。

3. 对称密码的基本组成部分是什么？
4. 在加密算法中使用的两个基本函数是什么？
5. 两个人通过对称密码通信需要多少个密钥？
6. 描述攻击密码的两种通用方法。
7. 公钥密码体系的主要组成部分是什么？
8. 列出并简要定义公钥密码体系的三种用途。
9. 私钥和密钥之间的区别是什么？
10. 什么是消息验证码？
11. 什么是数字签名？
12. 描述公钥证书和认证中心的作用。
13. 描述图 1-8 中各个组件的功能。

1. 14   参考文献

ECRY18: European Union ECRYPT Project. *Algorithms, Key Size and Protocols Report.* February 2018. https://www.ecrypt.eu.org/csa/publications.html

STAL19: Stallings, W. *Effective Cybersecurity: A Guide to Using Best Practices and Standards.* Upper Saddle River, NJ: Pearson Addison Wesley, 2019.

STAL20: Stallings, W. *Cryptography and Network Security: Principles and Practice,* 8th ed. Upper Saddle River, NJ: Pearson, 2020.

第 2 章

信息隐私概念

学习目标：

经过本章的学习，你应当具备以下能力：

- 解释隐私设计与隐私工程的区别；
- 理解如何将隐私相关活动融入系统开发的生命周期中；
- 给出隐私控制的定义；
- 论述安全和隐私的共同点和不同点；
- 解释隐私和效用之间的权衡；
- 解释隐私和可用性之间的区别。

本章将为本书其余部分提供一个概况，介绍关键的信息隐私概念，并指出它们之间的相互关系。本章从定义信息隐私领域的关键术语开始。2.2 节和 2.3 节介绍隐私设计和隐私工程的概念；2.4 节至 2.6 节讨论隐私与安全的关系、隐私与效用之间的权衡，以及可用隐私的概念。

2.1　关键隐私术语

隐私（privacy）一词经常被用在日常用语以及哲学、政治和法律探讨中，但这个术语并没有统一的定义、分析或含义。文献［DECE18］中的隐私条目（privacy entry）对该内容进行了概括性的论述。隐私具有两个一般特征，分别是不受他人干涉（观察或打扰）的权力和控制个人信息发布的能力。

本书主要涉及的隐私概念是**信息隐私**（information privacy）。ITU-T Recommendation X. 800（Security Architecture for Open Systems Interconnection，开放系统互连的安全架构，OSI）将隐私定义为个体拥有的对其个人信息的处决权，即可以控制或影响他们的信息中哪些可以被收集、存储，以及这些信息可以由谁和向谁披露。一份来自美国国家研究委员会的报告［CLAR14］指出，在信息的语境中，**隐私**（privacy）一词通常指的是确保可能是个人隐私的信息不会被无权获得该信息的一方所获得。个人信息的收集、控制、保护和使用都会涉及隐私利益。

不同于其他信息（比如视频监控），信息隐私通常与**个人身份信息**（Personally Identifiable Information，PII）相关。PII 是一种可以用来区分或追溯个人身份的信息。NIST SP 80-122（个人身份信息机密性保护指南）列出了一些可能是 PII 的信息示例：

- 姓名，如全名或别名。
- 个人识别号，如社会保险号（Social Security Number，SSN）、护照号、驾照号、纳税人识别号、患者识别号、金融账户号或信用卡号。
- 地址信息，如街道地址或电子邮件地址。
- 资产信息，如 IP 地址、MAC（Media Access Control）地址或其他可以始终标识某个人或某一明确的小众群体的特定主机持久静态标识符。
- 电话号码，包括手机、办公和个人号码。
- 个人特征，包括照片（特别是脸部或其他突出特征）、X 光、指纹或其他生物特征图像或模板数据（如视网膜、声纹、面部图像）。
- 可识别个人私有财产的信息，如车辆的登记号、产权号（title number）及相关信息。
- 与上述任何一项相关或可关联的个人信息，如出生日期、出生地、种族、宗教、体重、活动、地理标识、就业信息、医疗信息、教育信息、财务信息。

在处理 PII 的隐私问题时，出现了两个新的概念：**隐私设计**（Privacy by Design，PbD）和**隐私工程**（privacy engineering）。PbD 的目标是将隐私需求作为整个系统开发过程中的一部分，包括从一个新的 IT 系统的构想，到详细的系统设计、实施和操作。ISO 29100（Information Technology—Security Techniques—Privacy Framework，信息技术—安全技术—隐私框架）认为 PbD 是在系统设计时考虑隐私保护措施的具体实践；也就是说，设计人员应该在系统处理 PII 的设计阶段考虑隐私的合规性，而不是等到后续阶段才考虑。

隐私工程涉及在信息和通信技术（Information and Communications Technology，ICT）系统的整个生命周期中考虑隐私问题，因此隐私仍然是其功能中不可分割的一部分。NISTIR 8062（An Introduction to Privacy Engineering and Risk Management in Federal Systems，隐私工程和系统风险管理介绍）中将隐私工程定义为系统工程的一门专业学科，专门研究如何避免系统在处理 PII 的过程中因产生无法接受的后果而给个人带来麻烦。隐私工程的重点在于实现一系列技术来降低隐私风险，并确保组织能够就资源如何分配和如何有效地实施信息系统控制做出有目的的决策。这些技术降低了可能危害隐私的相关风险，并使有目的的资源分配和有效实施控制成为可能。

欧洲数据保护监督机构（the European Data Protection Supervisor，EDPS）是欧盟的一个独立机构，它在文献［EDPS18］中将隐私设计与隐私工程这两个概念联系起来，并指出 PbD 中的原则必须转化为隐私工程中的方法。

图 2-1 概述了将信息隐私保护纳入机构开发的信息系统中涉及的主要活动和任务。图的上半部分包含了设计活动，用于确定需求以及如何满足需求。图的下半部分包含了隐私特性的实施和操作，这些隐私特性是整个系统的一部分。

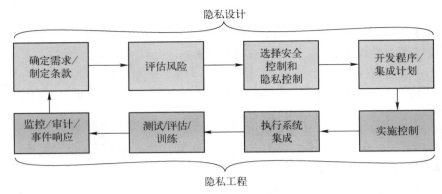

图 2-1   信息隐私开发生命周期

2.2   隐私设计

正如前面定义的那样，PbD 的目的是确保隐私特性在系统开始实现之前就被设计到系统中。PbD 是一个应用于信息技术、业务实践、业务流程、实体设计和网络基础设施的整体概念。

2.2.1   隐私设计的原则

文献［CAVO09］中首次提出了 PbD 的一系列基本原则，可以作为实现 PbD 方法的指南。这些原则后来在第 32 届数据保护及隐私专员年度国际会议［ICDP10］上被其他杰出的政策制定者广泛采纳。图 2-2 展示了 PbD 的基本原则，具体如下：

图 2-2   PbD 的基本原则

- **主动而非被动；预防而非补救**（proactive not reactive；preventive not remedial）：PbD 是一种用来预测隐私问题并在问题发生前寻求预防的方法。在该方法中，设计者必须评估系统中潜在的弱点和可能发生的威胁类型，然后选择技术和管理控制来保护系统。
- **默认采取隐私保护**（privacy as the default）：这一原则要求组织确保只处理实现特定目的所需的数据，并且在收集、存储、使用和传输期间保护 PII。此外，个人无须主动保护其 PII。
- **在设计中嵌入隐私保护**（privacy embedded into design）：隐私保护应该是核心的、根本性的功能，而不是在设计完成后附加上去的。隐私应当成为 IT 系统设计、架构和商业实践中不可或缺的一部分。
- **充分发挥作用——正和而非零和**（full functionality—positive-sum，not zero-sum）：PbD 的一个基本目标是它既不会降低用户所需要的系统功能，也不会影响系统本身的安全措施。设计者应寻求避免在隐私和系统功能或隐私和安全之间作权衡的解决方案。

- **全流程安全——生命周期防护**（end-to-end security—life cycle protection）：该原则包含两个概念，**全流程**（end-to-end）和**生命周期**（life cycle），指的是从 PII 的收集到保存和销毁都要予以保护。在此生命周期中，不应在数据保护或数据可靠性方面出现缺口。**安全**（security）一词强调安全过程和控制不仅用于提供安全性，还用于确保隐私。使用安全措施保证了 PII 在整个生命周期中的机密性、完整性和可用性。安全措施主要包括加密、访问控制、日志记录和安全销毁。
- **可见性和透明性**（visibility and transparency）：PbD 试图向用户和其他利益相关者保证，与隐私相关的商业实践和技术控制是按照国家的承诺和预期进行的。这一原则的主要方面如下：
  - **可问责性**（accountability）：组织应该清楚地记录所有隐私相关条款和流程的责任。
  - **公开**（openness）：组织应提供 PII 管理的有关条款和实践信息，以及组织内负责保护 PII 的个人和团体信息。公开性的概念包括一个明确定义的用于组织内部发布消息的隐私条款，以及一个外部人员（如网络用户）可以获取的隐私通知。
  - **合规**（compliance）：组织应具有合规和矫正机制。
- **尊重用户隐私**（respect for user privacy）：组织必须将个人控制和自由选择视为隐私的主要特征。这一原则的主要方面如下：
  - **同意**（consent）：除非法律另有规定，否则每个人都应被授予同意的权利，确保其 PII 在被收集、使用或披露时需征得本人同意。
  - **准确性**（accuracy）：组织应确保其维护的所有 PII 都是准确和最新的。
  - **访问**（access）：个人应该能够访问组织维护的任何（本人的）PII，了解其使用和披露情况，并能够质疑其正确性。
  - **合规**（compliance）：组织应具有合规和矫正机制。

这些原则是指导隐私项目的基本原则，组织必须将其转化为具体的实践。本节的其余部分将介绍在信息系统规划和设计信息隐私保护的过程中所涉及的主要活动。本质上，PbD 原则是系统设计和实现方式的要求。本书对信息隐私各个方面的描述反映了这些要求。

2.2.2　需求与政策制定

参见图 2-1 可以发现，PbD 的第一阶段主要涉及隐私规划和相关条款。信息隐私规划的一个基本要素是隐私需求定义。隐私特性和保护的具体需求推动了这些特性和保护的规划、设计和实施。主要的需求来源包括法规、标准和组织的合同承诺。我们将在第 3 章详细地讨论这个主题。

这个阶段的关键参与者是**系统所有者**（system owner），该组织或个人负责信息系统的开发、采购、集成、修改、操作、维护和最终配置。系统所有者需要明确相关标准和法规，以便在系统开发期间应用并完善一套针对隐私重要阶段的总体计划。同样重要的是，要确保所有核心参与人员在隐私含义、注意事项和需求等方面达成共识。通过制定规划，开发者能够在项目中设计隐私特性。

该活动的预期输出是一组辅助文档，记录了已商定的规划决策，以及这些决策如何符合总体公司隐私条款。另一个重要输出是一组与信息系统整体开发相关的初始隐私活动和决策。

这一阶段将在第五部分中进行更详细的探讨。

2.2.3 隐私风险评估

隐私风险评估的最终目标是使组织的主管能够确定适当的隐私预算，并在预算范围内实施隐私控制以优化保护水平。为了达到这一目标，需要评估当组织遇到隐私侵犯时可能需要付出的代价，以及这种侵犯发生的可能性。评估涉及四个要素：

- **与隐私相关的资产**（privacy-related asset）：任何对组织有价值因此需要保护的资产。与隐私相关的资产中，最主要的就是员工、客户、患者、业务伙伴等人的 PII。同时还包括一些无形资产，如声誉和商誉。
- **隐私威胁**（privacy threat）：一种可能侵犯隐私的行为，在某种情况、能力、行为或事件可能侵犯隐私并对个人造成伤害时出现。也就是说，威胁是一种可能利用漏洞的潜在危险。与之相关的一个术语是**威胁行为**（threat action），它是对威胁的一种认识，指由于意外事件或者故意行为导致漏洞被利用的事件。
- **隐私漏洞**（privacy vulnerability）：系统设计、实现或运行和管理中的缺陷或弱点，可能被威胁行为利用，从而违反系统的隐私条款并危及 PII。
- **隐私控制**（privacy control）：为信息系统保护 PII 以及确保组织的隐私条款得到执行而制定的管理、操作和技术控制（比如对抗措施）。

使用这四个要素的隐私风险评估包括以下三个步骤：

1. 确定隐私侵犯对个人和组织的伤害或影响。确定每一项与隐私相关的资产可能受到的威胁。然后确定当隐私权受到侵犯时，个人会受到哪些影响，以及如果威胁行为发生，组织在成本或损失价值方面会受到哪些影响。

2. 确定隐私事件发生的可能性，其中**隐私事件**（privacy incident）被定义为实际或潜在侵犯 PII 隐私的事件，以及违反隐私条款、隐私保护程序或许可使用策略的侵犯或威胁事件。对于每一项资产，其隐私事件发生的可能性主要由以下三个因素决定：资产的相关威胁，资产在每一项威胁下的漏洞，以及为降低威胁造成损害的可能性而正在实施的隐私控制。

3. 综合考虑隐私事件发生的成本和可能性以确定风险的级别。

组织应该根据风险级别来确定安全控制的预算分配。隐私风险评估和隐私控制选择并称为**隐私影响评估**（Privacy Impact Assessment，PIA）。第 11 章中将详细讨论 PIA。

2.2.4 隐私和安全控制选择

个人身份信息（PII）的隐私保护涉及两种控制的使用，分别是针对隐私的控制和针对信息安全需求的控制。本节将讨论这两种情况。

隐私控制

隐私控制是组织内为满足隐私需求而采用的技术、物理和行政（或管理）措施。隐私控制可以：

- 移除威胁源。
- 通过减少、消除漏洞或改变 PII 的收集数量或处理方式，来改变威胁利用漏洞的可能性。
- 改变隐私事件的后果。

以下两个信息来源对于隐私控制的选择具有很高的指导价值。NIST SP 800-53（Security and Privacy Controls for Information Systems and Organizations，信息系统和组织的安全和隐私控制）中对控制的讨论非常详细且有价值，在制定风险处理计划时应予以参考。这个 500 页的文件为全面制定处理计划提供了大量的指导，并包含一个关于安全控制和隐私控制的广泛目录。ISO 29151（Code of Practice for Personally Identifiable Information Protection，个人身份信息保护实践守则）提供了大量用于处理 PII 保护的隐私控制的指导，这些指导已在许多不同组织中得到广泛应用。

在第四部分中，我们将提供关于隐私控制技术的详细调查，这些技术可以作为 IT 系统或子系统的一部分予以实现。第五部分将论述行政和管理控制。

安全控制

安全控制是为信息系统或组织制定的保障措施或对策，旨在保护其信息的机密性、完整性和可用性，并满足一系列事先定义的安全需求。如 2.4 节所述，信息安全和信息隐私是相互交叉的。在为创建、收集、使用、处理、存储、维护、传播、披露或处置 PII 的信息系统选择和实施安全控制时，可以同时解决安全和隐私问题。例如，可以使用访问控制机制来限制访问数据库中存储的 PII。

然而，个人隐私不能仅仅通过保护 PII 来实现。因此，安全和隐私控制都是必需的。

如前所述，SP 800-53 和 ISO 27002（Code of Practice for Information Security Controls，信息安全控制实施规程）都是很好的安全控制依据。第三部分涵盖这个主题。

选择的过程

安全和隐私控制的选择与记录应该与风险评估活动同步进行。通常流程是，先选择一组基线控制，然后再根据风险评估细化规则增加额外的控制以对其进行调整。细化规则考虑了基线控制产生的次要风险以及次要风险对风险评估产生的影响。

2.2.5 隐私程序和集成计划

隐私设计（PbD）的主要目的是确保在系统开发的每一个阶段都考虑到信息隐私，并确保隐私保护措施的设计贯穿整个系统设计和开发过程，而不是通过后续改进添加的。实现这个目标的基本要素是（制定）一个正式的记录在案的隐私程序。该程序应包括以下几个部分：

- 确定在整个系统设计和实施过程中活跃的关键隐私角色。
- 确定适用的标准和规则。
- 在系统开发期间为隐私重要阶段制定整体计划。
- 确保所有核心参与人员在隐私含义、注意事项和需求方面达成共识。
- 描述在系统内整合隐私控制的需求，以及协调隐私工程活动与整个系统开发的过程。

隐私计划是隐私程序文档的一部分（或作为单独文档提供），主要负责隐私特性的实现及其与系统其余部分的集成。该文档是一个正式文档，概述了信息系统的隐私需求，并描述了为满足这些需求而准备或计划实施的隐私控制。隐私计划的关键组成部分是隐私分类，它为系统的每个不同元素提供可接受的风险水平，以及对每个隐私控制及其实施计划的描述。

这个阶段还应该生成一个详细的架构，将隐私特性和控制整合到系统设计中。预期输出包括：

- 隐私集成的示意图，用于提供隐私在系统中实现的具体位置，以及（如果有的话）隐私机制与其他服务或应用程序的共享位置。
- 共享服务和由此产生的共享风险列表。
- 系统使用的通用控制的鉴别方式。

第 10 章将讨论隐私程序和计划。

2.3 隐私工程

如图 2-1 所示，隐私工程涵盖系统中隐私特性和控制的实现、部署、日常运行和管理。隐私工程包括技术能力和管理过程。隐私工程的主要目标是：

- 结合功能和管理实践来满足隐私需求。
- 防止 PII 受损。
- 减轻个人信息泄露的影响。

尽管图 2-1 显示了隐私工程与 PbD 的不同点，并且隐私工程一般在 PbD 之后实施，但**隐私工程（privacy engineering）**通常包含了整个系统开发生命周期中与隐私相关的活动。图 2-3 通过一个改编自 NISTIR 8062 的例子展示了这一内容。

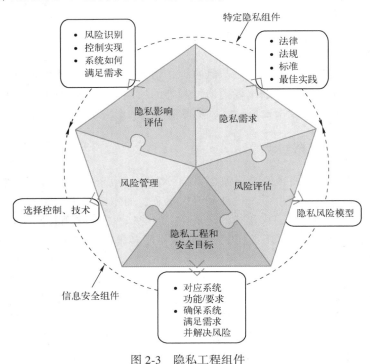

图 2-3   隐私工程组件

如图 2-3 所示，NIST 文档列出了隐私工程的五个组件——其中两个组件针对隐私工程过程，另三个组件通常用于信息安全管理。它们分别是：

- **风险评估**（risk assessment）：风险是对损失的预期，表示为特定威胁利用特定漏洞造成特定损害的概率。风险评估是一个过程，该过程系统地确定有价值的系统资源和对这些资源的威胁，同时，基于威胁发生的预计频率和发生成本（比如损失发生的潜在可能）来量化损失风险。因此，风险评估主要从几个方面开展。首先，对于资源的每一个威胁，在假设威胁成功实施的情况下，评估该资源的价值以及潜在的影响或成本。其次，根据威胁的强度、威胁实际发生的概率和资源的漏洞，确定威胁成功实施的可能性。最后，根据威胁的潜在影响和成功的概率来确定风险。

- **风险管理**（Risk management）：NIST SP 800-37（Risk Management Framework for Information Systems and Organizations，信息系统和组织的风险管理框架）指出风险管理包括对组织资产进行有纪律的、结构化的、灵活的评估，安全和隐私控制的选择、实现和评估，对系统和控制进行授权，以及持续监测。它还包括企业级的活动，以帮助组织在系统级更好地执行风险管理框架（Risk Management Framework，RMF）。如图 2-4 所示，风险

图 2-4　风险管理周期

管理是一个迭代过程，根据 ITU-T X. 1055（Risk management and risk profile guidelines for telecommunication organizations，电信组织风险管理和风险概要指南）的内容，它包括四个步骤：

1. 基于资产、威胁、漏洞和现有控制评估风险。根据这些输入确定风险的影响、概率以及等级。这就是前面所述的风险评估部分。

2. 确定可能用于降低风险的安全控制，优先考虑使用它们，并选择要实现的控制。

3. 分配资源、角色和职责并实施控制。

4. 监视和评估风险处理效果。

在隐私工程的背景下，重点是隐私风险和隐私控制实施。风险管理将在第 11 章进行讨论。

- **隐私需求**（privacy requirement）：隐私需求是与隐私相关的系统需求。系统隐私需求定义了系统提供的保护能力、系统展示的性能和行为特征，以及用来确定系统隐私需求已被满足的证据。隐私需求有很多来源，包括法律、法规、标准和利益相关者的期望。隐私需求将在第三章进行讨论。

- **隐私影响评估**（Privacy Impact Assessment，PIA）：NIST 计算机安全术语表（https://csrc. nist. gov/ Glossary）将 PIA 定义为对信息处理方式的分析，用于确保处理方式符合适用于隐私的法律、法规和政策的要求；确定在电子信息系统中以可识别的形式收集、维护和传播信息的风险和影响；检查和评估保护措施和处理信息的替代过程，以减少

潜在的隐私风险。本质上，PIA 包括隐私风险评估以及降低风险的隐私和安全控制选择。第 11 章将进一步阐述 PIA 相关概念。

- **隐私工程和安全目标**（privacy engineering and security objectives）：信息安全风险评估的重点是实现公共安全目标，包括图 1-1 所示的机密性、完整性和可用性。类似地，隐私工程目标重点关注系统需要的能力类型，以便证明组织隐私政策和系统隐私需求的实现。NISTIR 8062 提出了如图 2-5 所示的三个隐私工程目标。第 3 章将对这个主题进行扩展。

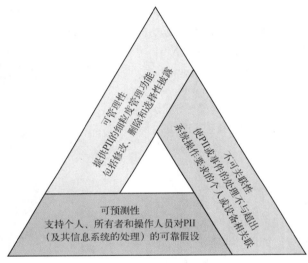

图 2-5　隐私工程目标

本节的其余部分将概述隐私工程的主要阶段（参见图 2-1）。第 10 章将介绍这些阶段的管理和操作。

2.3.1　隐私实现

在隐私实现阶段，开发人员配置和启用系统隐私特性。隐私实现包括隐私控制与系统功能特性的组合和集成。作为实现的一部分，组织应该执行技术和隐私特性/功能的开发测试，以确保它们在启动集成阶段之前按照预期执行。

2.3.2　系统集成

系统集成活动发生在系统部署操作时。此时，隐私控制设置已启用，需要集成其他隐私特性。该活动的输出是一个经过验证并集成到完整系统文档中的操作隐私控制列表。

2.3.3　隐私测试与评估

隐私测试包括以下几种类型：

- **功能测试**（functional testing）：在操作条件下测试信息系统的公开隐私机制，以确定给定的功能是否按照要求工作。

- **渗透测试**（penetration testing）：评估者模拟真实世界的攻击，试图找出规避应用程序、系统或网络隐私特性的方法。
- **用户测试**（user testing）：由目标用户在"真实世界"中测试软件或系统。也称为**终端用户测试**（end user testing）。

这一阶段的结果应该是系统及其隐私特征得到正式的管理认证和认可。**认证**（certification）涉及对信息系统的管理、操作和技术隐私控制进行全面评估，以确定这些控制得到正确实施，以及按照预期操作达到符合系统安全要求的预期结果。**认可**（accreditation）是由高级机构官员给出的官方管理决策，用于授权信息系统的运行，并明确接受这套大家一致认可的隐私控制的实施给机构运营（包括使命、功能、形象或声誉）、机构资产或个人带来的风险。

2.3.4 隐私审计和事件响应

在隐私审计及事件响应阶段，系统及产品已就位并运行，系统的增强及改造已完成并通过测试，硬件及软件已增加或更换。在此阶段，组织应持续监控系统的性能，以确保它与预先建立的隐私需求（包括所需的系统修改）保持一致。

本阶段的两项主要活动如下：

- **审计**（auditing）：审计包括对记录和活动的独立检查，以确保它们符合已建立的控制、政策和操作程序，并对控制、政策或操作程序中的任何指示性变更提出建议。
- **事件响应**（incident response）：IT 安全事件指由于安全机制失效或企图违反该机制的行为而在电脑系统或网络上发生的有害事件。事件响应应减少违反安全策略的行为，并给出推荐的方法。

第 13 章将详细讨论审计和事件响应。

2.4 隐私与安全

隐私和信息安全这两个概念密切相关。一方面，在法律实施、国家安全和经济激励的推动下，信息系统中收集并存储的个人信息的规模和关联性显著增加。其主要驱动力可能是经济激励，文献［JUDY14］指出，在全球信息经济中，最有经济价值的电子资产可能是个人信息的集合。另一方面，人们也逐渐意识到，政府机构、企业甚至互联网用户能够获取他们的个人信息以及与他们的生活和活动相关的隐私细节。

2.4.1 安全和隐私的交叉部分

虽然安全和隐私是相关的，但它们并不等同。源自 NISTIR 8062 的图 2-6 以文氏图的形式展示了隐私域和安

图 2-6 信息安全和隐私的交叉

全域之间的关系。虽然一些隐私问题来自未授权的活动，但隐私问题也可能来自对个人信息的授权处理。了解隐私和安全之间的边界和交叉，是确定现有安全风险模型和安全指导何时用于解决隐私问题，以及需要在哪些地方填补空白以实现隐私工程方法的关键。例如，现有的信息安全指南没有解决很多问题，诸如 PII 缺少同意机制带来的后果、为什么要考虑透明度、哪些 PII 正在被收集、PII 的更正，以及在授权人员进行活动时允许哪些 PII 的使用发生变更等问题。鉴于这些项目的实质性区别，显而易见，机构无法在仅管理安全的基础上有效地管理隐私。

图 2-7 源自技术论文［BAKI05］，它通过列出关键目标，进一步说明了安全和隐私之间的交叉和区别。其中一些目标（如可用性、保护系统和数据免受威胁，以及物理保护）是信息安全的主要目标。专门处理 PII 的管理和使用是隐私的主要目标。刚刚提到的技术论文［BAKI05］确定了与隐私和安全相关的五个目标。表 2-1 显示了每个隐私和安全目标侧重点的差异。

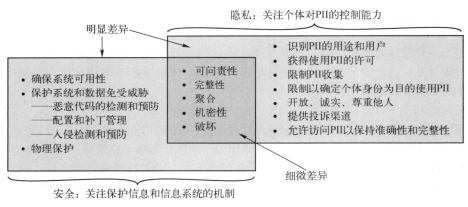

图 2-7　隐私和安全的目标

表 2-1　安全和隐私目标的交叉

	安 全	隐 私
可问责性	着重于跟踪个人的行为和操纵信息	着重于追踪 PII 泄露的轨迹
完整性	防止授权或非授权的个人损坏数据	确保不准确的 PII 不会被用来对个人做出不恰当的决定
聚合	着重于确定派生和聚合数据的敏感度，以便定义适当的访问指导	如果新信息既不是法律授权，也不是实现规定目的所必需的，则不允许聚合或派生新的 PII
机密性	着重于防止非授权访问的过程和机制（如身份验证程序）	着重于确保 PII 只对与其收集原因一致的目的公开
破坏	着重于确保信息一旦删除无法恢复	实现收集到的信息一旦达到目的，就必须彻底销毁的需求

2.4.2　安全和隐私之间的权衡

在一定程度上，信息安全措施可以保护隐私。例如，入侵者寻找个人隐私信息（如个人电子邮件或照片、财务或医疗记录、电话记录）的行为会被良好的网络安全措施阻止。此外，安全措施可以保护 PII 的完整性并支持 PII 的可用性。但是美国国家研究委员会在论文［CLAR14］中指出，为加强网络安全而采取的某些措施也可能侵犯隐私。例如，一些防火墙使用技术措施在含有恶意软件的网络流量到达目的地之前阻止它。然而，要识别包含恶意软件的流量，必须检查所有绑定网络流量的内容。但是，一些人认为，接收者以外的人对流量的检查是对隐私的侵犯，因为大多数流量实际上是没有恶意软件的。在很多情况下，这样检查流量也是违法的。

2.5 隐私和效用

在信息系统或数据库中提供隐私特性时，一个重要的问题是 PII 的隐私与第三方 PII 集合的潜在效用之间的冲突。在这种情况下，术语**效用**（utility）可以定义为对多个合法信息消费者的可量化利益［SANK11］。具体如何量化信息的效用取决于信息的性质和应用程序环境。

效用和隐私通常是相互竞争的需求。任何对包含 PII 或源自 PII 的数据的访问都有可能泄露 PII 源希望保密的信息。另一方面，对信息隐私的限制增加了对潜在有用信息流动的限制。例如，个人数据记录数据库可以促进公共卫生、医学、刑事司法和经济等领域的有益研究。可以使用几种策略来保护隐私，比如只提供数据聚合，或者在发布数据之前删除关键标识符或更改敏感属性值。显然，保护隐私的措施越激进，信息对研究人员的效用就越小。

图 2-8 说明了效用和隐私之间的权衡。如果不采取特殊措施，就会有明显的隐私损失和效用增加，反之亦然。PbD 和隐私工程的目标之一是为隐私提供技术和管理保障，同时实现高度效用，如图 2-8 上面那条线所示。

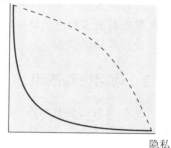

效用

隐私

实线：很少或根本没有使用 PbD
　　　和隐私工程技术
虚线：经济高效地使用 PbD 和
　　　隐私工程技术

图 2-8 效用与隐私的权衡

2.6 可用隐私

与效用一样，可用性也是 PbD 和隐私工程中的一个重要约束。ISO 9241-11（Ergonomic Requirements for Office Work with Visual Display Terminals（VDTs）—Part 11：Guidance on Usability，使用视觉显示终端（VDT）办公的人类工效学要求——第 11 部分：可用性指南）中对**可用性**（usability）的定义是 "在特定的使用环境中，特定用户使用产品以达到特定目标的有效性、高效性和满意度"。这个定义中的关键术语是：

- **有效性**（effectiveness）：用户达到指定目标的准确性和完整性。通常基于错误率进行判断。
- **高效性**（efficiency）：与用户实现目标的准确性和完整性相关的资源消耗。通常在考虑准确性目标的前提下，基于完成任务或子任务所需的时间进行判断。
- **满意度**（satisfaction）：在产品的使用过程中用户没有不适感，并持积极态度。这是一个主观参数，可以通过问卷进行判断。

- **使用环境**（context of use）：用户、任务、设备（硬件、软件和材料），以及使用产品的物理和社会环境。
- **用户**（user）：与产品交互的人。
- **目标**（goal）：预期的结果。
- **任务**（task）：为达到（物理或认知的）目标而进行的活动。
- **产品**（product）：用来指定或评估可用性的设备部分（硬件、软件和材料）。

2.6.1   隐私服务和功能的用户

美国国家研究委员会出版的文献［NRC10］中指出，隐私环境中的可用性涉及三种不同类型的用户：

- **IT 系统的终端用户**（end user of IT system）：IT 系统的终端用户是希望尽可能多地控制其 PII 隐私的个人。针对终端用户的隐私服务的例子包括，允许个人同意或反对因某些用途使用其 PII，使他们能够确定存储在数据库中的 PII 的准确性，以及对 PII 侵犯提出投诉。通常，这些服务对于终端用户来说难以理解和使用。
- **IT 系统管理员**（administrator of IT system）：管理员需要配置 IT 系统，以便为将 PII 存储在系统中的个人或个人组启用或禁用特定的隐私特性。管理员经常要处理难以理解和配置的系统。
- **系统开发人员**（system developer）：开发人员需要可用的工具，以便减少影响隐私的设计和编码错误。

2.6.2   可用性和效用

可用性和效用是截然不同的两个概念。**可用性**（usability）是指隐私特性的易用性。**效用**（utility）指的是包含有隐私保护的 PII 数据库的可用功能。这两个概念都需要在包含 PII 的 IT 系统的设计、实现和操作中加以考虑。

2.7   关键术语和复习题

2.7.1   关键术语

accreditation	认可	functional testing	功能测试
auditing	审计	incident response	事件响应
certification	认证	information privacy	信息隐私
end user testing	终端用户测试	penetration testing	渗透测试

（续）

privacy threat	隐私威胁	risk management	风险管理
privacy vulnerability	隐私漏洞	security	安全
Personally Identifiable Information（PII）	个人身份信息	stakeholder	利益相关者
privacy	隐私	System Development Life Cycle（SDLC）	系统开发生命周期
Privacy by Design（PbD）	隐私设计	system owner	系统所有者
privacy control	隐私控制	threat action	威胁行为
privacy engineering	隐私工程	usability	可用性
Privacy Impact Assessment（PIA）	隐私影响评估	user testing	用户测试
privacy-related asset	与隐私相关的资产	utility	效用
privacy requirements	隐私需求	V model	V 模型
risk assessment	风险评估		

2.7.2　复习题

1. 解释术语**信息隐私**。
2. 什么是个人身份信息？
3. 解释隐私设计和隐私工程如何共同运作。
4. 关于隐私设计，人们普遍接受的基本原则是什么？
5. 隐私风险评估涉及哪些要素？
6. 描述各种类型的隐私控制。
7. 在选择隐私控制时应该考虑哪些问题？
8. 解释隐私风险评估和隐私影响评估的区别。
9. 隐私测试有哪些类型？
10. 信息安全和信息隐私有哪些交叉及不交叉的范畴？
11. 解释隐私和实用性之间的权衡。
12. 可用性和实用性之间的区别是什么？

2.8　参考文献

BAKI05: Bakis, B. *Privacy Fundamentals: What an Information Security Officer Needs to Know.* Mitre Technical Paper, October 18, 2005. https://www.mitre.org/publications/technical-papers

CAVO09: Cavoukian, A. *Privacy by Design: The 7 Foundational Principles.* Information and Privacy Commissioner of Ontario, Canada, 2009.

CLAR14: Clark, D., Berson, T., and Lin, H. (eds.). *At the Nexus of Cybersecurity and Public Policy: Some Basic Concepts and Issues.* National Research Council, 2014.

DECE18: DeCew, J. "Privacy." *The Stanford Encyclopedia of Philosophy*, Spring 2018, Edward N. Zalta (ed.), https://plato.stanford.edu/archives/spr2018/entries/privacy

EDPS18: European Data Protection Supervisor. *Preliminary Opinion on Privacy by Design.* May 31, 2018. https://edps.europa.eu/sites/edp/files/publication/18-05-31_preliminary_opinion_on_ privacy_by_design_en_0.pdf

ICDP10: International Conference of Data Protection and Privacy Commissioners. *Resolution on Privacy by Design.* October 2010. https://icdppc.org/document-archive/adopted-resolutions/

JUDY14: Judy, H., et al. "Privacy in Cyberspace." In Bosworth, S., Kabay, M., and Whyne, E. (eds.). *Computer Security Handbook.* New York: Wiley, 2014.

NRC10: National Research Council. *Toward Better Usability, Security, and Privacy of Information Technology.* The National Academies Press, 2010.

SANK11: Sankar, L., and Poor, H. "Utility–Privacy Tradeoffs in Databases: An Information-Theoretic Approach." *IEEE Transactions on Information Forensics and Security.* February 2011.

第二部分

隐私需求和威胁

第3章

信息隐私需求及指导

学习目标：

经过本章的学习，你应当具备以下能力：

- 解释 PII 敏感性的概念；
- 论述不同类型的个人信息；
- 理解 OECD 的公平信息实践原则；
- 概述欧盟《通用数据保护条例》；
- 总结美国重要的隐私法；
- 概述 ISO 中的隐私相关标准；
- 概述 NIST 中的隐私相关标准和文件。

组织在设计和实现信息隐私保护特性时的需求主要来自以下三类文档：

- **法规（regulation）**：国家和地区法律法规中规定了组织必须提供的个人身份信息（Personally Identifiable Information，PII）的保护类型。在某些情况下，法律法规还规定了组织保护 PII 时必须实施的具体特性和程序。
- **标准（standard）**：国家和国际信息隐私标准是保护 PII 具体特性和程序的指南。
- **最佳实践（best practice）**：由相关行业组织制定的最佳实践文件，推荐了可以有效保护 PII 的政策、程序和控制措施。

标准和最佳实践文件为设计者和实施者提供了指导。组织经常将这些文件视为政策、过程、设计和实现中特定需求的来源，原因如下：

- 政府机构和私营部门客户可能会要求提供服务的组织遵守特定的标准作为提供服务的条件。
- 如果一个组织能够证明它执行了标准和最佳实践文件中的指导，这可能会减轻它在违反隐私的事件中所需担负的责任。
- 这些文件代表了许多政府和行业团体的集体经验和智慧，从而为用最佳方式保护 PII 提供了权威指导。

在讨论上述保护 PII 的文档之前，首先将在 3.1 节和 3.2 节中讨论 PII 和其他形式的个人信息的特征；3.3 节将介绍公平信息实践原则，它是隐私法规发展中最早使用且沿用至今的一套要求；3.4 节将概述信息隐私法规；3.5 节和 3.6 节将分别介绍信息隐私标准和最佳实践。

3.1 个人身份信息及个人数据

在信息系统的背景下，隐私是指对个人信息的保护，这些信息可以被存储和传输。美国的标准、法规和法律使用术语**个人身份信息**（PII）使这个概念更加具体。NIST SP 800-122（Guide to Protecting the Confidentiality of Personally Identifiable Information，保护个人身份信息机密性指南）中将 PII 定义为：

机构保存的有关个人的任何信息，包括可用于区分或追踪个人身份的任何信息，如姓名、社会保险号、出生日期和地点或生物特征记录，以及与个人关联或可关联的任何其他信息，如医疗、教育、金融和就业信息。

SP 800-122 阐明了这个定义中重要的术语：

- **区分个人**（distinguish an individual）：可用于识别特定个人的信息，如姓名、护照号码或生物特征数据。相比之下，只包含信用评分而没有任何个人附加信息的项目列表不足以区分个人。

- **追踪个人**（trace an individual）：通过处理足够多的信息来确定一个人的活动或状态的特定方面。例如，包含用户操作记录的审计日志可以用来跟踪个人活动。

- **关联信息**（linked information）：在逻辑上与个人的其他信息相关联的有关个人的信息。

- **可关联信息**（linkable information）：与个人相关且可能与该个人的其他信息有逻辑关联的信息。例如，如果两个数据库包含不同的 PII 元素，那么能够访问这两个数据库的人可以通过关联来自这两个数据库的信息来识别个人，并且访问关于个人或与个人有关的附属信息。如果第二个信息源位于同一系统或密切相关的系统上，并且没有有效隔离信息源的安全控制，则认为数据是可关联的。如果第二个信息源是远程维护的，例如在组织内一个不相关的系统中、保存在公共记录中，或以其他方式容易获得（例如，因特网搜索引擎），则认为数据是可关联的。

刚才给出的 PII 定义很广泛，许多其他国家使用类似的定义来界定需要保护的项目。一个更广泛的术语——个人数据，被用于欧盟于 2018 年 5 月颁布的《通用数据保护条例》（General Data Protection Regulation，GDPR）中。GDPR 对**个人数据**（personal data）的定义如下：

与已识别或可识别的自然人（"数据主体"）相关的任何信息；可识别的自然人是指能够被直接或间接识别的个体，特别是通过诸如姓名、身份证号、地址数据、网上标识等标识符或者自然人所特有的一项或多项诸如身体、生理、遗传、精神、经济、文化或社会方面的身份特征而识别的个体。

GDPR 的定义有四个关键要素：

- **所有信息**（any information）：从本质上讲，GDPR 将可用于识别个人身份的所有数据都视为个人数据。它首次将基因、心理、文化、经济和社会信息包括在内。信息的性质、内容以及技术格式可能多种多样。

- **相关性**（relating to）：本词表示该法规适用于其内容、目的或结果与个人相关的信息。

本词还涵盖可能会影响处理或评估个人方式的信息。

- **已识别或可识别**（identified or identifiable）：应当采取一切合理的、可用于识别个体的手段来确定一个人是否可识别，保护原则不适用于匿名数据（因无法识别数据主体）。
- **自然人**（natural person）：自然人是一个真实的人，不同于法律上虚构的人——法人。

在美国和许多其他国家，人们对 PII 的看法有些受限，人们通常关注的是数据是否真的与某个人的身份有关。相比之下，以 GDPR 为代表的欧盟隐私法律和法规对 PII 的定义更为广泛，涵盖了可用于识别个人身份的所有数据。正如文献［SCHW14］所述，欧盟的解释是："即使数据本身不能与特定的个人相关联，但如果可以合理地将数据与其他信息结合使用来识别一个人，那么该信息就是 PII。"

最近颁布的《加州消费者隐私法案》（California Consumer Privacy Act，CCPA）对 PII 的解释更为广泛，它将术语"个人信息"定义为"任何识别、相关、描述、可用于关联，或在某种程度上直接或间接地关联一个特定消费者或家庭的信息"。

本书介绍如何保护包含隐私的数据，而非与数据保护相关的政策和监管决定。因此，无论"个人数据"的精确定义如何，本书始终使用术语 PII 描述应用于隐私设计和隐私工程的相关技术。

3.1.1　PII 的来源

个人与各种组织共享 PII 的目的多种多样。第 2 章中列举了一些 PII 的例子。以下是一些属于 PII 类别的例子：

- **政府签发的标识符**（government-issued identification）：例如驾照、护照、出生证明、养老金和医疗福利标识符（如美国的社会保险号和医疗保险号）。
- **联系信息**（contact information）：例如电子邮件地址、实际住址和电话号码。
- **线上信息**（online information）：例如 Facebook 和其他社交媒体标识符、密码和个人识别号码。
- **设备地址**（device address）：例如，连接到因特网的设备 IP 地址或连接到局域网的设备媒体访问控制（MAC）地址。
- **地理位置数据**（geolocation data）：位于智能手机、GPS 设备和照相机中。
- **验证用数据**（verification data）：例如宠物和孩子的名字、高中的名字。
- **医疗记录信息**（medical records information）：比如处方、医疗记录、检查和医学图像。
- **生物特征和遗传信息**（biometric and genetic information）：比如指纹、视网膜扫描和 DNA。
- **账号**（account number）：比如银行、保险、投资和借记卡/信用卡。

组织还根据个人在收集数据中所扮演的角色来收集和存储 PII。比如：

- 父母
- 公民
- 雇员

- 消费者
- 投资者
- 患者
- 因特网用户
- 爱好者
- 志愿者

3.1.2　PII 的敏感性

尽管出于政策和法规要求，组织有义务保护所有的 PII，但它们经常区别对待敏感的 PII 和非敏感的 PII。将一些 PII 指定为敏感，是因为与非敏感的 PII 相比，此类信息的发布会产生更大的影响，因此组织应该对敏感的 PII 有更强的隐私控制。敏感 PII 还没有被广泛接受的定义。国际隐私专业人士协会（International Association of Privacy Professionals，IAPP）提出了以下较为笼统的定义："与合理期望的隐私概念更为相关的数据，例如医疗或金融信息。然而，根据上下文或权限，数据或多或少都可能被认为有些敏感。"（https://iapp.org/resources/glossary）

另一方面，文献［OECD13］指出："确定一组被普遍认为敏感的数据集，几乎是一件不可能实现的事。"

组织可以通过列举具体项目来区分敏感和非敏感的 PII。例如，美国商务部将**敏感的 PII**定义为"如果在未经授权的情况下丢失、损坏或披露，可能会给个人带来伤害、尴尬、不便或不公平的 PII"［DOC17］。本文件列出了以下与个人相关的敏感信息类型：

- 社会保障号码（包括简写）。
- 出生地。
- 生日。
- 生物信息。
- 医疗信息（不包括简短的缺勤情况）。
- 个人金融信息。
- 信用卡/购物卡账号。
- 护照号。
- 可能敏感的就业资料（例如工作表现排名、纪律处分、背景调查结果）。
- 犯罪记录。
- 可能给个人带来耻辱或不利影响的信息。

非敏感 PII 的例子包括个人姓名、工作电子邮件地址、工作地址和工作电话号码。

上下文（或者说环境）对于确定 PII 的敏感性十分重要。如果破坏可能给个人带来实质性伤害、不便、尴尬或不公平，那么即便不包含敏感因素的 PII 也可能是敏感的，需要特别处理。例如，美国国土安全部在 Handbook for Safeguarding Sensitive PII（保护敏感 PII 手册）［DHS17］中提供了以下例子：

如果一个集合是包含以下信息的列表、文件、查询结果，则它不是敏感 PII：

- 出席公开会议。

- 订阅国土安全部电子邮件分发名单的利益相关者。

如果它是包含以下信息的列表、文件、查询结果，则它是敏感 PII：

- 执法人员，如调查人员、代理人或辅助人员。
- 员工绩效评价。
- 未完成强制培训课程的员工。

3.2 不属于 PII 的个人信息

图 3-1 是基于文献［ALFE12］的一个图，它描述了 PII 在信息系统维护的全部信息中的位置。

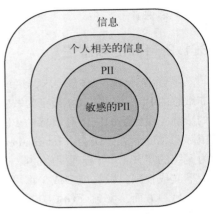

图 3-1　信息与 PII

如前所述，PII 的某些部分是敏感 PII，这取决于敏感 PII 类别的具体清单或定义。但是，如图 3-1 所示，与个人相关的信息可能位于某个信息系统，而 PII 仅是个人相关的信息的子集。

四类与个人相关的信息定义如下：

- **个人身份信息**（personally identifiable information）：简单地说，就是能够唯一识别出个人的信息。
- **去标识化的个人信息**（de-identified personal information）：被删除或模糊了足够多 PII 的信息，使得剩余的信息不能识别个人，并且没有合理的依据证明这些信息可以识别个人。
- **匿名化的个人信息**（anonymous personal information）：与已识别或可识别的个人无关且不能与其他信息结合以重新识别个人的信息。它已经变得无法辨认。
- **聚合（组）信息**（aggregated（group）information）：从许多个体中抽象出来的信息元素，通常用于进行比较、分析趋势或确定模式。

数据去标识化是指从个人记录中删除或模糊任何个人身份信息的过程，以最大限度地降低个人身份及相关信息意外泄露的风险。数据的匿名化是指数据去标识的过程，在该过程产生的数据中，单个记录无法链接回原始记录，因为它们不包括所需的转换变量。

在许多情况下，组织可以在没有 PII 的情况下对个人信息执行有用的操作，例如某些形式的研究、资源规划及相关性和趋势检查。通常，去标识化的过程是通过组织重新识别数据的方式实现的。**重识别**（re-identification）是重新建立个人可识别数据和去标识化数据之间关系的过程。组织可以使用代码、算法或分配给个人记录的假名来实现这一点，并通过加密或其他方法进行信息保护。另一种方法是加密数据记录中的标识元素。

然而这样也存在风险，即攻击者可能利用公开的信息来推断与个人数据记录相关的身份，从而重新识别数据记录。

数据的匿名化是一个去标识的过程，在这个过程中不存在代码或其他用于重识别的关联方式。匿名化通常被政府机构用于向公众发布数据集以供研究使用。它对系统测试也很有用。健壮的测试包括尽可能还原地模拟真实情况，因此它应该包括测试真实数据。然而，由于保护 PII 涉及处理和操作责任,所以使用匿名数据集更有效。

组信息的聚合应该删除所有 PII。SP 800-122 的一个示例是聚合和使用多组去标识化的数据,以评估几种类型的教育贷款项目。数据描述了贷款持有人的特征,如年龄、性别、地区和未偿贷款余额。有了这个数据集,分析师就可以得出统计数据,数据显示在 30~35 岁年龄段有 18 000 名女性的未偿贷款余额超过 1 万美元。虽然原始数据集包含每个人的可识别身份,但去标识化和聚合的数据集不会包含任何关联个人的或易识别数据。

这里使用的聚合涉及对一组人的属性进行抽象或总结。例如,GDPR 使用的聚合含义如下:

本条例适用于任何出于统计目的而处理个人数据的过程。统计目的是指为统计调查或产生统计结果而收集和处理所需个人数据的操作。这些统计结果可进一步用于包括科学研究在内的不同目的。出于统计目的处理数据所得到的结果不是个人数据,而是聚合数据,该结果或个人数据不用于支持针对任何特定自然人的措施或决定。

文献〔ENIS14〕在定义隐私设计模式时也使用了术语**聚合**(aggregate)的这个含义:

第四个设计模式(聚合)指出应该以最高的聚合级别和尽可能少的细节处理个人数据,同时确保个人数据(仍然)可用。对一组属性或一组个人的信息进行聚合,会限制剩下的个人数据的细节。因此,如果信息粒度足够粗,并且聚合信息组足够大,则该数据的敏感性就会降低。在这里,粗粒度数据意味着数据项足够普遍,使得存储的信息对许多个人都有效,因此很少有信息可以被识别为某个人,从而保护其隐私。

即使是聚合数据也会带来隐私风险。NIST SP 188(De-Identifying Government Datasets,政府数据集去标识化)给出了一个学校的例子,该学校使用聚合,报告在一段时间内表现低于、等于或高于年级水平的学生数量。例如,如果有 29 个学生的表现高于年级水平,则输入 20~29。表 3-1a 显示了新生报到前的总人数,表 3-1b 显示了新生报到后重新发布的总人数。通过对比两个表,我们可以推断出新生的表现高于年级水平。

表 3-1 使用聚合技术的隐私风险示例

a) 新生报到前的总人数		b) 新生报到后的总人数	
表 现	**学生人数**	**表 现**	**学生人数**
低于年级水平	30~39	低于年级水平	30~39
等于年级水平	50~59	等于年级水平	50~59
高于年级水平	20~29	高于年级水平	30~39

不过术语**聚合**(aggregation)在隐私文献中有两种含义:一种是上面描述的,另一种是指在相同或重叠个体集合上的多个数据集的合并或组合。例如,文献〔SOLO06〕给出了如下定义:

聚合是关于一个人的信息的集合。零散的数据并不能说明什么问题。但是,当数据碎片组合在一起时,一个人的形象就会形成。整体比部分更强大。这是因为合并信息可以产生协同效应。在分析时,聚合信息可以揭示关于一个人的新信息,这些信息是她不希望在收集原始孤立的数据时被其他人知道的。

通常,读者可以通过上下文看出这个词的含义。

图 3-2 展示了各类个人信息的隐私风险程度。第 7 章将更详细地阐述这些概念。

3.3 公平信息实践原则

1973 年，美国卫生、教育和福利部（Health Education and Welfare，HEW）在题为 *Records*, *Computers*, *and the Rights of Citizens*（记录、计算机和公民权利）的报告中首次阐述了一套保护个人信息的**公平信息实践原则**（Fair Information Practice Principles，FIPP）。HEW 报告列出了五项原则。回顾 HEW 报告中所引用的隐私目标的本质对我们很有帮助［HEW73］：

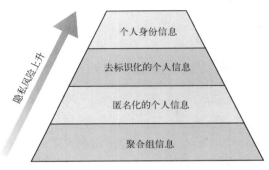

图 3-2   隐私风险程度

由于涉及个人数据记录的保存，我们必须以一种相互关系的概念理解个人隐私。因此，我们提供如下公式：一个人的个人隐私直接受记录中他/她的可识别信息的披露和使用方式影响。因此，包含可识别形式的个人信息的记录，必须由程序管理，使个人有权参与决定记录的内容，以及记录中可识别信息的披露和使用。除非得到法律特别授权，否则任何记录、披露和使用不受上述程序管辖的可识别个人信息的行为都必须被禁止。

1980 年，**经济合作与发展组织**（Organisation for Economic Co-operation and Development，OECD）将其扩展为八项原则［OECD80］。这八项原则被广泛视为保护个人隐私的最低标准。OECD 原则作为隐私需求的高级集合，适用于组织的隐私政策文件，并作为信息隐私机制设计和实施的指导方针。

表 3-2 列出了 OECD 的 FIPP。这些原则仍然是相关的，许多标准、法规和组织政策声明使用了这些原则的某些版本。这些原则列举了用于确保收集和使用个人信息的实体对该信息提供充分的隐私保护的实践标准。

表 3-2   OECD 的公平信息实践原则

原　　则	描　　述
收集限制	收集个人数据时应有所限制，且任何数据都应在资料当事人知悉或同意的适当情况下，以合法及公平的方式取得
数据质量	个人数据应与使用目的有关，并在此目的所需范围内准确、完整和保持最新
目的规范	应在收集数据之前指定收集个人数据的目的，后续的使用应限于达到这些目的或与这些目的不相抵触的其他目的，或每次改变目的时所指定的其他目的
使用限制	除非得到数据主体的同意或获法律授权，否则不得将个人数据披露、提供或以其他方式用于指定目的以外的其他目的
安全防护	个人数据应以合理的安全防护措施加以保护，以防止数据遗失或未授权访问、销毁、使用、修改或披露等风险
开放性	应就个人数据的开发、实践和政策制定一般的开放性策略。须有现成的方法，以确定个人数据的存在和性质，使用该数据的主要目的，以及数据管理方的身份和常住地

（续）

原　　则	描　　述
个人参与	个人应该有以下权利： （a）从数据管理方取得或以其他方式确认该数据管理方是否拥有与他有关的数据 （b）在合理时间内，通过合理的方式和易于理解的形式收取合理的价格，将有关数据传达给他 （c）如根据（a）和（b）项提出的请求被拒绝，应给予理由，并对拒绝提出质疑 （d）质疑与他有关的信息，如质疑成功，则需将有关信息删除、纠正、完成或修订
可问责性	数据管理方应负责遵守可落实上述原则的措施

OECD 文件使用了与 GDPR 中相同的个人数据定义，即与已识别或可识别的自然人有关的任何信息。OECD 文件将**数据管理方（data controller）**定义为有权决定个人数据内容和使用的一方，无论这些数据是否由该方或其代理收集、存储、处理或传播。

详细阐述 OECD 八项原则的含义和意义十分有用，如下：

- **收集限制（collection limitation）**：公司只应收集为达到特定商业目的所需的个人数据。同样，政府机构应该将个人数据的收集限制在特定任务所需的范围内。如有可能，机构在收集或处理个人数据前，应取得个人的同意。但也有例外，比如用于执法或国家安全目的的数据。

- **数据质量（data quality）**：这项原则强调了两个概念——相关性和准确性。就相关性而言，一个组织不仅应该收集与特定目的相关的信息，而且要限制实际所需数据的数量和类型。就准确性而言，组织不仅应该确保数据在收集时是准确的，而且应该确保数据在保存和处理时保持完整性。此外，在可能的情况下，组织应提供让数据主体审查和纠正个人信息的方法。

- **目的规范（purpose specification）**：组织应该在通知中表明收集个人数据的特定目的，使用、处理、存储、维护、传播或披露个人资料的目的，以及收集个人资料或其他法律授权的目的。

- **使用限制（use limitation）**：这一原则加强了数据处理的限制，提高了数据主体的期望。此外，该条例也加重了机构的责任，以确保在将个人数据传送或提供给另一方时，使用限制仍然有效。

- **安全防护（security safeguard）**：组织对 PII 应该执行与其他敏感数据相同的安全机制和程序。这些安全防护措施包括机密性、完整性、可用性和真实性。安全措施包括物理措施（例如门禁、身份证）、组织措施（例如访问数据的权限级别）和技术措施（例如访问控制机制、防火墙）。技术措施，也称为**技术控制（technical control）**，主要通过系统的硬件、软件或固件组件中的机制，为信息系统提供保护或对策。

- **开放性（openness）**：组织应该使其隐私政策文件易公开获取。OECD 列举了以下附加措施：在自愿的基础上定期向数据管理方提供信息，在正式登记册上公布有关处理个人数据的活动的说明，以及向公共机构登记［OECD80］。**易于获取的手段（means which are readily available）**一词意味着个人能够轻易获得信息，而不需要在时间、知识、行程等方面作出不合理的努力，也不需要付出不合理的成本。

- **个人参与**（individual participation）：同开放性原则一样，这一原则意味着有一个用户友好的过程以便于个人参与。参与包括有权利确认数据管理方是否拥有其个人资料，将个人数据传送给其他人，以及质疑与个人有关的数据，并在适当情况下修改或删除数据。
- **可问责性**（accountability）：这一原则规定，负责决定如何处理和使用个人资料的个体（数据管理方）须负责确保资料以获授权、公平和合法的方式处理。当然，隐私的泄露不仅会给数据管理方带来责任问题，也会给整个组织带来责任问题。问责是指由法律制裁支持的问责，以及由行为准则和合同义务确立的问责。

3.4 隐私条例

一些国家政府出台了旨在保护信息处理过程中的个人隐私的法律和法规。不同国家的法规之间有很多重叠和相似之处。本节提供了两个区域性例子，它们几乎涵盖了各个国家提出的所有要求。第六部分将详细分析这两个例子。

3.4.1 欧盟隐私法律和法规

欧盟《通用数据保护条例》（General Data Protection Regulation，GDPR）是目前最全面的条例之一，它于 2016 年由欧盟议会批准，于 2018 年 5 月生效。GDPR 旨在协调全欧洲的数据隐私法，保护和授权所有欧盟公民的数据隐私，重塑该地区公共和私人组织处理数据隐私的方式。

文献［KINA16］总结了在欧洲开展业务的组织需要注意的 GDPR 的重要方面：

- GDPR 适用于全球所有处理欧盟居民（包括欧盟公民和非欧盟公民）个人数据的公司。任何处理欧盟居民相关信息的公司都必须遵守 GDPR 的要求，这使其成为第一部全球数据保护法。仅这一点就让全球所有公司更加重视数据隐私。
- 与欧盟成员国之前的条例相比，GDPR 扩大了个人数据的定义。因此，过去未受数据保护法影响的部分信息技术将受到企业的关注，以确保它们遵守新条例。
- GDPR 加强了使用个人信息前需获得有效同意的规则。但如何证明在使用个人信息前获得了有效同意可能是 GDPR 面临的最大挑战之一。GDPR 声明了数据主体的同意是指任何数据主体自愿、特定、知情、明确的想法，并通过声明或明确同意的方式来表示其同意对于相关个人数据的处理。
- 当核心活动需要对数据主体进行定期和系统的大规模监控，或包含对特殊类别数据的大规模处理时，GDPR 要求处理个人信息的公共机构任命一名数据保护官（Data Protection Officer，DPO）和其他人员。
- GDPR 要求进行数据保护影响评估。数据管理方必须在隐私泄露风险很高的情况下进行评估，以最大限度地降低对数据主体的风险。这意味着，组织在实施涉及个人信息的项目之前必须进行隐私风险评估，并与 DPO 合作，以确保他们在项目进行过程中是合规的。第 11 章将详细介绍数据保护影响评估。

- GDPR 要求组织在发现数据泄露的 72 小时内通知当地数据保护机构。这意味着组织需要确保他们有适当的技术和流程，以便检测和响应数据泄露。

- GDPR 引入了被遗忘权。被遗忘权也称为**数据删除（data erasure）**，指数据主体有权让数据管理方删除他/她的个人数据，停止进一步传播，以及要求第三方停止处理其个人数据。数据删除的条件包括删除与处理数据的最初目的不再有关的数据，或数据主体撤回同意。这意味着组织在改变使用已收集数据的方式前，必须获得新的同意。这还意味着组织必须确保他们有适当的流程和技术来删除数据，以响应来自数据主体的请求。

- GDPR 要求通过设计将隐私包含在系统和过程中。作为其核心，隐私设计（在 GDPR 中称为**数据保护设计（data protection by design）**）要求从系统设计之初就考虑数据保护，而不是仅将其作为后续补充。

GDPR 是网络安全隐私整合发展的一个重要里程碑。即使不受此条例影响的组织也应了解其规定，并在设计隐私控制时考虑这些规定。第 14 章将详细讨论 GDPR。

3.4.2　美国隐私法律和法规

美国没有单独涉及隐私的法律或法规。不过，一系列联邦隐私法涵盖了隐私的各个方面。美国的一些隐私法仅适用于联邦机构和根据联邦合同工作的承包商公司。另一些则适用于私人组织以及政府机构和部门。它们包括：

- **《1974 年隐私法》**(The Privacy Act of 1974)：指定了联邦机构收集、使用、转移和披露个人信息时必须遵守的规则。

- 2003 年的 **《公平准确信用交易法》**(The Fair and Accurate Credit Transaction Act，FACTA)：要求从事某些类型的消费者金融交易（主要是信用交易）的实体注意身份盗窃的警告信号，并采取措施应对可疑的身份盗窃事件。

- 1996 年的 **《健康保险可携性和责任法》**(The Health Insurance Portability and Account-ability Act，HIPAA)：要求相关机构（通常是医疗和健康保险提供者及其合伙人）保护健康记录的安全和隐私。

- 1974 年的 **《家庭教育权利和隐私法》**(The Family Educational Rights and Privacy Act，FERPA)：通过确保学生教育记录的隐私来保护学生及其家庭。

- 1999 年的 **《格兰姆·里奇·布莱利法案》**(The Gramm Leach Bliley Act，GLBA)：对金融机构施加隐私和信息安全条款，旨在保护消费者的金融数据。

- **《保护人体受试者的联邦政策》**(Federal Policy for the Protection of Human Subject)：于 1991 年出版，由 15 个联邦部门和机构编纂入单独的法规，概述了涉及人体研究的基本道德原则（包括隐私和保密）。

- **《儿童线上隐私保护法》**(The Children's Online Privacy Protection Act，COPPA)：管理在线收集的 13 岁以下儿童的个人信息。

- **《电子通信隐私法》**(The Electronic Communications Privacy Act)：一般来说，禁止在传输阶段未经授权和故意截取线路和电子通信，禁止未经授权访问电子存储的线路和电子通信。

此外，还有许多州的法律法规影响着企业。到目前为止，其中最重要的是《加州消费者隐私法》（CCPA）。第 15 章将探讨最重要的联邦隐私法以及 CCPA。

3.5   隐私标准

信息隐私保护的管理、设计和实施复杂且困难，它们涉及各种各样的技术。包括网络安全机制，如密码学、网络安全协议、操作系统机制、数据库安全方案和恶意软件识别，这些将在第三部分中讨论。还包括将在第四部分中描述的特定隐私机制。信息隐私关注的领域很广泛，包括数据存储、数据通信、人为因素、实体资产和财产安全，以及法律和监管问题。在面对当前不断发展的 IT 系统、与外部各方的关系、人员更替、物理设备的变化和不断发展的威胁环境时，更需要保持对隐私保护的高度信任。

有效的信息隐私保护很困难，研究人员试图开发一种特殊的自成长的方法以应对网络安全问题，却总是以失败告终。好消息是，信息隐私管理团队在制定政策、程序和总体指导方面已经总结了大量的思考、试验和实现经验。组织最重要的指导来源是国际公认标准。这些标准的主要来源是国际标准化组织（International Organization for Standardization，ISO）和美国国家标准与技术协会（National Institute of Standards and Technology，NIST）。虽然 NIST 是一个国家组织，但其标准和指导文件具有全球影响力。本节将概述在隐私领域工作的 ISO 和 NIST。

此外，一些组织通过广泛的专业投入，开发了执行和评估信息隐私的最佳实践文件。3.6 节将围绕最佳实践进行讨论。

3.5.1   国际标准化组织

国际标准化组织（ISO）是一个国际机构，负责很多领域的标准化活动。它是一个自愿的非条约组织，其成员是参与国指定的标准机构以及无投票权的观察员组织。虽然 ISO 不是政府机构，但超过 70% 的 ISO 成员是政府标准机构或根据公法成立的组织，其余的大多数同其本国的公共行政当局有密切联系。

在数据通信、网络和安全领域，ISO 标准是与另一个标准机构，国际电工委员会（International Electrotechnical Commission，IEC）共同制定的。IEC 主要关注电气和电子工程标准。在信息技术领域，这两个机构的利益重叠，IEC 强调硬件，而 ISO 侧重软件。1987 年，这两个机构成立了联合技术委员会 1（Joint Technical Committee 1，JTC 1），该委员会负责开发最终成为信息技术领域的 ISO（和 IEC）标准的文件。

> **说明**
>
> 在全书中，为了简洁，ISO/IEC 标准简写为 ISO。

ISO 一直处于开发信息安全标准的前沿。也许网络安全最重要的一套标准是处理信息安全管理系统（Information Security Management System，ISMS）的 ISO 27000。ISMS 由政策、程序、指导原则和相关的资源及活动组成，由一个组织为保护其信息资产而共同管理。该套标准包括需求文档（定义 ISMS 和认证此类系统需求的标准）和指导文件（为建立、实施、维护和改进 ISMS 的整个过程提供直接支持、详细指导和解释）。最值得注意的标准是：

- **ISO 27001：ISMS 要求**（ISMS Requirement）。作为 ISMS 的一部分，提供一套强制性步骤的规范性标准，组织可以根据该标准认证其安全措施（例如定义目标环境、评估风险、选择适当的控制措施）。
- **ISO 27002：信息安全控制实践守则**（Code of Practice for Information Security Control）。一种提供安全控制框架的信息标准，可用于帮助选择 ISMS 中所需的安全控制。
- **ISO 27005：信息安全风险管理系统实施指南**（Information Security Risk Management System Implementation Guidance）。提供信息安全风险管理系统实施指南的标准，包括关于风险评估、风险处理、风险接受、风险报告、风险监控和风险审查的建议。该标准还包括风险评估方法的例子。

ISO 27001 和 ISO 27002 对组织来说非常重要，因为它们已经成为获得安全认证的通用手段。认证是由独立的书面保证（证书）机构提供的，它保证所涉及的产品、服务或系统满足特定的要求。通过证明产品或服务满足组织客户的期望，认证可以成为增加可信度的有用工具。在使用 ISO 27001 进行安全认证的情况下，这是高管确保已投入开发和实现的安全能力满足组织安全需求的一种方法。对于某些行业，认证是一项法律或合同要求。许多独立认证机构都提供这项服务，成千上万的组织已经获得了 27001/2 认证。

最近，ISO 开始开发隐私标准，作为 27000 系列要求和指导标准的伙伴。ISO 在 27000 系列中增加了以下内容：

- **ISO 27701**：是 ISO/IEC27001 和 ISO/IEC27002 在隐私信息管理要求和指南方面的扩展。根据实际需求、控制目标和 ISO 27001 和 27002 中的条例，指定建立、实施、维护和持续改进隐私信息管理系统（Privacy Information Management System，PIMS）的相关要求并提供指南，并由一组特定隐私要求、控制目标和控制进行扩展。
- **ISO 27018**：PII 处理方保护公有云上 PII 的实践守则。指定基于 ISO/IEC 27002 的指南，考虑 PII 保护的监管要求，适用于公有云服务提供商的信息安全风险环境。

ISO 27701 尤其重要，因为它具有认证的潜力。认证机构可能会在他们的产品中加入 ISO 27701 认证。正如文献［BRAC19］中指出的，ISO 27701 为隐私提供了以前没有的可见性。它将风险与组织内部的解决方案联系起来，赋予问责结构，促进安全和隐私团队之间的跨团队合作，并帮助证明隐私事务开支的合理性。

此外，ISO 还编制了 29100 系列文件，就实施隐私保护提供具体指导：

- **ISO 29100**：隐私框架。在信息和通信技术（Information and Communication Technology，ICT）系统中为保护 PII 提供一个高层次框架。它本质上是通用的，并将组织、技术和程序方面置于一个整体隐私框架中。
- **ISO 29134**：隐私影响评估指南。为进行隐私影响评估的程序及隐私影响评估的结构和隐私影响评估报告的内容提供指导。
- **ISO 29151**：PII 保护实践守则。在广泛的信息安全和 PII 保护控制上为 PII 管理方提供指导，通常应用于处理 PII 保护的许多不同组织。

- DIS 29184：在线隐私通知和同意指南。本国际标准草案提供了对在线通知的一般要求和建议。它包括提供通知的要求列表、通知的推荐内容和对同意的建议。

图 3-3 显示了 27000 和 29100 系列文档之间的关系。

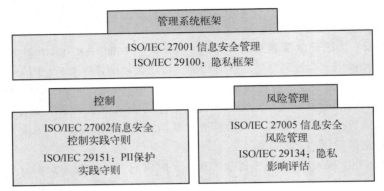

图 3-3　ISO 安全和隐私标准的关系

另一个值得注意的标准（不属于这两个系列）是：

- ISO 20889：隐私增强的数据去标识化术语和技术分类。侧重于结构化数据集的去标识化以及包含数据主体信息的数据集的常用技术，这些数据主体可以以表的形式逻辑地表示。

这些 ISO 标准在后续章节都会提到。

ISO 27701 的核心是以下条款：

- 第 5 条为作为 PII 管理方或 PII 处理方的组织提供了 PIMS 特定要求以及关于 ISO/IEC 27001 中的信息安全要求的其他信息。
- 第 6 条为作为 PII 管理方或 PII 处理方的组织提供了 PIMS 特定指导以及关于 ISO/IEC 27002 中的信息安全控制和 PIMS 特定指导的其他信息。
- 第 7 条为 PII 管理方提供了额外的 ISO/IEC 27002 指导。
- 第 8 条为 PII 处理方提供了额外的 ISO/IEC 27002 指导。

ISO 27701 是根据 27001 及 27002 的条款制定的，其架构如下：

- **安全条款的应用**（application of security clauses as is）：条款的实际应用。因此，不重复论述而只是提及该条款内容。
- **安全条款的改进**（refinement of security clauses）：修改条款以包含对隐私的引用。通常，这意味着**安全**（security）一词只要出现在条款中，就会被**安全和隐私**（security and privacy）替换。
- **安全条款的补充**（additions to security clauses）：参考条款适用于其他特定于隐私的要求或实现指南。

隐私框架

ISO 29100 隐私框架是一个通用模式，它指明保护 PII 所涉及的主要各方，以及组织为达到隐私目标而应实施的隐私原则。这个框架有两个目的：

- 它为组织识别、评估、管理和交流隐私风险和解决方案提供了高层次的指导。
- 它旨在介绍和定义导致 29100 系列其他标准的关键要素和考虑因素。

ISO 29100 定义了 11 条隐私原则，如表 3-3 所示。它们与 OECD 的 FIPP 类似。ISO 认为隐私原则是一套管理着 PII 隐私保护的共同价值观。组织（特别是 PII 管理方）应通过实施必要的隐私控制，确保在组织控制下的 PII 存储、处理和传输过程中遵守了这些原则。

表 3-3　ISO 隐私原则

原　　则	目　　标
同意和选择	使 PII 主体（与 PII 有关的人）同意收集和使用 PII，并提供退出/加入选项
目的的合法性和合规性	确保处理 PII 的目的符合适用法律，并依赖于合法依据。定义可以使用 PII 的目的，并对 PII 主体进行明确的规范
收集限制	在适用法律及特定目的所需范围内，限制收集 PII
数据最小化	将 PII 管理方所追求的合法利益所需处理的 PII 最小化，并将 PII 披露的隐私利益相关者限制在最少数量
使用、保留和披露限制	限制 PII 的使用、保留和披露（包括转让）是实现特定的、明确的和合法的目的所必需的
精度与质量	确保 PII 是准确的，并从可靠和经过核实的来源获得，还要定期检查信息的完整性
开放、透明和通知	向 PII 主体提供有关 PII 控制者在处理 PII 方面的政策、程序和做法的清晰易懂的信息
PII 的参与和获取	赋予 PII 主体访问其 PII、质疑其准确性并进行修改或删除的能力
可问责性	采取切实可行的保护 PII 的措施。必要时建立并执行 PIA
信息安全	在运作、职能和战略层面进行适当的控制，以确保 PII 的完整性、机密性和可用性；并在整个生命周期中保护其免受风险，如未经授权的访问、破坏、使用、修改、披露或损失
隐私合规	通过定期使用内部审计员或可信的第三方审计员进行审计，验证并证明数据处理符合数据保护和隐私保护的要求

ISO 29100 还叙述了组成隐私框架的基本要素。通常涵盖的主题有：

- 执行者与角色
- 交互
- PII
- 隐私保护需求
- 隐私政策
- 隐私控制

该标准的一个关键方面是识别参与 PII 处理的执行者及其交互，包括：

- **PII 主体**（PII principal）：PII 所涉及的自然人，也被称为数据主体。
- **隐私利益相关者**（privacy stakeholder）：能够影响或受 PII 处理相关活动影响的个人、机构或组织。更一般地说，**利益相关者**（stakeholder）指的是在组织中关注隐私的个人、团体或组织。一些核心利益相关者的例子包括经理、雇员、债权人、董事、政府（及其机构）、所有者（股东）、供应商、工会和从组织中获取资源的社区。
- **PII 管理方**（PII controller）：决定 PII 目的和手段的隐私利益相关者。

- **PII 处理方（PII processor）**：代表 PII 管理方并按照其指令处理 PII 的隐私利益相关者。PII 管理方和 PII 处理方可以是同一实体。
- **第三方（third party）**：除 PII 主体、PII 管理方或 PII 处理方之外的隐私利益相关者。

图 3-4 显示了隐私参与者交互的方式，其中箭头表示 PII 的流向。PII 主体可以向 PII 管理方提供它的 PII——例如，在注册管理方提供的服务时。PII 主体还可以直接向 PII 处理方提供PII，可能是在注册 PII 管理方之后。管理方可以向处理方提供 PII 来执行 PII 的授权处理。PII 主体可以向管理方请求相关 PII，然后由管理方或处理方按照管理方的指令交付。PII 管理方也可以向第三方提供 PII，只要该转移受隐私原则的约束，或者可以导向向第三方提供 PII 的流程。这个模型非常一般化，但可以用于界定组织在保护 PII 时必须处理的领域。

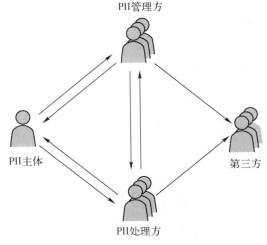

图 3-4　ISO 隐私框架中的角色和交互

PII 保护实践守则

ISO 29151 对 ISO 27002 进行了隐私方面的补充和扩展。它为组织信息安全标准和信息安全管理实践提供了指导方针，包括控制的选择、实施和管理，考虑组织的信息隐私风险环境。

ISO 29151 由两部分组成。第一部分与 ISO 27002 具有相同的结构，它们列出了同一组控制。如表 3-4 所示，两个标准列出了 14 个控制大类和 34 个控制子类。正如第 2 章所讨论的那样，现有的安全风险模型和安全指南也适用于隐私问题。因此，对于许多类别和子类别的安全控制，ISO 29151 只说其适用于 ISO 27002 中的指南。对于某些子类别，ISO 29151 提供了与保护 PII 相关的附加实施指南。

表 3-4　ISO 29151 保护 PII 的隐私控制

控 制 类 别	隐 私 控 制
信息安全策略	信息安全管理方向
信息安全组织	内部组织 移动设备和远程办公
人力资源安全	就业前 就业中 终止及更换雇佣关系
资产管理	资产责任 信息分类 媒体处理
访问控制	访问控制业务需求 用户访问管理 用户职责 系统和应用程序访问控制

（续）

控 制 类 别	隐 私 控 制
加密技术	加密控制
物理与环境安全	安全领域 设备
操作安全	操作流程及职责 防止恶意软件 备份 日志记录和监控 操作软件控制 技术漏洞管理 资讯系统审核考虑事项
通信安全	网络安全管理 信息传输
系统采购、开发和维护	信息系统的安全要求 开发和支持过程中的安全性 测试数据
供应商关系	供应商关系中的信息安全
信息安全事件管理	信息安全事件的管理和改进
业务连续性管理方面的信息安全	信息安全的连续性 冗余
合规性	遵守法律和合同要求 信息安全检查

从 ISO 29151 第一部分可以得出的结论是，保护 PII 所需的大量工作已经在管理安全风险的安全控制设计和实施中提供了。

ISO 29151 的第二部分包含了一套 PII 特定保护控制，以补充 ISO/IEC 27002 中给出的控制。这些新的 PII 保护控制及其相关指导分为 12 类，第一个类别表示隐私政策应该涵盖的主题，其余 11 个类别对应 ISO 29100 的 11 条隐私原则（见表 3-3）。对于每个隐私原则，ISO 29151 都提供了隐私控制的详细列表。

它的目的不是要求组织实现 ISO 29151 中定义的所有隐私控制。相反，该标准试图提供一套相当全面的控制，组织应根据隐私影响评估，实施适当的控制。

3.5.2　美国国家标准与技术协会

美国国家标准与技术协会（NIST）是美国联邦机构，负责处理美国政府使用的测量科学、标准和技术，以及促进美国私营部门创新。尽管它是国家机构，NIST 联邦信息处理标准（Federal Information Processing Standard，FIPS）、特别出版物（Special Publication，SP）和内部报告（NIST Internal Report，NISTIR）都具有全球影响。在信息安全领域，NIST 计算机安全资源中心（Computer Security Resource Center，CSRC）是广泛应用于工业的大量文件的来源。

作为正在制定的信息安全标准和指南的一部分，CSRC 已将其关注范围扩大到信息隐私。CSRC 编制的文件分为三大类：隐私控制、隐私工程和隐私框架。

隐私控制

为了应对隐私威胁并遵守政府的法律法规，组织需要一套隐私控制措施来涵盖隐私需求并回应法律要求。

以下两份 NIST 文件非常值得参考：

- SP 800-53：信息系统和组织的安全和隐私控制。这个文档提供了一套非常详细和全面的隐私控制。SP 800-53 已于 2019 年更新，以提供更全面的隐私控制覆盖。
- SP 800-53A：联邦信息系统和组织的安全和隐私控制评估。该文件提供了一套评估 SP 800-53 中定义的安全控制和隐私控制的程序。SP 800-53A 计划在 2020 年进行更新，以匹配 SP 800-53 的修订版本。

SP 800-53 控制被组织成 20 个族，每个族定义一个或多个与族的特定主题相关的控制。对于每个控制，该文档提供了对控制的描述、对实现的补充指导、对控制增强的描述以及对其他文档的引用。

其中 2 个族只关心隐私需求（见表 3-5）。15 个族被指定为联合体，包括仅满足安全需求的控制、仅满足隐私需求的控制和同时满足安全和隐私需求的控制。

表 3-5   NIST 隐私和共同控制族

ID	族	隐私控制个数
特定隐私控制		
IP	个体参与（Individual Participation）	6
PA	隐私授权（Privacy Authorization）	4
共同隐私/安全控制		
AC	访问控制（Access Control）	3
AT	意识与培训（Awareness and Training）	4
AU	审计与可问责性（Audit and Accountability）	4
CA	评估、授权和监控（Assessment, Authorization, and Monitoring）	4
CM	配置管理（Configuration Management）	4
CP	应急计划（Contingency Planning）	4
IA	认证和身份验证（Identification and Authentication）	3
IR	应急响应（incident Response）	9
MP	媒体防护（Media Protection）	1
PL	规划（Planning）	5
PM	项目管理（Program Management）	23
RA	风险评估（Risk Assessment）	4
SA	系统与服务采购（System and Services Acquisition）	11
SC	系统与通信防护（System and Communications Protection）	4
SI	系统与信息完整性（System and Information Integrity）	8

共同族包括：

- **访问控制**（access control）：确定某些设置，以限制对系统和存储在其上的信息的访问。
- **意识和培训**（awareness and training）：与制定用户意识和操作培训的政策和程序相关。
- **审计和可问责性**（audit and accountability）：记录违反政策的相关活动。该族还提供关于日志保留策略和配置的指导。
- **评估、授权和监控**（assessment，authorization，and monitoring）：用于评估和监控安全控制的实现以及用于指定控制的授权程序。
- **配置管理**（configuration management）：关注基线的建立和确定最小的软件安装。该族描述了许多关于变更控制和配置管理的重要细节。
- **应急计划**（contingency planning）：为系统的备份和恢复定义可审核的设置。
- **认证和身份验证**（identification and authentication）：关注与身份验证系统相关的配置设置。这些控制为追踪组织雇佣的用户以及客人、承包商、共享账户和服务账户提供了详细的指导。
- **应急响应**（incident response）：识别可审核的设置，以支持事件响应工作。
- **媒体防护**（media protection）：通过指导如何配置媒体控制、分类标记、存储策略和使用，提供如何维护数字媒体安全的信息。该族可以帮助组织更安全地使用数字媒体。
- **规划**（planning）：提供关于信息安全架构的指导，并描述组织在保护信息安全和隐私方面所采取的总体理念、需求和方法。
- **项目管理**（program management）：提供促进遵守适用法律、政策、法规和标准的指导。此外，该族中的审计为组织提供了一个在中央存储库中记录所有安全控制的工具。
- **风险评估**（risk assessment）：为执行风险评估提供指导。
- **系统和服务采购**（system and services acquisition）：提供关于使用基于服务的软件的指导。
- **系统和通信防护**（system and communications protection）：提供关于如何为系统实现受保护的通信的指导。
- **系统和信息完整性**（system and information integrity）：提供关于监控已公开软件漏洞信息系统、电子邮件漏洞（垃圾邮件）、错误处理、内存保护、输出过滤和许多其他安全领域问题的指导。

表 3-6 列出了特定隐私族，描述如下：

- **个体参与**（Individual Participation）：满足个人积极参与收集和使用其 PII 决策过程的需求。通过向个人提供获得 PII 的渠道，并在适当情况下修正其 PII，该族的控制增强了公众对基于 PII 作出的组织决策的信心。
- **隐私授权**（Privacy Authorization）：确保组织确定了对影响隐私的特定 PII 收集或活动进行授权的法律基础，并在其通知中明确收集 PII 的目的。这些控制将体现在政策声明中。

表 3-6　NIST 特定隐私控制

ID	名　称
个体参与（IP）	
IP-1	个体参与策略与程序
IP-2	同意
IP-2（1）	属性管理
IP-2（2）	同意的及时通知
IP-3	矫正
IP-3（1）	更正或修改通知
IP-3（2）	申诉
IP-4	隐私通知
IP-4（1）	隐私授权的及时通知
IP-5	隐私法案声明
IP-6	个体访问
隐私授权（PA）	
PA-1	隐私授权策略和程序
PA-2	收集的权利
PA-3	明确目标
PA-3（1）	PII 的使用限制
PA-3（2）	自动化
PA-4	与外部各方的信息共享

　　因此，SP 800-53 提供了 100 多个定义明确的特定控制的集合，组织可以从中选择和实现满足其隐私政策要求的控制。例如，图 3-5 显示了 IP-2 的隐私控制定义。控制部分规定了由组织或信息系统执行的与安全有关的具体活动。补充指南部分提供了特定安全控制的非说明性附加信息。组织可以适当地应用补充指南。安全控制增强部分提供了安全能力的声明，主要是为控制添加功能/特异性和增强控制强度。在这两种情况下，如果对信息系统和操作环境的安全要求更高，则使用控制增强部分，这主要是受到潜在不良组织的影响，或由于组织基于风险评估寻求增加额外的控制功能/特性。

　　此外，SP 800-53A 以评估模板的形式为评估 SP 800-53 中定义的每个控制提供了指导。SP 800-53A 的当前修订版不包括特定的隐私控制，而只包括同时涵盖安全和隐私的控制。更新的版本将包含剩余的控制。例如，表 3-8 显示了 SP 800-53A 中定义的 CP-3 的评估模板。图 3-6 的阴影部分不是模板的一部分，但它提供了一个使用模板进行评估的例子。

IP-2 同意	
控制：	
实现【任务：组织定义的工具或机制】，使得用户在收集数据之前授权处理其 PII：	
IP-2（a）	使用简单的语言并提供示例来说明授权的潜在隐私风险。
IP-2（b）	为用户提供拒绝授权的方法。

补充指导：

这种控制将 PII 处理过程中产生的风险从组织转移到个人。只有当法律或法规要求，或者个人能够合理地理解和接受授权所产生的任何隐私风险时，才会选择授权。组织会考虑是否使用其他控制手段，以便更有效地降低隐私风险，无论是通过单独的手段还是与同意相结合的手段。

为了帮助用户理解在提供同意时所接受的风险，组织用通俗易懂的语言编写材料，避免使用技术术语。IP-2（a）中需要的示例集于用户决策所需的关键点。当开发或购买同意工具时，组织考虑在所有面向用户的同意材料中应用良好的信息设计程序；使用主动语态和会话风格；要点的逻辑顺序；一致使用同一个单词（而不是同义词）以避免混淆；在适当情况下使用项目符号、数字和格式，以帮助阅读；以及文本的易读性，例如字体样式、大小、颜色和与周围背景的对比。相关控制有：AT-2、AT-3、AT-4、CP-2、CP-4、CP-8、IR-2、IR-4、IR-9。

控制改进：

（1）同意｜属性管理

允许数据主体为选定的属性定制使用权限。

补充指导： 允许个人选择特定数据属性在原有用途之外进一步的使用或披露方式，这可以在保持数据效用的同时，帮助降低由最敏感的数据属性引起的隐私风险

（2）同意｜同意的及时通知

与数据操作或【任务：组织定义的频率】一起，提供处理 PII 的授权。

补充指导： 如果个人表示同意的情况已经发生改变，或者自个人表示同意处理其 PII 起已经过了相当长的时间，那么数据主体关于如何处理信息的假设可能已经不再准确或可靠。即时通知可以帮助保持个人对 PII 处理方式的满意度

参考文献：

NIST Special Publication 800-50。NIST Interagency Report 8062。

图 3-5　SP 800-53 中的隐私控制 IP-2

CP-3 应急培训		
评估对象：		
确定组织是否按照分配的角色和职责为信息系统用户提供了应急培训：		
CP-3（a）	CP-3（a）[1]	在组织规定的时间内承担应急角色或责任；(S)
	CP-3（a）[2]	为承担应急角色或责任的信息系统用户界定提供应急培训的时间段；(S)
CP-3（b）	当信息系统的需要改变时；(O)	
CP-3（c）	CP-3（c）[1]	然后，按照组织定义的频率；(S)
	CP-3（c）[2]	定义应急培训的频率。(S)

潜在的评估方法和对象：

检查：【选择：应急计划政策；处理应急培训的程序；应急计划；应急培训课程；应急培训材料；安全计划；应急培训记录；其他有关文件或者记录】。

采访：【选择：负责应急计划，计划实施和培训的组织人员；负责信息安全的组织人员】。

测试：【选择：应急培训的组织过程】。

意见和建议：

如果评估人员找不到证据表明，组织在系统发生重大变化时向信息系统用户提供了符合其分配角色和责任的应急培训，那么 CP-3（b）被标记为"不满意"。

* 评估人员执行的评估程序所包含的每一项评估声明都将产生下列其中一项结果：满意（S）或不满意（O）。

图 3-6　使用 SP 800-53A 中的模板控制 CP-3 的评估结果示例

隐私工程

NIST 已经制作了一系列为隐私工程提供指导的文件。NISTIR 8062 定义了三个隐私工程目标（参见第 2 章中的图 2-5），用于补充传统的安全目标。隐私工程旨在提供一定程度的精确度，以鼓励实施可测量的控制来管理隐私风险。系统设计师和工程师可以与政策团队一起实现以下目标，在高级隐私原则和它们在系统内的功能实现之间建立桥梁。这三个目标是：

- **可预测性**（predictability）：使个人信任 PII 的使用方式，包括自己的 PII 和他人的 PII。实现可预测性对建立信任至关重要，其目标是设计系统，使利益相关者了解个人信息的处理方式。可预测性使数据管理方和系统管理员能够评估信息系统中任何更改带来的影响，并实施适当的控制。即使在一个可能会产生不可预测或先前未知的结果的系统中，比如大型数据分析或研究成果，可预测性也能提供一套有价值的见解，帮助人们控制可能出现的隐私风险。例如，如果某项研究的结果在本质上是不可预测的，操作人员可以通过实施控制来限制对结果的访问或使用。

- **可管理性**（manageability）：支持 PII 的细粒度管理，包括更改、删除和选择性披露。可管理性不是一种绝对权利，而是一种系统属性，它允许个人控制自己的信息，同时最小化系统功能中的潜在冲突。考虑一个关注欺诈检测的系统，在这样的系统中，可管理性可能会限制个人编辑或删除信息的能力，同时使拥有适当特权的参与者能够管理更改，以维护个人的准确性和公平待遇。

- **不可关联性**（disassociability）：使数据系统能够处理 PII 或事件，而无须将信息与超出系统运行要求的个人或设备相关联。有些交互（例如提供医疗保健服务或处理信用卡交易）依赖隐私，但也需要身份证明。与着重于防止未经授权访问信息的机密性不同，不可关联性表明，即使访问被授权或作为交易的副产品，暴露也可能导致隐私风险。这一原则允许系统设计者在设计的每个阶段有意地权衡验证需求和隐私风险。

这三个隐私工程目标旨在提供一定程度的精确度和可测量性，使得与政策团队一起工作的系统设计师和工程师可以使用它们在高级原则和功能系统的实际实现之间架起一座桥梁。表 3-7 表明了与 OECD 的每个 FIPP 有关的目标。

表 3-7   隐私工程目标与 OECD FIPP 的一致性

OECD FIPP	可预测性	可管理性	不可关联性
收集限制		✓	✓
数据质量		✓	
目的规范	✓		
使用限制	✓		
安全防护			
开放性	✓		
个人参与		✓	
可问责性	✓	✓	✓

以下是与隐私工程相关的其他 NIST 文档：

- **SP 800-122**：保护 PII 机密性的指南。为识别 PII 和确定每个 PII 实例适当的保护级别提供实用的基于上下文的指导。该文件还表明了可为 PII 提供适当程度保护的防护措施，并为制定涉及 PII 事件的应对计划提供了建议。
- **SP 800-188**：政府数据集去标识化。提供关于选择、使用和评估去标识化技术的指导。
- **NISTIR 8053**：个人信息去标识化。总结了去标识化和重识别的主要方面。

NIST 网络空间安全与隐私框架

NIST 隐私框架是一个自发工具，组织可以使用它更好地识别、评估、管理和交流隐私风险，这样个人就可以更加信任地享受创新技术带来的好处。此外，隐私框架旨在提供与 NIST 网络安全框架的高级别交互。本节将介绍这两种框架。

为了应对美国联邦机构遭受的越来越多的网络入侵，13636 号行政命令［EO13］指示 NIST 与利益相关者合作，开发一个自发框架，以降低关键基础设施的网络风险。由此产生的 NIST 网络空间安全框架［NIST18］中包括很多机构认可的领先实践。因此，该框架是最佳实践的集合，最佳实践是提高效率和改善保护效果的实践。虽然该文件是为联邦机构提供的，但也适用于非政府组织。

NIST 网络空间安全框架由三个部分组成：

- **核心**（core）：提供一套在关键基础设施部门普遍使用的网络空间安全活动、期望的结果和适用的参考。
- **实施层**（implementation tier）：为组织看待网络空间安全风险的方式以及管理该风险的适当流程提供环境。
- **概要**（profile）：基于组织从核心类别和子类别中选择的业务需求，并展示其结果。

该框架的核心确定了构成组织网络空间安全风险管理方法的 5 项关键功能（见表 3-8）。每个功能被划分为一些特定的类别，每个类别又被划分为一些更详细的子类别，总共有 23 个类别和 106 个子类别。这 5 个功能提供了组成组织风险管理的要素的高层视图。这些类别是与项目需求和特定活动密切相关的网络空间安全成果组。每个类别又进一步划分为技术和管理活动的具体成果。这些子类别提供的结果，虽然并非详尽无遗，但有助于实现每个类别的结果。与每个子类别相关联的是一个参考资料列表，每个参考都是关键基础设施部门中常见的标准、指南和实践的特定部分，它们说明了实现与每个子类别相关结果的方法。

表 3-8　NIST 网络空间安全框架功能及类别

功　　能	描　　述	类　　别
识别	建立组织对管理系统、资产、数据和能力网络空间安全风险的理解	资产管理
		业务环境
		治理
		风险评估
		风险管理策略
		供应链风险管理

（续）

功　能	描　述	类　别
防护	制定和实施适当的防护措施，以确保重要基础设施服务的提供	访问控制
		意识与培训
		数据安全
		信息防护过程与程序
		维护
		防护技术
检测	制定并实施适当的活动以检测网络空间安全事件的发生	异常与事件
		持续安全监控
		检测过程
应答	制定并实施适当的活动，以针对检测到的网络空间安全事件采取行动	风险应答计划
		通信
		分析
		缓解
		改进
恢复	制定并实施适当的活动，维护恢复计划，恢复因网络空间安全事件而受损的能力或服务	恢复计划

　　与其说框架的核心目的是提供一个执行操作的检查表，倒不如说是作为规划工具，使决策者能够更清楚地了解哪些风险管理和开发策略更适合组织制定安全目标的特定活动。

　　框架文件中定义的层级有助于组织定义网络空间安全的优先级以及组织打算做出的承诺水平。这些层次从局部（第1层）到适应性（第4层），描述了网络空间安全风险管理实践中日益增长的严格度和复杂度，以及网络空间安全风险管理在多大程度上由业务需求通知并被整合到组织的整体风险管理实践中。

　　一旦组织清楚风险管理（层次）的承诺程度，并了解为履行该承诺可以采取的行动，安全策略和计划就可以就位了，如框架概要所示。本质上，概要是从框架的核心中选择的类别和子类别。当前概要反映了该组织的网络空间安全态势。基于风险评估，组织可以定义一个目标概要，然后从框架的核心进行分类和子分类以达到目标。当前和目标概况的定义能够使管理层确定已经做了什么，需要维持什么，以及需要实施哪些新的网络空间安全措施来管理风险。每个子类别的参考指南、标准和实践提供了满足目标概要所需工作的具体描述。

　　NIST 隐私框架［NIST19］旨在帮助组织考虑以下事项：

● 他们的系统、产品和服务如何影响个人？

- 如何将隐私实践融入组织过程中，从而产生有效的解决方案来减轻影响并保护个人隐私？

与 NIST 网络空间安全框架一样，NIST 隐私框架包括核心、概要和实施层。表 3-9 显示了组成框架核心的 5 个关键功能以及每个功能的类别。该框架提供了数十项措施，公司可以采取这些措施调查、减轻和向用户和公司内部高管传达其隐私风险。

表 3-9　NIST 隐私安全框架功能及类别

功　能	描　述	类　别
识别	制定组织对管理个人隐私风险的理解，这些风险来自数据处理或与系统、产品或服务的交互	主体与映射
		业务环境
		治理
		风险评估
		风险管理策略
		供应链风险管理
防护	制定和实施适当的数据处理防护措施	身份管理、身份验证与访问控制
		意识与培训
		数据安全
		信息防护过程与程序
		维护
		防护技术
		受保护的处理
控制	制定和实施适当的活动，使组织或个人能够以足够的粒度管理数据，以管理隐私风险	数据管理过程与程序
		数据管理
通知	制定和实施适当的活动，使组织和个人能够充分了解如何处理数据	透明度过程与程序
		数据处理告知
应答	制定并实施适当的活动，以针对检测到的网络安全事件采取行动	风险应答计划
		通信
		分析
		缓解
		改进
		纠正

图 3-7 说明了两个框架中的功能如何相互关联［NIST19］。这两个框架的结构是为了就如何以综合和协调的方式执行安全和隐私风险管理提供指导。

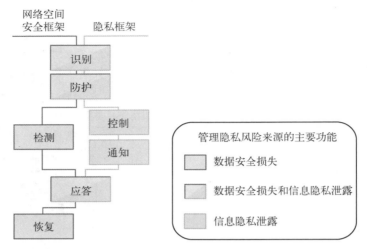

图 3-7   网络空间安全框架与隐私框架功能关系

3.6   隐私最佳实践

除法规和标准文件之外，一些专业团体和行业团体编制的最佳实践文件和指南对信息隐私设计者和实现者也非常有用。这类文件中最重要的是 Standard of Good Practice for Information Security（信息安全良好实践标准），它由信息安全论坛（Information Security Forum，ISF）发布。这份 300 多页的文件提供了很多在行业和政府组织之间达成了广泛共识的最佳实践。本文件有一节是专门讨论隐私的。在这方面，另一个重要的信息来源是云安全联盟（Cloud Security Alliance，CSA），顾名思义，它致力于为云提供商提供安全措施。但是，云提供商的许多最佳实践也适用于其他环境中。本节将概述与隐私相关的 ISF 和 CSA 文件。

3.6.1   信息安全论坛

信息安全论坛（ISF）是一个由来自世界各地的领导组织组成的独立的非盈利性协会。通过 ISF，其成员可以在信息安全实际研究项目的发展中提供资金并进行合作。它致力于调查、澄清和解决网络空间安全、信息安全和风险管理中的关键问题，并制定最佳实践方法、流程和解决方案，以满足其成员的业务需求。ISF 成员对知识和实践经验进行深入分享和利用，并从中受益，这些知识和实践经验来自他们的组织内部，并通过广泛的研究和工作计划得到发展。

ISF 最重要的活动是正在发展的 Standard of Good Practice（信息安全良好操作标准，SGP）；现行的 SGP 是在 2018 年发行的。本文档是一个以业务为中心的，用于识别和管理组织及其供应链中信息安全风险的综合指南。在制定 SGP 方面达成的共识覆盖范围很广。它基于成员的研究项目和投入，以及对网络空间安全、信息安全和风险管理方面的领先标准的分析进行制定。其目标是制定最佳实践方法、流程和解决方案，以满足 ISF 成员（包括大型和小型企业组织、政府机构和非营利组织）的需求。

SGP 为涉及的每个主题提供了详细的检查表。就信息隐私来说，SGP 在以下范畴提供指引和建议：

- **高级别工作组**（high-level working group）：组织应建立一个高级别工作组，负责管理信息隐私问题，并监督信息隐私计划。该组应当
  - 任命一个首席隐私官或数据保护经理来协调信息隐私活动。
  - 委任其他人士就隐私相关事宜进行监督、提供意见，并管理隐私相关的实施。
  - 了解与隐私相关的法规、PII 在组织中的位置以及所有 PII 的使用目的。
- **信息隐私计划**（information privacy program）：本组织的信息隐私计划应
  - 识别和保护 PII 的整个生命周期（创建、存储、处理、传输、销毁）。
  - 制定一个隐私意识计划。
  - 根据需要执行隐私评估。
  - 根据需要执行隐私审计。
- **信息隐私政策**（information privacy policy）：组织应发布信息隐私政策，包括
  - 可接受的 PII 使用。
  - 保护不同类型 PII 的要求。
  - 持有 PII 的个体的权利。
  - 隐私评估、意识计划和合规项目的要求。
  - 与隐私相关的技术控制的部署。
  - 为 PII 的整个生命周期提供管理策略和程序。
- **个人参与**（individual participation）：组织应根据 FIPP 促进个人参与其 PII 的储存和使用。
- **技术控制**（technical control）：组织应选择和实施技术控制，包括
  - 加密和加密密钥管理。
  - 数据屏蔽（例如通过假名化、数据混淆、数据去标识化或数据置乱），包括在存储或传输时隐藏部分信息。
  - 标记化，用随机信息替换有效信息（如数据库字段或记录），并使用令牌提供对信息的授权访问。
  - 保护与隐私相关的元数据，例如文档属性或可能包含个人信息（如最近更新文件的人的姓名）的描述性信息。
- **数据隐私泄露**（data privacy breach）：组织应制定处理数据隐私泄露的方法，包括识别泄露、作出回应及通知相关方。

3.6.2　云安全联盟

云安全联盟（CSA）致力于定义和提高对最佳实践的认识，以帮助确保安全的云计算环境。CSA 利用了行业从业者、协会、政府、企业和个人的专业知识。

CSA 有两份隐私相关文件值得注意：

- 隐私级别协议［V2］：在欧盟提供云服务的合规工具。

- GDPR 合规行为准则。

尽管这两份文件都涉及与欧盟相关的问题，但它们适用于世界范围内的所有监管环境，并提供了丰富的信息。Privacy Level Agreement（隐私级别协议，PLA）文件提供了一种结构化的方式，将云服务提供商（Cloud Service Provider，CSP）提供的个人数据保护级别传达给客户和潜在客户。该文件就下列 PLA 条款的内容提供了建议：

- CSP 的身份、角色和数据保护查询的联系信息
- 数据处理的方法
- 数据传输
- 数据安全措施
- 监控
- 个人信息泄露通知
- 数据可移植性、迁移和传输帮助
- 数据保留、恢复和删除
- 问责制
- 合作
- 需依法披露的内容

GDPR 合规行为准则也针对 PLA。此外，它还为信息隐私治理提供了详细的指导。主题包括：

- 认证和道德规范
- 治理的主体、角色和职责
- 治理过程和相关活动

3.7　关键术语和复习题

3.7.1　关键术语

accountability	可问责性	disassociability	不可关联性
aggregated information	聚合信息	Fair Information Practice Principle（FIPP）	公平信息实践原则
anonymous information	匿名化信息	General Data Protection Regulation（GDPR）	通用数据保护条例
best practice	最佳实践	individual participation	个体参与
collection limitation	收集限制	linkable information	可关联信息
data controller	数据管理方	linked information	已关联信息
data quality	数据质量	manageability	可管理性
de-identified personal information	去标识化的个人信息	natural person	自然人

（续）

openness	开放性	privacy stakeholder	隐私利益相关者
Organisation for Economic Co-operation and Development（OECD）	经济合作与发展组织	purpose specification	目标明确化
personal data	个人数据	regulation	条例/法规
Personally Identifiable Information（PII）	个人身份信息	re-identification	重识别
PII controller	PII 管理方	security safeguard	安全防护
PII principal	PII 主体	standard	标准
PII processor	PII 处理方	technical control	技术控制
predictability	可预测性	third party	第三方
privacy framework	隐私框架	use limitation	使用限制

3.7.2 复习题

1. GDPR 对个人数据的定义是什么？
2. 解释敏感 PII 和非敏感 PII 的区别。
3. 请描述与个人有关的四类信息。
4. 什么是重新识别，它是如何实现的？
5. 描述 OECD 定义的 FIPP。
6. 简要介绍 GDPR。
7. 请列举一些美国主要的隐私相关法律。
8. NIST 在信息隐私方面扮演什么角色？
9. ISO 对隐私标准做出了什么贡献？
10. 解释 ISF 信息安全良好实践标准的目的。

3.8 参考文献

ALFE12: Al-Fedaghi, S., and AL Azmi, A. "Experimentation with Personal Identifiable Information." *Intelligent Information Management*, July 2012.

BRAC19: Bracy, J. "World's first global privacy management standard hits the mainstream. IAPP Privacy Blog, August 20, 2019. https://iapp.org/news/a/worlds-first-global-privacy-management-standard-hits-the-mainstream/

DHS17: U.S. Department of Homeland Security. *Handbook for Safeguarding Sensitive PII*. Privacy Policy Directive 047-01-007, Revision 3. December 4, 2017.

DOC17: U.S. Department of Commerce. *Privacy Program Plan.* September 2017. http://osec.doc.gov/opog/privacy/default.html

ENIS14: European Union Agency for Network and Information Security. *Privacy and Data Protection by Design—From Policy to Engineering.* December 2014. enisa.europa.eu

EO13: Executive Order 13636, "Improving Critical Infrastructure Cybersecurity." *Federal Register,* February 19, 2013. http://www.gpo.gov/fdsys/pkg/FR-2013-02-19/pdf/2013-03915.pdf

HEW73: U.S. Department of Health, Education, and Welfare. *Records, Computers and the Rights of Citizens, Report of the Secretary's Advisory Committee on Automated Personal Data Systems.* July 1973. https://epic.org/privacy/hew1973report/

KINA16: Kinast, K. "10 Key Facts Businesses Need to Note About the GDPR." *European Identity & Cloud Conference*, 2016.

NIST18: National Institute of Standards and Technology. *Framework for Improving Critical Infrastructure Cybersecurity, Version 1.1.* April 16, 2018. https://doi.org/10.6028/NIST.CSWP.04162018

NIST19: National Institute of Standards and Technology. *NIST Privacy Framework: An Enterprise Risk Management Tool.* April 30, 2019. https://www.nist.gov/privacy-framework

OECD80: Organisation for Economic Co-operation and Development. *OECD Guidelines on the Protection of Privacy and Transborder Flows of Personal Data.* 1980. http://www.oecd.org/sti/ieconomy/oecdguidelinesontheprotectionofprivacyandtransborderflowsofpersonaldata.htm

OECD13: Organisation for Economic Co-operation and Development. *The OECD Privacy Framework.* 2013. https://www.oecd-ilibrary.org/

SCHW14: Schwartz, P., and Solove, D. "Reconciling Personal Information in the United States and European Union." *California Law Review*, Vol. 102, No. 4, August 2014.

SOLO06: Solove, D. *A Taxonomy of Privacy.* GWU Law School Public Law Research Paper No. 129, 2006. http://scholarship.law.gwu.edu/faculty_publications/921/

第 4 章

信息隐私威胁和漏洞

学习目标：

经过本章的学习，你应当具备以下能力：

- 了解信息技术的变化如何增加对隐私的威胁；
- 陈述个人和组织面临的隐私威胁类型；
- 列出并讨论隐私漏洞的各种类别；
- 解释国家漏洞数据库的目的以及各组织如何使用它。

第 3 章讨论了推动信息隐私设计和实现过程的需求。这些需求有许多来源，其中最重要的是：

- **公平信息实践原则**（Fair Information Practice Principle，FIPP）：这些原则如经济合作与发展组织（Organisation for Economic Co-operation and Development，OECD）定义的原则（见表 3-2），定义了信息隐私的总体设计目标。
- **隐私法律法规**（privacy laws and regulation）：最近突出的例子是欧盟《通用数据保护条例》（General Data Protection Regulation，GDPR）和《加州消费者隐私法》（California Consumer Privacy Act，CCPA）。这些法律规定了必须提供的个人身份信息（personally identifiable information，PII）保护的具体要求，以及在某些情况下的管理实践。
- **标准**（standard）：这类中最突出的是 ISO 和 NIST 的隐私相关标准。它们为组织提供了具体的指导和验证合规性的方法。
- **最佳实践**（best practice）：这些文件可以有效地保护 PII，如信息安全良好实践标准（Good Practice for Information Security，SGP）、建议政策、程序和控制。

考虑到隐私需求，组织的基本任务是识别与组织及其 PII 的使用和存储相关的隐私威胁和隐私漏洞。这里有必要重复第 2 章中的一些定义：

- **隐私威胁**（privacy threat：）：一种可能侵犯隐私的行为，在某种情况、能力、行为或事件可能侵犯隐私并对个人造成伤害时出现。也就是说，威胁是一种可能利用漏洞的潜在危险。
- **威胁行为**（threat action）：也被称为**威胁事件**（threat event），是对威胁的一种认识，即由于意外事件或故意行为导致漏洞被利用的事件。

- 隐私漏洞（privacy vulnerability）：系统设计、实现或运行和管理中的缺陷或弱点，可能被威胁行为利用，从而违反系统的隐私政策并危及 PII。

本章的前五个部分是关于隐私威胁的。4.1 节将讨论技术变化增加隐私威胁的方式；4.2 节和 4.3 节将介绍威胁分类的两种不同方法，组织将它们作为检查清单来使用，以确保没有忽视任何类型的威胁；4.4 节将提供一个不同的视角，根据来源对威胁进行分类；4.5 节将提供一些识别威胁的指导；4.6 节将讨论隐私漏洞。

4.1   不断演变的威胁环境

信息技术的进步带来了越来越多限制隐私的压力，使得保护信息隐私的任务变得更加困难。本节基于美国国家研究委员会关于 Engaging Privacy and Information Technology in a Digital Age（数字时代的隐私保护和信息技术）的讨论［NRC07］，介绍了一些特别重要的进展。

4.1.1   技术进步的总体影响

信息技术的进步，特别是在信息安全和密码学领域，催生了保护隐私的新工具和新方法。然而，先进技术的整体影响已经对隐私造成了侵犯。考虑以下示例：

- 降低数据存储成本（decreasing data storage cost）：数据存储十分便宜，以至于 PII 一旦被收集，在其正常生命周期内（甚至超过生命周期）的维护都会变得十分容易。组织发现与决定何时销毁哪些数据的过程相比，保留数据的成本更低。因此，个人的可用 PII 数量会随时间增长。
- 物联网（the Internet of Things）：物联网（Internet of Things，IoT）指的是智能设备（如传感器）的无线互联。互联物联网设备收集和传输各种信息，如家庭自动化和安全系统、基于汽车的设备、市政服务设备等。物联网系统的增长导致了 PII 收集潜力的增长。第 9 章将探讨物联网环境中的隐私。
- 常开状态的个人设备（always on or mostly on personal device）：智能手机、智能手表和健身追踪器会生成大量的个人信息，这些信息通常可以无线访问。
- 云计算（cloud computing）：当一个组织将数据和应用程序外包给云服务提供商时，组织不再能实现自己的隐私控制，而必须依赖云服务提供商实现的隐私控制。这方面存在许多问题，例如与典型组织数据中心相比，云环境的复杂性、多租户环境以及与面向互联网服务相关的风险都会增加。第 9 章将探讨云隐私问题。
- 纸质记录的数字化（digitization of paper record）：许多以传统纸质形式存储的记录现在保存在数据库中，这些数据库通常可以通过互联网访问。例如，许多城市在网站上提供房产税记录，使其他人能更方便地获得所有权和房产价值信息。

4.1.2   收集数据的再利用

虽然组织可能为了某个特定的目的而收集 PII，但是收集组织和其他实体慢慢地发现了将该 PII 用于其他目的的价值。常见例子如下：

- **企业（business）**：企业希望利用 PII 向消费者提供有针对性的产品，以最具成本效益的方式雇用和安置员工，并通过更好地了解需求来降低经济风险。
- **研究人员（researcher）**：各种领域的研究人员都希望使用来自一个或多个来源的 PII 获取统计信息，如当前状况和趋势。
- **政府机构（government agency）**：机构寻求 PII 的来源以提供服务、管理收益和增强安全性。

除非数据库管理和访问系统中内置了使用限制，否则为某一目的收集的数据将来可以很容易地被用于其他目的，特别是因为数据可以以很少的成本无限期地保留。美国国家研究委员会（National Research Council）在文献［NRC07］中提到了许多涉及隐私问题的案例，其中包括在未经通知或同意的情况下，将为某一目的而收集的 PII 用于另一目的。

4.1.3　PII 的获取方式

企业、政府机构甚至个人都在不断开发新的自愿或非自愿机制和方法来获取 PII。以下类别显示了个人隐私披露的范围：

- **强制性披露（mandatory disclosure）**：在许多情况下，个人都需要提供 PII，例如纳税申报单和重罪犯的 PII（如指纹、DNA）。
- **鼓励披露（incentivized disclosure）**：组织可以鼓励个人披露信息。例如，零售企业可以提供会员卡，用户可以享受折扣，同时企业可以跟踪购买情况。
- **条件披露（conditioned disclosure）**：这类似于鼓励披露，指个人必须提供 PII，才能获得某些重要的商品或服务。例如驾驶汽车、乘飞机旅行、投票和就业。在这些情况下，个人必须提供一些 PII。
- **完全自愿披露（entirely voluntary disclosure）**：例如，人们可能会在社交媒体上披露个人信息。
- **不知情的信息获取（unannounced acquisition of information）**：这一类别包括个人在不知情的情况下披露 PII。例如在 web 浏览器上使用 cookie。

因此，PII 被收集的场合非常多，这增加了个体维护 PII 的体量。

4.2　隐私威胁分类法

要理解隐私的要求，首先必须识别威胁。文献［SOLO06］中制定的**隐私分类法**是目前最为全面的隐私威胁列表之一。该分类法描述了不同类型的侵犯隐私活动。它由信息收集、信息处理、信息传播和入侵四组潜在有害活动组成（见图 4-1）。每一组都由不同的有害活动相关亚组组成。

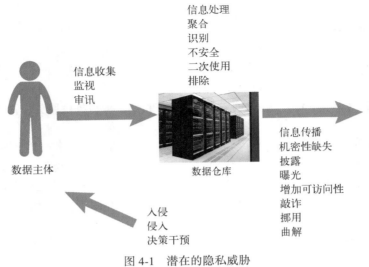

图 4-1   潜在的隐私威胁

4.2.1　信息收集

信息收集不一定是有害的，但在某些情况下可能构成隐私威胁。可能会出现以下两种类型的威胁活动：

- **监视**（surveillance）：监视、监听或记录个人的活动。监视会产生很多问题，也是对隐私权的侵犯，尤其是在个人不知情的情况下。
- **审讯**（interrogation）：迫使个人泄露信息。如果表格或在线注册过程中需要某些字段才能继续，个人就会被迫泄露他/她不愿透露的信息。

4.2.2　信息处理

信息处理（information processing）是指使用、存储和操作已收集的数据。与信息处理相关的隐私问题来自如何处理已经收集的数据，以及如何将处理结果与相关个人联系起来。在这一领域中，隐私威胁的潜在来源包括以下方面：

- **聚合**（aggregation）：不同数据库中某个人的数据聚合，使可访问聚合数据的任何人都能比从独立的、单独保护的数据集中了解更多个人信息。
- **识别**（identification）：如果有足够的数据，就可以从各种来源聚合数据，并使用这些数据来识别数据集中没有被识别的人员。
- **不安全**（insecurity）：不安全是指 PII 的不当保护和处理。其中一个可能的后果是身份盗窃。另一个可能的后果是基于某个人记录的改变来散布关于这个人的虚假信息。
- **二次使用**（secondary use）：为某一目的而获得的个人信息，可能会在未经同意的情况下被用于其他目的，这被称为**二次使用**（secondary use）。
- **排除**（exclusion）：是指未能向个人提供通知和有关其记录的输入。

4.2.3　信息传播

信息传播包括个人信息的披露或披露面临的威胁。在这一领域，隐私威胁的潜在来源包括以下方面：

- **披露**（disclosure）：披露指的是对一个人真实信息的披露。潜在的伤害是会对声誉或地位造成某种形式的损害。例如，许多网站的主页底部都有一个隐私链接，该链接通向一个声明隐私政策的页面，该页面主要关注信息披露问题。策略的典型部分包括收集的信息、信息的使用、信息披露、cookie、网络信标和其他跟踪技术，以及用户的选择。
- **机密性缺失**（breach of confidentiality）：隐私分类法将披露和机密性缺失区分开来，将后者定义为违反信任的披露［SOLO06］。因此，即使披露本身是无害的，披露的来源也是一个人对其有特定信任期望的实体。非授权地向第三方发布医疗信息就是一个例子。
- **曝光**（exposure）：曝光指的是将一个人的某些身体和情感特征暴露给别人，如裸体照片或外科手术的视频。
- **增加可访问性**（increased accessibility）：增加可访问性意味着已经公开的信息更容易被访问。增加可访问性不会造成新的伤害，但确实增加了被访问的可能性，因此也就增加了风险。
- **敲诈**（blackmail）：敲诈包括披露的威胁。勒索软件是网络空间安全敲诈的一个例子。
- **挪用**（appropriation）：挪用指的是为他人的目的而使用某人的身份或人格。与身份盗窃不同，犯罪者并没有声称自己是受害者。相反，犯罪者将图片或其他识别特征用于某些受害者未授权的目的，如广告。
- **曲解**（distortion）：曲解是指操纵别人对一个人的看法和判断，并将受害者不准确地暴露在公众面前。可以通过修改与个人有关的记录来实现曲解。

4.2.4　入侵

隐私威胁的第四个方面被称为**入侵**（invasion），它包括对个人的直接侵犯。在这一领域，隐私威胁的潜在来源包括以下方面：

- **侵入**（intrusion）：一般来说，侵入指侵入某人的生活或个人空间。在网络空间安全中，侵入是指侵入网络或计算机系统，并获得一定程度的访问特权。侵入是各种安全威胁的一部分，但也可能造成隐私威胁。例如，对个人计算机的实际侵入或侵入威胁会扰乱用户的活动或平静的心情。
- **决策干预**（decisional interference）：这是一个宽泛的法律概念。就目前的讨论而言，它涉及避免某些类型的披露的个人利益。在某种程度上，某些行为会产生可能会被披露的数据，因此采取这些行动的决定会被阻止比如为政府利益注册。

潜在威胁的列表涵盖内容很广泛，任何组织的隐私控制集都不会试图解决所有威胁。然而，为了确定选择隐私控制的优先级，这样的列表还是有用的。

4.3　NIST 威胁模型

人们普遍接受的执行信息风险分析的方法包括，识别信息系统的潜在威胁以及信息系统针对某个特定威胁的漏洞。NISTIR 8062 提出了一种不同的威胁模型，在隐私风险模型中可能更有用。为了证明这一点，NISTIR 给出了智能电表的例子。智能电表能够收集、记录和分发有关家庭用电情况的粗粒度信息。这些信息可以用来了解诸如房屋何时被占用以及哪些电器在运行之类的信息。NIST 智能电网网络空间安全委员会发表在 NISTIR 7628 上的一份报告得出结论称，虽然很多通过智能电网获取的信息都不是新的，但现在其他各方都有可能获取这些信息。此外，信息的合并允许人们为许多新的用途、使用新的方法来分析所收集的数据，这可能会引起实质性的隐私问题。然而，由于数据收集是系统的授权功能，因此对于风险分析师来说，将此活动归类为威胁可能并不恰当。

NIST 威胁模型使用了文献［NSTC16］中提出的隐私表征。来自 NSTC 报告的图 4-2，说明了描述信息隐私问题的关键概念。

- **主体（subject）**：包含一个或一群人、个人和群体的身份，以及他们的权利、自主性和隐私需求。
- **数据（data）**：包含关于个人和群体的数据和衍生信息。
- **数据操作（data action）**：处理 PII 的任何系统操作。包括各种数据收集、处理、分析和保留实践，限制实践的控制措施，以及收集和使用数据对个人、群体和社会的（消极和积极）影响。
- **环境（context）**：围绕系统处理 PII 的环境。

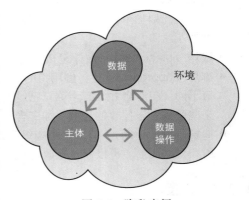

图 4-2　隐私表征

考虑环境的需要使确保信息隐私的任务更加复杂。例如，个人定期与保健专业人员共享医疗状况，与财务规划师共享财务状况，与旅行社和雇主共享旅行计划。但是，当一个社区内共享的信息出现在另一个社区时，就违反了隐私。隐私保护系统和控制的设计者所面临的挑战是，每个人从不同的角度考虑隐私，使用不同的术语表达自己的隐私问题，对隐私相关的危害有不同的感知，隐私需求随环境的不同而变化。现有的信息安全模型和最佳实践不能很好地满足这些需求。

表 4-1 基于 NISTIR 8062，给出了一组有助于确定隐私威胁和进行隐私风险评估的环境因素。

NISTIR 8062 建议使用图 4-3 所示的术语，并在以下列表中描述。

表 4-1 环境因素目录

类 别	需要考虑的环境因素
组织	■ 参与该系统的组织的性质，如公共部门、私营部门或受管制行业，以及该因素如何影响系统所采取的数据操作 ■ 公众对参与组织在隐私方面的看法 ■ 参与系统的用户与组织之间关系的性质和历史
系统	■ 与外部系统的连接程度，以及外部系统进行的数据操作的性质，如保留、披露或二次使用 ■ 任何有意公开披露个人信息的行为及其粒度 ■ 用户与系统交互的性质和历史 ■ 系统的操作目的（例如提供的商品或服务）与（参与组织的）和用户交互的其他系统之间的相似程度
个体	■ 系统处理个人信息的个人隐私利益已知情况 ■ 个人的信息技术经验/理解程度 ■ 任何可能影响个人对系统所采取的数据操作的理解或行为的人口统计因素
数据操作	■ 系统执行数据操作的持续时间或频率 ■ 个人对数据操作的可见程度 ■ 系统采取的数据操作与操作目的之间的关系（例如，收集或生成的个人信息以何种方式或在何种程度上有助于操作目的?） ■ 个人信息的敏感程度，包括特定部分或整体

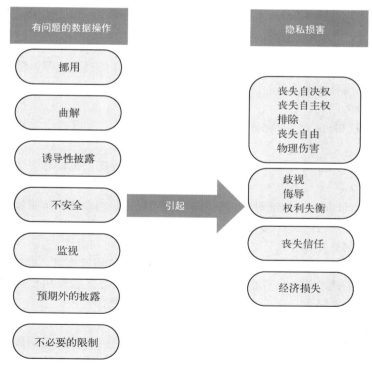

图 4-3 有问题的数据操作和隐私损害

- **有问题的数据操作**（problematic data action）：对个人造成不利影响或问题的**数据操作**（data action）。
- **隐私损害**（privacy harm）：个人在处理 PII 时的不良经历。

有问题的数据操作包括：

- **挪用**（appropriation）：以超出个人预期或授权的方式使用 PII。当以个人会反对或非预期的方式使用个人信息时，就会发生挪用。
- **曲解**（distortion）：使用或传播不准确或具有误导性的不完整的个人信息。曲解会以不准确、不讨好或贬低的方式呈现给用户。
- **诱导性披露**（induced disclosure）：泄露个人信息的压力。当用户被迫提供与交易目的或结果不相称的信息时，就会发生诱导性披露。诱导性披露包括利用对必要的（或认为必要的）服务的访问或特权。
- **不安全**（insecurity）：数据安全方面的失误。
- **监视**（surveillance）：跟踪或监视（monitoring）与服务目的或结果不相称的个人信息。监视数据操作和有问题的监视数据操作之间的差异非常小。追踪用户的行为、交易或个人信息可能是出于保护用户免受网络威胁或提供更好的服务等操作目的，但当它导致隐私受到损害时，就成为监视。
- **预期外的披露**（unanticipated revelation）：以与上下文无关的方式使用数据，以意想不到的方式揭示或暴露个人或个人的某些方面。对大型数据集和不同数据集的聚合和分析可能会产生预期外的披露。
- **不必要的限制**（unwarranted restriction）：阻碍对 PII 的有形访问，限制对系统内信息存在的认识或对此类信息的使用。

隐私损害可分为四类：

- **丧失自决权**（loss of self-determination）：丧失个人主权或自由选择能力。包括以下类别：
- **丧失自主权**（loss of autonomy）：指不必要的行为改变，包括对言论或集会自由的自我限制。
  - **排除**（exclusion）：缺乏对 PII 的了解或访问权限。当个体不知道实体收集或可以利用的信息，或他们没有机会参与此类决策时，就减少了关于该实体是否适合拥有这些信息或者信息是否会以公平或平等的方式被使用的可问责性。
  - **丧失自由**（loss of liberty）：信息的不当暴露导致逮捕或拘留。即使在民主社会，不完整或不准确的信息也可能导致逮捕，信息的不当曝光或使用也可能导致政府权力的滥用。在非民主社会可能会出现更多危及生命的情况。
  - **物理伤害**（physical harm）：对个人的实际物理伤害。举个例子，如果个人的 PII 用于定位和访问与个人交互的网络物理系统，物理伤害就可能包括医疗设备传感器读数不准确、自动化胰岛素泵损坏引起的药物剂量错误或关键的智能汽车控制（如制动和加速）故障。
- **歧视**（discrimination）：对个人的不公平或不平等待遇。包括以下类别：

- **侮辱**（stigmatization）：将 PII 与实际身份联系起来而造成的一种侮辱，从而导致尴尬、情绪困扰或歧视。例如，健康数据、犯罪记录等敏感信息或获得某些服务（如食品券或失业救济金）的信息可能会附加到个人身上，从而产生对他们的主观推断。
- **权力失衡**（power imbalance）：指通过获取 PII 导致不合理的权力失衡，或利用、滥用获得者和个人之间的权力失衡获取 PII。例如，收集个人属性或分析其行为或交易可能导致各种形式的歧视或影响，包括差别定价或划界。

● **丧失信任**（loss of trust）：违反关于个人信息处理的隐含或明确的期望或协议。例如，向实体披露个人或其他敏感数据时，会对这些数据的使用、安全、传输、共享等方面产生许多期望。违规行为可能会让个人不愿参与进一步的交易。

● **经济损失**（economic loss）：由于身份盗窃以及在涉及个人信息的交易中未能获得公允价值而造成的直接经济损失。

图 4-4 显示了隐私威胁有可能造成的各种隐私损害。

图 4-4　隐私威胁与潜在隐私损害的关系

4.4　威胁来源

威胁的性质在很大程度上取决于来源的类型。NIST SP 800-30（*Guide for Conducting Risk Assessments* 执行风险评估指南）将威胁源定义为以下任一种：

● 故意利用漏洞的意图和方法。

● 偶然触发漏洞的情况和方法。

SP 800-30 将威胁源分类如下：

● **对抗性的**（adversarial）：试图利用组织对网络资源的依赖性的个人、团体、组织或国家（比如，电子信息、信息通信技术及其提供的通信和信息处理能力）。

● **偶然的**（accidental）：个人在履行日常职责过程中所采取的错误行为。

- **环境的（environmental）**：组织所依赖但不受组织控制的关键基础设施的自然灾害和故障。
- **结构性的（structural）**：由于老化、资源消耗或其他超出预期运行参数的情况导致的设备、环境控制或软件故障。

例如，2018 年信息安全论坛（Information Security Forum，ISF）的 Standard of Good Practice for Information Security（信息安全良好实践标准）中定义了前三大类中的一些威胁，表 4-2 对这些威胁进行了说明。虽然这个列表不够详尽，但涵盖了许多威胁类别。尽管 ISF 将它们列为信息安全威胁，但如果威胁影响到 PII，那么它也是隐私威胁。

表 4-2　信息安全良好实践标准中定义的威胁

对抗性威胁	偶然威胁
会话劫持 对合法身份验证凭证未经授权的访问 利用脆弱的授权机制 未经授权的监视和/或通信的修改 拒绝服务（Denial-of-Service，DoS）攻击 利用组织信息资产的不安全处置 将恶意软件引入信息系统 利用配置错误的组织信息系统 利用组织远程访问服务中的设计或配置问题 利用设计不良的网络架构 滥用信息系统 对信息系统未经授权的物理访问 对信息系统的物理破坏或篡改 盗窃信息系统硬件 对组织设施或其支持的基础设施进行物理攻击 未经授权的网络扫描和/或探测 收集组织的公开信息 网络钓鱼 在组织中插入危险人物 利用人际关系 利用组织信息系统中的漏洞 在应用程序或软件中引入未经授权的代码 向目标组织的供应商或业务伙伴妥协	用户错误（偶然的） 授权用户对关键和/或敏感信息的不当处理 用户错误（疏忽） 信息系统丢失 变化的不良影响 资源消耗 配置错误 维护错误 软件故障（内部生产的软件） 软件故障（外购软件） 偶然的物理伤害
	环境威胁
	病菌（如疾病爆发） 风暴（冰雹、雷声、暴风雪） 飓风 龙卷风 地震 火山喷发 洪水 海啸 火灾 停电或波动 外部通信的损坏或丧失 环境控制系统故障 硬件故障

4.5　识别威胁

通常可从各种政府和贸易团体获得有关环境威胁的信息。偶然或结构性威胁不太容易被记录，但通常仍然可以合理准确地预测。关于对抗性威胁，各组织发现由于各种原因，难以获得关于过去事件的可靠信息，也难以评估未来的趋势，其中包括下列原因：

- 为了努力挽救企业形象，避免责任成本，组织往往不愿意报告安全事件，并且责任相关的管理和安全人员也不愿意对自己的职业生涯造成损害。
- 有些攻击可能在发生或者至少试图发生很久以后才被受害者发现。
- 随着攻击者适应新的安全控制并发现新的技术，威胁的演变还在继续。

因此，掌握对抗性威胁的信息是一场永无止境的战斗。下面的讨论将检查三种重要类别的威胁信息源：内部经验、安全警报服务和全球威胁调查。

关于威胁的一个重要信息来源是组织在识别对其资产的未遂和成功攻击方面已经拥有的经验。组织可通过有效的安全监测和改进功能获得这方面的信息。然而，这些信息对威胁和事件管理（将在第 13 章中描述）比对风险评估更有价值。也就是说，一旦发现攻击，就应立即采取补救行动，而不是将其变成长期行动。

安全警报服务重点在于在开发时检测威胁，从而使组织能够修补代码、更改实践，或以其他方式防止威胁变成现实。同样，这类信息对于威胁和事件管理更有价值。在这方面有两个有用的资料来源：

- **计算机应急响应小组**（Computer Emergency Response Teams，CERT）：也称为计算机应急准备小组，这些合作项目收集关于系统漏洞和已知威胁的信息，并将其传播给系统管理人员。黑客也经常阅读 CERT 报告。因此，对于系统管理员来说，快速验证并将所有软件补丁应用于发现的漏洞非常重要。美国网络空间安全和基础设施安全机构（U. S. Cybersecurity and Infrastructure Security Agency，CISA）是这类组织中最有用的组织之一，它是美国国土安全部和公共和私营部门的合作伙伴，旨在协调响应来自互联网的安全威胁（https://www.us-cert.gov）。另一个优秀的组织是 CERT 协调中心，该中心由美国国防高级研究计划局组建的计算机应急响应团队发展而来（https://www.sei.cmu.edu/about/divisions/cert/index.cfm）。CERT 协调中心网站提供了有关网络安全威胁、漏洞和攻击统计的有用信息。
- **信息共享分析中心**（Information Sharing Analysis Center，ISAC）：ISAC 是一个非盈利组织，它通常是对应具体部门的，为收集关键基础设施的网络威胁信息，并在私营和公共部门之间提供双向信息共享提供了中心资源。美国的国家 ISAC 委员会是由 25 个 ISAC 组成的中心机构（https://www.nationalisacs.org）。尽管这些 ISAC 是美国的，但它们在全球范围内也十分重要。

各种全球威胁调查对威胁识别同样具有重要价值。下面是其中最重要的一些报告：

- **威瑞森数据泄露调查报告**（Verizon Data Breach Investigations Report，DBIR）：这一权威和受到高度重视的报告是基于从广泛的组织系统中收集到的安全和隐私事件数据得出的。详见 https://enterprise.verizon.com-/resources/reports/dbir/。
- **威胁范围报告**（Threat Horizon Report）：对 DBIR 的一个有用补充是 ISF 的年度威胁范围报告。它与 DBIR 有两个不同之处。首先，它更加宽泛，识别主要的威胁趋势，而不是详细的威胁和详细的目标概况。其次，威胁范围报告试图预测未来两年可能出现的主要威胁。详见 https://www.securityforum.org/research/。
- **ENISA 威胁态势报告**（ENISA Threat Landscape Report）：这份报告来自欧盟网络和

信息安全机构，提供了对当前全球隐私和安全威胁的全面调查。详见 https://www. enisa. europa. eu/publications。

- **Trustwave 全球安全报告**（Trustwave Global Security Report）：Trustwave 全球安全报告是一个备受好评的年度网络威胁态势调查。该报告的数据来源十分广泛，包括入侵调查、全球威胁情报、产品遥测和一些研究来源。Trustwave 运营大量的安全操作中心（security Operations Center，SOC）用来管理安全服务，每天从这些日志中记录数十亿的安全和违规事件，检查来自数千万网络漏洞扫描的数据，并进行数千次渗透测试。信息图表的风格使报告易于理解，但它包含了大量的详细信息，可以帮助进行威胁评估和风险处理。详见 https://www. trustwave. com/en-us/resources/library/。
- **思科年度网络空间安全报告**（Cisco Annual Cybersecurity Report）：思科年度网络安全报告是另一个很好的威胁信息来源。该报告提供了当前攻击者行为模式的详细描述，并突出了描述即将出现的漏洞。详见 https://www. cisco. com/c/en/us/products/security/security-reports. html。
- **Fortinet 威胁态势报告**（Fortinet Threat Landscape Report）：本报告中的发现代表了FortiGuard 实验室的集体智慧，这些发现来自 Fortinet 生产环境中的大量网络设备/传感器。本报告包括从全球各地现场生产环境中观察到的数十亿威胁事件和事件，每季度报告一次。详见 https://secure. fortinet. com/LP = 5681。

4.6   隐私漏洞

为了有效地设计和实施隐私控制，组织必须识别可能被威胁者利用而导致隐私侵犯的漏洞。

本节首先列出漏洞的类别，然后讨论识别和记录漏洞的方法，最后讨论国家漏洞数据库的使用。

4.6.1   漏洞类别

漏洞可能发生在以下领域：

技术隐私漏洞与技术安全漏洞在很大程度上有所重叠，本节稍后将讨论识别技术隐私漏洞的方法。

在上述列表的许多领域中，漏洞的识别主要取决于管理的主动性和后续行动。访谈、调查问卷、对以前的风险评估的审查和审计报告以及检查清单等技术都有助于描绘漏洞态势。

4.6.2   隐私漏洞的定位

图 4-5 展示了组织存储和处理的 PII 隐私漏洞的潜在位置，每个位置用星爆图表示。它们可能包括：

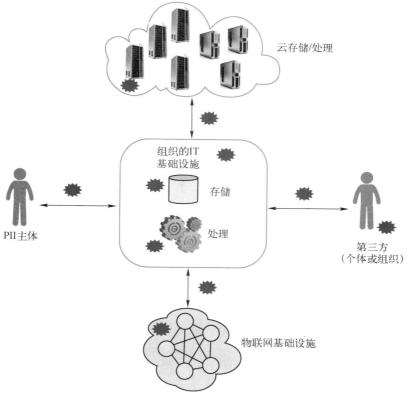

图 4-5　隐私漏洞定位

- PII 的外部转移，包括发起方和接收方：
- PII 主体
- 第三方个人或组织
- 云服务提供商
- 物联网
- 在组织的 IT 基础设施中存储和处理 PII。
- 组织漏洞，例如人力资源、物理、操作、业务连续性、政策和程序，以及数据集漏洞。
- 如果组织将一些存储和处理功能转移给外部云服务提供商，那么云站点可能存在隐私漏洞。
- 如果组织维护的物联网超出了组织范围，则物联网网络中可能存在隐私漏洞。

4.6.3　国家漏洞数据库和通用漏洞评分系统

技术漏洞可以相当精确和详尽。一个优秀的资源是在 NISTIR 7946（*CVSS Implementation*

Guidance）中描述的 NIST 国家漏洞数据库（National Vulnerability Database，NVD）和相关的通用漏洞评分系统（Common Vulnerability Scoring System，CVSS）［FIRS15］。NVD 是系统、硬件和软件中已知技术漏洞的全面列表，涵盖了安全漏洞和隐私漏洞。CVSS 为漏洞特征的交流提供了一个开放的框架。CVSS 将漏洞定义为可能导致应用程序、系统设备或服务的机密性、完整性或可用性缺失的错误、缺陷、弱点或暴露。CVSS 模型试图确保重复和准确的测量，同时允许用户查看用于生成分数数值的潜在弱点特征。CVSS 为需要准确和一致的漏洞利用和影响分数的产业、组织和政府提供了一个通用的测量系统。

为了理解影响系统的多种多样的漏洞，需要了解 CVSS。另外，CVSS 评估漏洞的系统方案在指导开发解决其他漏洞的类似系统方法时也是有用的，例如与组织问题、政策和程序、物理基础设施相关的漏洞。CVSS 已被广泛接受和使用。

图 4-6 提供了 NVD 中的一个漏洞条目的示例。

Current Description
libcurl 7.1 through 7.57.0 might accidentally leak authentication data to third parties. When asked to send custom headers in its HTTP requests, libcurl will send that set of headers first to the host in the initial URL but also, if asked to follow redirects and a 30X HTTP response code is returned, to the host mentioned in URL in the 'Location:' response header value. Sending the same set of headers to subsequent hosts is in particular a problem for applications that pass on custom 'Authorization:' headers, as this header often contains privacy-sensitive information or data that could allow others to impersonate the libcurl-using client's request.
Source: MITRE Last Modified: 11/16/2018 View Analysis Description

CVSS v3.0 Severity:
Base Score: 9.8 Critical
Vector: AV:N/AC:L/PR:N/UI:N/S:
U/C:H/I:H/A:H
Impact Score: 5.9
Exploitability Score: 3.9

CVSS Version 3 Metrics:
Attack Vector (AV): Network
Attack Complexity (AC): Low
Privileges Required (PR): None
User Interaction (UI): None
Scope (S): Unchanged
Confidentiality (C): High
Integrity (I): High
Availability (A): High

ⓘ QUICK INFO
CVE Dictionary Entry: CVE-2018-1000007
Original release date: 01/24/2018
Last modified: 11/16/2018

图 4-6 NVD 评分示例

每个条目包括：
- 唯一的通用漏洞和暴露（Common Vulnerabilities and Exposure，CVE）字典标识。
- 漏洞的描述。
- 与该漏洞相关的网站链接和其他参考信息。
- 来自 3 组 14 个度量中的 CVSS 度量（将在本节后面讨论）。

表 4-3 列出了各个度量，并显示了为每个度量定义的级别。在每种情况下，级别都是按最高到最低的安全问题列出的。从本质上说，评分的过程如下所示。对于每个已识别漏洞，NVD 根据漏洞特征为基础组中的每个度量提供一个级别。例如，攻击向量度量

表明攻击是否可以通过网络或互联网远程启动，或只在网络攻击源和目标系统相连的情况下才能启动，或必须通过本地登录才能启动，或需要对机器的物理访问才能启动。攻击越远，可能的攻击源就越多，漏洞也就越严重。这些信息对于帮助用户了解漏洞特征是非常有价值的。

如表 4-3 所示，度量的每个级别都有一个描述性名称。此外，CVSS 在 0.0 到 10.0 的范围上分配一个数值，10.0 表示最严重的安全问题。基本度量组中的度量数值分数被输入到 CVSS 中定义的方程中，该方程会生成一个从 0.0 到 10.0 的总基础安全分数（参见图 4-6）。

表 4-3　CVSS 度量

基础度量组		时间度量组	环境度量组
可 利 用 性	影　响	时间度量组	环境度量组
攻击向量 ■ 互联网 ■ 相邻 ■ 本地 ■ 物理 **攻击复杂性** ■ 低 ■ 高 **权限要求** ■ 无 ■ 低 ■ 高 **用户交互** ■ 不需要 ■ 需要	**机密性影响** ■ 高 ■ 低 ■ 无 **完整性影响** ■ 高 ■ 低 ■ 无 **可用性影响** ■ 高 ■ 低 ■ 无	**利用代码成熟度** ■ 未定义 ■ 高 ■ 功能性 ■ 概念验证 ■ 未验证 **补救级别** ■ 未定义 ■ 处置方法 ■ 临时修复 ■ 正式修复 **报告置信度** ■ 未定义 ■ 已确认 ■ 合理的 ■ 未知	**机密性需求** ■ 未定义 ■ 高 ■ 中 ■ 低 **完整性需求** ■ 未定义 ■ 高 ■ 中 ■ 低 **可用性需求** ■ 未定义 ■ 高 ■ 中 ■ 低
范围 ■ 未变更 ■ 已变更			

基本度量组表示漏洞的内在特征，这些特征不会随着时间的推移和用户环境的变化而变化。它由三组度量组成：

- **可利用性**（exploitability）：这些度量反映了漏洞可以被利用的容易程度和技术手段。度量是：
- **攻击向量**（attack vector）：如前所述，该度量表示攻击者与漏洞组件之间的距离。
- **攻击复杂性**（attack complexity）：度量攻击者在发现目标组件后利用漏洞所需的难度级别。如果攻击者不能随意完成攻击，且必须在准备或执行上投入一定的精力，则攻击复杂性很高。
- **权限要求**（privileges required）：度量攻击者利用漏洞所需的访问权限。值分别为无（不需要特权访问）、低（基本用户特权）和高（管理级别特权）。
- **用户交互**（user interaction）：指示攻击者以外的用户是否必须参与攻击才能成功。
- **影响**（impact）：这些度量表示对机密性、完整性和可用性等主要安全目标的影响程度。在每一种情况下，如果多个组件受到影响（范围设置为已变更），则得分反映的是最坏的结果。对于这三个目标中的每一个，值都包括高（机密性、完整性或可用性完全丧失）、低（部分丧失）和无。

- **范围（scope）**：尽管该度量在某种程度上独立于组的其余部分，但仍被分组在基本度量组内。它指的是软件组件中的漏洞对资源造成超出其能力或权限的影响的能力。例如，虚拟机中的漏洞使攻击者能够删除主机 OS 上的文件。如果此度量的值为未变更，则意味着该漏洞只能影响由相同权限管理的资源。

通常，基础和时间度量是由漏洞公告分析师、安全产品供应商或应用程序供应商指定的，因为他们通常比用户拥有更好的漏洞特征信息。然而，环境度量是由用户指定的，因为他们最能够评估自己环境中漏洞的潜在影响。

时间度量组表示随着时间而变化但不随着用户环境变化的漏洞特征。它由三个度量组成。在每一种情况下，**未定义（not defined）** 的值都表示在评分公式中应该跳过此度量：

- **利用代码成熟度（exploit code maturity）**：这个度量刻画了利用技术或代码可用性的当前状态。易于使用的代码的公共可用性增加了潜在攻击者的数量，包括那些没有技术的人，因此增加了漏洞的严重性。级别反映了漏洞的可利用程度。
- **补救级别（remediation level）**：度量补救的可用程度。
- **报告置信度（report confidence）**：衡量存在漏洞的置信度和已知技术细节的可信度。

环境度量组捕获与用户 IT 环境相关的漏洞特征。它使分析师能够根据用户组织中被影响的 IT 资产的重要性自定义 CVSS 分数，并对机密性、完整性和可用性进行衡量。

4.7 关键术语和复习题

4.7.1 关键术语

accidental	偶然的	data action	数据操作
adversarial	对抗性的	dataset vulnerability	数据集漏洞
aggregation	聚合	decisional interference	决策干预
appropriation	挪用	disclosure	披露
blackmail	敲诈	discrimination	歧视
breach of confidentiality	丧失机密性	distortion	曲解
business continuity and compliance vulnerability	业务连续性和合规性漏洞	economic loss	经济损失
Common Vulnerability Scoring System（CVSS）	通用漏洞评分系统	entirely voluntary disclosure	完全自愿披露
conditioned disclosure	条件披露	environmental	环境的
context	环境	exclusion	排除
data	数据	exploit code maturity	利用代码成熟度

（续）

exploitability	可利用性	physical harm	物理伤害
exposure	曝光	policy and procedure vulnerability	政策和程序漏洞
human resource vulnerability	人力资源漏洞	power imbalance	权力失衡
identification	识别	privacy harm	隐私损害
impact	影响	privacy threat	隐私威胁
incentivized disclosure	鼓励披露	privacy vulnerability	隐私漏洞
increased accessibility	增加可访问性	problematic data action	有问题的数据操作
induced disclosure	诱导性披露	remediation level	补救级别
insecurity	不安全	report confidence	报告置信度
interrogation	审讯	scope	范围
intrusion	侵入	secondary use	二次使用
loss of autonomy	丧失自主权	stigmatization	侮辱
loss of liberty	丧失自由	structural	结构的
loss of self-determination	丧失自决权	subject	主体
loss of trust	丧失信任	surveillance	监视
mandatory disclosure	强制披露	technical vulnerability	技术漏洞
National Vulnerability Database (NVD)	国家漏洞数据库	unannounced acquisition of information	不知情的信息获取
operational vulnerability	操作漏洞	unanticipated revelation	预料外的披露
physical and environmental vulnerability	物理和环境漏洞	unwarranted restriction	不必要的限制

4.7.2 复习题

1. **再利用**（repurposing）收集的数据是什么意思？
2. 描述收集 PII 的不同方法。
3. 描述图 4-1 威胁分类中列出的每个威胁。
4. 解释 NIST 隐私威胁模型。
5. 解释隐私威胁、有问题的数据操作和隐私损害之间的区别。
6. 列出有问题的数据操作示例。
7. 描述隐私伤害的类别。
8. 隐私威胁的一般来源是什么？
9. 描述隐私漏洞的类别。
10. IT 基础设施中的隐私漏洞可能位于何处？
11. 什么是国家漏洞数据库和通用漏洞评分系统？

4.8　参考文献

FIRS15: FIRST.org, Inc. *Common Vulnerability Scoring System v3.0: Specification Document.* 2015. https://first.org/cvss/specification-document

NRC07: National Research Council. *Engaging Privacy and Information Technology in a Digital Age.* The National Academies Press, 2007.

NSTC16: National Science and Technology Council. *National Privacy Research Strategy.* Networking and Information Technology Research and Development Program. https://www.nitrd.gov/PUBS/NationalPrivacyResearchStrategy.pdf

SOLO06: Solove, D. *A Taxonomy of Privacy.* GWU Law School Public Law Research Paper No. 129, 2006. http://scholarship.law.gwu.edu/faculty_publications/921/

第三部分

隐私安全控制技术

第 5 章

系 统 访 问

学习目标：

经过本章的学习，你应当具备以下能力：

- 描述验证用户身份的三种基本方法；
- 解释使用哈希密码进行用户身份验证的机制；
- 概述基于密码的用户身份验证；
- 概述基于硬件令牌的用户身份验证；
- 概述生物用户身份验证；
- 总结一些用于用户身份验证的关键安全问题；
- 了解不同类型的访问控制；
- 概述身份和访问管理概念。

本章和第 6 章将概述为满足信息安全目标（例如，机密性、完整性、可用性）而制定，同时对于信息隐私来说也至关重要的技术措施。另外，本章还将特别讨论与系统访问相关的一些问题。

组织机构的主要隐私问题之一是要保护存储在数据库（如健康信息数据库）中的个人身份信息（Personally Identifiable Information，PII）。一种方法是对 PII 加密。这种方法可以避免没有解密密钥但可以获得非授权访问许可的攻击者对系统发起攻击，因为无论如何，PII 都必须经过解密才能使用。这样一来，组织机构就可以尽量将访问权限限制在有权访问 PII 的个人，同时限制他们仅能使用被授权的功能。此外，组织机构必须确保任何声称其为授权用户的个人的真实性，即用户声称的身份与真实身份一致。

5.1 节将概述系统访问的概念；5.2 节至 5.4 节将介绍系统访问的主要组件——授权、身份验证和访问控制；5.5 节将概述身份和访问管理的相关主题。

5.1 信息访问概念

2018 年的信息安全论坛（Information Security Forum，ISF）Standard of Good Practice for Information Security（信息安全良好实践标准）从以下几方面刻画了系统访问：

- **原理**（principal）：应建立访问控制布局，以限制所有类型用户对于业务程序、系统、网络以及计算设备的访问，并为用户分配相应的权利，限制他们仅可访问特定的信息或系统。
- **目标**（objective）：目的是为确保只有经过授权的个人才能访问业务程序、信息系统、网络和计算设备，同时确保个人可问责性，并为授权用户提供足够的访问权限，使他们既能履行职责，又不会越权访问。
- **机制**（mechanism）：需要授予用户与其角色匹配的访问权限，使用访问控制机制（例如密码、令牌或生物特征识别）对其进行身份验证，使其必须通过严格的登录过程，才能获得批准的访问级别。

5.1.1 特权

特权（privilege）指的是允许用户执行的操作。从信息安全的角度来看，它与以下问题相关：

- 访问基本系统功能和数据库的权限级别。例如普通用户访问、Linux 或 Unix 系统的 root 权限以及 Windows 系统的管理员访问权限。
- 用户可以在特定的数据库或文件上执行的功能，例如只读、读写、添加文件和删除文件。

出于隐私考虑，组织机构可以定义一组细分的特权，如下：

- **读权限**（read privilege）包含以下不同层级的访问权限。
  - **聚合查询**（aggregate query）：仅允许用户查询来自一组 PII 记录（例如，某所医院中所有心脏病患者的平均年龄）的聚合信息。
  - **个体查询**（individual query）：用户可以提交名称或标识并检索与其相关的 PII 记录。
- **全文件可读**（total file read）：用户可以访问整个文件。
- **写权限**（write privilege）包括以下几项。
  - **个人更新**（personal update）：用户可以更新自己的 PII 记录。
  - **常规更新**（general update）：用户有权更新 PII 数据库中的任何记录。
- **共享特权**（share privilege）：用户可以将文件或文件的一部分传输给另一方。

5.1.2 系统访问功能

图 5-1 说明了构成访问控制的三个不同功能之间的关系，并给出了相关说明。

- **授权**（authorization）：授权是决定个人或流程应该做什么的过程。在系统访问的上下文中，授权就是授予用户、程序或流程以访问系统资源、执行特定功能的特定权限。授权定义了个人或程序在成功通过身份验证后可执行的操作。
- **身份验证**（authentication）：身份验证是建立了解保密级别的过程，用以确保呈现给系统的标识符是特定的用户、过程或设备。身份验证通常作为允许访问信息系统中资源的先决条件。身份验证也常被称为用户身份验证，以区别于消息认证或数据

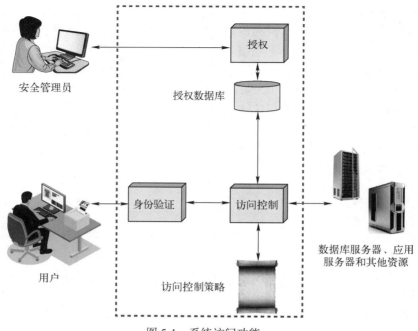

图 5-1　系统访问功能

认证。

- **访问控制**（access control）：授予或拒绝特定请求（比如访问和使用信息及相关信息处理服务、输入特定的物理设备）的过程。访问控制可以确保根据业务和安全要求授权和限制对资产的访问。

图 5-1 中虚线内的所有元素都为系统访问，或简称为访问控制。为了明确说明所有功能都是相关的，ISF SGP 使用术语**系统访问**来指代授权、身份验证和访问控制共同提供的服务。

系统访问涉及两个方面：拒绝未经授权的用户访问系统和限制合法用户的活动，使其仅能执行他们有权在系统资源上执行的操作。访问控制功能可调解用户或代表该用户执行的程序对系统中对象的尝试性访问。身份验证功能建立用户的身份。授权功能维护一个授权数据库，该数据库定义了每个用户的访问权限。访问控制功能查询授权数据库，并使用访问控制策略，该策略指定如何将用户的特权映射到特定数据项或其他资源的被允许操作中。

通常可以根据以下两个原则来判定是否授权用户访问某个给定资源：

- **仅知原则**（need-to-know）：仅授予用户执行任务所需信息的访问权限。（任务/角色不同意味着所需信息不同，因而访问配置文件也不同）
- **仅用原则**（need-to-use）：仅授予用户执行任务所需信息处理设施的权限。（比如 IT 设备、应用程序、程序、空间）

5.1.3　系统访问的隐私注意事项

信息安全的需求决定了授权、身份验证、访问控制的政策和控制措施的制定。这些政策和控制措施同时也为 PII 提供了保护。然而，信息隐私的视角与信息安全的视角有所不同。在处理 PII 时，组织需要考虑谁有权访问 PII，以控制其处理及随后的分发。在这种情况下，组织需要考虑访问、处理和分发对 PII 隐私的影响。

以下是系统访问的关键隐私注意事项：

- PII 原则（PII principal）：ISO 29151（Code of Practice for Personally Identifiable Information Protection，个人身份信息保护实践守则）中对于隐私目标的定义是赋予 PII 主体访问和审查自身 PII 的能力。对于不是雇员且不需要访问组织 IT 资源的 PII 主体，组织应严格限制其读取该主体 PII 的访问权限。受雇的 PII 主体可能需要访问其他 IT 资源，组织必须控制这些访问。另外，ISO 29151 标准还建议，在需要识别和认证请求者的情况下，组织应当要求使用尽可能少的信息来确保正确识别。
- 目的规范（purpose specification）：根据 OECD 公平信息实践原则（Fair Information Practice Principle，FIPP），组织必须明确阐明收集 PII 的目的。组织应该识别出对不同应用程序或流程有用的 PII 并在逻辑上将其分开。ISO 29251 表明组织必须根据应用程序和流程来管理不同的访问权限，并为处理最敏感 PII 的系统建立专用的 IT 环境。
- 与外部信息共享（information sharing with external party）：组织需要设置授权、身份验证和访问控制程序，以确保只有授权的第三方才能拥有访问特定 PII 数据集的权限。
- 最小化（minimization）：ISO 29251 中定义的隐私目标，旨在使要处理的 PII 最小化为 PII 管理方追求合法利益所必需的严格标准，并将 PII 披露给最少的隐私利益相关者。组织应实施适当的授权和访问控制程序以支持该目标。
- 查询语言的使用（use of query language）：强大的查询语言（例如 SQL）使用户可以从一个或多个数据库中检索和处理大量 PII。ISO 29151 建议根据保护要求限制对查询语言功能的访问。这可能涉及限制有权访问查询语言功能的人员数量，以及将查询语言的使用限制为少数几个 PII 记录的预定义字段。

5.2 授权

由指定的安全管理员负责创建和维护授权数据库。管理员根据组织的安全策略以及各个员工的角色和职责来设置授权。授权用户的过程应包含以下内容：

- 将访问特权与唯一定义的个人相关联，例如通过使用唯一身份标识符、用户 ID。
- 维护授予用户 ID 的访问权限的中央记录，以访问信息系统和服务。
- 从信息系统或服务所有者处获得信息系统或服务的授权，也可以将访问权限许可从管理中分离出来。
- 运用最小特权原则，赋予每个人用以开展工作所需的最少访问权限。
- 根据信息安全级别和信息分类，为个人分配对个人资源的访问权限。
- 除信息资源（例如文件和数据库）之外，还要确保授权指定了可以访问哪些网络和网络服务。
- 定义特权访问权限到期的要求。

● 确保不重复使用标识符。也就是说，当分配了该用户 ID 的个人更改角色或离开组织时，应删除与该用户 ID 相关的授权。

除了具有用于保护数据库的常规安全保护措施外，还应定期检查授权数据库，以确保访问特权仍然适用并且已删除了过时的授权。

5.2.1　隐私授权

SP 800-53（Security and Privacy Controls for Information Systems and Organizations，信息系统和组织的安全和隐私控制）包括隐私授权（Privacy Authorization，PA）控制系列。该系列中的控件主要是管理控件，而不是技术控件，但这是对二者进行总结的较为便捷的方式。

政策和程序

控件 PA-1 致力于为 PA 系列中控制和控制增强的有效实施建立政策和程序。它由以下管理控件组成：

1. 对于定义角色和职责以及实施该策略的过程的隐私授权政策，制定、记录文档并将其分发给合适的利益相关者。

2. 指定一名官员，例如数据保护官（Data Protection Officer，DPO）或首席隐私官（Chief Privacy Officer，CPO），以管理隐私授权政策和程序。

3. 定期查看并更新隐私授权政策和程序。

4. 确保隐私授权程序执行隐私授权政策和控制。

5. 针对违反隐私授权政策的行为，开发、记录并实施补救措施。

收集权

控件 PA-2 处理组织确定其具有收集、使用、维护和共享 PII 的合法权限的需求，并确定该权限内的 PII 范围。

目的规范化

控件 PA-3 处理识别和记录收集、使用、维护和共享 PII 的目的的需求。除了清楚地记录目的外，组织还应确保将 PII 的使用仅限于授权目的。

PA-3 还建议组织采用自动化机制来支持授权 PII 的政策和程序的记录管理。自动化机制增强了其对于组织系统中执行 PII 管理和跟踪的政策和程序的验证。

外部信息共享

控件 PA-4 提供了与外部共享 PII 的指南。CPO 或 DPO 必须审核并批准此类共享的每个实例。以下管理控制支持控件 PA-4 的目标：

1. 制定、记录和传播指南，用以与合适的利益相关者共享 PII。

2. 评估每个提议的共享新实例，以确定其是否已授权。

3. 针对每个 PII 共享实例，与外部制定并执行特定协议。

4. 监视和审核与外部共享的 PII。

5.3 用户身份验证

用户身份验证是最复杂和最具挑战性的安全功能之一。身份验证的方法多种多样，包括相关威胁、风险和对策。本节仅提供概述。

用户身份验证是验证某个用户或代表用户执行的某些应用程序或过程是否是其声称的身份的过程。身份验证技术通过检查用户的证书是否与授权用户的数据库或数据身份验证服务器中的证书匹配，来为系统提供访问控制。身份验证仅允许通过身份验证的用户（或进程）访问其受保护的资源（包括计算机系统，网络，数据库，网站以及其他基于网络的应用程序或服务）来保护网络安全。

在大多数计算机安全环境中，用户身份验证是防御的基本组成部分和主线。用户身份验证是大多数类型的访问控制和用户可问责性的基础。用户身份验证包含两个功能：

- **认证步骤**（identification step）：为安全系统提供一个标识符。应当仔细分配标识符，因为已认证的身份是其他安全服务（例如访问控制服务）的基础。
- **验证步骤**（verification step）：提供或生成身份验证信息，以证实实体与标识符之间相互匹配。

例如，用户 Alice Toklas 可以具有用户标识符 ABTOKLAS。此信息需要存储在 Alice 希望使用的任何服务器或计算机系统上，并且让系统管理员和其他用户知道该信息。与该用户 ID 关联的身份验证信息的典型项是密码，该密码是秘密的（仅 Alice 和系统知道）。如果无人能够获知或猜测出 Alice 的密码，则管理员可以将 Alice 的用户 ID 和密码结合使用，设置 Alice 的访问权限并审核她的活动。由于 Alice 的 ID 不是秘密的，系统用户可以向她发送电子邮件，然而由于她的密码是秘密的，没有人可以伪装成 Alice。

本质上，认证（identification）是用户向系统提供身份验证的手段；用户身份验证是确定验证有效性的手段。

5.3.1 身份验证方法

验证用户身份共有三种方法，这些身份**验证要素**（authentication factor）可以单独使用或结合使用：

- **知识要素**（knowledge factor）：指个人知道的东西（something the individual knows）。要求用户展示秘密信息的知识。知识要素通常在单层身份验证过程中使用，其形式可以是密码、密码短语、个人识别码（Personal Identification Number，PIN）或秘密问题的答案。
- **拥有要素**（possession factor）：指个人拥有的东西（something the individual possesses）。要求授权用户将拥有的物理实体连接到客户端计算机或门户。这种身份验证器以前被称为**令牌**，而现在该术语已不大常用，常用**硬件令牌**一词代替。拥有要素分为两类：
  - **连接式硬件令牌**（connected hardware token）：逻辑上（例如，通过无线）或物理

　　上连接到计算机以验证身份的物品。智能卡、无线标签和 USB 令牌等设备是作为拥有要素常用的连接令牌。

- **无连接硬件令牌**（disconnected hardware token）：不直接连接到客户端计算机，而是需要尝试登录的个人输入的物品。通常，无连接硬件令牌设备使用内置屏幕来显示身份验证数据，而后此数据供用户在出现提示时登录使用。
- **内在要素**（inherence factor）：个人的存在或个人所做的事（something the individual is or does）。指特征，也称为生物特征，其对个体而言通常是唯一的或几乎唯一的。其中包括静态生物特征，例如指纹、视网膜和面部，以及动态生物特征，例如语音、手写和打字节奏。

　　身份验证期间使用的特定物品（例如密码令牌或硬件令牌）称为身份验证器（authenticator）。正确实施和使用这些方法可以提供安全的用户身份验证。然而，每种方法都存在问题（请参见表 5-1）。攻击者可能能够猜测或窃取密码，同样地，也可能能够伪造或窃取卡片。而用户可能会忘记密码或丢失卡，也可能与同事共享密码或卡。此外，管理系统上的密码和卡信息以及保护系统此类信息的相关成本通常较高。至于生物识别器，也存在诸多问题，包括处理假阳性和假阴性、用户接受度、成本、传感器自身的安全性和便利性。Effective Cybersecurity：A Guide to Using Best Practices and Standards provides a detailed discussion of authentication methods（有效网络空间安全：使用最佳实践和标准提供详细讨论身份验证方法的指南）[STAL19] 提供了详细讨论身份验证方法的指南。

表 5-1　身份验证要素

要　　素	例　　子	性　　质
知识（要素）	用户 ID 密码 PIN	可以被共享 容易猜出 容易忘记
拥有（要素）	智能卡 电子徽章 电子钥匙	可以被共享 可以被复制 可能丢失或被盗
内在（要素）	指纹 面部 虹膜 声纹	不可能被共享 可能的假阳性与假阴性 伪造较困难，特别是对于某些类型

5.3.2　多重要素身份验证

　　多重要素身份验证是指使用上述列表中的两种及以上身份验证方式（请参见图 5-2）。通常，此策略涉及使用上节中两类要素中的身份验证技术，例如 PIN 与硬件令牌（知识要素与拥有要素）或 PIN 与生物识别要素（知识要素与内在要素）。多重要素身份验证通常比单层要素身份验证更安全，因为不同要素的失败模式在很大程度上是独立的。例如，硬件令牌可能会丢失或被盗，而需要与令牌一起使用的 PIN 不会同时丢失或被盗。但是，这种假设也并不总是正确的。例如，在令牌丢失或被盗的同时，附加在硬件令牌上的 PIN 也可能会受到破坏。

但是，多重要素身份验证依然是减少漏洞的重要手段。

两要素身份验证常被用于基于 Web 的服务，包括在线银行、PayPal 和 Facebook。一般情况下，用户提供密码，而后六位数的验证码将以短信形式发送到用户的手机，用户必须输入验证码才能完成登录。

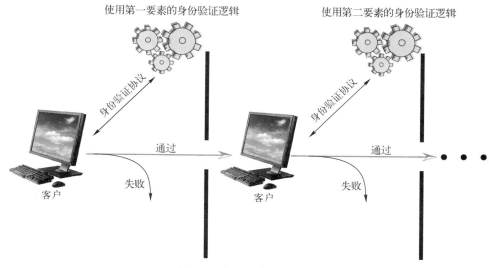

图 5-2　多重要素身份验证

5.3.3　电子用户身份验证模型

NIST SP 800-63（Digital Identity Guideline，数字身份准则）定义了一个通用的用户身份验证模型，该模型涉及许多实体和过程，如图 5-3 所示。

为方便理解上述识别模型，需理解以下三个重要概念：

- **数字身份**（digital identity）：从事在线交易的个人（通常称为主体）的唯一表示。该表示由一个或一组属性组成，这些属性在数字服务的给定环境下可以唯一地描述主体，但不一定在所有环境中都可以唯一地标识主体。
- **身份证明**（identity proofing）：确定主体是他们声称具有确定可信度的对象的过程。此过程涉及收集、证实和验证某个人的信息。
- **数字认证**（digital authentication）：验证一个或多个用来验证数字身份的身份验证器的正确性的过程。身份验证表明，尝试访问数字服务的主体管理着身份验证技术。成功的身份验证可提供合理的基于风险的保证，即确保今天访问该服务的主体与先前访问该服务的主体相同。

图 5-3 中定义了六个实体：

- **证书服务提供商**（Credential Service Provider，CSP）：发行或注册了订阅者身份验证器的受信任实体。为此，CSP 为每个订阅者建立数字凭证，并向订阅者颁发电子凭证。

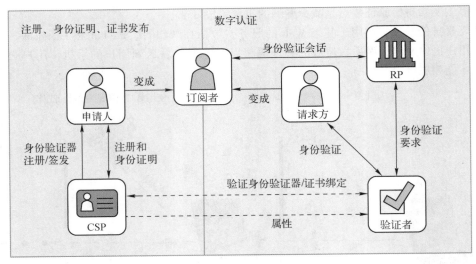

CSP = 证书服务提供商
RP = 依赖方

图 5-3   NIST 800-63 数字识别模型

CSP 可以是独立的第三方，也可以颁发证书供自己使用。

- **验证者**（verifier）：通过使用身份验证协议，验证申请人对一个或两个身份验证器的拥有和控制情况来验证申请人身份的实体。为此，验证者可能还需要验证将身份验证器链接到订阅者标识符的证书，并检查其状态。
- **依赖方**（Relying Party，RP）：依赖订阅者的身份验证器和证书或验证者对请求方身份的主张的实体，通常用于处理交易或授予访问信息或系统的权限。
- **申请人**（applicant）：正在进行注册和身份证明过程的主体。
- **请求方**（claimant）：需要一种或多种身份验证协议验证其身份的主体。
- **订阅者**（subscriber）：从 CSP 收到证书或身份验证器的一方。

图 5-3 的左侧部分说明了为访问某些服务和资源而将申请人注册到系统中的过程。首先，申请人向 CSP 提供拥有与该数字身份相关联的属性的证据。成功通过 CSP 证明后，申请人将成为订阅者。然后，根据整个身份验证系统的详细信息，CSP 向订阅者颁发某种电子证书。**证书**是一种数据结构，可将身份和其他属性绑定到订阅者拥有的一个或多个身份验证器上，并且在身份验证过程中将其展示给验证者时，可以对其进行验证。身份验证器可以是识别订阅者的加密密钥或加密密码。身份验证器可以由 CSP 下发，也可以由订阅者直接生成或由第三方提供。身份验证器和证书可以在后续的身份验证事件中使用。

一旦用户注册为订阅者，就可以在订阅者和一个或多个执行身份验证的系统之间进行身份验证过程（图 5-3 的右侧部分）。被验证的一方称为**请求方**，而验证身份的一方称为验证者。当请求方通过身份验证协议向验证者成功证明其拥有并控制了身份验证器时，验证者可以验证请求方是否为相应证书指定的订阅者。验证者将有关订阅者身份的声明传递给依赖方（RP）。该声明包括有关订阅者的身份信息（例如订阅者名称）、注册时分配的标识符或在注册过程中已验证的其他订阅者属性。RP 可以使用验证者提供的经过身份验证的信息来进行访问控制或授权决策。

在某些情况下，验证者通过与 CSP 交互来访问将订阅者身份与其身份验证器绑定在一起，并有选择地获取请求方属性的证书。在其他情况下，验证者不需要与 CSP 实时通信即可完成身份验证活动（例如，数字证书的某些用途）。因此，验证者和 CSP 之间的虚线表示两个实体之间的逻辑链接。

已实现的身份验证系统将不同于该简化模型，甚至比该简化模型更为复杂，但是该模型说明了安全身份验证系统所需的主要角色和功能。

5.4　访问控制

本节将概述访问控制的重要方面。我们首先定义以下术语：

- **访问**（access）：与系统进行通信或以其他方式与系统交互，以使用系统资源处理信息，获得系统所包含信息的知识或控制系统组件和功能的能力和手段。
- **访问控制**（access control）：授予或拒绝特定请求的过程，包括获取和使用信息及相关信息处理服务的过程，以及进入特定物理设施的过程。
- **访问控制机制**（access control mechanism）：用于检测和拒绝未经授权的访问并允许对信息系统的授权访问的安全保护措施（即硬件和软件功能、物理控件、操作过程、管理过程以及这些过程的各种组合）。
- **访问控制服务**（access control service）：一种用来保护系统的安全服务，避免系统实体以未经系统安全策略授权的方式访问系统资源。

5.4.1　主体、客体和访问权限

访问控制的基本元素是主体、客体和访问权限。**主体**（subject）是能够访问客体的实体。通常，主体与过程的概念等同。实际上，任何用户或应用程序都可以通过代表该用户或应用程序的过程来访问客体。该过程会采用用户的属性，例如访问权限。

主体通常要为其行为负责，并且审计跟踪可用于记录主体与它对某个客体执行的安全相关动作的关联。

基本的访问控制系统通常定义三个主体类别，每个类别具有不同的访问权限：

- **所有者**（owner）：这可能是资源（例如文件）的创建者。系统资源的所有权可能属于系统管理员。而项目资源的所有权则可能被分配给项目管理员或负责人。
- **组**（group）：除了所有者会被分配以特权外，命名的用户组也可能被授予访问权限，使得该组中的成员能够使用这些访问权限。在多数方案中，一个用户可能属于多个组。
- **世界**（world）：将最少的访问权限授予那些能够访问系统，但却不在资源的所有者和用户组中的用户。

客体（object）是一种需要进行访问控制的资源。通常，客体是用于包含与接收信息的实体，包括记录、块、页面、段、文件、部分文件、目录、目录树、邮箱、消息和程序。有些访问控制系统还包含位、字节、词、处理器、通信端口、时钟和网络节点。

需要被访问控制系统保护的客体的种类和数量取决于访问控制所处的环境以及基于安全性、复杂度、处理负担、易用性需求做出的权衡。

访问权限（access right）描述了主体访问客体的方式。访问权限包括以下内容：

- **读取**（read）：用户可以查看系统资源中的信息（例如文件、文件中的选定记录、记录中的选定字段、一些组合）。读访问也包括复制或打印的功能。
- **写入**（write）：用户可以添加、修改或删除系统资源中的数据（例如文件、记录、程序）。写访问包括读访问。
- **执行**（execute）：用户可以执行特定的程序。
- **删除**（delete）：用户可以删除某些系统资源，例如文件或记录。
- **创建**（create）：用户可以创建新文件、记录或字段。

搜索（search）：用户可以列出目录中的文件，也可以搜索目录。

5.4.2 访问控制策略

访问控制策略规定在哪些情况下，由哪些主体进行哪些类型的访问。访问控制策略通常分为以下几类：

- **自主访问控制**（Discretionary Access Control，DAC）：基于请求者的身份及其访问规则（授权）来描述允许（或不允许）请求者访问的内容。访问控制是由主体自主决定的。其自主决定性体现在：一个拥有确定访问权限的主体可以直接或间接地允许其他主体访问资源。
- **强制访问控制**（Mandatory Access Control，MAC）：基于（代表系统资源的敏感度或关键度的）安全标签和（代表系统实体有资格访问某些资源的）安全许可比较的访问控制。此类安全策略的强制性体现在：有权访问资源的实体可能无法仅凭自身意愿允许其他实体访问该资源。
- **基于角色的访问控制**（Role-Based Access Control，RBAC）：基于用户角色的访问控制，即用户基于给定角色的显式或隐式假设获得的访问授权的集合。角色权限可以通过角色层次来继承，通常还可以反映组织内执行功能所需的权限。给定角色可能适用于一个或多个人。
- **基于属性的访问控制**（Attribute-Based Access Control，ABAC）：基于主体、客体、目标、发起者、资源或环境及其相关属性的访问控制。访问控制规则集定义了可以进行访问的属性组合。

DAC 是实现访问控制的传统方法。MAC 是从军事信息安全要求中衍生出来的概念。近年来，RBAC 和 ABAC 的使用越来越广泛。

以上四个策略并非互斥。访问控制机制可以采用其中的两个甚至四个策略来覆盖不同类别的系统资源。

5.4.3 自主访问控制

访问矩阵（access matrix）作为一种通用 DAC 方法，常用于操作系统或数据库管理系统。矩阵的一个维度由确定身份的主体构成，这些主体可能尝试对资源进行数据访问。通常，此维度的列表由单个用户或用户组组成，而访问可以由终端、网络设备、主机或应用（而不是用户）来控制。矩阵的另一个维度列出了可以访问的客体。具体来说，客体可以是单独的数据字段，也可以是更加聚合的数据组，例如记录、文件，甚至整个数据库也可能是矩阵中的客体。矩阵中的每个元代表特定主体对特定客体的访问权限。

图 5-4a 给出了访问矩阵的一个简单示例。可以看到，用户 A 拥有文件 1 和 3，并拥有这些文件的读写访问权限，用户 B 拥有文件 1 的读访问权限，等等。

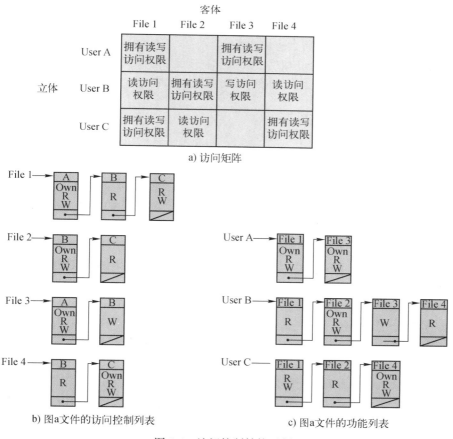

图 5-4 访问控制结构示例

在实际应用中，访问矩阵通常是稀疏的，我们需要在两种分解方法中择一执行。矩阵可以按列分解，产生**访问控制列表（Access Control List，ACL）**（参见图 5-4b）。对于每个客体，ACL 都会列出用户及其允许的访问权限。ACL 可能包含默认或公共的元。这种设计允许未被明确列出具有特殊权限的用户具有默认权限集。默认权限集应始终遵循适用的最小特权或只读访问规则。该列表的元素可以包括个人用户以及用户组。

当需要确定哪些主体对特定资源具有哪些访问权限时，使用 ACL 会十分方便，因为每个 ACL 都会为给定资源提供信息。然而，该数据结构不便于为特定用户确定可用的访问权限。

按行分解会产生**授权凭证**（请参见图 5-4c）。授权凭证为特定用户指定授权的客体和操作。每一个用户都有许多凭证，并且经授权可以借与或赠予他人。由于凭证可能分散在系统中，相较于访问控制列表，凭证存在更大的安全性问题。凭证的完整性必须得到保护和保证（通常由操作系统保护）。特别是该凭证必须是不可伪造的。一种实现方法是由操作系统代表用户持有所有凭证。操作系统将凭证保存在用户无法访问的内存区域中。还有一种实现方法是在功能中包含不可伪造的令牌。令牌可以是一个较大的随机密码或加密图消息身份验证代码。每当收到请求访问时，相关资源就会验证该值。在分布式环境中，当无法保证其内容的安全性时，这种形式的授权凭证将会更加适用。

授权凭证和 ACL 的优劣势恰好相反。授权凭证确定给定用户拥有的访问权限集很容易，而确定具有特定资源的特定访问权限的用户列表则更加困难。

5.4.4 基于角色的访问控制

基于角色的访问控制（RBAC）基于用户在系统中承担的角色而非用户的身份。通常，RBAC 模型将角色定义为组织内的工作职能。RBAC 系统将访问权限分配给角色而非单个用户。反过来，根据用户的职责，可以为其静态或动态地分配不同的角色。

用户与角色的关系是多对多的，角色与资源（即系统对象）的关系也是如此。在某些环境中，用户集经常发生更改，并且向用户分配一个或多个角色的过程也可能是动态的。在大多数环境中，系统中的角色集是相对静态的，只偶尔进行添加或者删除。每个角色都具有对一个或多个资源的特定访问权限。与特定角色关联的资源集和特定访问权限也很少发生更改。

我们可以使用访问矩阵表示来简单地描述 RBAC 系统的关键元素（参见图 5-5）。图中上面的矩阵将各个用户与角色相关联。通常，用户多于角色。每个矩阵元可以为空或已标记，后者表示为用户分配该角色。请注意，单个用户可能被分配多个角色（一行中有多个标记），多个用户也可能被分配单个角色（一列中有多个标记）。图中下面的矩阵与 DAC 访问控制矩阵具有相同的结构，其角色作为主体。通常，矩阵中的角色很少，客体或资源却很多。在此矩阵中，元代表角色所享有的特定访问权限。注意，可以将角色视为客体，从而定义角色层次结构。＊符号表示存在复制标志，它使该行指定角色中的用户能够将相应的复制标志转移给另一个角色。

RBAC 有助于有效实施最小特权原则。每个角色都应包含该角色所需的最小访问权限集。用户被分配的角色应能使其执行该任务所需的最小访问权限。分配给同一角色的多个用户享受相同的最小访问权限集。

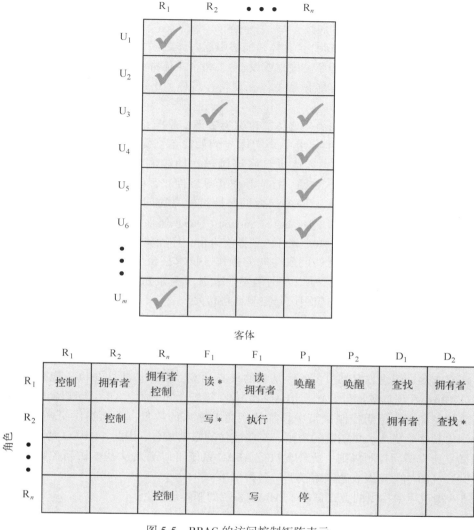

图 5-5 RBAC 的访问控制矩阵表示

5.4.5 基于属性的访问控制

基于属性的访问控制（ABAC）模型可以定义授权，以表达有关资源和主体属性的条件。例如，每个资源都有一种属性，该属性能够识别出创建资源的主体。因此，一条单独的访问规则可以为每个资源的所有创建者指定拥有特权。ABAC 方法的优势在于它的灵活性和表达能力。

属性是用来定义由权威机构预先定义或指定的主体、客体、环境条件与规定操作的特征。属性包含来自特征、名称和值等能代表信息类别的信息。（例如，Class = HospitalRecordsAccess，Name =

PatientInformationAccess，Value = MFBusinessHoursOnly）。

以下是 ABAC 模型中的三种属性：

- **主体属性**（subject attribute）：主体是能够引起客体之间信息流动或更改系统状态的主动实体（如用户、应用程序、进程或设备）。每个主体都具有能够定义主体身份和特征的相关属性。相关属性可能包括主体标识符、名称、组织和职务等。另外，主体的角色也可以被视为属性。

- **客体属性**（object attribute）：客体，也称为**资源**，是与信息系统相关的包含或接受信息的被动（在给定请求的环境中）实体（例如设备、文件、记录、表、进程、程序、网络、域）。与主体一样，客体也具有可做出访问控制决策的属性。例如，Microsoft Word 文档可能具有标题、主题、日期和作者等属性。客体属性通常可以从客体的元数据中提取。特别是各种 Web 服务元数据属性可能与访问控制目的有关，例如所有权、服务分类法甚至服务质量（Quality of Service，QoS）属性。

- **环境属性**（environment attribute）：到目前为止，环境属性被大多数访问控制策略忽略了。环境属性描述了信息访问发生时的操作、技术甚至上下文环境。例如，当前日期和时间、当前病毒/黑客活动以及网络安全级别（例如 Internet 与 Intranet）都与特定主体或资源无关，但可能与应用访问控制策略相关。

ABAC 是一种可区分的逻辑访问控制模型，因为它通过对实体（主体和客体）属性、操作属性以及与请求相关的环境属性进行评估来控制对客体的访问。ABAC 依赖于对主体属性、客体属性及其形式化关系或在给定环境中所允许的主体/客体属性组合操作的访问控制规则的评估。所有 ABAC 解决方案都包含这些基本的核心功能，以评估属性并执行规则或属性之间的关系。ABAC 系统具备执行 DAC、RBAC 和 MAC 等概念的能力。ABAC 可以实现细粒度访问控制，该控制允许在访问控制决策中增加使用离散输入的数量，从而提供更多可能的组合，以进一步得到一组更大、更明确的规则、策略或访问限制集合。因此，ABAC 允许不限量组合属性以满足所有访问控制规则。此外，执行 ABAC 系统可以满足从基本访问控制列表到充分利用 ABAC 灵活性的高级表达策略模型的各种要求。

图 5-6 用逻辑架构图的方式显示了 ABAC 系统的基本组件。

如图 5-6 所示，主体对客体的访问按照以下步骤进行：

1. 主体请求访问客体，该请求被发送至访问控制机制。

2. 访问控制机制由一组规则（参见图 5-6（2a））控制，这些规则由预配置的访问控制策略定义。基于这些规则，访问控制机制会评估主体（参见图 5-6（2b））、客体（参见图 5-6（2c））和当前环境条件（参见图 5-6（2d））的属性以确定授权。

3. 如果访问被授权，则访问控制机制将授予主体访问客体的权限；如果未被授权，则拒绝其访问。

从图 5-6 中可以明显看出，有四个独立的信息源用于访问控制决策。首先，系统设计者能够决定哪些属性对于主体、客体和环境条件的访问控制很重要。其次，系统设计者或另一权限可以以规则的形式为任何主体、客体和环境条件的所需组合定义访问控制策略。显然，这种方法非常强大和灵活。然而，就设计和实现的复杂性以及对性能的影响而言，ABAC 的操作

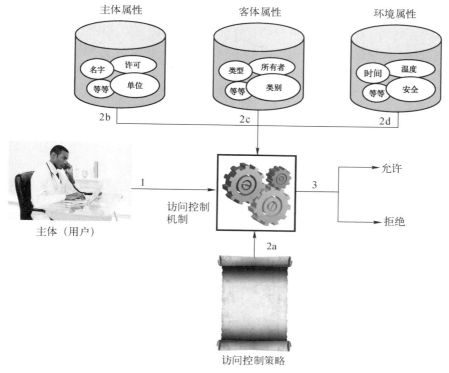

图 5-6　ABAC 方案

成本很可能会超过其他访问控制方法的成本。系统权限必须对此进行权衡。

属性隐私注意事项

SP800-162（Guide to Attribute Based Access Control（ABAC）Definition and Considerations，基于属性的访问控制（ABAC）定义和注意事项指南）指出了使用主体属性的风险。实施属性共享功能可能会因属性数据无意间暴露给不受信任的第三方，或在保护程度低于发起者的环境中聚集敏感信息而增加侵犯 PII 隐私的风险。因此，组织必须采用协议以确保正确处理 PII 和执行 PII 法规。

属性元数据

采用标准化的方法刻画属性及其值非常有利。好处包括：

- 更好地理解属性和其值是如何被获取、确定和审查的。
- 对不受系统或数据保护的主体，更好地采取适当的授权决策。
- 制定更精细的访问控制策略。
- 做出更有效的授权决策。
- 促进属性的跨组织使用，例如将在 5.5 节中讨论的联合身份验证方案。

NISTIR 8112（Attribute Metadata，属性元数据）提供了一种标准化方法。该文档包括对属性元数据和属性值元数据的元数据定义。属性元数据用于属性本身，而不用于特定属性值。

例如，该元数据可以描述属性发送的格式（例如，高度将始终以英寸为单位记录）。此架构提供了一组属性元数据，在构造属性共享协议（信任时间）时可以从中选择属性元数据及包含它们的理由。这些元数据项如下：

- **描述**（description）：属性的信息描述。
- **允许值**（allowed value）：一组已定义的属性可取值。
- **格式**（format）：一种用来表达属性的定义格式。
- **验证频率**（verification frequency）：属性提供者重新验证属性的频率。

属性值元数据由集中于属性断言值的元素组成。在例子中，属性值即实际高度。高度的属性值元数据可能是提供高度的原始组织的名称，例如主体家庭状态下的 DMV。NISTIR 8112 架构提供了一组属性值元数据、对元数据字段值的建议及包含它们的理由。元数据分为以下几类：

- **来源**（provenance）：与评估属性值来源存在相关或从属关系的元数据。
- **准确性**（accuracy）：与确定属性值是否正确且属于某个特定主体存在相关或从属关系的元数据。
- **货币**（currency）：与确定给定属性值的"新鲜度"存在相关或从属关系的元数据。
- **隐私**（privacy）：与给定属性值的隐私方面存在相关或从属关系的元数据。
- **分类**（classification）：与给定属性值的安全分类存在相关或从属关系的元数据。

表 5-2 提供了有关各个元数据项的详细信息。

表 5-2　属性值元数据

元数据元素	描　　述	推　荐　值
出　　处		
产地	发布或创建初始属性值的实体的法定名称	■ 产地名称 ■ 无
供货商	提供属性的实体的法定名称	■ 供货商名称 ■ 无
谱系	属性值与该值权威来源间关系的描述	■ 权威性的 ■ 来源 ■ 自断言的 ■ 衍生的
准　确　性		
验证者	验证属性值的实体	■ 产地 ■ 供货商 ■ 未经验证的
验证方式	验证属性值为真并属于指定个人的方法	■ 文件验证 ■ 记录验证 ■ 有记录验证的文件验证 ■ 拥有证明 ■ 未经验证的

（续）

元数据元素	描　述	推　荐　值
	货　币	
最后更新	最后更新属性的日期和时间	无限制
截止日期	属性值被视为不再有效的日期	无限制
最后验证	最后验证属性值为真并且属于指定个人的日期和时间	无限制
	隐　私	
个人同意	捕获用户是否明确同意提供属性值	■ 是 ■ 否 ■ 未知
同意日期	明确同意释放属性值的日期	无限制
可接受的用途	接受属性的实体被允许的用途	■ 权威性的 ■ 二次使用 ■ 无进一步披露
缓存生存时间	属性值缓存的时长	无限制
数据删除日期	应从记录中删除某个属性的日期	无限制
	分　类	
分类	属性的安全分类等级	企业特性
可发布性	关于可以向谁发布属性值的限制	企业特性

资源

NIST 对 ABAC 投入了大量精力。以下文件有利于企业寻求实施 ABAC 的方法：

- SP 800-162：ABAC 定义和注意事项指南（Guide to Attribute Based Access Control（ABAC）Definition and Considerations）详细介绍了 ABAC，并在保持对信息控制的同时，提供了使用 ABAC 改善组织内部及组织与组织之间信息共享的指南。

- SP 800-178：数据服务应用程序的 ABAC 标准的比较（A Comparison of Attribute Based Access Control（ABAC）Standards for Data Service Applications）描述了两种不同的 ABAC 标准：可扩展访问控制标记语言（Extensible Access Control Markup Language，XACML）和下一代访问控制（Next Generation Access Control，NGAC）。该文件基于五大准则将这些标准进行比较。本出版物的目的是帮助 ABAC 用户和供应商在处理未来数据服务策略实施要求时更好地做出决定。

- SP 1800-3：基于属性的访问控制（Attribute Based Access Control），为帮助企业有效部署 ABAC，开发了高级访问控制系统的示例。与传统的访问管理相比，此 ABAC 解决方案能够更加安全、有效地以更大的粒度管理网络资源访问。该方案能够基于用户的个人属性，为同一信息系统中的不同用户提供适当的权限和限制，并允许单个平台在无须承担沉重负担的情况下，同时管理多个系统。该方法使用可商购的产品，这些产品可以与企业现有基础设施中的产品一起提供。该示例解决方案被统一称为"操作指南"，该指南为现实世界中基于标准的网络空间安全技术的实现提供了指导。组织使用环境进行访问决策，可以节省研究和概念验证成本以降低风险。
- **NISTIR 8112**：属性元数据（Attribute Metadata）描述了用于传达主体属性信息的属性元数据和属性值元数据的架构。

5.5 身份识别和访问管理

组织越来越多地使用某种形式的身份识别和访问管理工具来实施和管理系统访问。2018 ISF SGP 将身份识别和访问管理定义如下：

身份识别和访问管理（Identity and Access Management，IAM）通常由几个离散的活动组成，这些活动遵循组织内用户生命周期的各个阶段。活动分为两类：
- **供应过程**（provisioning process）：向用户提供他们访问系统和应用程序所需的账户和访问权限。
- **用户访问过程**（user access process）：对用户每次尝试访问新系统时所执行的操作进行管理，例如身份验证和登录。

IAM 满足了关键任务需求，即确保在日益异构的技术环境中适当访问资源，并满足日益严格的合规性要求。这种安全实践对任何企业来说都至关重要，它与业务越来越一致，并且除了需要技术专业知识外还需要业务技能。企业如果开发出成熟的 IAM 功能，那么不但可以降低其管理成本，更重要的是能够更加灵活地支持新业务计划。

IAM 有三种部署方法：
- **中心化的**（centralized）：所有访问决策、供应、管理和技术都集中在单个物理或虚拟位置。策略、标准和操作均从此单个位置得出。
- **去中心化的**（decentralized）：本地、区域或业务部门为所有访问选择、供应、管理和技术做出决策。可能存在企业范围的政策和标准，但它们会为去中心化的供应商提供指导。
- **联邦的**（federated）：每个组织都订阅一组用于供应和管理用户的通用策略、标准和程序。除此之外，组织也可以从供应商处购买服务。

5.5.1 IAM 架构

身份识别和访问管理（IAM）架构是一个高级模型，描述了 IAM 系统的主要元素和元素之间的关系。图 5-7 显示了 IAM 系统的典型架构（同时适用于中心化的和去中心化的）。下图描述了 IAM 系统中的元素。
- **身份管理服务**（identity management service）：为每个用户（人员或进程）定义一个身份，将属性与该身份相关联，并实施一种用户可用来验证身份的方法。身份管理系统的核心概念是使用**单点登录**（Single Sign-On，SSO）。SSO 是一个安全子系统，可以使用户身份在身份提供者处（即在验证和断言用户身份的服务中）进行身份验证，然后由其他服务提供者进行身份验证。SSO 使得用户可以在一次身份验证后访问所有网络资源。该服务实现了用户注册、状态或其他详细信息的更改以及注销功能。身份管

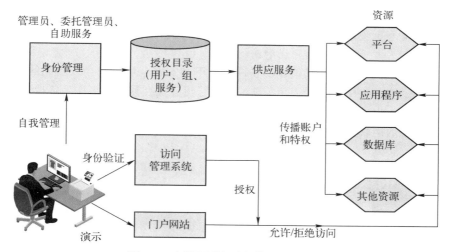

图 5-7　身份识别和访问管理基础设施

理功能能够创建、删除或修改用户配置，同时能够更改用户角色或关联至某个功能、业务单元或组织。

- **目录**（directory）：提供中央身份存储库，并在特定于应用程序的目录之间协调身份信息。可以被每个用户存储的项目如下。
  - 可用于身份验证的用户凭证，例如用户 ID、密码，以及可能的证书。
  - 用于构成授权基础的属性，例如角色和组。
  - 用于实现个性化的用户偏好。
  - 为独特数据实体定义访问权限的访问控制策略。
- **访问管理系统**（access management system）：实现用户身份验证。
- **门户网站**（portal）：为所有和系统资源交互的用户提供个性化界面。
- **供应服务**（provisioning service）：涵盖中心化用户管理功能。供应服务可自动执行跨多个企业应用程序以更改用户权限的任务。它们可以快速创建新的员工账户，并通过允许管理员快速切断已终止账户的方法来增强现有的安全措施。

5.5.2　联邦身份管理

联邦身份管理涉及协议、标准和技术。它们支持成千上万甚至数百万用户，并使身份、身份属性和权限能够跨多个企业和众多应用进行移植。当多个组织彼此协作实施联邦身份验证方案时，一个组织中的员工可以通过与身份相关联的信任关系使用单点登录，以访问整个联邦身份验证中的服务。例如，员工可以登录其企业内部网，通过身份验证以执行授权功能，并访问该内部网上的授权服务。然后，员工无须重新进行身份验证即可从外部医疗保健提供者那里获得其健康福利。

除 SSO 之外，联邦身份管理还提供其他功能。其中的一种功能是表示属性的标准化方法。

除了标识符和认证信息（例如密码、生物特征信息），数字身份越来越多地包含了其他属性，例如账号、组织角色、物理位置和文件所有权。用户可能具有多个标识符，例如与多个角色关联的标识符，其中每个角色都有自己的访问权限。

联邦身份管理的另一个关键功能是身份映射。不同的安全域可能会以不同的形式表示身份和属性。此外，在一个域中与个人相关联的信息量可能比在另一个域中所需要的信息量多。联合身份管理协议将一个域中用户的身份和属性映射到另一个域以满足需求。

图 5-8 说明了通用联邦身份管理架构中的实体和数据流。

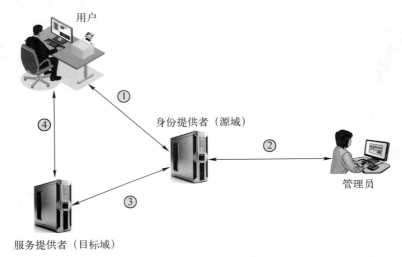

图 5-8　联邦身份操作

图 5-8 中带数字标号的连接指示以下操作：

1. 终端用户的浏览器或其他应用程序与同一域中的身份提供者进行身份验证对话。终端用户还提供与用户身份相关联的属性值。

2. 与身份相关联的某些属性（例如允许的角色）可以由同一域中的管理员提供。

3. 用户希望访问的远程域中的服务提供者从源域中的身份提供者那里获取身份信息、身份验证信息和关联的属性。

4. 服务提供者建立与远程用户的会话，并根据用户的身份和属性实施访问控制限制。

身份提供者通过与用户和管理员进行对话和交换协议来获取属性信息。例如，用户每次在新的网络商家下订单时都需要提供收货地址，并且搬家时需要修改此信息。身份管理使用户仅提供一次此类信息，进而根据授权和隐私政策将其保存在一个位置并发布给数据使用者。

通常情况下，身份提供者负责维护和提供数据，而服务提供者是获取和使用这些数据的实体，常用于支持授权决策和收集审计信息。例如，数据库服务器或文件服务器作为数据使用者，需要根据客户端证书判断向客户端提供何种访问。服务提供者可能与用户和身份提供者位于同一域中。而当服务提供者位于不同的域（例如，卖方或供应商网络）时，可以采用上述联邦身份管理方法。

联邦身份管理的目标是共享数字身份，以便用户可以通过一次身份验证实现跨多个域访问多个应用程序和资源，例如自治内部业务部门、外部业务合作伙伴以及其他第三方应用程序和服务。合作组织根据商定的标准和相互信任的级别组成一个联盟，以安全地共享数字身份。联邦身份管理减少了用户需进行身份验证的次数。

5.6　关键术语和复习题

5.6.1　关键术语

access	访问	Discretionary Access Control（DAC）	自主访问控制
access control	访问控制	environment attribute	环境属性
access control list	访问控制列表	federated identity management	联邦身份管理
access control mechanism	访问控制机制	group	群组
access control policy	访问控制策略	identification	认证
access control service	访问控制服务	Identity and Access Management（IAM）	身份识别与访问管理
access matrix	访问矩阵	identity proofing	身份验证
access right	访问权限	inherence factor	内在要素
applicant	申请人	knowledge factor	知识要素
attribute-based access control（ABAC）	基于属性的访问控制	Mandatory Access Control（MAC）	强制访问控制
attribute metadata	属性元数据	multifactor authentication	多重要素身份验证
authentication	身份验证	need-to-know	仅知原则
authentication factor	身份验证要素	need-to-use	仅用原则
authenticator	身份验证器	object	客体
authorization	授权	object attribute	客体属性
biometrics	生物特征	owner	数据所有者
capability ticket	授权凭证	PII principal	PII 主体
claimant	请求方	possession factor	拥有因素
connected hardware token	连接式硬件令牌	Relying Party（RP）	依赖方
credential	证书	resource	资源
Credential Service Provider（CSP）	证书服务提供商	Role-Based Access Control（RBAC）	基于角色的访问控制
digital authentication	数字认证	Single Sign-On（SSO）	单点登录
digital identity	数字身份	subject	主体
disconnected hardware token	无连接硬件令牌	subject attribute	主体属性

（续）

subscriber	订阅者	verifier	验证者
system access	系统访问	verification	验证
user authentication	用户身份验证	world	世界

5.6.2　复习题

1. 解释授权、身份验证和访问控制之间的区别。
2. 仅知原则和仅用原则的区别是什么？
3. 描述授权用户的过程。
4. 在用户身份验证环境中，认证和验证的区别是什么？
5. 描述图 5-2 中各组件的功能。
6. 描述三个主要身份验证要素。
7. 什么是多重要素身份验证？
8. 描述四种常见的访问控制策略？
9. 访问控制列表和授权凭证的区别是什么？
10. 基于角色的访问控制和基于属性的访问控制有什么区别？
11. 什么是身份识别和访问管理？
12. 描述身份识别和访问管理的三种部署方法。
13. 什么是联邦身份管理？
14. 什么是单点登录？

5.7　参考文献

STAL19: Stallings, W. *Effective Cybersecurity: A Guide to Using Best Practices and Standards.* Upper Saddle River, NJ: Pearson Addison Wesley, 2019.

第 6 章

恶意软件和入侵者

学习目标：

经过本章的学习，你应当具备以下能力：

- 讨论恶意软件防护策略；
- 理解恶意软件防护软件的要求；
- 解释防火墙在计算机和网络安全策略中的作用；
- 列出防火墙的关键特征；
- 描述入侵检测的主要方法。

在第五章中，我们讨论了系统访问功能的关键要素，包括授权、身份验证和访问控制。系统访问功能的目的是控制用户和程序对信息和系统资源的访问。系统访问作为信息安全的重要组成部分，同时也提供信息隐私保护。

从信息安全和信息隐私的角度来看，对系统访问工具的普遍威胁是未经授权的软件和用户入侵带来的风险。突破系统访问保护的敌对技术可分为两大类：

- **恶意软件（malware）**：利用计算系统中的漏洞进行攻击的软件。这些恶意程序可以执行各种不同的功能，例如，窃取、加密或删除敏感数据、更改或劫持核心计算功能，以及未经用户许可监视用户的计算机活动。
- **入侵（intrusion）**：未经授权访问计算机系统或网络。

恶意软件和入侵都构成了明显的安全威胁。一旦恶意软件或入侵者获得了未经授权的访问，就有可能损害系统资源和数据的机密性、完整性或可用性。同样地，以未经授权的形式对收集、存储、处理或分发个人身份信息（Personally Identifiable Information，PII）的系统进行访问，会造成隐私威胁。

本章将介绍防御恶意软件和入侵的常用方法。6.1 节和 6.2 节将讨论恶意软件的性质，并研究防止系统受到感染的方法；6.3 节将介绍防火墙，它通常用于保护网络 IT 系统免受恶意软件和入侵的侵害；6.4 节将定义入侵检测的概念，并介绍构建和部署入侵检测系统的方法。

6.1 恶意软件防护活动

恶意软件可能是组织受到的最大的安全威胁。NIST SP 800-83（Guide to Malware Incident

Prevention and Handling for Desktops and Laptops，针对台式机和笔记本电脑的恶意软件事件预防和处理指南）将恶意软件定义为"隐蔽地插入到另一个程序的程序，意图破坏数据，运行破坏性或侵入性程序，或破坏受害者的数据、应用程序或操作系统的机密性、完整性或可用性。"因此，恶意软件可能对应用程序、实用程序（如编辑器和编译器）以及内核级程序构成威胁。恶意软件还可以通过受感染或恶意的网站和服务器、特制的垃圾邮件或其他旨在诱骗用户泄露敏感个人信息的消息等途径进行传播。

恶意软件作者使用各种手段来传播感染设备和网络的软件。恶意软件可能会被用户在不知情的情况下，从受感染或恶意的网站和服务器下载下来。恶意软件可以通过电子邮件或其他消息进行传播。恶意软件利用能够绕过或破坏系统访问控制的程序，从而通过 Internet 进行传播。恶意软件也可以通过感染的 USB 驱动器进行物理传播。

本节首先简要介绍恶意软件的类型，然后讨论恶意软件防护的最佳实践。

6.1.1　恶意软件类型

尽管恶意软件的有关术语不一致，但以下列表为恶意软件类型提供了可供参考的有效指南：

- **广告软件**（adware）：集成到软件中的广告。这可能会导致弹出广告或将浏览器重定向到商业站点。
- **auto-rooter**：一种恶意黑客工具，用于远程入侵新机器。
- **bot**：机器人的缩写，是一种软件应用程序或脚本，可根据命令执行任务，从而使攻击者可以远程控制受感染计算机。被破坏的机器也可以称为**僵尸**。这些受感染计算机的集合称为**僵尸网络**。
- **后门**（backdoor 或 trapdoor）：能够绕过正常安全检查的任何机制。例如，它可能允许对功能进行未经授权的访问。
- **挖矿劫持**（cryptojacking）：涉及接管企业机器上的计算资源以挖掘加密货币。企业无须参与使用加密货币。其威胁在于挖矿劫持者会面临处理和存储资源的损失。
- **下载器**（downloader）：一种可以在受到攻击的计算机上安装其他项目的程序。通常，下载器是通过电子邮件发送的。
- **释放器**（dropper）：一种恶意软件安装程序，它秘密携带病毒、后门和其他恶意软件，以在受感染计算机上执行。释放器不会直接造成伤害，但它可以在无须检测的情况下，将恶意软件的有效载荷传递到目标计算机上。
- **漏洞利用**（exploit）：特定于单个漏洞或一组漏洞的代码。
- **多态释放器**（polymorphic dropper）：也称为多态打包程序（polymorphic packer）。它是一种软件利用工具，可以将多种类型的恶意软件捆绑到单个程序包中（例如电子邮件附件），并且可以迫使其"签名"随时间而变化，从而难以检测和删除。
- **洪水**（flooder）：用于攻击大流量联网计算机系统的工具，以进行拒绝服务（Denial-of-Service，DoS）攻击。
- **按键记录器**（keylogger）：用于捕获受感染系统上的击键的工具。

- **工具包（病毒生成器）（kit（virus generator））**：一组用于自动生成新病毒的工具。
- **逻辑炸弹（logic bomb）**：入侵者将程序插入软件中。当预定义条件不满足时，该程序处于休眠状态；而待到条件满足时，程序会触发未经授权的行为。
- **恶意软件即服务（Malware as a Service，MaaS）**：基于 Web 提供的恶意软件。MaaS 可以提供对如下对象的访问：僵尸网络、支持热线、为了提高效率而对恶意软件簇进行定期更新和测试的服务器。
- **移动代码（mobile code）**：一种软件（例如脚本、宏或其他可移植指令），可以被原封不动地传送到异构平台集合并执行相同的语义。
- **潜在有害程序（Protentially Unwanted Program，PUP）**：用户可能并不需要的程序，尽管用户同意下载该程序。PUP 包括间谍软件、广告软件和拨号程序，它们通常随用户所需的程序一起被下载。
- **勒索软件（ransomware）**：一种恶意软件，其通常通过加密锁定受害者在计算机上的数据，并要求受害者付款后才能解密数据并归还访问权。
- **远程访问木马（Remote Access Trojan，RAT）**：一种恶意软件程序（包括后门），用于对目标计算机进行管理控制。RAT 通常通过用户要求的程序（例如游戏）以不可见的方式进行下载，或以电子邮件附件的形式发送。
- **Rootkit**：在攻击者闯入计算机系统并获得 root 级访问权限后使用的一组黑客工具。
- **抓取（scraper）**：可在计算机的内存中搜索与特定模式（例如信用卡号）匹配的数据序列的单一程序。销售点终端和其他计算机通常会在存储和传输支付卡数据时对其进行加密，在对内存卡号进行加密或解密处理之前，攻击者经常使用 scraper 对其进行定位。
- **垃圾邮件发送程序（spammer program）**：用于发送大量无用电子邮件的程序。
- **间谍软件（spyware）**：从一台计算机收集信息并将其传输到另一个系统的软件。
- **特洛伊木马（Trojan horse）**：一种计算机程序，该计算机程序似乎具有有用的功能，同时也具有隐藏的潜在恶意功能，它可以躲过安全机制，或者利用系统实体的合法授权触发特洛伊木马程序。
- **病毒（virus）**：执行后尝试将自身复制到其他可执行代码中的恶意软件。如果复制成功，那么代码被感染。当执行受感染的代码时，病毒又再一次被执行。
- **Web 路过式攻击（Web drive-by）**：在用户访问网页时感染用户系统的攻击。
- **蠕虫（worm）**：一种可以独立运行的计算机程序，它可以进行自我复制并通过网络传播到其他主机。

6.1.2　恶意软件威胁的性质

欧盟网络和信息安全机构的年度威胁报告［ENIS19］将恶意软件列为 2017 年和 2018 年的主要网络威胁。该报告的主要发现包括：

- 恶意软件是最常见的网络威胁，在某种程度上，它所涉及的数据泄露事故在整个报告中占 30%。

- 新型恶意软件攻击越来越多地以物联网（Internet of Things，IoT）设备为目标。
- 移动恶意软件带来的威胁逐年增加，并且继续使用较旧的操作系统会使情况加剧。移动威胁主要包括证书盗窃、移动远程访问木马以及 SIM 卡滥用/劫持。
- 由于挖矿劫持的攻击方法更简单、利润空间更大且风险更小，攻击者越来越多地使用挖矿劫持来代替勒索软件。
- **无点击恶意软件**（clickless malware）是一种自动化的恶意软件注入程序，不需要通过用户操作即可激活，这类软件正呈现出越来越多的威胁。
- **无文件恶意软件**（fileless malware）的数量不断增加，这种恶意软件代码通过在 RAM（随机访问内存）中驻留，或者使用精心制作的脚本（例如 PowerShell）进行传播以感染其主机。
- 开源恶意软件的使用有所增长。网络犯罪组织以及网络间谍组织一直在广泛地利用开源代码和公开可用的工具开展活动。这种方法的目标是加大归因工作的难度，并降低其工具集的开发成本。

6.1.3　实用恶意软件防护

与恶意软件的斗争永无止境。实际上，这是恶意软件生产者与防御者之间一直以来都在进行的竞赛。随着现有恶意软件威胁应对策略的良好发展，威胁类型也在不断更新和改进。恶意软件攻击可以通过各种攻击面进入，包括终端用户设备、电子邮件附件、网页、云服务、用户操作和可移动媒体。恶意软件可以用来躲避、攻击或禁用防御。此外，恶意软件正日益发展，以领先于现有防御能力。

鉴于挑战的复杂性，组织需要尽可能地实现反恶意软件自动化。图 6-1 基于 CIS Critical Security Controls for Effective Cyber Defense（CIS 有效网络防御的关键安全控制）［CIS18］中的图片，列出了典型元素。防御者须在多个潜在的攻击点部署有效的恶意软件防护。企业终端安全套件应提供管理功能，以验证每个受管理系统上的所有防御均处于活动状态和最新状态。应使用相应的系统来收集持续产生的事故结果，并进行适当的分析和采取自动纠正措施。

为了在任意给定时间为系统提供最佳保护，IT 管理部门可以采取多项实际措施，包括：

- 定义处理系统恶意软件防护的程序和责任，培训相关人员使用、报告、从恶意软件攻击中恢复的技能。
- 如果可以，避免向终端用户授予管理或 root/超级用户权限，以限制恶意软件获取系统中已认证用户的状态，从而避免可能造成的损害。
- 用适当的系统和策略对敏感数据进行跟踪定位，对无用的数据进行清理，并将安全资源集中在包含敏感数据的系统上。
- 对支持关键业务流程的系统，定期检查其软件和数据内容；正式调查是否存在未经批准的文件或未经授权的修改。通常来说，这大都是自动化过程。
- 确保对用户和服务器平台进行了良好管理。这对于 Windows 平台尤其重要，因为 Windows 平台仍然是主要目标。任务包括
  - 尽快安装安全更新。补丁管理软件或外包服务可以为此提供帮助。

图 6-1 恶意软件实体关系图

- ■ 执行密码选择策略，以防止密码猜测恶意软件感染系统。
- ■ 新型未说明侦听网络端口的监视系统。它不仅包括服务器、工作站和移动设备，还包括路由器和防火墙等网络设备，以及打印机和传真机等连接办公设备。
- 确保关键人员（例如信息安全专家、系统和应用软件的 IT 负责人）定期参加关于恶意软件的安全培训和宣传活动。
- 建立正式策略（作为可接受的使用策略的一部分）以禁用未经授权的软件。
- 安装并适当维护终端防护，可能包括
  - ■ 在适当处使用集中管理式反病毒和反间谍软件。如 Microsoft 系统中心终端保护。
  - ■ 如果可以，启用并适当配置基于主机的防火墙。
  - ■ 如果可以，启用并适当配置基于主机的入侵防御。
  - ■ 如果可以，提供可供个人使用的防护软件。
- 如果可以，使用基于域名系统（Domain Name System，DNS）的保护。一些恶意软件允许攻击者劫持 PC、家庭网关和应用程序的 DNS 设置信息。基于这些信息，攻击者便可以发起中间人攻击，对订阅者计算机或家庭网关上的 DNS 设置信息进行重写操作，使其连接到新的欺诈或恶意目标。利用这样的重写更改，攻击者可以在不引起 Internet 用户怀疑的情况下，成功地接管（劫持）流量［MAAW10］。

- 如果可以，使用 Web 过滤软件、服务或设备。例如免费的 Squid 缓存代理、Forcepoint Web 安全和 Microsoft Forefront 威胁管理网关等有用的工具。
- 如果可以，实施应用程序白名单。这样系统会只运行包含在白名单中的软件，对于名单以外的其他软件，系统一律阻止执行。
- 实施控制措施，以对确定或可疑恶意网站（例如黑名单中的网站）的使用进行阻止或检测。
- 使用软件或服务发现自身弱点。例如，Nmap 进行了开源化，而 Metasploit 同时提供了开源版本和商业版本。商业工具包括 Nessus 和 Rapid7。
- 如第 4 章所述，从在线资源中收集漏洞和威胁信息。其他资源包括
  - Google 的 Hostmaster 工具，用于扫描网站并报告恶意软件。
  - Dshield 是 Internet Storm Center 的一项服务，它可以提供多种工具。
- 监视可用的日志和网络活动以了解恶意软件的指示，包括
  - 定期检查反病毒日志。
  - 定期检查 DNS 流量，以查询获取恶意软件主机域名。
  - 集中事件日志管理，并应用适当的逻辑以识别不合规结果。例如，可以使用 Microsoft System Center Operations Manager 工具。
  - 订阅所管理网络的 Shadowserver 通知。Shadowserver Foundation 是一个全志愿、非营利、与供应商无关的组织，它负责对恶意软件、僵尸网络活动和电子欺诈进行收集、跟踪和报告。它能够发现受感染的服务器、恶意攻击者以及恶意软件的传播。此报告服务为了使组织能够直接拥有或控制网络空间而设计，是免费提供的。组织可以接收定制报告，以检测和缓解程序。其中，报告对检测到的恶意活动进行了详细描述。
- 为终端制定备份策略。确保 Internet 和企业网络上的备份流是加密的。
- 员工能够向 IT 安全报告问题。在相关方面可以采取的有效措施有
  - whois 应包含所有相关联系点的最新信息。它是一个 Internet 程序，允许用户对保存人员信息和其他 Internet 实体（例如域、网络和主机）的数据库进行查询。存储的信息包括个人的公司名称、地址、电话号码和电子邮件地址。
  - 使用 RFC 2142（*通用服务、角色和功能的邮箱名称，Mailbox Names for Common Services, Roles and Functions*）中指定的标准滥用情况报告地址。
  - 确保域在"网络滥用信息交换所"中可用，以便目标报告冗余消息的来源。

6.2 恶意软件防护软件

恶意软件防护软件（malware protection software）是一种自动化工具，用来缓解日益发展的各种恶意软件所带来的威胁。本节首先对恶意软件防护软件中所需的功能类型进行审查，

然后对管理问题进行审查。

6.2.1　恶意软件防护软件的功能

有大量的开源和商用恶意软件防护软件包可供企业使用，其具备的功能大体相似。SP 800-83 将以下几项列为恶意软件防护软件需要具备的功能：

- 扫描关键的主机组件，例如启动文件和启动记录。
- 监视主机上的实时活动以检查可疑活动；一个常见的示例是在发送和接收电子邮件时扫描所有电子邮件附件，以查找已知的恶意软件。应将反恶意软件防护软件配置为在下载、打开或执行每个文件时执行实时扫描，这被称为按访问扫描（on-access scanning）。
- 监视常用应用程序的行为，例如电子邮件客户端、Web 浏览器和即时消息软件。反恶意软件防护软件应监视，包括最可能感染主机或向其他主机传播恶意软件的应用程序的活动。
- 扫描文件中的已知恶意软件。应将主机中的反恶意软件防护软件配置为定期扫描所有硬盘驱动器，以识别任何文件系统感染，当主机插入可移动存储介质时，视组织安全需要对介质进行扫描，扫描过后才允许使用。用户还能够根据需要手动启动扫描，这也被称为按需扫描（on-demand scaning）。
- 识别恶意软件以及攻击者工具的常见类型。
- **净化**（disinfecting）文件，是指从文件中删除恶意软件并**隔离**（quarantining）文件，这意味着包含恶意软件的文件将被隔离存储以备将来进行净化或检查。由于对文件进行净化能够删除恶意软件并恢复原始文件，通常来说，净化比隔离更可取。然而，许多受感染的文件无法清除。因此，应将反恶意软件防护软件配置为尝试净化受感染的文件，并隔离或删除无法净化的文件。

相比于面对已知威胁和攻击签名，恶意软件防护软件在面对未知病毒或其他恶意软件时，无法提供同等级别的防护。因此，企业还应采取其他措施，包括：

- 应用程序沙箱。
- 入侵检测软件，用于扫描异常行为（本章后续将进行讨论）。
- 意识培训可为用户预防恶意软件事故提供指导。
- 默认情况下拒绝意外行为模式的防火墙（本章后续将进行讨论）。
- 应用程序白名单，以防止入侵未知软件。
- 虚拟化和容器技术，以将应用程序或操作系统彼此隔离。

6.2.2　管理恶意软件防护软件

在企业系统上安装任何形式的软件（包括恶意软件保护软件）后，组织都应针对软件的生命周期制定特定管理策略。管理策略应规定以下措施：

- 对恶意软件防护软件的选择、安装、配置、更新和检查过程进行记录。

- 在所有暴露于恶意软件的系统上部署恶意软件防护软件，包括与网络或 Internet 连接、支持使用便携式存储设备或被多个外部供应商访问的系统。
- 确保已安装的恶意软件防护软件套件可以防御所有形式的恶意软件。
- 维护恶意软件防护软件的自动和及时分发时间表。
- 将恶意软件防护软件配置为始终处于活动状态，在检测到可疑恶意软件时提供通知，并在检测到恶意软件和任何相关文件后立即将其删除。
- 定期检查设备，以确保正确安装、启用和配置了指定的恶意软件防护软件。

6.3 防火墙

防火墙是对基于主机的安全服务（例如入侵检测系统）的重要补充。防火墙通常部署在驻地网络和 Internet 之间，以建立受控链接和外部安全墙或边界。边界旨在保护驻地网络免受基于 Internet 的攻击，并提供可以实施安全性和审核的单一阻塞点。防火墙还可以部署在企业网络内，以隔离网络的各个部分。除此之外，还可以部署基于主机的防火墙，它是用于保护单个主机的软件模块，这类模块可以在许多操作系统中使用，也可以作为附加软件包提供。与传统的独立防火墙一样，基于主机的防火墙也可以过滤并限制数据包的流量。

防火墙提供了额外的防御层，将内部系统与外部网络或内部网络的其他部分隔离。这一功能遵循经典的"深度防御"军事学说，该学说同样适用于 IT 安全。

6.3.1 防火墙特征

IEEE Communications Magazine（IEEE 通信杂志）［BELL94］的文章 Network Firewalls 列出了防火墙的以下设计目标：

- 往返于驻地网络的所有流量都必须经过防火墙。这是通过物理阻断除防火墙以外的所有对本地网络的访问来实现的。如本章后续所述，我们可以采取各种配置。
- 根据本地安全策略，防火墙应仅允许已授权的流量通过。不同类型的防火墙实现不同类型的安全策略，本章后续将对此进行阐述。
- 防火墙本身必须是安全的。这意味着通过安全操作系统来使用已强化系统。受信任的计算机系统通常为政府应用程序所必需，也适用于托管防火墙。

一般而言，防火墙使用四种技术来控制访问并执行站点的安全策略。防火墙起初主要着重于服务控制，但后续逐渐发展到可以提供所有四种控制类型：

- **服务控制**（service control）：确定可以访问的 Internet 服务类型（入站或出站）。防火墙可以根据 IP 地址、协议或端口号过滤流量，也可以提供代理软件，该代理软件会接收并解释每个服务请求，而后将其传递，或者可以托管服务器软件本身，例如 Web 或邮件服务。
- **方向控制**（direction control）：确定可以启动特定服务请求并允许其通过防火墙的方向。
- **用户控制**（user control）：根据用户的访问意愿来控制对服务的访问。此功能通常应用于防火墙外围用户（本地用户），也可以应用于外部用户的输入通信量。后者需要采取某种形式的安全身份验证技术，例如 IPsec 中提供的技术。

- **行为控制**（behavior control）：控制如何使用特定服务。例如，防火墙可以过滤电子邮件以消除垃圾邮件，或者可以允许仅对本地 Web 服务器上的一部分信息进行外部访问。

在进一步详细介绍防火墙类型和配置之前，我们先来总结一下对防火墙的期望。下面列出了防火墙的功能范围：

- 防火墙定义了一个单一阻塞点，该阻塞点可防止未经授权的用户进入受保护的网络，阻止潜在的易受到攻击的服务进入或离开网络，并提供针对各种 IP 欺骗和路由攻击的保护。由于安全性功能被整合到单个系统或一组系统上，单个阻塞点的使用简化了安全性管理。
- 防火墙提供了一个可用于监视安全相关事件的位置。可以在防火墙系统上实现审计和警报。
- 防火墙是一个可以提供一些与安全性无关的 Internet 功能的便携平台。其中包括网络地址转换器（将本地地址映射到 Internet 地址）以及网络管理功能（用于审核或记录 Internet 的使用情况）。
- 防火墙可以用作实现虚拟专用网络的平台。

防火墙具有局限性，包括以下内容：

- 防火墙无法防止绕过防火墙的攻击。内部系统可能具有能连接到 ISP 的拨出功能。为方便外勤员工和通勤员工工作，内部 LAN 可能会支持提供拨入功能的调制解调器池。
- 防火墙可能无法完全防御来自内部的威胁，例如心怀不满或不经意与外部攻击者合作的员工。
- 可能从组织外部访问了未被正确保护的无线局域网。内部防火墙可以将企业网络分割为各个部分，却无法防止内部防火墙不同侧的本地系统之间的无线通信。
- 可能会存在笔记本电脑、移动电话或便携式存储设备在公司网络外使用时被感染，而后在内部进行连接和使用的情况。

6.3.2 防火墙类型

防火墙可以作为数据包过滤器。它可以是正过滤器，仅允许符合特定条件的数据包通过，也可以是负过滤器，拒绝符合特定条件的数据包。根据防火墙的不同类型，它可能会检查每个数据包中的一个或多个协议标头、每个数据包的有效载荷或由一系列数据包生成的样本。在本节中，我们将研究防火墙的主要类型。

数据包过滤防火墙

数据包过滤防火墙（packet filtering firewall）对每个传入和传出的 IP 数据包应用一组规则，然后转发或丢弃该数据包（请参见图 6-2b）。

我们通常将防火墙配置为双向过滤（来自内部网络和通往内部网络）数据包。过滤规则基于网络数据包中包含的信息：

- **源 IP 地址**（source IP address）：源自 IP 数据包的系统的 IP 地址（例如 192.178.1.1）。

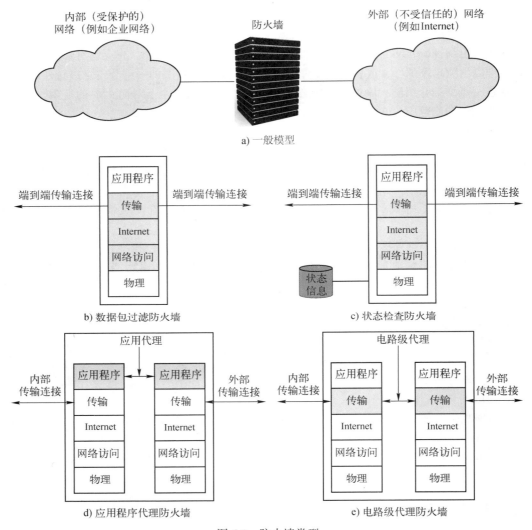

图 6-2　防火墙类型

- **目标 IP 地址**（destination IP address）：IP 数据包尝试访问的系统的 IP 地址（例如 192.168.1.2）。
- **源和目标传输级地址**（source and destination transport-level address）：传输级（例如 TCP 或 UDP）端口号，它用于定义诸如电子邮件和文件传输应用程序之类的应用程序。
- **IP 协议字段**（IP protocol field）：定义传输协议。
- **接口**（interface）：对于具有三个及以上端口的防火墙，数据包来自防火墙的哪个接口或数据包通往防火墙的哪个接口。

根据与 IP 头或 TCP 头字段的匹配，通常将数据包过滤器设置为规则列表。如果数据包能够与其中一个规则匹配，则调用该规则以确定是转发还是丢弃该数据包。如果没有任何规则与之相匹配，则采取默认操作。有两种可能的默认策略：

- **默认＝丢弃**：禁止没有明确允许的内容。
- **默认＝转发**：允许没有明确禁止的内容。

第一个策略（默认＝丢弃）较为保守。最初，所有内容都被阻止，并且必须逐个添加服务。对于将防火墙视为障碍的用户来说，该策略的可见性更高。而对于企业和政府组织来说，这是首选策略。此外，创建规则降低了对用户的可见性，默认＝转发策略增加了终端用户的易用性，但降低了安全性。从本质上来说，每当已知一种新的安全威胁时，安全管理员都必须做出反应。通常，更开放的组织（例如大学）可以使用第二种策略。

表 6-1 给出了一些数据包过滤规则集的示例。在每个集合中，规则都从上到下应用。字段中的 ∗ 是可匹配所有内容的通配符。该表假设默认＝丢弃策略已生效。

表 6-1　数据包过滤示例

Rule Set A					
action	ourhost	Port	theirhost	port	comment
block	∗	∗	SPIGOT	∗	we don't trust these people
allow	OUR-GW	25	∗	∗	connection to our SMTP port

Rule Set B					
action	ourhost	port	theirhost	port	comment
block	∗	∗	∗	∗	default

Rule Set C					
action	ourhost	port	theirhost	port	comment
allow	∗	∗	∗	25	connection to their SMTP port

Rule Set D					
action	src	port	dest	port	flags	comment
allow	(our hosts)	∗	∗	25		our packets to their SMTP port
allow	∗	25	∗	∗	ACK	their replies

Rule Set E					
action	src	port	dest	port	flags	comment
allow	(our hosts)	∗	∗	∗		our outgoing calls
allow	∗	∗	∗	∗	ACK	replies to our calls
allow	∗	∗	∗	>1024		traffic to nonservers

表 6-1 中的规则集如下：

- **规则集 A**：允许邮件入站（端口 25 用于 SMTP 传入），但仅能发往网关主机。来自特定外部主机 SPIGOT 的数据包会被阻止，因为该主机具有通过电子邮件发送大量文件的历史记录。

- **规则集 B**：这是对默认策略的明确声明。所有规则集都隐含地将此规则作为最终规则。
- **规则集 C**：此规则集旨在说明任何内部主机都可以向外部发送邮件。目标端口为 25 的 TCP 数据包被路由到目标计算机上的 SMTP 服务器。此规则的问题在于，将 25 端口用于接收 SMTP 只是默认设置，可以将外部计算机配置为将其他应用程序链接到 25 端口。按照此规则，攻击者可以通过发送 TCP 源端口号为 25 的数据包来访问内部计算机。
- **规则集 D**：此规则集实现了 C 语言中未实现的预期结果。这些规则利用了 TCP 连接的功能：一旦建立连接，TCP 段的 ACK 标志将被设置成用于确认从另一边发送的段。因此，此规则集声明它允许源 IP 地址为指定内部主机列表之一，且目标 TCP 端口号为 25 的 IP 数据包。它还允许源端口号为 25 的包含 TCP 段的 ACK 标志的传入数据包。注意，我们明确指定了源系统和目标系统，以明确定义这些规则。
- **规则集 E**：此规则集是处理 FTP 连接的一种方法。对于 FTP，我们使用了两个 TCP 连接：用于建立文件传输的控制连接和用于实际文件传输的数据连接。数据连接使用动态分配的不同端口号。大多数服务器（即多数攻击目标）使用低编号端口；大多数拨号倾向于使用高编号端口，编号通常大于 1023。因此，此规则集允许：
- 内部产生的数据包。
- 内部计算机启动连接的响应数据包。
- 发往内部计算机上高编号端口的数据包。

此方案要求将系统配置为仅可使用适当的端口号。

规则集 E 指出了处理数据包过滤级别应用程序面临的困难。处理 FTP 和类似应用程序的另一种方法是状态数据包过滤器或应用层网关，这两种方法都将在本节后续内容中介绍。

数据包过滤防火墙的优点是使用简单，数据包过滤器通常对用户透明且速度非常快。同时，数据包过滤器也具有以下缺点：

- 由于数据包过滤防火墙不检查上层数据，所以它们无法阻止利用特定应用程序的漏洞或功能进行的攻击。例如，如果数据包过滤防火墙不能阻止特定的应用程序命令，并且允许某个给定的应用程序，则该应用程序内的所有可用功能都将被允许。
- 由于防火墙的可用信息有限，数据包过滤防火墙中的日志记录功能将受到限制。数据包过滤器日志包含的信息通常与用来做出访问控制决策的信息（地址源、目的地址和流量类型）相同。
- 通常，由于防火墙缺乏上层功能，大多数数据包过滤防火墙不支持高级用户身份验证方案。
- 通常，利用 TCP/IP 规范和协议栈中问题的攻击和利用（例如网络层地址欺骗）十分脆弱，数据包过滤防火墙面对。许多数据包过滤防火墙无法检测到 IP 地址信息已更改的网络数据包。入侵者通常采用欺骗攻击来绕过防火墙平台中实施的安全控制。
- 最后，由于访问控制决策中使用的变量数量很少，数据包过滤防火墙很容易遭受配置不当引起的安全漏洞的攻击。也就是说，我们可以很容易地根据组织的信息安全策略配置数据包过滤防火墙，从而允许本该拒绝的流量类型、源和目的地。

可以作用在数据包过滤防火墙的攻击及其相应对策如下：

- **IP 地址欺骗**（IP address spoofing）：入侵者使用包含内部主机地址的源 IP 地址字段从外部传输数据包。攻击者希望通过使用欺骗性地址，能够对采用简单源地址安全性的系统进行渗透，该系统接受来自特定受信任内部主机的数据包。可采取的对策是如果数据包到达外部接口，则丢弃具有内部源地址的数据包。实际上，这种对策通常用于防火墙外部的路由器。

- **源路由攻击**（source routing attack）：源站指定数据包通过 Internet 时应采用的路由，以绕过对源路由信息进行分析的安全措施。可采取的对策是丢弃所有使用此选项的数据包。

- **小型片段攻击**（tiny fragment attack）：入侵者使用 IP 片段选项创建极小的片段，并将 TCP 头信息拆分为单独的数据包片段。此攻击旨在规避依赖于 TCP 头信息的过滤规则。通常，数据包过滤器对数据包的第一片段做出过滤决定。仅由于第一个片段被拒绝，该数据包的所有后续片段都将作为包的一部分被过滤掉。攻击者希望过滤防火墙仅检查第一个片段，其余片段则通过。执行以下规则可以战胜小型片段攻击：数据包的第一个片段必须包含预定义的传输头最小数量。如果第一个片段被拒绝，则过滤器可以记住数据包并丢弃所有后续片段。

状态检查防火墙

传统的数据包过滤器在单个数据包的基础上做出过滤决策，并且不考虑任何上层环境。为了理解**环境**（context）的含义以及传统的数据包过滤器受限于环境的原因，我们需要了解一些背景知识。在 TCP 上运行的大多数标准化应用程序都遵循客户端/服务器模型。例如，使用简单邮件传输协议（Simple Mail Transfer Protocol，SMTP），电子邮件从客户端系统传输到服务器系统。客户端系统通常根据用户的输入生成新的电子邮件。服务器系统接受传入的电子邮件并将其放置在适当的用户邮箱中。SMTP 通过在客户端与服务器之间建立 TCP 连接来进行操作，其中，用于标识 SMTP 服务器应用程序的 TCP 服务器端口号为 25。SMTP 客户端的 TCP 端口号是由 SMTP 客户端生成的介于 1024 和 65 535 之间的数字。

通常，当使用 TCP 的应用程序创建与远程主机的会话时，会创建一个 TCP 连接，其中远程（服务器）应用程序的 TCP 端口号小于 1024，而本地（客户端）应用程序的端口号是介于 1024 和 65 535 之间的数字。小于 1024 的数字是"众所周知"的端口号，并且被永久分配给特定的应用程序（例如，服务器 SMTP 为 25）。介于 1024 和 65 535 之间的数字是动态生成的，并且仅在 TCP 连接的生命周期内具有临时意义。

简单的数据包过滤防火墙必须允许所有这些高编号端口上的入站网络流量通过，以实现基于 TCP 的流量，这将产生一个可被未经授权的用户利用的漏洞。如表 6-2 所示，状态检查数据包防火墙通过创建出站 TCP 连接目录来加强 TCP 流量规则。每个当前建立的连接都有一个条目，只有数据包符合此目录中某个条目的配置文件时，数据包过滤器才允许传入流量进入高编号端口。

表 6-2　状态防火墙连接状态示例表

源　地　址	源　端　口	目　的　地　址	目　的　端　口	连　接　状　态
192. 168. 1. 100	1030	210. 9. 88. 29	80	已建立
192. 168. 1. 102	1031	216. 32. 42. 123	80	已建立
192. 168. 1. 101	1033	173. 66. 32. 122	25	已建立
192. 168. 1. 106	1035	177. 231. 32. 12	79	已建立
223. 43. 21. 231	1990	192. 168. 1. 6	80	已建立
219. 22. 123. 32	2112	192. 168. 1. 6	80	已建立
210. 99. 212. 18	3321	192. 168. 1. 6	80	已建立
24. 102. 32. 23	1025	192. 168. 1. 6	80	已建立
223. 21. 22. 12	1046	192. 168. 1. 6	80	已建立

状态数据包检查防火墙所检查的数据包信息与数据包过滤防火墙一致。但它同时也会记录有关 TCP 连接的信息（请参阅图 6-2c）。一些状态防火墙还会跟踪 TCP 序列号，以防止依赖于序列号的攻击，例如会话劫持。有些防火墙甚至检查有限数量的应用程序数据，以获取一些众所周知的协议，例如 FTP、IM 和 SIPS 命令，从而识别和跟踪相关连接。

应用级网关

应用级网关（application-level gateway），也称为应用代理，它充当应用级流量的传播角色（请参阅图 6-2d）。用户使用 TCP/IP 应用（例如电子邮件或文件传输应用）来联系网关，并且网关向用户询问要访问的远程主机的名称。当用户给予响应并提供有效的用户 ID 和身份验证信息时，网关将与远程主机上的应用联系，并在两个端点之间传播包含应用数据的 TCP 段。如果网关没有为某个特定应用实现代理代码，则将无法使用服务，也无法跨防火墙转发该服务。此外，可将网关配置为仅支持网络管理员认为可接受的应用的特定功能，同时拒绝所有其他功能。

应用级网关通常比数据包过滤器更加安全。应用级网关无须处理 TCP 和 IP 级别上被允许和禁止的众多可能组合，而只需对少数几个被允许的应用进行仔细检查。此外，在应用级别记录和审计所有传入流量也相对容易。

应用级网关的主要缺点是每个连接都会产生额外处理开销。实际上，终端用户之间有两段拼接的连接。其中，网关位于拼接点，并且必须对所有双向流量进行检查和转发。

电路级网关

电路级网关（circuit-Level gateway）或电路级代理（请参见图 6-2e）可以是独立系统，也可以是应用级网关为特定应用执行的特定功能。同应用级网关一样，电路级网关也不允许端到端 TCP 连接。相反，网关建立了两个 TCP 连接：一个在其自身与内部主机上的 TCP 用户之间，另一个在其自身与外部主机上的 TCP 用户之间。当这两个连接都建立后，网关通常会将 TCP 段从一个连接传递到另一个连接，而不检查内容。安全功能包括确定哪些连接是被允许的。

电路级网关常用于系统管理员信任内部用户时。网关可以配置为支持入站连接上的应用级或代理服务，以及出站连接的电路级功能。在这种配置下，网关可能会因检查传入应用程序数据中是否存在禁止功能而产生处理开销，但不会产生传出数据上的开销。

6.3.3　下一代防火墙

下一代防火墙是一类以软件或硬件实现的防火墙，它们通过在协议、端口和应用级别执行安全措施，从而实现对复杂攻击的检测和阻止。标准防火墙和下一代防火墙之间的区别在于，后者以更智能的方式执行更深入的检查。下一代防火墙还提供其他功能，例如支持活动目录集成、SSH 和 SSL 检查以及基于信誉过滤恶意软件。

下一代防火墙也包含传统防火墙的常见功能（例如状态检查、虚拟专用网络和数据包过滤）。与标准防火墙相比，下一代防火墙检测特定应用程序攻击的能力更强，因此可以防止更多的恶意入侵。他们通过检查数据包的签名和有效载荷来进行全数据包检测，从而判断是否存在异常或恶意软件。

6.3.4　DMZ 网络

图 6-3 说明了内部防火墙和外部防火墙之间的区别。外部防火墙位于局域网或企业网络的

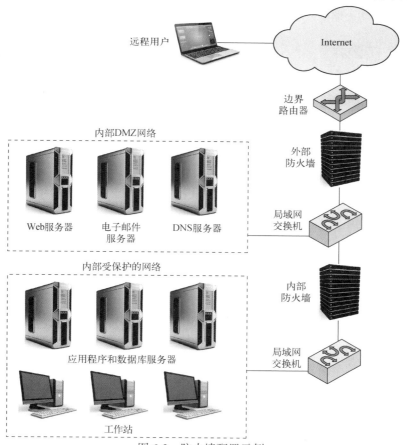

图 6-3　防火墙配置示例

边缘，位于连接到 Internet 或某些广域网（Wide Area Network，WAN）的边界路由器内部。一个或多个内部防火墙可以保护整个企业网络。介于这两类防火墙之间的是区域中的一个或多个联网设备，称为非军事区（Demilitarized Zone，DMZ）网络。需要一定保护的外部可访问系统常位于 DMZ 网络中。通常，DMZ 中的系统需要或促进外部连接，例如与公司网站、电子邮件服务器或 DNS 服务器的连接。

外部防火墙为 DMZ 系统提供了与外部连接需求一致的访问控制和保护措施，还为企业网络的其余部分提供了基本的保护级别。在此类配置中，内部防火墙可用于以下三个目的：

- 与外部防火墙相比，内部防火墙增加了更严格的过滤功能，以保护企业服务器和工作站免受外部攻击。
- 内部防火墙为 DMZ 提供了双向保护。首先，内部防火墙可以保护网络的其余部分免受 DMZ 系统发起的攻击。此类攻击可能源自 DMZ 系统中的蠕虫、rootkit、僵尸程序或其他恶意软件。其次，内部防火墙还可以保护 DMZ 系统免受来自内部保护网络的攻击。
- 可以使用多个内部防火墙来保护内部网络的各个部分免受对方攻击。例如，可以配置防火墙，以保护内部服务器免受内部工作站的侵害，反之亦然。通常的做法是将 DMZ 部署在外部防火墙的网络接口上，该接口与访问内部网络的不同。

6.3.5　现代 IT 边界

传统意义上的企业网络边界是由网络设备（例如路由器、外部网络、Internet 和专用 WAN）之间的物理接口定义的。对于当今的企业而言，更好的边界定义来自网络上的每个节点，而非网络本身。可能对传统网络边界安全性造成破坏的关键元素如下：

- **无线访问点**（Wireless Access Point，AP）：不知不觉中或恶意在企业网络内部部署的 Wi-Fi，能够使位于边界内部或边界附近的移动设备访问企业网络上的资源。
- **移动设备**（mobile device）：移动设备会产生许多安全问题，其中一部分将在第 8 章中讲述。与边界控制紧密相关的一个问题是移动设备通过蜂窝网络连接到 Internet 的能力。这种能力使得企业网络中的计算机无须通过边界防火墙，就可以连接到移动设备，进而通过该设备连接到 Internet。

IBM 红皮书 *Understanding IT Perimeter Security*（了解 IT 边界安全性）［BUEC08］指出，无线环境中的网络边界防御由以下要素构成：

- 全面执行在可访问企业网络的移动系统上部署基于主机的安全软件的能力。
- 扫描、发现和阻止未知设备。
- 监视流量模式、通信和传输数据，以发现使用企业网络的方法，并揭露来自移动设备的有害或威胁流量。

6.4　入侵检测

入侵检测领域涉及一些特定术语：

- **入侵**（intrusion）：违反安全策略的行为，通常表现为试图影响计算机或网络的机密性、完整性或可用性。这些违规行为可能来自各种内部和外部的攻击者，包括来自 Internet 访问系统、试图超越其合法授权级别进行访问或使用其对系统的合法访问进行未经授权活动的系统内部授权用户。

- **入侵检测**（intrusion detection）：收集计算机系统或网络中所发生事件的信息，并对其进行分析以寻找入侵迹象的过程。
- **入侵检测系统**（Intrusion Detection System，IDS）：一种硬件或软件产品，收集和分析计算机或网络中各个区域的信息，查找未经授权访问系统资源的行为，并提供实时或接近实时的警告。
- **入侵防御系统**（Intrusion Prevention System，IPS）：IDS 的扩展，还包括尝试阻止或抵制检测到的恶意活动的功能。在某种程度上，IPS 可以看作是 IDS 和防火墙的组合。本章不对 IPS 作详细讨论。

入侵检测系统可以分为以下两类：

- **基于主机的 IDS**（host-based IDS）：监视单个主机的特征以及该主机中发生的可疑活动。基于主机的 IDS 可以确定 OS 上的特定攻击涉及了哪些进程和用户账户。此外，与基于网络的 IDS 不同，由于可以直接访问和监视易受攻击的数据文件和系统进程，基于主机的 IDS 可以更容易地看到未遂攻击的预期结果。
- **基于网络的 IDS**（network-based IDS）：监视特定网段或设备的网络流量，并分析网络、传输和应用程序协议以识别可疑活动。

IDS 包含三个逻辑组件：

- **传感器**（sensor）：传感器负责收集数据。传感器的输入可能是系统中可能包含入侵证据的任何部分。传感器的输入类型包括网络数据包、日志文件和系统调用跟踪。传感器收集此信息并将其转发到分析器。
- **分析器**（analyzer）：分析器从一个或多个传感器或其他分析器接收输入，而后确定是否已发生入侵。分析器的输出可能包含支持入侵发生结论的证据。分析器可以针对入侵提供相应的操作指导。
- **用户界面**（user interface）：IDS 的用户界面使用户可以查看系统的输出或控制系统的行为。在有些系统中，用户界面可能等同于管理器、控制器或控制台组件。

6.4.1 基本入侵检测原理

在抵御入侵方面，身份验证设施、访问控制设施和防火墙均能发挥作用。入侵检测作为另一道防线，已成为近年来许多研究的重点。这项研究的原因包括以下多个方面：

- 如果检测入侵的速度足够快，则可以在未造成任何损坏或破坏任何数据之前，识别入侵者，并将其移出系统。即使检测不够及时，无法占得先机，也是越早检测到入侵越有利。检测地越早，损害程度就越小，恢复也就越快。
- 有效的 IDS 可以起到威慑作用，能够防止入侵。
- 入侵检测可以收集有关入侵技术的信息，这些信息可用于加强入侵防御措施。

6.4.2 入侵检测方法

入侵检测假定入侵者的行为与能够量化的合法用户的行为有所不同。当然，我们不能期望入侵者的攻击与授权用户的正常资源使用之间有清晰、准确的区别。相反，我们必须期望其中有一些重叠。

入侵检测有两种通用方法：误用检测和异常检测（见图6-4）。

图6-4 入侵检测方法

误用检测（misuse detection） 基于某些规则，这些规则指定了系统事件、事件序列或系统的可观察特性，即安全事件的症状。误用检测器使用多种模式匹配算法，对攻击模式的大型数据库或签名进行操作。误用检测的一个优点是准确，几乎不会产生错误警报。它的一个缺点是无法检测到新型或未知攻击。

异常检测（anomaly detection） 搜索与系统实体和系统资源的正常行为不同的活动。异常检测有一个优点，它能够基于对活动的审计，对从前未知的攻击进行检测。缺点是需要在假阳性和假阴性之间作重要权衡。图6-5用抽象的术语表明了异常检测系统的设计人员所面临

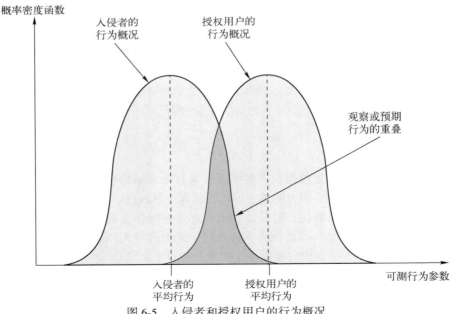

图6-5 入侵者和授权用户的行为概况

任务的性质。尽管入侵者的典型行为与授权用户的不同,但是它们存在一些重叠。因此,宽泛地解释入侵者行为可以捕获更多的入侵者,也会导致许多**假阳性**(false positive)或将授权用户识别为入侵者。另一方面,尝试通过严格解释入侵者行为的方式限制误报则会导致**假阴性**(false negative)的增加,或者入侵者未被识别为入侵者。因此,在异常检测的实践中存在一些折衷方法和技巧。

表 6-3 阐明了假阳性、真阳性、假阴性、真阴性之间的关系。

表 6-3　测试结果

测 试 结 果	条件 A 发生	条件 A 不发生
测试得到 "A"	真阳性	假阳性
测试得到 "非 A"	假阴性	真阴性

6.4.3　主机端入侵检测技术

主机端 IDS 为易受攻击或敏感的系统添加了专门的安全软件层,如数据库服务器和管理系统。主机端 IDS 以多种方式监视系统上的活动以检测可疑行为。在某些情况下,IDS 可以在造成任何损害之前停止攻击,但其主要目的是检测入侵、记录可疑事件并发送警报。

主机端 IDS 的主要优点是可以同时检测外部和内部入侵,这是网络端 IDS 或防火墙无法实现的。

主机端 IDS 使用异常保护和误用保护中的一种或组合。对于异常检测,两种常见策略是:

- **阈值检测**(threshold detection):此方法独立于用户,为各种事件的发生频率定义阈值。
- **基于配置文件**(profile based):为每个用户活动设置配置文件,同时可用于检测各个账户行为的变化。

6.4.4　网络端入侵检测系统

网络端入侵检测系统(Network-based IDS,NIDS)监视其网段上的流量,并将其作为数据源。通常,这是通过将网络接口卡置于混杂模式以捕获跨其网段的所有网络流量来实现的。单个 NIDS 不能监视其他网段上的网络流量及通讯方式(例如电话线)上的流量。

NIDS 功能

网络端入侵检测包括在网络中的数据包经过某个传感器时查看它们。如果数据包与签名匹配,则视为有效。签名的三种主要类型是:

- **字符串签名**(string signature):此类签名查找表明可能攻击的文本字符串。例如,Unix 的字符串签名可能是 "cat "++" > /. rhosts",如果成功,则可能导致 Unix 系统变得极易受到网络攻击。为了优化字符串签名以减少假阳性的数量,可能需要使用复合字符串签名。常见的 Web 服务器攻击的复合字符串签名可能是 "cgi-bin" && "aglimpse" && "IFS"。

- **端口签名（port siguature）**：此类签名仅监视那些众所周知的、被频繁攻击的端口连接。例如 Telnet（TCP 端口 23）、FTP（TCP 端口 21/20）、SUNRPC（TCP ／ UDP 端口 111）和 IMAP（TCP 端口 143）。如果站点未使用以上端口，则可以判断传入这些端口的数据包是可疑的。
- **头签名（header signature）**：此类签名监视数据包头（packet header）中危险或不合逻辑的组合。一个著名的例子是 WinNuke，它的一个数据包发往 NetBIOS 端口，并设置了紧急指针或带外指针。这将导致 Windows 系统出现"蓝屏死机"。另一个众所周知的头签名是同时设置了 SYN 和 FIN 标志的 TCP 数据包，这意味着请求者希望同时启动和停止连接。

NIDS 放置

NIDS 传感器只能看到其所连接的网段上恰好携带的数据包。因此，通常将 NIDS 部署在分布于关键网络点上的多个传感器中，用以被动地收集流量数据，并将有关潜在威胁的信息提供给中央 NIDS 管理器。图 6-6 给出了 NIDS 传感器放置的示例。

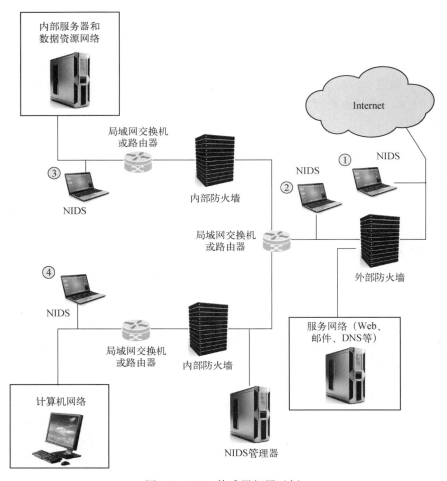

图 6-6　NIDS 传感器部署示例

如图 6-6 所示，传感器有四种位置类型：

- 在主企业防火墙之外。这有利于为给定企业网络建立威胁级别，更有利于相关负责人赢得安全工作管理支持。
- 在网络 DMZ 中（即在主防火墙内但在内部防火墙外）。该位置可以监视针对网络以及通常对外开放的其他服务的渗透尝试。DMZ 在 Internet 和组织的内部网络之间额外增加了网络安全层，使得外部各方只能连接到 DMZ 中的设备，而不能连接到整个内部网络。采用这种方法，可以限制外部不受信任的来源访问可发布信息，同时保护内部网络免受外部攻击。
- 放置在内部防火墙后，用于监视主要的骨干网络，例如支持内部服务器和数据库资源的网络。
- 放置在内部防火墙后，用于监视指定给单个部门、支持用户工作站和服务器的 LAN。

图 6-6 中的位置 3 和 4 可以监视网段上更具体的攻击，以及来自组织内部的攻击。

6.4.5　IDS 最佳实践

以下关于入侵检测系统（IDS）的建议可能会对于安全管理人员有所帮助。

- 为每个 IDS 用户或管理员创建一个单独的账户。
- 限制对 IDS 组件的网络访问。
- 确保对 IDS 管理通信进行适当的保护，例如采用加密或通过物理、逻辑隔离网络传输的方式对其进行保护。
- 在应用更新之前，定期备份 IDS 配置设置，以确保现有设置不会不慎丢失。
- 每次仅对一个 IDS 传感器进行监视和调整。这可以防止安全人员被警报和假阳性消息压垮。
- 将具有特定优先级的警报直接发送给安全管理员，以使管理员迅速获知需要注意的攻击和其他事件。为了减少噪声，仅对企业最关注的风险设置警报，而不要依赖现成的设置。
- 将日志和警报关联产品与 IDS 结合使用。这些关联产品作用颇多。首先，它们可以对警报进行分组以减少警报流量，从而使警报或事件批次更好管理。它们还提供跨多个平台的视角，包括来自其他系统的网络和主机 IDS、防火墙和系统日志事件的视角。此类产品的一个示例是 Sguil，它是一组免费的软件包。

SP 800-94（Guide to Intrusion Detection and Prevention Systems，入侵检测和防御系统指南）可以作为有效的参考资源。它包含关于 IDS 功能的教程以及与 IDS 的采购和管理相关的一系列建议。

6.5　关键术语和复习题

6.5.1　关键术语

adware	广告软件	malware	恶意软件
analyzer	分析器	malware as a service	恶意软件即服务
anomaly detection	异常检测	malware protection software	恶意软件防护软件
application-level gateway	应用层网关	misuse detection	误用检测
auto-rooter	一种黑客工具	mobile code	移动设备代码
backdoor	后门	Network-based Intrusion Detection System（NIDS）	网络端入侵检测系统
behavior control	行为控制	next-generation firewall	下一代防火墙
bot	僵尸机	packet filtering firewall	数据包过滤防火墙
circuit-level gateway	电路级网关	Potentially Unwanted Program（PUP）	潜在有害程序
clickless malware	自激活恶意软件	polymorphic dropper	多态释放器
direction control	方向控制	quarantine	隔离
downloader	下载者	ransomware	勒索软件
dropper	释放器	Remote Access Trojan（RAT）	远程访问木马
DMZ	DMZ 网络	rootkit	提权包
disinfect	净化	spammer program	垃圾邮件发送程序
exploit	利用	spyware	间谍软件
false negative	假阴性	sensor	传感器
false positive	假阳性	stateful inspection firewall	状态检查防火墙
flooder	洪水	scraper	抓取
fileless malware	无文件恶意软件	service control	服务控制
firewall	防火墙	trapdoor	后门
host-based intrusion detection system（HIDS）	主机端入侵检测系统	Trojan horse	特洛伊木马
intrusion	入侵	user control	用户控制
intrusion detection	入侵检测	virus	病毒
intrusion detection system（IDS）	入侵检测系统	web drive-by	Web 路过式攻击
keylogger	按键记录器	worm	蠕虫
logic bomb	逻辑炸弹	zombie	僵尸

6.5.2 复习题

1. 列出一些常见的恶意软件类型。
2. 参考 SP 800-83，优良的恶意软件保护软件应具备哪些功能？
3. 净化（disinfect）文件和隔离（quarantining）文件有什么区别？
4. 列出所有防火墙用来控制访问和实施站点安全策略的技术。
5. 防火墙有哪些常见类型？
6. 数据包过滤器（packet filter）有哪些缺点？
7. 什么是入侵检测系统？
8. 描述入侵检测系统的放置。
9. 入侵检测的两种通用方法是什么？
10. 误用检测（misuse detection）和异常检测（anomaly detection）有什么区别？
11. 网络入侵检测系统中传感器的典型位置是什么？

6.6 参考文献

BELL94: Bellovin, S., and Cheswick, W. "Network Firewalls." *IEEE Communications Magazine*, September 1994.

BEUC09: Buecker, A., Andreas, P., and Paisley, S. *Understanding IT Perimeter Security*. IBM Redpaper REDP-4397-00, November 2009.

CIS18: Center for Internet Security. *The CIS Critical Security Controls for Effective Cyber Defense Version 7*. 2018. https://www.cisecurity.org

ENSI189: European Network and Information Security Agency. *ENISA Threat Landscape Report 2018*. January 2019. https://www.enisa.europa.eu

MAAW10: Messaging Anti-Abuse Working Group. *Overview of DNS Security - Port 53 Protection*. MAAWG Paper, June 2010. https://www.m3aawg.org

第四部分

隐私增强技术

第 7 章

数据库中的隐私

学习目标：

经过本章的学习，你应当具备以下能力：

- 阐述汇总表与微数据表之间的区别；
- 理解重识别的概念；
- 概述重识别攻击的类型；
- 阐述匿名化技术和去标识化技术之间的区别；
- 论述准标识符的重要性以及它如何对隐私构成威胁；
- 列举并阐述隐私保护数据发布的基本技术；
- 阐述 k-匿名的概念；
- 论述频次表保护方法；
- 论述量级表保护方法；
- 理解可查询数据库所面临的隐私威胁的性质；
- 论述查询限制方法；
- 论述响应扰动方法；
- 理解差分隐私的概念。

首先，在许多情况下，组织会收集个人身份信息（Personally Identifiable Information，PII）以进行身份验证。以员工数据库为例，数据库中包含为员工支付工资、提供健康保险的信息以及其他人力资源相关应用。其次，组织可能在不需要识别个人身份的应用中使用个人信息。以精算或市场研究为例，在这种情况下，组织作为信息提供方，为了保护隐私将数据集中的 PII 转换为摘要信息。该信息有利于应用，但无益于识别个体。最后，组织需要维护在线查询系统，用于访问包含 PII 或者摘要信息的数据库。无论哪种情况，组织都需要注重隐私保护。

7.1 节将介绍数据库隐私相关的基本概念；7.2 节将研究与包含个人信息的数据库相关的攻击类型和风险。

本章的其余部分将解决与包含 PII 的数据库或从中派生的摘要信息相关的隐私问题。本章涵盖了涉及隐私保护技术使用的三个主要领域：

- 使组织能够制定可用或可发布的文件的技术。这些文件由记录构成，每一条记录都包含个人相关信息，这类文件被称为**微数据文件**（microdata file）。7.3 节至 7.5 节将介绍相关技术。

- 使组织能够发布文件的技术。这些文件包含聚合或摘要、统计信息（例如均值、计数）。7.6 节将介绍相关技术。
- 支持对微数据文件进行在线查询的技术。这些文件通常不受隐私保护。7.7 节将介绍相关技术。

以下标准和政府文件对理解数据库隐私保护技术十分有用，同时还为使用这些技术提供了实用指南：

- **ISO 20889**：隐私增强数据的去标识化术语和技术分类（Privacy Enhancing Data De-Identification Terminology and Classification of Techniques）。这份 2018 年颁布的文件给出了重识别攻击相关基本概念的概述，同时还给出了对去标识化技术的全面调查，本章 7.3 节至 7.5 节将给出相关内容介绍。
- **NIST SP 800-188**：去标识政府数据集（De-Identifying Government Datasets）。该文件提供了去标识化技术使用特别指南。
- **NISTIR 8053**：个人信息去标识化摘要（De-Identification of Personal Information）。该文件给出了去标识化技术的相关调查。
- **WP216**：匿名化技术意见书（2014 年 5 月）（Opinion 05/2014 on Anonymisation Techniques）。这份文件来自欧盟数据保护工作组，详细说明了各种匿名化和去标识化技术的鲁棒性。
- **SPWP22**：统计政策工作文件 22，关于统计披露限制方法的报告（Statistical Policy Working Paper 22，Report on Statistical Disclosure Limitation Methodology）：这份文件来自美国联邦统计方法委员会，概述了当前匿名化和去标识化技术的实践。

7.1　基本概念

出于隐私目的，两个常用于描述 PII 混淆的术语是**去标识化**（de-identification）和**匿名化**（anonymization）。不幸的是，它们在不同文献中的用法并不一致。本章采用与大多数标准和最佳实践文档一致的方式来区分去标识化和匿名化技术。

去标识化和匿名化技术的背景如下：组织收集一组个体的 PII，并将其存储为记录文件（通常称为**数据集**（dataset）），每个个体对应其中的一条记录。然后，如果组织希望将该数据集用于不需要识别个体的应用，则要在隐藏识别个体的信息或减少识别信息与个体关联程度的同时，尽可能保留有用信息。

对组中的个体而言，PII 的去标识化有如下特点：

- 剩余数据不足以将标识数据与其涉及的 PII 主体相关联。
- 将重识别参数与去标识化数据相结合，使得该组合能够识别出与其关联的 PII 主体。
- 攻击者若缺少重识别参数，则无法通过合理的方式从去标识化数据中恢复个人身份。

因此，去标识化技术保留了恢复标识的可能性，人们可以将与相同重识别参数相关联的不同数据链接起来。

对组中的个体而言，PII 的匿名化有如下特点：

- 剩余数据不足以将标识数据与其涉及的 PII 主体相关联。
- 攻击者无法通过合理的方式从匿名化数据中恢复个人身份。

摘自 NISTIR 8053（De-Identification of Personal Information，个人信息去标识化）的图 7-1 说明了去标识化或匿名化过程。包含 PII 的数据从数据主体（PII 主体）处收集，并被合并到一个包含多个个体 PII 的数据集中。去标识化或者匿名化技术创建了一个新的数据集，并假定该数据集不包含标识信息。根据不同的环境和任务，组织可以保留某些应用的原始数据集；同样，出于安全和隐私控制考虑，组织也可以将原始数据集删除。在后一种情况中，为了降低隐私风险，组织仅使用去标识化的数据集。

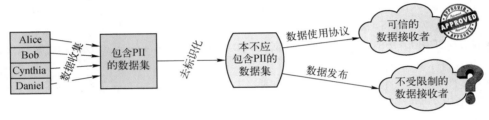

图 7-1 数据收集、去标识化及使用

组织可以在内部将去标识化数据用于特定的应用。组织还可以将数据集提供给可信的数据接收者，这些接收者可能会受诸如数据使用协议之类的附加控制约束。数据使用协议限制了接收者对数据的使用，达成该协议的原因是：即使使用了去标识化或匿名化数据，重识别的风险依然存在。对于被认定为重识别风险较低（或不存在）的数据集，组织可能会将数据提供给大量未知或未经审查的数据接收者。

7.1.1 个人数据属性

个人数据包括个人属性。出于隐私方面的考虑，属性可以分为以下几类：

- **直接标识符**（direct identifier）：提供指向数据主体的显式链接并可以直接标识个体的变量。例如，标识变量包括姓名、电子邮件地址、家庭住址、电话号码、医疗保险号码以及社会安全号码。因此，直接标识符就是 PII 属性。
- **准标识符**（Quasi-Identifier，QI）：单独使用 QI 本身无法标识特定的个体，而将多个 QI 进行组合并关联其他信息，则能够标识数据主体。例如，QI 包括性别、婚姻状况、邮政编码或位置信息、重要日期（例如出生、死亡、住院、出院、尸检、标本采集或就诊）、诊断信息、职业、族裔、可见的少数民族身份和收入（在 7.2 节举例的 William Weld 医疗记录的重识别中，就使用了 QI 中的生日、邮政编码和性别）。
- **机密属性**（confidential attribute）：PII 或 QI 类别以外的属性，可能包含数据主体的敏感信息（例如薪水、宗教信仰、诊断结果）。
- **非机密属性**（non-confidential attribute）：数据主体通常不认为其敏感的某些属性。

7.1.2 数据文件类型

在某些情况下，发布数据集是为了使第三方进行数据分析。在这种情况下，必须解决隐私问题，去标识化和匿名化适用于此类情况。

以下是最常见的三种数据发布形式：

- **微数据表**（microdata table）：微数据表由单独的记录组成，每条记录都包含单个个体或其他实体的属性值。具体来说，一个包含 s 个主体和 t 个属性的微数据表 X 是一个 $s \times t$ 的矩阵，X_{ij} 表示数据主体 i 的 j 属性的值。

- **汇总表**（summary table）：汇总表也叫**宏数据表**（macrodata table），通常是二维的，其行和列代表两种不同的属性。因此，如果这两种属性是 A 和 B，那么该表可以表示为 A×B。汇总表包含来自微数据源的个体聚合数据。例如，一张个体计数汇总表以 5 岁为一个年龄段，并以 10 000 美元为增量单位显示年度总收入，该表格由统计单元格（例如 35~39 岁，年收入 40 000~49 999 美元）组成。汇总表有两种类型。
  - **频次表**（frequency table）：显示表格单元格（表格行和列的交集）中的分析单位数（人、房产、场馆）。例如，（种族×性别）表的单元格显示了具有不同属性值的人数。类似地，每个单元格都可能包含一个分数或百分数，代表该单元格的个体数量占所研究的群体总数量的比例。
  - **量级表**（magnitude table）：在表格单元格中显示有关数字聚合值的信息。例如，（疾病×城镇）表的单元格显示具有不同属性值的患者的平均年龄。
  - 一维或三维表较少见。这些表没有引入新的隐私威胁或对策，因此本章不做讨论。

- **可查询数据库**（queryable database）：许多组织支持对汇总表进行在线查询访问。数据用户使用自定义查询创建自己的表格。在大多数这样的系统中，只有已经应用了披露限制规则的数据可以供用户使用。连接到未受保护的微数据文件的查询系统必须自动将披露限制规则应用于用户所请求的表。这种方法的问题在于，用户依然可以通过一系列应用了披露限制规则的独立查询活动来推断、分辨出机密数据。

图 7-2 展示了上述三种概念之间的关系。对于每条单独的记录，没有隐私保护的微数据文件包括直接标识符、QI、机密属性以及可能存在的非机密属性。对不受保护的文件实施匿名化或去标识化操作涉及删除直接标识符并修改 QI（请参见 7.3 节至 7.5 节）。利用聚合方法，可以从不受保护或受保护的微数据文件中生成汇总表。在前一种情况中，聚合包括引入隐私保护的算法（请参见 7.6 节）。此外，对受保护的微数据文件和汇总表进行在线查询是很常见的做法（请参见 7.7 节）。

图 7-3 说明了微数据表和汇总表的结构。

表 7-1 展示了频次表和量级表，这些表包含根据"性别"和"诊断"属性所统计出的数据。表 7-1a 包含了某些受到关注的人口总数中每种诊断的男性和女性人数。表 7-1b 包含了患有每种疾病的个体所占的百分比。表 7-1b 中的行总计分别显示了男性和女性所占的百分比，列总计显示了每种诊断所占的百分比。表 7-1c 显示了对于每种疾病，男性和女性住院的平均天数，行总计分别显示了男性和女性住院的平均天数（无论何种疾病），列总计显示了每种疾病的平均住院天数。

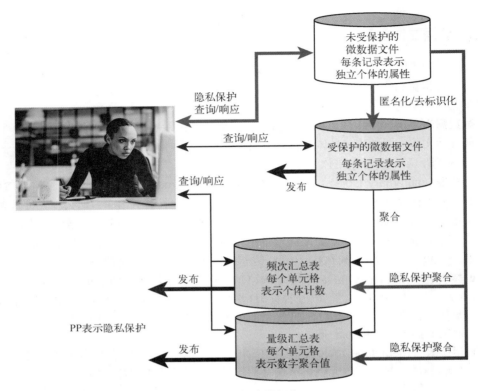

图 7-2　可发布数据集

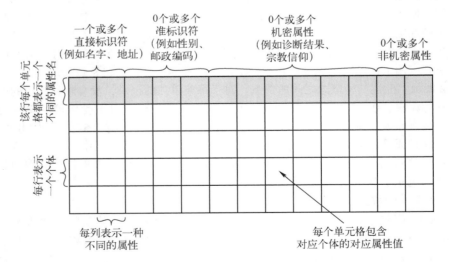

a) 微数据的数据集（未进行去标识化处理）

图 7-3　微数据表和汇总表的搜索

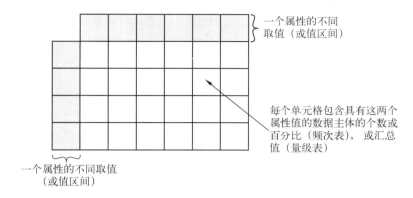

一个属性的不同
取值（或值区间）

每个单元格包含具有这两个
属性值的数据主体的个数或
百分比（频次表），或汇总
值（量级表）

一个属性的不同取值
（或值区间）

b) 汇总表

图 7-3 （续）

表 7-1 频次（计数与百分比）和量级汇总表示例

a) 患有某种疾病的个体数（频次表）

	关 节 炎	肺 炎	糖 尿 病	心 脏 病	总 数
男性	10	18	19	12	59
女性	19	17	1	6	43
总数	29	35	20	18	102

b) 患有某种疾病的个体百分比（频次表）

	关 节 炎	肺 炎	糖 尿 病	心 脏 病	总 数
男性	9.8	17.6	18.6	11.8	57.8
女性	18.6	16.7	1.0	5.9	42.2
总数	28.4	34.3	19.6	17.6	100

c) 平均住院天数（量级表）

	关 节 炎	肺 炎	糖 尿 病	心 脏 病	均 值
男性	2	6.5	3.5	7	4.87
女性	1	5.5	2	8	3.8
总数	1.34	6.01	3.43	7.33	4.41

7.2 重识别攻击

如本章前面所述，即使数据集已经做过去标识化或匿名化处理，也可能存在未授权方对该数据集进行重识别的风险。对去标识化数据甚至是匿名化数据进行重识别所带来的安全威胁十分严重。Concerning the Re-Identification of Consumer Information（关于重识别消费者信息）[EPIC17] 由电子隐私信息中心发布，记录了许多对去标识化或匿名化数据进行重识别的示例，包括：

- Netflix 研究（Netflix study）：在线视频流媒体播放平台 Netflix 公开发布了 1 亿条记录，这些记录统计了 6 年来用户对电影的评价，显示了电影名称、用户给予该电影的评分以及评分日期。数据库删除了标识个体的用户名，同时为每个用户设置一个唯一的标识号。研究人员发现，对个体的重识别相对容易。在这项研究中，仅使用 6 个电影评分，识别出打分用户的概率就高达 84%。而通过 6 个电影评分以及打分的大概日期，识别出打分用户的概率则达到了 99%。

- AOL 的用户数据发布（AOL's release of user data）：2006 年，美国在线（America Online，AOL）向 650000 个 AOL 搜索引擎用户公开发布了 2000 万条搜索查询。这些查询总结了用户三个月的活动。在发布数据之前，AOL 通过删除标识信息（例如用户名和 IP 地址）将其匿名化。然而，这些标识符已被替换为唯一的标识号，因此研究人员仍可以使用数据。尽管数据在发布之前是匿名的，研究人员仍可以在相对较短的时间内追踪到用户对特定个体的查询。例如，许多用户的搜索查询中标识了其城市、邻居、姓名、年龄或人口统计信息。利用以上信息，研究人员就可以将候选人群缩小到进行特定搜索的那一个个体。

- 通过邮政编码、性别和出生日期获取的唯一标识（unique identification through zip code，sex，and birth date）：根据 Latanya Sweeney 的一项人口普查数据研究 [SWEE00]，可以发现 87% 的美国人具有唯一的邮政编码、出生日期和性别组合。这意味着这三部分信息的组合足以识别特定个体。

- 重识别健康数据（re-identifying health data）：Sweeney 还通过收集马萨诸塞州州长 William Weld 的 PII 来说明重识别健康数据的威胁 [SWEE02]，该项研究合并了来自两个数据库的数据。其中之一是马萨诸塞州团体保险委员会（Group Insurance Commission，GIC）向研究人员发布的一组有关州雇员的医院数据，其目的是改善医疗保健和控制成本。医院数据提供者删除了姓名、地址、社会保险号和其他标识信息，以保护这些雇员的隐私。另一个数据集是公开可用的选民登记册，其中包括每个选民的姓名、地址、邮政编码、出生日期和性别。GIC 的数据库显示，剑桥只有 6 个与州长在同一天出生的人，其中一半是男性，州长是唯一一个居住地址与选民名册中提供的邮政编码匹配的人。而马萨诸塞州州长在 GIC 数据库中的信息包括处方和诊断这类敏感信息。

因此，想要去标识化或匿名化 PII 数据集的组织必须牢记重识别的潜力，重识别可能通过转换后的数据集进行，也可能与其他数据源相互组合进行。

7.2.1 攻击类型

图 7-4 的上半部分表明了去标识化技术的过程以及旨在从去标识化数据集中识别个体的攻击的一般方法。这些攻击分为两大类：安全攻击和隐私攻击。为了使授权人员可以进行重识别，重

识别参数和个人身份之间必须存在链接。安全策略规定，只有授权人员才能访问该链接。因此，组织必须实施安全控制（例如系统访问控制），以实现只有授权人员才可以进行相关操作的限制。攻击者可能试图突破安全控制措施，以恢复重识别参数和个人身份之间的链接。

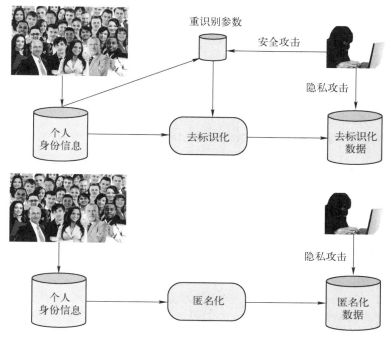

图 7-4 对去标识化和匿名化数据的攻击类型

攻击者还可能尝试通过对去标识化的数据进行分析来重识别数据，还可能使用源自其他数据集（例如公开数据集）的数据。这种攻击属于隐私攻击，它试图突破去标识化数据的隐私控制。

图 7-4 的下半部分说明了匿名化过程。在这种情况下，执行匿名化的组织不希望对该匿名数据进行重识别。同样，攻击者可能尝试通过分析那些数据以及可能利用的相关数据，进而对匿名数据进行重识别。

表 7-2 对 PII 所面临的隐私和安全威胁进行了总结。

表 7-2 个人信息威胁

信 息 类 型	授 权 用 户	攻 击 者	
		安 全 违 规	隐 私 违 规
个人身份信息（PII）	受控访问	系统访问控制失效	隐私控制失效
去标识化个人信息	利用重识别参数进行重识别	重识别参数访问控制失效	不依靠重识别参数进行重识别（可能使用多数据源）
匿名化数据	无法重识别	—	利用多数据源进行重识别

7.2.2　潜在的攻击者

在评估重识别攻击的风险时，组织需要考虑可能尝试重识别攻击的个体动机。NISTIR 8053 标识了以下类别：

- 测试去标识化的质量（to test the quality of the de-identification）：作为整体隐私监视和审计功能的一部分，组织可能要求内部或外部审计员尝试进行重识别。
- 使执行去标识化的组织感到尴尬或受到伤害（to embarrass or harm the organization that performed the de-identification）：证明隐私保护措施不够充分可能使执行去标识化的组织感到尴尬或受到伤害，尤其是在去标识化数据已被公开发布的情况下。
- 从重识别数据中直接获利（to gain direct benefit from the re-identified data）：NISTIR 8053 给出了一个示例：营销公司可能会购买去标识化的健康信息，并尝试将该信息与个体身份进行匹配，以便向重识别后的个体发送处方药优惠券。

一个负责任的组织会允许上述第一类情况发生，以确保将另外两种风险降到最低。

7.2.3　披露风险

一般而言，**披露**（disclosure）关乎数据主体信息的不当属性，无论其信息主体是个人还是组织。披露的类型如下：

- **身份披露**（identity disclosure）：当匿名化或去标识化数据集中的记录可以与个体身份相关联时，会发生此类披露。通过身份披露，攻击者会将数据集中的一个或多个记录匹配到特定的人。例如，攻击者可能会确定带有标签字段 7 的记录属于 Mary Jones，这表明该记录中的所有信息均与 Mary Jones 相关。
- **属性披露**（attribute disclosure）：当通过去标识化的文件显示关于数据主体的敏感信息时，会发生此类披露。通过属性披露，即使无法获得完整的数据记录，攻击者也可以从包含个人记录的数据集中获取特定个体的一个或多个属性。例如，如果一家医院发布的信息显示当前所有年龄在 56~60 岁之间的女性患者都患有癌症，且已知 Alice Smith 是在该医院住院的 56 岁女性，尽管去标识化之后她的个人医疗记录已经无法与其他人区分开，她的诊断信息仍会被披露。
- **推断性披露**（inferential disclosure）：利用此类披露，攻击者可以通过发布的数据更准确地确定个体某些特征的值。例如，使用数学模型，入侵者可能能够利用记录在数据中的属性推断主体的敏感信息（例如收入），从而导致推断性披露。举一个特殊的例子，某些数据可能显示了收入和房屋购买价格之间的高度相关性。由于房屋的购买价格通常是公共信息，第三方可能会使用此信息推断数据主体的收入。

7.2.4　对隐私威胁的适用性

使用匿名化或去标识化隐藏身份是一种隐私控制，可适用于多种威胁情况。表 7-3 参考了 [SHAP12] 中的表格，基于 Solove 的分类法，将匿名化和去标识化方法与隐私风险相关联

（请参见图 4-1）。带阴影的行表示将匿名化或去标识化用作隐私控制的风险。

表 7-3　去标识化和匿名化（隐藏）对隐私风险的适用性

隐 私 风 险	适 用 性
信 息 收 集	
监控	如果监控是基于信息的（包括数字照片/视频），那么隐藏可以减轻风险
探询	该风险的性质是无法通过隐藏来减轻风险
信 息 处 理	
聚合	匿名化可以通过使离散信息无法与同一个人相关联来减轻这种风险。然而，如果必须进行数据聚合，则假名可以保持信息的可链接性，这种方法仍然可以减轻风险。通过减少要聚合的属性中包含的信息，可以进一步降低该风险
识别	隐藏可以直接减轻这种风险
不安全性	隐藏可以通过减少受保护的信息或降低攻击者将信息与特定个人相关联的能力来减轻这种风险
二次使用	隐藏可以通过减少正在使用的信息或减少其与可识别个人的联系来减轻这种风险。但是，如果二次使用可能影响作为可识别组成员的个人，则无论数据去标识化的程度如何，都可能会留下大量剩余风险
排除	隐藏可以减轻这种风险，但是去标识化不是绝对的。因此，个人很可能会保留一部分信息
信 息 传 播	
违反机密性	这种风险基于信任关系。因此，匿名化不是特别有效的缓解措施
披露	匿名化可以通过减少信息披露或降低攻击者将信息与特定个人相关联的能力来减轻这种风险
暴露	就信息的暴露程度（包括数字照片/视频）而言，匿名化可以减轻风险
提升可访问性	隐藏可以通过使信息更不易访问而间接减轻这种风险
勒索	隐藏可以通过减少可用信息或减少与可识别个人的联系来减轻这种风险
挪用	这种风险基于身份，因此匿名化可以减轻风险
曲解	隐藏可以通过减少正在使用的信息或减少其与可识别个人的联系来减轻这种风险。但是，由于危害部分是由信息不准确引起的，因此从信息缩减中减轻的风险可能非常有限
入 侵	
侵入	该风险的性质是无法通过隐藏来减轻风险
决策干扰	该风险的性质是无法通过隐藏来减轻风险

7.3　直接标识符的去标识化

本节将介绍与直接标识符有关的去标识化技术。如果不保留任何重识别信息，则可以对匿名化采用相同的技术。

例如，考虑这样一种情况，给定一个数据集，其中每条记录对应一个不同的个体，在表 7-4 中由一行（一条记录）表示。记录的前两个字段"名称"和"地址"足以标识唯一的个体，接下来的三个字段是在某些情况下足以实现重识别的 QI。

表 7-4　直接标识符和准标识符（QI）示例

直接标识符		准 标 识 符			其 他 属 性			
姓名	地址	生日	邮政编码	性别	体重	诊断结果	…	…

NISTIR 8053 列出了下列直接标识符的去标识化方法：

- 删除直接标识符。
- 用类别名称或明显通用的数据代替直接标识符。例如，名称可以用 PERSON NAME 词组代替，地址用 123 ANY ROAD、ANY TOWN、USA 等词组代替。
- 用＊＊＊＊＊或××××× 等符号代替直接标识符。
- 用随机值代替直接标识符。这样一来，当同一标识出现两次时，将会表示为两个不同的值。采取这种处理办法的优势在于可以保留原始数据的形式，从而进行部分测试，而劣势在于重新关联数据与个体变得更加困难。该种方法有时也称为**交易假名**（transaction pseudonym）。
- 用假名代替直接标识符，以允许匹配引用同一个体的记录。此过程称为**假名化**（pseudonymization），也称为**令牌化**（tokenization）。

7.3.1　匿名化

先前列表中的前四种技术可以匿名化数据集。如果无须通过授权进行重识别，则可以执行此操作。删除直接标识符本身并不能确保避免重识别。匿名化还必须考虑 QI，如 7.3 节和 7.4 节所述。

7.3.2　假名化

图 7-5 说明了包含 PII 的数据库的假名化。该过程用随机数代替每个直接标识符（在图 7-5 中为"姓名"字段），一个单独的表将假名映射到直接标识符。最佳实践要求将查询表存储在物理独立于假名数据库的数据库服务器上。这样，即使假名数据库遭到破坏，攻击者也无法查找假名或令牌或识别各个数据主体。

Apple Pay、Samsung Pay 和 Android Pay 使用令牌化来防止支付卡欺诈，令牌代替支付卡号存储于每部智能手机上。当使用智能手机卡付款时，智能手机的应用程序会发送令牌，受保护的数据中心会将令牌与存储在数据中心内的支付卡详细信息进行匹配，并在该中心进行付款。

原始数据库

姓名	年龄	性别	体重	诊断结果
Chris Adams	47	男性	210	心脏病
John Blain	45	男性	176	前列腺癌
Anita Demato	18	女性	120	乳腺癌
James Jones	39	男性	135	糖尿病
Alex Li	39	男性	155	心脏病
Alice Lincoln	34	女性	160	乳腺癌

假名数据库

假名	年龄	性别	体重	诊断结果
10959333	34	女性	160	乳腺癌
11849264	39	男性	135	糖尿病
49319745	47	男性	210	心脏病
54966173	39	男性	155	心脏病
84866952	18	女性	120	乳腺癌
88786769	45	男性	176	前列腺癌

重识别文件

假名	姓名
10959333	Alice Lincoln
11849264	James Jones
49319745	Chris Adams
54966173	Alex Li
84866952	Anita Demato
88786769	John Blain

图 7-5 假名化

7.4 微数据文件中准标识符的去标识化

正如 7.1 节所述，一个（或一组）准标识符是一个（或多个）具有如下特征的属性（或属性组）：

- 该属性或属性组无法直接识别个体。
- 将其他数据集中的信息与该属性（组）相结合，则可能识别个体。

重识别涉及如图 7-6 所示的**链接攻击**（linkage attack）。在链接攻击中，攻击者将去标识数据集中的记录与包含相同 QI 和数据主体身份的另一个数据集中的相似记录相链接，从而导致对某些记录的重识别。通常来讲，另一个数据集可以公开获取。如图 7-6 所示，首先从两个数据集中选择具有唯一 QI 值集的记录，如果两个数据集中的两个或多个记录具有相同的值，则攻击者无法从 QI 中识别出唯一的个体。一旦攻击者将两个数据集都简化为记录，并且每个记录都有唯一的 QI 集，那么攻击者就可以在两个数据集中查找具有相同 QI 值的记录。

图 7-7 给出了一个简单的示例。在这个例子中，组织可能出于研究或保险目的给出了一个数据集，该数据集包含了一组个体的某些信息以及医学诊断结果，而每个个体的直接标识符都已经过抑制处理。其中，年龄、性别、邮政编码等属性是数据集中的 QI。攻击者可能将此数据集与公共数据库（例如选民登记册）结合，并在公共数据库中查找其 QI 与已发布数据集中的 QI 匹配，且在两个数据集中均唯一的条目。这样就可以构成一个链接，并根据链接对已发布数据集中的相应条目进行标识。在本示例已发布数据集的六条记录中，攻击者可以确定

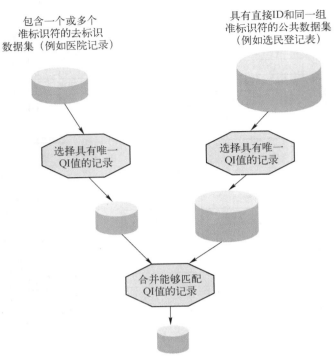

图 7-6　利用准标识符的链接攻击

其中四个的身份。

公共数据库

姓名	年龄	性别	邮政编码
Chris Adams	47	男	12211
John Blain	45	男	12244
Anita Demato	18	女	12245
James Jones	19	男	12377
Alex Li	19	男	12377
Alice Lincoln	34	女	12391

已发布数据库

年龄	性别	邮政编码	诊断结果
47	男	12211	心脏病
45	男	12244	前列腺癌
18	女	12245	乳腺癌
19	男	12377	糖尿病
27	男	12377	心脏病
34	男	12391	乳腺癌

链接攻击结果

姓名	年龄	性别	邮政编码	诊断结果
Chris Adams	47	男	12211	心脏病
John Blain	45	男	12244	前列腺癌
Anita Demato	18	女	12245	乳腺癌
Alice Lincoln	34	女	12391	乳腺癌

图 7-7　链接攻击示例

可以使用多种技术防止去标识数据集中的数据被重识别，所有这些技术都涉及混淆或抑制一些 QI 值。这些技术将在本节后续部分和 7.5 节中讨论。

7.4.1　隐私保护数据发布

微数据文件去标识（通常称为**隐私保护数据发布**（Privacy-Preserving Data Publishing，PPDP））涉及删除直接标识符和修改 QI。为了象征性地表达这一点，将未受保护的微数据文件 UM 表示为：

$$UM\{Direct\_Identifiers, Quasi\text{-}Identifiers, Confidential\_Attributes, Non\text{-}confidential\_Attributes\}$$

即未受保护的微数据文件由一组个人记录组成，每个记录包含一个或多个直接标识符、一个或多个 QI、一个或多个机密属性以及可能存在的一些非机密属性。

组织出于各种目的发布（提供）此数据集，对该数据集进行去标识化或匿名化处理，旨在生成受隐私保护的数据集 PM：

$$PM\{QI*, Confidential\_Attributes, Non\text{-}confidential\_Attributes\}$$

其中，QI * 是出于隐私保护目的而进行转换的 QI 集合。

7.4.2　披露风险与数据效用

在考虑 PPDP 技术时，组织需要注意披露风险与数据效用（data utility）之间的权衡。

第 2 章讨论了隐私与效用之间的一般权衡。同样的考虑也适用于对具有 QI 的数据集去标识化的情况。在这种情况下，组织需要在以下概念之间进行权衡：

- **数据效用最大化**（maximizing data utility）：对于给定的应用程序，去标识化数据应忠实于原始数据。也就是说，尽管混淆了 QI，但应用程序或分析应仍能够产生有意义的结果。
- **披露风险最小化**（minimizing disclosure risk）：披露是指与数据主体身份有关的信息的披露。披露风险与在给定情况下披露发生的可能性有关。

例如，如果在去标识化过程中将确切年龄替换为年龄区间，则在计算数据集中的平均年龄时，将存在可计算的误差范围。拓宽年龄区间可以降低披露风险，但同时也会增加计算平均年龄时的误差范围，从而降低数据效用。

数据效用是管理人员根据应用程序的性质以及所需的准确和完整程度所采取的主观估量。确定披露风险很困难，往往只能估算。例如，联邦统计方法委员会 [FCSM05] 指出，从微数据文件和公共记录文件中识别个体的披露风险取决于以下因素：

- 在微数据文件和一些可匹配文件上同时显示攻击者的目标个体的概率。
- 匹配变量以相同的方式记录在微数据文件和可匹配文件上的概率。
- 攻击者的目标个体在匹配变量中是唯一的概率。
- 攻击者正确识别出唯一个体的置信度。

图 7-8 说明了数据效用与披露风险之间的权衡。右上方的圆圈表示已删除直接标识符但保留了所有 QI 的数据集。对于任何使用一个或多个 QI 的应用程序，此数据集都具有最高的效用。同时，其披露风险也是最高的。左下方的圆圈代表直接标识符和准标识符均已删除的数据集。在这种情况下，披露风险很小或为零，但数据效用也很小。图 7-8 中的其他圆圈代表了各种去标识化方法，横轴正方向表示混淆减少。

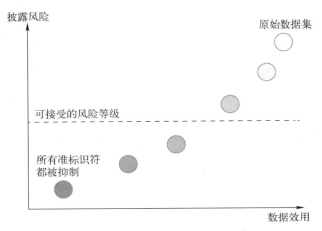

图 7-8　披露风险与数据效用

本节的其余部分将介绍处理准标识符的常用技术，这些技术通常称为隐私保护数据发布。有关本节和下一节所讨论主题的更多详细信息，请参见［CHEN09］、［FUNG10］和［XU14］。7.5 节将介绍一些对这些技术的改进方法。

7.4.3　PPDP 技术

在后续讨论中将使用到表 7-5，表 7-5a 为原始数据集。

抑制技术

抑制技术用于删除某些 QI 值，旨在消除具有较高的重识别特定记录风险的 QI 值。应用抑制技术的示例包括：

- **消除异常值**（elimination of exceptional values）：例如，如果大型微数据文件中只有一个或两个男性个体，或者文件中存在异常值（异常大值或小值（例如年龄）），则可以执行此操作。
- **消除整个 QI**（elimination of an entire QI）：例如，如果邮递编码信息有很高的重识别风险，那么分析人员可能会删除邮政编码字段。
- **消除个人记录**（elimination of an individual record）：当某条记录非常特别时（例如，县内只有一个人的工资超过一定水平），就可以执行这种操作。

表 7-5b 对抑制技术进行了说明（表 7-5 和表 7-6 来自民权办公室出版物［OCR12］）。

经过抑制技术处理后的数据更难得出分析结果，因此抑制技术可能会降低微数据集的效用。然而，在消除数值异常值的情况下，抑制技术对效用的影响可能最小。

表 7-5 准标识符的去标识化技术

a）受保护信息示例

年龄	性别	邮政编码	诊 断 结 果
15	男	12210	糖尿病
21	女	12211	前列腺癌
36	男	12220	心脏病
91	女	12221	乳腺癌

b）具有抑制值的表a

年龄	性别	邮政编码	诊 断 结 果
*	男	12210	糖尿病
21	女	12211	前列腺癌
36	男	*	心脏病
*	女	*	乳腺癌

c）具有泛化值的表a

年龄	性别	邮政编码	诊 断 结 果
低于 21 岁	男	1221*	糖尿病
21~34	女	1221*	前列腺癌
35~44	男	1222*	心脏病
45 岁及以上	女	1222*	乳腺癌

d）具有随机值的表a

年龄	性别	邮政编码	诊 断 结 果
16	男	12212	糖尿病
20	女	12210	前列腺癌
34	男	12220	心脏病
93	女	12223	乳腺癌

泛化技术

泛化技术涉及将一些 QI 转换为不太精确的表示形式。表 7-5c 提供了两个示例（阴影单元格）：将特定年龄转换为年龄范围，并将五位数的邮政编码泛化为四位数的邮政编码。泛化技术可能导致以下一项或两项结果：

- 它可以减少微数据文件中具有唯一 QI 值集的记录数量。
- 对于任何剩余的唯一微数据记录，它可以降低在可匹配文件中唯一匹配的可能性。

泛化技术是否会降低微数据集的效用取决于应用程序。对于健康数据，尤其是大型数据集，泛化技术不会显著降低效用。

扰动技术

扰动技术（也称为随机化技术）涉及用不同的特定值代替某 QI 值。例如，算法可以在实际年龄的五年范围内用随机值代替真实年龄值。表 7-5d 对扰动技术进行了说明（阴影单元格）。在本例中，每个年龄都在原始年龄的上下 2 年以内，每个邮政编码的最后一位数字在原始数字的上下 2 位以内。

扰动技术的一个优点是能够大大降低在可匹配文件中找到唯一匹配项的可能性。如果攻击者已知加扰了哪些 QI 字段，则只能使用未加扰的字段工作，这大大减少了找到唯一匹配项的机会。如果攻击者不知道加扰了哪些字段，则无法使用匹配算法。

扰动技术的另一个优点是可以保持原始数据的统计特性，例如均值或方差。对于许多应用程序而言，这不会显著降低效用。

交换技术

交换技术涉及在记录之间交换 QI 值。若有必要保留统计属性，则必须谨慎使用交换技术。例如，在前面示例的健康数据集中，如果有多个具有相同诊断结果的记录，则在这样的两个记录之间交换邮政编码、性别和年龄不会改变统计属性。

7.5　*k*-匿名、*l*-多样性与*t*-紧密性

本节将介绍三种微数据去标识化技术，这些技术在保持较高数据效用的同时，还能够降低隐私风险。

7.5.1　*k*-匿名

［SWEE02］中首次提出的 *k*-匿名算法是用于隐私保护的正式模型。如果无法将数据集中包含的每个人的信息与至少 *k*-1 个人（其信息也出现在数据集中）区分开，则该数据集将提供 *k*-匿名保护。该标准确保对于数据集中的每个组合值，数据集中至少有 *k* 个在准标识符上具有相同值的记录。

例如，表 7-6a 显示了包含机密属性**诊断结果**的数据集。数据集已进行去标识化操作，删除了所有直接标识符。此数据集的一个 2-匿名版本（请参见表 7-6b）来自抑制技术和泛化技术的组合应用。在此版本中，每一组唯一存在的 QI 组合都至少包括两个记录。表 7-6c 显示了公共数据库的一部分。使用此数据库和 2-匿名数据集的攻击者只能得出以下结论：个体 Corbin 与数据集中的两个记录相匹配，并且攻击者没有获得任何机密属性信息。

表 7-6　2-匿名示例

a）受保护的信息示例

年龄	性别	邮政编码	诊断结果
18	男	46801	关节炎
19	男	46814	前列腺癌
27	男	46815	心脏病
27	男	46909	哮喘
27	女	46909	关节炎
34	女	46943	糖尿病
45	女	46943	哮喘

b）表 a 的 2-匿名版本

年龄	性别	邮政编码	诊断结果
18~19	男	468**	关节炎
18~19	男	468**	前列腺癌
27	*	*	心脏病
27	*	*	哮喘
27	*	*	关节炎
>30	女	46943	糖尿病
>30	女	46943	哮喘

c）公共数据库的一部分

姓名	年龄	性别	邮政编码
Corbin	18	男	46801
Mike	20	男	46611

d）信息披露尝试

姓名	年龄	性别	邮政编码	诊断结果
Corbin?	18~19	男	468**	关节炎
Corbin?	18~19	男	468**	前列腺癌

k-匿名算法的风险在于，多个具有相同 QI 的记录可能具有相同的机密属性值，表 7-7 的 3-匿名示例说明了这一点。3-匿名数据集中具有相同 QI 值的三个记录也具有相同的诊断属性值。攻击者能够在公共数据库中找到具有相同 QI 值的唯一记录。在本例中，攻击者可以推断

出 Corbin 患有心脏病，这是一个典型的属性披露的例子。但是，该匿名数据集还可能包含更多表 7-7b 中未显示的属性。攻击者无法确定三个记录中的哪个记录对应于 Corbin，因此这种情况不是身份披露，而是属性披露。

表 7-7 属性披露示例

a）受保护的信息示例

年龄	性别	邮政编码	诊 断 结 果
18	男	46801	心脏病
19	男	46814	心脏病
19	男	46815	心脏病
27	男	46815	前列腺癌
27	女	46909	关节炎
27	女	46909	糖尿病
34	女	46943	乳腺癌
45	女	46943	哮喘
47	男	46943	哮喘

b）表 a 的 3-匿名版本

年龄	性别	邮政编码	诊 断 结 果
18~19	男	468**	心脏病
18~19	男	468**	心脏病
18~19	男	468**	心脏病
27	*	46***	前列腺癌
27	*	46***	关节炎
27	*	46***	糖尿病
>30	*	46943	乳腺癌
>30	*	46943	哮喘
>30	*	46943	哮喘

c）公共数据库的一部分

姓名	年龄	性别	邮政编码
Corbin	18	男	46801
Mike	20	男	46611

d）属性披露（而非身份披露）

姓名	年龄	性别	邮政编码	诊 断 结 果
Corbin？	18	男	46801	心脏病
Corbin？	18	男	46801	心脏病
Corbin？	18	男	46801	心脏病

使用 k-匿名的关键参数是 k 值。k 值越大，隐私保证就越强。有以下两个原因：

- k 值越大，表示 QI 的混淆程度越强，具有相同 QI 值的集合也会越大。这也意味着相应的公共数据集不太可能有与去标识数据集中的 QI 值集合**唯一**匹配的记录。
- 对于较大的 k 值，集合中的 k 个个体共享相同机密属性值（如果有属性泄露）的可能性也会较低。

同时，k 值越大，表示 QI 越模糊，这可能会降低效用。因此，选择最佳的 k 值是一件很难的事情。

7.5.2 *l*-多样性

前面的讨论表明，尽管 k-匿名算法能够防止身份披露（k-匿名数据集中的记录无法映射回原始数据集中的相应记录），但通常无法防止属性披露。研究人员已经对 k-匿名算法提出了几种扩展算法，以弥补这一弱点。其中，l-多样性是最突出的一种［MACH06］。

对于共享 QI 值的每组记录，如果每个机密属性至少有 l 个不同的值，则该 k-匿名数据集满足 l-多样性。l-多样性技术通过确保与特定条件匹配的每组记录都具有一定程度的多样性，从而帮助防止推断性披露。此技术的缺点是会降低去标识数据对原始数据集的保真度，从而降低数据效用。

7.5.3 t-紧密性

t-紧密性是对 l-多样性的进一步完善［LI07］。对于共享 QI 值的每组记录，如果该组内每个机密属性的分布与整个数据集中属性的分布之间的距离都不超过阈值 t，则该 k-匿名数据集满足 t-紧密性。t-紧密性创建了与去标识化之前的表中属性初始分布类似的等效类。当需要使数据尽可能接近原始数据时，该技术会很有用。t-紧密性增加了这样的约束：不仅在每个等效类中至少应存在 l 个不同的值，每个值也要尽可能多地反映每个属性的初始分布。

t-紧密性能够弥补 l-多样性的隐私弱点，例如：在一个患者数据集中，有 95% 的患者患有流感，而只有 5% 的患者患有 HIV。假设一个 QI 组有 50% 的流感患者和 50% 的 HIV 患者，能够满足 2-多样性。然而，由于相较于整个数据集中仅 5% 的 HIV 患病率，该组中的任何患者都可以以 50% 的置信度被推断为患有 HIV，该组具有严重的隐私威胁。

t-紧密性的一个缺点是极大地降低了数据效用，因为它要求所有 QI 组中的敏感值都采用相同的分布，这将严重破坏 QI 值和机密属性之间的相关性。

7.6   汇总表保护

7.1 节将汇总表定义为包含来自微数据源的个体聚合数据。汇总表可能是频次表或量级表。汇总表中固有某种程度的隐私保护，因为其中的数据是聚合的，所以不包含与个体相对应的任何记录，而是提供了涉及多个个体的聚合数据。

对汇总表的攻击类型如下［ENIS14］：
- **外部攻击**（external attack）：将频次表"种族×城镇"作为外部攻击的经典示例，如果该表中包含种族 Ei 和城镇 Ti 所对应的唯一主体，那么发布包含每个种族和城镇的平均血压的量级表，将会公开披露 Ti 和 Ei 所唯一确定的主体的确切血压。
- **内部攻击**（internal attack）：如果 Ti 和 Ei 所确定的主体只有两个，则他们会得知对方的血压。
- **优势攻击**（dominance attack）：如果一个或几个受访者在量级表中对某个单元格的贡献占主导地位，则占主导地位的主体可以获取剩余主体的贡献上界。例如，如果该表显示了每种工作类型和每个城镇的累计收入，而一个个体贡献了某个单元格值的 90%，那么该个体就知道在该城镇中他（她）的同事们做得不好。

有两种方法可以处理以上几种类型的攻击：
- 使用 7.4 节和 7.5 节中定义的一种或多种方法，针对 QI 导出去标识化的汇总表。
- 标识并修改汇总表中的敏感单元格，以限制信息披露。**敏感单元格**（sensitive cell）指其内数字会带来不可接受的披露风险的单元格（例如，单元格中所表示的个体数量小于某个特定阈值）。

本节将分别介绍在频次表和量级表中如何识别和修改敏感单元格，感兴趣的读者可参阅

Statistical Policy Working Paper 22：Report on Statistical Disclosure Limitation Methodology（联邦统计方法委员会的统计政策工作文件22：关于统计披露限制方法的报告）［FCSM05］，其中包含本节所描述方法的详细技术和数学讨论。

7.6.1　频次表

频次表按类别显示相关个体的计数或频率（百分比）。最常见的方法是采用阈值规则定义敏感单元格。阈值规则为：如果计数少于某指定数量，则将该单元格定义为敏感单元格。美国政府机构通常使用范围为 3~5 的阈值［FCSM05］。

对于敏感单元格，限制披露的方法包括抑制技术、随机取整、受控取整和受控表格调整。为了说明这些技术，本节将使用选自联邦统计方法委员会［FCSM05］的示例，表 7-8a 为原始数据集。与汇总表一样，该表包括边际（行和列）总计。此外，其中的阴影单元格符合敏感度的典型定义。

表 7-8　频次表中敏感单元格的披露限制示例

a) 存在披露的原始数据集

县	低	中	高	非常高	总计
Alpha	15	1	3	1	20
Beta	20	10	10	15	55
Gamma	3	19	10	2	25
Delta	12	14	7	2	35
总计	50	35	30	20	135

b) 无效抑制

县	低	中	高	非常高	总计
Alpha	15	S1	S2	S3	20
Beta	20	S4	S5	15	55
Gamma	S6	19	10	S7	25
Delta	S8	14	7	S9	35
总计	50	35	30	20	135

c) 有效抑制

县	低	中	高	非常高	总计
Alpha	15	S	S	S	20
Beta	20	10	10	15	55
Gamma	S	S	10	S	25
Delta	S	14	S	S	35
总计	50	35	30	20	135

d) 随机取整

县	低	中	高	非常高	总计
Alpha	15	0	0	0	20
Beta	20	10	10	15	55
Gamma	5	10	10	0	25
Delta	15	15	10	0	35
总计	50	35	30	20	135

e) 受控数值取整

县	低	中	高	非常高	总计
Alpha	15	0	5	0	20
Beta	20	10	10	15	55
Gamma	5	10	10	0	25
Delta	10	15	5	5	35
总计	50	35	30	20	135

f) 受控表格调整

县	低	中	高	非常高	总计
Alpha	15	1-1=0	3	1+2=3	20+1=21
Beta	20	10	10	15	55
Gamma	3	19	10	2-2=0	25-2=23
Delta	12	14	7	2+1=3	35+1=36
总计	50	35-1=34	30	20+1=21	135

抑制技术

单元格抑制技术包括两个步骤：

1. 基础抑制：抑制所有敏感单元格（低于阈值的单元格）。

2. 次级抑制：抑制其他单元格以防止从边际总数中恢复基础抑制。

必须谨慎使用单元格抑制技术。表 7-8b 显示了示例表上的无效单元格抑制，该示例表的每一行和每一列都至少有两个经过抑制的单元格。其中次级抑制以较浅的阴影突出显示。思考以下计算过程：

$$(15+S1+S2+S3)+(20+S4+S5+15)-(S1+S4+10+14)-(S2+S5+10+7)=20+55-35-30$$

经移项得：

$$(S1+S2+S3)+(S4+S5)-(S1+S4)-(S2+S5)=20+55-35-30-15-35+24+17=1$$

由此我们可以得到 S3 = 1。至此，一个经过抑制处理的单元格被成功恢复。

使用线性规划技术可以确保单元格抑制技术有效。表 7-8c 使用了单元格抑制技术，并为敏感单元格提供了充分的保护。它还说明了抑制技术的一个问题。在本例中，16 个单元格中有 9 个受到了抑制。

随机取整

随机取整技术能够影响表中的每个单元格（行和列总计除外）。单元格的随机取整是将其值改变为某个非负基值的倍数。表 7-8d 中的基值为 5。对于随机取整技术，算法将随机决定向上或向下取整。在此例中，以下列形式表示每个单元格的计数值 X：

$$X=5q+r$$

其中 q 是一个非负整数，r 是余数（$0 \leqslant r \leqslant 4$）。以 $r/5$ 的概率将单元格数值向上取整为 $5(q+1)$，并且以（$1-r/5$）的概率将其向下取整为 $5q$。表 7-8d 显示了一种可能结果。

随机取整的劣势是行和列不一定会添加到已发布的行和列总计中。由于总计值与各个单元格值无关，发布数据的组织通常不希望更改总计。然而，如果不对总计值进行调整，公众可能会失去对所发布数字的信任。

受控数值取整

受控**数值**取整包括随机取整，并在随机取整之后对某些单元格的值进行了调整，使所有行和列都加到原始行和列总计中。线性规划技术用于调整取整值以保留总计。美国社会保障局在已发布的频次表中使用了受控**数值**取整方法。表 7-8e 给出了受控**数值**取整的示例。

受控表格调整

受控表格调整（Controlled Tabular Adjustment，CTA）涉及修改表格中的值，以防止攻击者在规定的保护区间内推断出敏感单元格的值。CTA 试图在保护所有敏感单元格的同时使得保护表尽可能趋同于原始表。CTA 优化通常基于混合线性整数规划，与单元格抑制技术（CS）相比，这种方法造成的信息丢失更少。

CTA 将每个敏感单元格调整为 0 或阈值，然后以最小化的改动调整非敏感单元格的值以满足行和列总计。或者保持非敏感单元格不变，通过调整边际总数来解决内部变化，保持原始边际值是否重要取决于应用程序。表 7-8f 是一个示例。

7.6.2　量级表

量级表在表的单元格中显示数字聚合值，而不是个体数量。通常情况下，量级表包含对组织或机构的调查结果，其中发布的项目是非负报告值的聚合。对于此类调查结果，主体报告的值可能会相差很大，表中有些值非常大，有些值非常小。隐私问题需要确保人们无法使用已发布的总数和其他公共可用数据来估计（或近似估计）个体数据值。

因此，量级表的披露限制目标是：确保攻击者无法利用其所发布的数据估计出表中最醒目（最易推断）的主体的真实值。

定义敏感单元格

定义量级表中单元格敏感度的最常见方法是线性敏感度规则。基础抑制的敏感度规则示例包括：

- (n,k)-优势（(n,k)-dominance）：如果 n 个或更少主体的贡献值大于该单元格值的 $1/k$，则该单元格敏感。
- *pq*-规则（*pq*-rule）：如果在看到单元格之前，估计主体对其贡献在 $q\%$ 之内，而在看到单元格之后，贡献值范围变为 $p\%$，则该单元格敏感。
- $p\%$-规则（$p\%$-rule）：上述 *pq*-规则中 $q = 100$ 时的特殊情况。

以上所有规则都旨在防止人们过于精确地估算与某个体相对应的值，其中，对某单元格贡献最大的个体最有可能被准确估算。

保护敏感单元格

有三种保护量级表中敏感单元格的方法：

- 重组表并折叠单元格，直到没有敏感单元格为止。可以合并两行或两列以降低敏感度来实现此方法。例如，假设单元格中的行代表年龄，相邻两行的属性值为 20~29 和30~39，则可以将这两行合并为一行，其属性值为 20~39。合并行（列）会稀释个体对单元格的贡献。
- 使用单元格抑制技术。这与用于频次表的技术相同，并且同样需要单元格次级抑制。
- 使用受控表格调整技术。对于量级表数据，CTA 会按所需数量更改敏感单元格的值，使得线性敏感度规则将其分类为不敏感单元格。

与频次表一样，用于保护量级表的方法同样会引起隐私与效用之间的权衡问题。

7.7　可查询数据库的隐私

本节将介绍可以通过在线查询系统访问的数据库。对于包含个人数据或个人数据的派生数据的数据库，用户使用在线查询系统获取数据库中的个体汇总信息。

7.1 节中的图 7-2 对数据库的三种在线查询类型进行了描述：

- **对汇总表的查询**（Query to summary table）：承责的组织（例如医疗保健提供者）从以下一种文件中生成汇总表。
  - **不受保护的微数据文件**（an unprotected microdata file）：在这种情况下，7.6 节中讨

论的技术为文件提供了隐私保护。

- ■ **已经过匿名化或去标识化处理的微数据文件**（an anonymized or de-identified micro-data file）：在这种情况下，7.3 节至 7.5 节中讨论的技术为文件提供了隐私保护，而隐私保护又扩展到由受保护的微数据文件生成的汇总表。
- **对受保护的微数据文件的查询**（Query to protected microdata file）：文件是经过匿名化或去标识化处理的，从而提供隐私保护。
- **对不受保护的微数据文件的查询**（Query to unprotected microdata file）：这些是包含个人 PII 和 QI 属性的原始文件，没有隐私保护。

前两类提供隐私保护的技术可以使组织发布既得结果表。因此，在这样的情况下使用在线查询系统不会带来任何新的隐私问题。对于要求高度准确性的应用程序，组织允许其在线访问原始微数据文件，这就是上面列出的第三类查询。因此，本节将介绍对于不受保护的微数据文件的在线查询系统的隐私保护。

7.7.1　隐私威胁

在线查询系统相关的隐私问题如下：组织（例如卫生保健提供者、政府机构）维护着一个微数据数据库，其中存储了大量个体信息。数据库所有者希望研究人员可以使用该数据库获取具有某些属性值的个体组的统计信息（计数、中位数）。例如，查询与心脏病有关的保险索赔的女性平均年龄。但是数据库所有者还必须阻止用户访问数据库中任何个体信息，从而为数据主体提供隐私保护。数据库所有者面临着两个特定挑战：

- 用户可能拥有某些个体的公开信息（例如年龄、性别、婚姻状况）或机密信息（例如薪水），并在构建查询时使用此知识来获取相关个体的机密信息。
- 用户可以提出许多看似"安全"的查询，并从响应集中推导出机密信息。

考虑以下关于公司数据库的一系列示例，假设用户已知 Alicia 的年龄为 32 岁，在法律部门工作且拥有法学学位：

- **示例 1**：所有年龄为 32 岁，在法律部门工作且拥有法学学位的人的去年平均年终奖金是多少？如果用户已知 Alicia 是数据库中唯一满足这些条件的人，则此查询将泄露她的奖金。
- **示例 2**：示例 1 所提问题的一种对策是限制响应集的大小（例如，要求对查询的响应至少涉及五个人的信息）。但是，请考虑以下查询：所有年龄在 32~60 岁之间，在法律部门工作且拥有法学学位的人员的去年年终奖金总额是多少？所有年龄在 33~60 岁之间，在法律部门工作且拥有法学学位的人员的去年年终奖金总额是多少？这两个查询可能都满足响应集大小限制。然而，如果用户已知 Alicia 是数据库中唯一满足这些条件的人，便可以轻易地从这两个响应中推断出 Alicia 的奖金。
- **示例 3**：假设示例 1 查询的响应集大小为 2。那么 Alicia 和其他知道 Alicia 奖金的人就可以轻易确定具有相同年龄和受教育程度的另一个人的姓名以及他（她）的奖金。
- **示例 4**：假设用户不知道 Alicia 是否是法律部门中唯一一个 32 岁且拥有法学学位的人。请考虑以下查询：年龄在 32~60 岁之间，在法律部门工作，拥有法学学位且奖金在

30 000 ~ 35 000 美元之间的有多少人？年龄在 33 ~ 60 岁之间，在法律部门工作，拥有法学学位且奖金在 30 000 ~ 35 000 美元之间的有多少人？如果两次查询的结果不同，用户就可以推断出 Alicia 的奖金在 30 000 ~ 35 000 美元之间。

在以上每个示例中，用户都可以在不提及 Alicia 名字的情况下获取她的信息。

7.7.2　保护可查询数据库

保护可查询数据库的总体方法有两种（见图 7-9）。

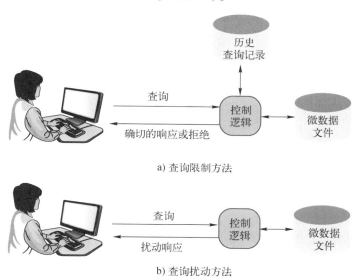

a）查询限制方法

b）查询扰动方法

图 7-9　在线查询系统的披露限制方法

- **查询限制**（query restriction）：与数据库相关联的控制逻辑会阻止对某些特定查询的响应。数据库可能会基于与查询相关联的特征（例如响应集过小）阻止某些查询。数据库还可能基于如何将其他查询和历史查询结合使用来阻止其他查询。
- **响应扰动**（response perturbation）：此技术涉及在没有干预的情况下，以某种方式修改查询响应。具体操作方法有两种：对微数据记录进行输入扰动，在此基础上计算查询；对原始数据计算结果进行输出扰动。

查询限制

有时查询应用程序需要确定正确答案，而且这些查询得到的数字必须准确，查询限制适用于此种情形。为了在准确响应的同时避免信息披露，查询限制将拒绝存在披露风险的查询。

在查询限制中，每个查询都必须通过一系列使用了各种披露限制规则的过滤器。在进一步讨论之前，我们首先要了解查询限制面临的主要挑战：

- 数据库可以被重复查询。每个单独查询可能都是无害的，但是按照一定顺序进行组合查询可能会危害数据库。相关研究人员也正对这个特殊问题开展研究。
- 基于上述问题，跟踪历史查询的计算负担可能会很大。

- 共谋攻击（collusion attack）可以规避查询限制。

[ADAM89] 确定了五种查询限制方法，数据库通常组合使用以下方法来实现查询限制：

- 查询集大小控制
- 查询集重叠控制
- 审计
- 分块
- 单元格抑制

以下各节将依次介绍上述方法。

查询集大小控制

查询集大小控制拒绝包含过少或过多记录的查询。具体来说，如果查询不满足以下条件，则拒绝该查询：

$$k \leqslant |C| \leqslant N-k, \text{ 其中 } k \leqslant N/2$$

其中：

- N 为微数据数据库中的记录总数。
- k 为数据库管理员设置的参数。
- C 为定义查询的特征公式。例如，AVERAGE（Age<50；Weight）请求数据集中年龄在 50 岁以下的所有个体的平均体重。
- $|C|$ 为查询响应中包含的记录条数。

文献中的结果表明，如果仅使用查询集大小控制技术，只要 k 的值不太大，那么进行四到五个查询就可以轻易破坏数据库；而如果 k 的值较大，则会拒绝大量查询。

查询集重叠控制

许多破坏数据库的方案利用了具有大量重叠记录的查询集。查询集重叠控制仅允许与历史响应查询重叠很小的查询。对于连续的查询 C 和 D，该技术的限制为：

$$S(C) \cap S(D) \leqslant r$$

其中 $S(C)$ 是查询 C 返回的记录集合，r 是该技术所允许的查询对之间的最大重叠记录条数。

在存储和处理方面，查询集重叠控制往往代价高昂。此外，它很容易受到一系列查询的攻击。因此，尽管该技术具有理论意义，但使用率并不高。

审计

审计包括保留每个用户的所有查询的当前日志，并在发出新查询时检查可能的危害。审计可以最大程度地减少数据库必须发出的拒绝查询的次数。然而，审计有一个主要缺点：存储及处理累积的日志需耗费过多处理时间和大量存储空间。[ADAM89] 记录了为提供更有效率的审计方法做出的许多努力。

分块

分块涉及将数据集分成个体记录的不相交子集。使用这种技术，能够以最小规模组群的形式存储记录。查询结果可以是任意最小规模组，或多个最小规模组的集合，但不能是最小规模组的子集。这样可以防止用户通过查询重叠的方法推断出某一条记录。但是，此类组的形成可能会严重掩盖数据库中有用的统计信息。另外，添加和删除记录时对分组的修订代价可能会很大。

单元格抑制

在线查询系统中的单元格抑制与 7.4 节中所讨论的用于 QI 去标识化的概念相同。虽然单元格抑制有利于在静态情况下创建去标识化微数据文件，却难以响应在线查询。[DENN82] 显示，如果允许任意的复杂查询，则单元格抑制将会变得不切实际；如果查询语法仅限于以下形式的某些简单查询：

$$(A_1 = v_1) \text{ AND } (A_2 = v_2) \cdots \text{ AND } \cdots (A_m = v_m)$$

其中 $\{A_1, A_2, \cdots, A_m\}$ 为微数据文件中的属性集，v_i 为属性 $A_i (1 < i \leq m)$ 所允许的值，那么单元格抑制技术将具有实际价值。

响应扰动

响应扰动指在修改对用户查询的响应值的同时，保持微数据文件中的数据不变，常用方法如下：

- 随机样本查询
- 取整
- 差分隐私

随机样本查询

随机样本查询的工作流程如下：用户发出请求 C，有 $|C|$ 条满足条件的记录。对于响应集中的每条记录 i，系统使用选择函数 $f(C, i)$ 来确定是否将该条记录包括在采样查询集中。函数 $f(C, i)$ 使得某条记录被包含在采样查询集中的概率为 P。然后，系统不是对所有满足 C 的记录进行计算，而是仅对采样记录进行计算，并得到查询结果。系统应产生相对较多的样本，例如将 P 的范围设置为 80% ~ 90%，这会带来相当准确的统计信息。结果表明，该方法降低了数据库被破坏的风险，同时，查询结果的相对误差也较小 [DENN82]。

取整

通过取整方法产生的输出扰动是指将响应向上或向下取整到与给定基数 b 最接近的倍数。7.6 节讨论了各种类型的取整方法。输出扰动的研究使用了系统取整、随机取整和受控数值取整，这些方法各有优劣 [DENN82]。

差分隐私

差分隐私将噪声或较小的随机值添加到响应值中 [DWOR11]。差分隐私确定添加噪声的量以及形式，以获得必要的隐私保证。

差分隐私的数学定义认为，在添加或删除单个数据记录（通常被视为来自单个个体的数据）前后，对数据集的分析结果应大致相同。差分隐私方法之所以可行，是因为添加的噪声量掩盖了任何个体的贡献。隐私程度由参数 ε（epsilon）定义。参数 ε 的值越小，添加的噪声就越大，试图从数据集中分辨出单个记录的贡献就越难，其结果是增强了所有数据主体的隐私。

关于差分隐私的详细讨论超出了本章的范围。接下来是对差分隐私数学模型的简短讨论。定义以下内容：

- $D1$ 和 $D2$ 是两个具有单条记录差异的微数据数据集。$D2$ 缺失了 $D1$ 中的某条记录。
- $F(D)$ 是应用于数据集 D 上的随机函数。
- $\text{Range}(F)$ 是 F 的可能输出集合。
- S 是包含 F 所有可能输出的集合的子集，即 $\text{Range}(F)$ 的子集。

那么，满足如下条件的 F 使所有具有一条记录差异的数据集 $D1$ 和 $D2$ 都满足差分隐私：

$$\Pr(F(D1) \in S) \leqslant e^{\varepsilon} \times \Pr(F(D2) \in S),\ S \in \text{Range}(F)$$

［DWOR11］指出提供良好隐私的 ε 值应在 $0.01 \sim 0.1$ 的范围内。例如，若选取 $\varepsilon = 0.01$，则 $e^{\varepsilon} = 1.01$。对任意选取的 $\text{Range}(F)$ 的子集 S，我们记函数 F 作用于 $D1$ 后得到的输出集属于 S 的概率为 $P1$，记函数 F 作用于 $D2$ 后得到的输出集属于 S 的概率为 $P2$。$P1$ 应不大于 $P2$ 的 1.10 倍。即，对任意的值域子集 S，考虑函数 F 作用在两个具有单条记录差异的微数据数据集上得到的两个输出集，其分别属于 S 的概率的比值应不大于 1.10。因此，ε 的值越小，学习有关记录的任何重要信息就越困难。换句话说，参数 ε 越小，添加的噪声越多，区分单个记录的贡献就越困难。

差分隐私的目标是提供一种量化措施，以防止由于参与数据库统计而导致实质上（ε 为其提供了边界）增加个人隐私风险。因此，如果参与者数据不在数据库中，则攻击者无法了解该参与者的任何信息。因此，我们可以肯定地说，个人参与数据库而导致的个人隐私风险很小。

使用差分隐私的关键是选择一个满足上述不等式的函数 F。一种常见的方法是向查询结果中添加符合 Laplace 统计分布的随机噪声。以 0 为中心（均值）的 Laplace 分布只有一个参数，该参数与其标准差（或噪声量）直接成正比。要应用多少随机性或噪声取决于隐私参数 ε。它还应取决于查询本身的性质，进一步说是取决于最不同的个体在数据库中的私人信息被窃取的风险。后一种风险称为数据的敏感性，定义如下：

$$\Delta f = \max_{D1, D2} \| f(D1) - f(D2) \|$$

Δf 是查询 f 在两个数据库（这两个数据库仅有一条记录不同）上的取值可能存在的最大差值。这表明，通过向查询添加随机变量 $\text{Laplace}(\Delta f / \varepsilon)$，能够保证 ε 差分隐私。

对于差分隐私，限制相同查询的数量很重要。否则，攻击者可以在请求足够多的情况下得出准确的平均值。

7.8　关键术语和复习题

7.8.1　关键术语

anonymization	匿名化	cell suppression	单元格抑制
attribute	属性	confidential attribute	机密属性
attribute disclosure	属性披露	controlled rounding	受控取整
auditing	审计	controlled tabular adjustment	受控表格调整

（续）

dataset	数据集	Privacy-Preserving Data Publishing（PPDP）	隐私保护数据发布（PPDP）
de-identification	去标识化		
differential privacy	差分隐私	pseudonymization	假名化
direct identifier	直接标识符	Quasi-Identifier（QI）	准标识符（QI）
disclosure	披露	query restriction	查询限制
dominance attack	优势攻击	query set overlap control	查询集重叠控制
external attack	外部攻击	query set size control	查询集大小控制
frequency table	频次表	queryable database	可查询数据库
generalization	泛化	random rounding	随机取整
identity disclosure	身份披露	random sample queries	随机样本查询
inferential disclosure	推断性披露	re-identification	重识别
internal attack	内部攻击	response perturbation	响应扰动
k-anonymity	k-匿名	rounding	取整
l-diversity	l-多样性	sensitive cell	敏感单元格
magnitude table	量级表	summary table	汇总表
microdata table	微数据表	suppression	抑制
non-confidential attribute	非机密属性	swapping	交换
partitioning	分块	t-closeness	t-紧密性
perturbation	扰动	tokenization	令牌化

7.8.2 复习题

1. 列出并定义一个微数据文件中可能存在的四种属性。
2. 解释微数据表、频次表和量级表之间的区别。
3. 什么是重识别攻击？
4. 列出并定义三种类型的披露风险。
5. 解释假名化、匿名化和去标识化之间的区别。
6. 列出并定义隐私保护数据发布（PPDP）的方式。
7. 解释 k-匿名、l-多样性和 t-紧密性之间的区别。
8. 对于汇总表，有哪些可能的攻击类型？
9. 列出并定义频次表中保护隐私的方法。
10. 列出并定义在线可查询数据库中保护隐私的方法。
11. 什么是差分隐私？

7.9 参考文献

ADAM89: Adam, N., and Wortmann, J. "Security-Control Methods for Statistical Databases: A Comparative Study." *ACM Computing Surveys*. December 1989.

CHEN09: Chen, B., et al. "Privacy-Preserving Data Publishing." *Foundations and Trends in Databases*. January 2009.

DENN82: Denning, D. *Cryptography and Data Security*. Reading, MA: Addison-Wesley, 1982.

DWOR11: Dwork, C. "A Firm Foundation for Private Data Analysis." *Communications of the ACM*, January 2011.

ENIS14: European Union Agency for Network and Information Security. *Privacy and Data Protection by Design—From Policy to Engineering*. December 2014. enisa.europa.eu

EPIC17: Electronic Privacy Information Center. *Concerning the Re-Identification of Consumer Information*. 2017 https://epic.org/privacy/reidentification/

FCSM05: Federal Committee on Statistical Methodology. *Statistical Policy Working Paper 22: Report on Statistical Disclosure Limitation Methodology*. U.S. Office of Management and Budget. 2005. https://www.hhs.gov/sites/default/files/spwp22.pdf

FUNG10: Fung, B., et al. "Privacy-Preserving Data Publishing: A Survey of Recent Developments." *ACM Computing Surveys*. June 2010.

LI07: Li, N., and Venkatasubramanian, S. "*t*-Closeness: Privacy Beyond *k*-Anonymity and *l*-Diversity." *IEEE 23rd International Conference on Data Engineering*, 2007.

MACH06: Machanavajjhala, A., et al. "*l*-Diversity: Privacy Beyond *k*-Anonymity." *22nd International Conference on Data Engineering*, 2006.

OCR12: Office of Civil Rights. *Guidance Regarding Methods for De-identification of Protected Health Information in Accordance with the Health Insurance Portability and Accountability Act (HIPAA) Privacy Rule*. U.S. Department of Health and Human Services. November 26, 2012. https://www.hhs.gov/hipaa/for-professionals/privacy/special-topics/de-identification/index.html

SHAP12: Shapiro, S. "Situating Anonymization Within a Privacy Risk Model." *2012 IEEE International Systems Conference*, 2012.

SWEE00: Sweeney, L. *Simple Demographics Often Identify People Uniquely.* Carnegie Mellon University, School of Computer Science, Data Privacy Laboratory, Technical Report LIDAP-WP4, Pittsburgh, PA: 2000. https://dataprivacylab.org/projects/identifiability/ paper1.pdf

SWEE02: Sweeney, L. "*k*-Anonymity: A Model for Protecting Privacy." *International Journal on Uncertainty, Fuzziness and Knowledge-Based Systems.* Vol. 10, No. 5, 2002.

XU14: Xu, Y., et al. "A Survey of Privacy Preserving Data Publishing Using Generalization and Suppression." *Applied Mathematics & Information Sciences.* Vol 8, No. 3, 2014.

第8章

在线隐私

学习目标：

经过本章的学习，你应当具备以下能力：

- 讨论与 Web 安全相关的主要注意事项；
- 讨论与移动应用程序安全相关的主要注意事项；
- 了解与 Web 访问和移动应用程序使用相关的隐私威胁性质；
- 概述 FTC 在线隐私框架；
- 讨论针对 Web 和移动应用程序环境的隐私声明设计；
- 了解追踪技术带来的隐私威胁。

在线隐私是一个独特的隐私领域，也是最具挑战性的领域之一。本章使用术语**在线隐私**（online privacy）指代用户通过 Web 服务器和移动应用程序与互联网服务进行交互的相关隐私问题，这与第 7 章中 7.7 节所讨论的在线访问可查询数据库截然不同。组织在以下两种情况中需要关注在线隐私：

- 组织需要维护从用户的在线活动中直接或间接地收集的个人信息的隐私。
- 组织需要关注使用外部服务进行在线活动的员工的隐私保护。

本章涵盖与在线安全和隐私相关的各种主题。8.1 节至 8.3 节将概述有关在线 Web 访问和移动应用程序使用的安全方法，这些方法提供了一些隐私保护，但是不足以解决所有隐私问题；8.4 节将讨论在线隐私威胁；8.5 节将研究在线隐私需求以及响应这些需求的框架；8.6 节和 8.7 节将对两个特定的在线隐私问题：隐私声明和追踪技术进行更详细的介绍。

8.1 个人数据的在线生态系统

自 1990 年问世以来，万维网（World Wide Web，WWW）迅速发展，现已成为企业、消费者和其他用户几乎必不可少的基础设施。用户可以访问 Web 服务，包括购买商品和服务、在线金融交易、搜索引擎、基于 Web 的电子邮件和论坛等等。但是这种便捷也带来了隐私相关问题。网站通过各种方式显式地收集个人信息，包括注册页面、用户调查、在线竞赛、申请表和订购表。网站还通过隐式的方式收集消费者个人信息，例如 cookie 和其他追踪技术。

最近，移动应用程序数量的爆炸性增长引发了类似的隐私问题。应用程序将用户连接到服务，其操作的一部分就是收集用户的大量个人信息。

图 8-1 说明了在线收集和使用个人数据 ［FTC12］ 涉及的许多参与者。

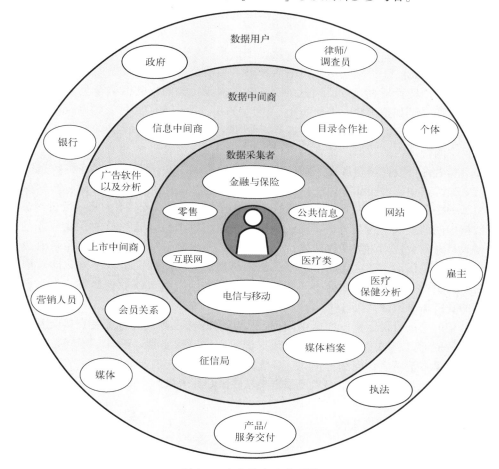

图 8-1　个人信息生态系统

图 8-1 展示了所涉及的三类组织：

- **数据采集者**（data collector）直接收集其客户、受众或服务的其他类型用户的信息。
- **数据中间商**（data broker）从许多数据采集者和其他数据中间商处收集大量个人数据，而并不与所收集信息的个体建立直接的在线联系。数据中间商通常将数据包重新打包并出售给各类数据用户，而无须获得相关个体的许可或输出。消费者通常不会直接与数据中间商进行交互，因此他们无法了解数据中间商以何种程度和性质与他人共享相关信息以获取经济利益。数据中间商可以从各种公共和非公共来源收集有关消费者的信息，包括法院记录、网站 cookie 和会员卡程序。中间商通常出于营销目的创建个人资料，并将其出售给数据用户。

- **数据用户**（data user）涵盖范围广泛。其中一种数据用户是想要定向推广其广告和特价优惠的企业。除此之外，还有诸如反欺诈、信用风险评估等用途。

该隐私数据生态系统引发了许多隐私相关问题。美国参议院 2013 年的报告 ［OOI13］对数据中间商进行了观察，这些数据中间商专门以市场营销为目的收集和销售消费者数据，发现如下：

- 数据中间商收集了亿万消费者的大量详细信息，包括消费者的个人特征、偏好以及健康和财务信息。除了家庭住址和电话号码之类的公开信息，数据中间商还维护以下数据信息：消费者是否观看了大量的 YouTube 视频，他们驾驶的汽车类型，他们可能患有的疾病（例如抑郁症、糖尿病），是否是猎头，他们养了哪种宠物以及在近六个月内是否购买了特定的洗发水产品等等。

- 数据中间商出售的数据产品有时可以识别出经济状况薄弱的消费者。一些中间商在未经消费者许可或在消费者不了解的情况下，编写和出售消费者数据并将数据按类别进行定义，其中许多产品都关注消费者的财务脆弱性。此类产品的名称、描述和特征吸引了一些公司向可能需要快速筹钱的人群出售高成本贷款或具有财务风险的产品。

- 数据中间商提供了有关消费者离线行为的信息，以调整营销人员的在线服务范围。营销人员通常会使用消费者数据来定位消费者，通过邮件或电话的方式联系消费者并发送营销促销活动。在这样的背景下，越来越多的数据中间商以数字方式向营销人员销售有关消费者的信息。数据中间商根据收集到的消费者离线数据档案，为客户提供特定的在线服务数字产品。

- 数据中间商的身份保密。数据中间商在收集数据时通常不与消费者直接交互，并且许多中间商通过合同限制其客户披露数据源，以维持保密性。而且，不同数据中间商的隐私政策在消费者访问和更正其自身数据的权利方面有很大差异。

因此，作为数据中间商的组织需要制定隐私政策和技术机制，以确保个体数据隐私。

8.2 Web 安全与隐私

从根本上说，WWW 是运行在 Internet 上的客户端/服务器应用程序。Web 的使用带来了许多安全挑战：

- Web 容易受到 Internet 上 Web 服务器的攻击。
- Web 浏览器非常易于使用，Web 服务器相对易于配置和管理，Web 内容越来越易于开发，而其中的底层软件却异常复杂。这种复杂的软件可能隐藏着许多潜在安全漏洞。Web 的简短历史中有很多系统正确安装、系统更新和系统升级的示例，这些系统容易受到各种安全攻击。
- Web 服务器可以用作公司或代理商整个计算机系统的启动板。一旦 Web 服务器遭到破坏，攻击者便能够访问不属于 Web 本身而是连接到本地站点服务器的数据和系统。
- 临时用户或未经安全培训的用户是基于 Web 服务的常见客户端。这样的用户不一定了解安全风险，也不具备对风险采取有效对策的特定工具或知识。

将上述问题进行分解的一个有效办法是对安全和隐私问题进行以下分类：

- Web 服务器安全与隐私（Web server security and privacy）：与托管网站平台的相关漏洞和威胁有关，包括操作系统（Operating System，OS）、文件、数据库系统以及网络流量。
- Web 应用程序安全与隐私（Web application security and privacy）：与 Web 软件有关，包括可通过 Web 访问的任何应用程序。
- Web 浏览器安全与隐私（Web browser security and privacy）：与客户端系统用于访问 Web 服务器的浏览器有关。

8.2.1 Web 服务器安全与隐私

Web 服务器是为组织托管一个或多个网站的平台。组织通常为此使用一个或多个专用服务器。如果网站的资源需求不需要专用服务器，则可以采用虚拟机或容器架构进行系统设计，该虚拟机或容器架构用于将网站服务器资源的一部分划分出来。

OS 相关

如果攻击者能够获得服务器 OS 的特权访问（比普通用户具有更高的访问权限），则攻击者可能会损害系统的机密性、完整性或可用性。此外，攻击者还能够访问个人身份信息（Personally Identifiable Information，PII）文件或数据库，观察包含 PII 的传入传出流量。威胁可能以恶意软件或入侵的形式出现。因此，第 5 章中所讨论的系统访问方法是保护 Web 服务器免受有害访问的主要手段，此方法适用于任何目的、任何类型的平台，包括授权、用户身份验证和访问控制机制。

文件和数据库相关

除了系统访问控制，还可能存在与包含需要保护的数据（包括 PII）的文件和数据库相关的其他对策和防御措施，加密是其中一种防御。与存储的数据（例如数据库管理系统（Database Management System，DBMS））相关联的其他访问控制是另一种防御形式。将在第 9 章中讨论的数据丢失防范（Data Loss Prevention，DLP）技术也与检测 PII 访问有关。

网络相关

针对基于网络的威胁而应用于组织中任何服务器或其他系统的保护措施均适用于 Web 服务器，包括防火墙和入侵检测系统。如第 6 章中的图 6-3 所示，组织可能选择将 Web 服务器放置在 DMZ（Demilitarized Zone，隔离区）中，以允许外部用户拥有比其他 IT 资源更大的访问权限。

实际上，所有网站还采用安全数据传输协议来提供许多安全服务，安全协议基于**超文本传输协议**（Hypertext Transfer Protocol，HTTP），HTTP 是 WWW 的基础协议，可以在任何涉及超文本的客户端/服务器应用程序中使用。实际上，该名称有误导性，因为 HTTP 并非用于传输超文本的协议，而是一种以超文本跳转所需的效率传输信息的协议。该协议传输的数据可以是明文、超文本、音频、图像或任何 Internet 可访问的信息。

超文本传输安全协议（HyperText Transfer Protocol Secure，HTTPS）是 HTTP 的安全版本。HTTPS 对浏览器和网站之间的所有通信进行加密。诸如 Safari、Firefox 和 Chrome 等 Web 浏览器会在地址栏中显示一个挂锁图标，以直观地表明 HTTPS 连接已生效。

使用 HTTP 发送数据将在以下三个方面提供重要保护：

- **加密（encryption）**：对交换数据进行加密，使其免受窃听者的侵害。加密覆盖了请求文档的 URL、文档内容、浏览器表单内容（由浏览器用户填写）、从浏览器发送到服务器以及从服务器发送到浏览器的 cookie，以及 HTTP 头内容。
- **数据完整性（data integrity）**：确保数据在传输期间不会在未被检测的情况下被故意或以其他方式修改或损坏。
- **身份验证（authentication）**：确保用户与目标网站进行通信，可以防止中间人攻击并建立用户信任，从而转化为其他业务收益。

8.2.2　Web 应用程序安全与隐私

随着企业将应用程序迁移到线上供内外部用户（例如客户和供应商）使用，Web 应用程序的安全性和隐私性日益受到关注。

Web 应用程序安全风险

就其性质而言，Web 应用程序正面临着遭受各种威胁的风险。这些应用程序托管在 Internet 或其他网络可用的服务器上，它们通常使用 HTTPS。任何给定的应用程序都可能表露内部弱点，这些弱点或与服务器 OS 相关，或基于连接。开放 Web 应用程序安全性项目（Open Web Application Security Project，OWASP）维护的十大风险列表为最严重的风险提供了有效的参考指南。该列表由众多组织的意见汇编而成，其发布于 2017 年的版本详见表 8-1。

表 8-1　OWASP Top10 应用程序安全风险，2017

安 全 风 险	风 险 描 述
注入	当将不受信任的数据作为命令或查询的一部分发送到解释器时，会发生注入漏洞，例如 SQL、OS 和 LDAP 注入。攻击数据可能会诱使解释器执行意外命令或未经正确授权访问数据
身份验证中断	与身份验证和会话管理相关的应用程序功能通常会发生错误，从而使攻击者破坏密码、密钥、会话令牌或利用其他漏洞假定用户身份
敏感数据披露	许多 Web 应用程序和 API 无法正确保护敏感数据。攻击者可能会窃取或修改受保护程度不高的数据。敏感数据应得到额外的保护，例如静态加密或传输时加密以及与浏览器交换时的特殊预防措施
XML 外部实体	这种类型的攻击会解析 XML 输入。当配置弱的 XML 解析器处理包含外部实体引用的 XML 输入时，就会发生此攻击。这种攻击可能导致机密数据泄露、拒绝服务、伪造服务器端请求、从解析器所在的计算机进行端口扫描或造成其他系统影响
存取控制中断	未正确执行对通过身份验证的用户操作的限制。攻击者可以利用这些漏洞访问未经授权的功能或数据，例如访问其他用户账户、查看敏感文件、修改用户数据或更改访问权限
安全配置错误	安全配置错误是数据最常见的问题，部分原因是手动或临时配置、不安全的默认配置、开放的 S3 存储桶、错误配置的 HTTP 头、包含敏感信息的错误消息以及未修补或未升级系统、框架、依存关系和组件
跨站点脚本（XSS）	每当新网页中的应用程序在未经适当验证或转义的情况下包含不受信任的数据，或者可创建 JavaScript 的浏览器 API 利用用户提供的数据更新现有网页时，都会发生 XSS 漏洞。XSS 允许攻击者在受害者的浏览器中执行脚本，该脚本可能劫持用户会话、破坏网站或将用户重定向到恶意网站

（续）

安全风险	风险描述
不安全的反序列化	当应用程序收到恶意的序列化对象时，会发生不安全的反序列化漏洞，这可能导致远程代码执行。即使反序列化漏洞不会导致远程代码执行，也可能重放、篡改或删除序列化对象以欺骗用户，进行注入攻击并提升特权级别
使用具有已知漏洞的组件	诸如库、框架和其他软件模块之类的组件以与应用程序相同的特权运行。如果使用了易受攻击的组件，则此类攻击可能会导致严重的数据丢失或服务器接管。使用具有已知漏洞的组件的应用程序和 API 可能破坏应用程序防护措施，并使应用程序遭受各种攻击和影响
日志记录和监控不足	日志记录和监控的不足再加上事件响应的缺失或无效，使攻击者可以进一步攻击系统，保持攻击的持久性，转向更多系统并篡改、提取或破坏数据。违规研究表明，检测违规的时间通常超过 200 天，而检测通常基于外部方的工作，而非内部流程或监控

Web 应用程序防火墙

应对 Web 应用程序威胁最重要工具的是 Web 应用程序防火墙。**Web 应用程序防火墙** (web application firewall，WAF) 是一种用于监视、过滤或阻止数据包在 Web 应用程序中往返传输的防火墙。WAF 可以作为网络设备、服务器插件或云服务运行，它检查每个数据包并使用规则库来分析 Web 应用程序逻辑，从而过滤出可能有害的流量。第 6 章对防火墙进行了概述。

WAF 在逻辑上位于应用程序和用户之间，使应用程序的所有出入流量都通过 WAF，图 8-2 描述了这种逻辑环境。

WAF 的托管选项很多，包括：

- **基于网络** (network-based)：基于网络的防火墙是安装在企业网络边缘的硬件防火墙，它充当所有出入网络设备（包括基于 Web 的应用程序服务器）的流量的过滤器。由于许多服务器上都可能有各种 Web 应用程序，所以这种方法维护起来很复杂。此外，该种防火墙可能不会捕获内部流量。

- **本地硬件** (local hardware)：本地硬件防火墙放置在应用程序服务器与其连接或网络连接之间。相比于基于网络的防火墙，此类防火墙要简单得多，因为它只需要配置用于过滤特定于本地服务器的流量的规则即可。

- **本地软件** (local software)：软件防火墙部署于服务器主机操作系统或虚拟机操作系统。这种方法与本地硬件防火墙一样高效，并且更易于配置和修改。

WAF 的一个例子是 ModSecurity（一种开源软件 WAF），它具有跨平台功能，使 Web 应用程序防御者可以查看 HTTPS 流量，并提供一种语言和 API 来实现监控、日志记录和访问控制等功能。ModSecurity 的主要特点如下：

- **实时应用程序监控以及访问控制** (real-time application security monitoring and access control)：双向的所有 HTTP 流量都通过 ModSecurity，所以它可以对这些流量进行检查和过滤。ModSecurity 还具有持久性存储机制，该机制可以随时间跟踪事件以执行事件关联。

- **虚拟补丁** (virtual patching)：这是在不直接改变应用程序的情况下为 Web 应用程序打补丁的能力。虚拟补丁适用于使用任何通信协议的应用程序，尤其有利于使用 HTTP 的应用程序，因为中间设备通常可以很好地了解流量情况。

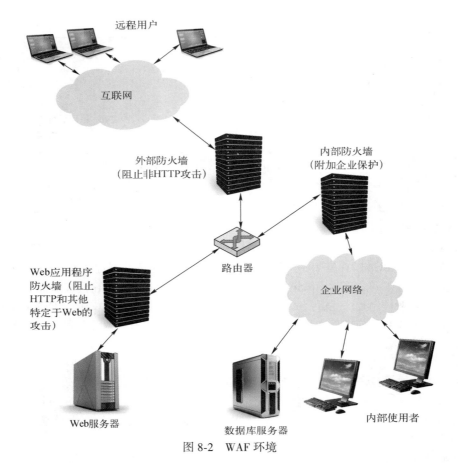

图 8-2 WAF 环境

- **完整的 HTTP 流量记录**（full HTTP traffic logging）：一直以来，Web 服务器出于安全考虑很少做日志记录。而 ModSecurity 提供了记录事务（包括原始交易数据）的功能，这对于取证至关重要。另外，系统管理员可以选择要记录哪些事务，要记录事务的哪些部分以及如何清理记录。
- **Web 应用程序强化**（Web application hardening）：这是一种减少攻击面的方法，其中系统管理员将有选择性地缩小可被接受的 HTTP 特性（例如请求方法、请求头、内容类型）。

ModSecurity 可以作为嵌入式软件包与 Web 应用程序部署在同一服务器上，也可以将其部署在单独服务器上，以保护中央位置的其他 Web 服务器。这为防火墙功能提供了完整的隔离和专用资源。

8.2.3 Web 浏览器安全与隐私

用户系统上的 Web 浏览器为恶意软件和各种侵犯隐私的行为提供了切入点。这是所有用户，都应关注的问题，无论是在家还是工作场所。对组织而言，特别令人担忧的是，恶意软件或其他威胁行为可能会通过员工系统上的 Web 浏览器进入组织的 IT 资源，原因如下：

- 用户不知道如何安全地配置其 Web 浏览器。
- 用户点击链接时不会考虑操作风险。
- 网址可以伪装，或将用户带到意外站点。
- 网站要求用户启用某些功能或安装更多软件，从而使计算机面临更大的风险。
- 供应商配置 Web 浏览器以增加功能性，但降低了安全性。
- 在配置和打包软件后，供应商发现新的安全漏洞。
- 供应商将计算机系统、软件包与其他软件捆绑在一起，从而增加了漏洞数量。
- 第三方软件没有接收安全更新的机制。

因此，利用 Web 浏览器漏洞已成为攻击者入侵计算机系统的一种流行方法。根据 F-Secure Labs 的文章"保护 Web 浏览器"［FSEC19］，以下是最常见的威胁：

- **在线资源连接**（例如 DNS 服务器、网页）（connections to online resources（e. g.，DNS server，website））：为了从站点获取供查看的内容，Web 浏览器通常会与 DNS 服务器通信，DNS 服务器会将其定向到正确的站点，然后该站点向浏览器提供所需的内容。各种攻击会破坏和拦截此通信。实际的拦截可能发生在各个点，通常以将浏览器重定向到恶意站点而告终，在恶意站点中，用户会暴露在未经请求的内容、偷渡式下载和漏洞利用工具包中。
- **浏览器上安装的插件**（plugin installed on the browser）：攻击者可以利用用户在浏览器上安装的第三方插件中的漏洞，劫持浏览器的网络流量，对其进行监听（尤其是财务相关的敏感数据）或对设备执行有害操作（例如安装恶意软件）。
- **浏览器本身的漏洞**（vulnerability in the browser itself）：攻击者经常利用浏览器中的漏洞监听通过 Web 浏览器传输的敏感数据（例如，在网页上进行表单输入时）或对设备执行有害操作。

组织应确保员工已将其浏览器更新到最新版本，而且 Web 浏览器只应拥有基本用户访问权限，而非管理员权限。组织应要求员工使用具有强大安全功能的浏览器，包括：

- **反网络钓鱼**（anti-phishing）：评估和过滤搜索结果或网站上的可疑链接。
- **反恶意软件**（anti-malware）：扫描并阻止可疑文件的下载。
- **插件安全性**（plugin security）：评估并阻止不安全的插件。
- **沙箱**（sandbox）：隔离 Web 浏览器的进程，以免影响操作系统。

用户应将浏览器的安全性和隐私性设置为尽可能高的级别，并仅允许在可信站点上执行某些操作（例如使用 JavaScript）。

8.3 移动应用程序安全

移动设备（mobile device）是一种便携式技术，在针对移动计算而优化或设计的操作系统上运行，例如 Android 或 Apple 的 iOS。该定义不包括运行传统的或更通用的操作系统的技术，例如 Microsoft Windows 桌面或服务器操作系统、macOS 版本或 Linux。

作为整个网络基础设施的一部分，移动设备已成为组织的基本组成部分。移动设备在为个人提供更多便利的同时，也为工作场所提高了生产力。由于移动设备的广泛使用和它所具有的独特特性，设备的安全性成为了一个紧迫而复杂的问题。本质上，组织需要通过将内置在移动设备中的安全功能与网络组件所提供的附加安全控制（用于规范移动设备的使用）进行组合来实施安全策略。

就像用户通过连接到 Web 服务器的计算机内的 Web 浏览器访问远程服务一样，用户通过连接到远程服务器的移动设备内的应用程序访问远程服务。在这种情况下，应用程序的安全性是人们关注的重点。

8.3.1　移动生态系统

在移动设备上执行移动应用程序可能涉及跨多个网络的通信以及与多个多方拥有和操作的系统进行交互，这种生态系统中，实现有效的安全性是一个具有挑战性的任务。

图 8-3 说明了移动设备应用程序在生态系统中起作用的主要元素。

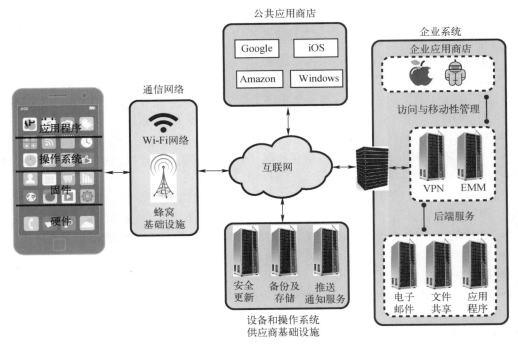

图 8-3　移动生态系统

图 8-3 显示了移动设备应用程序在生态系统中起作用的以下元素：

- **蜂窝和 Wi-Fi 基础设施**（cellular and Wi-Fi infrastructure）：现代移动设备通常具备使用蜂窝和 Wi-Fi 网络访问 Internet 和拨打电话的功能。蜂窝网络技术的核心还依赖于身份验证服务器，以使用和存储客户身份验证信息。
- **公共应用商店**（public application store（public app store））：公共应用商店包括本地应用商店，是一种由移动操作系统供应商运营和开发的数字分发服务。Android 系统的官方应用商店是 Google Play，iOS 系统的官方应用商店简称为 App Store。这些应用商店投入了大量精力来检测和阻止恶意软件，以确保应用程序不会在移动设备上引起不良行为。此外，还有许多第三方应用商店。第三方应用商店面临的危险在于不能确定用户或企业应该给予恶意软件的应用程序怎样的信任级别。

- **私有应用商店**（private application store（private app store））：许多企业都维护了一个它们自己的应用商店，这些商店为企业提供适配 Android 或 iOS 系统的特定应用程序。
- **设备和操作系统供应商基础设施**（device and OS vendor infrastructure）：移动设备和 OS 供应商托管服务器以提供对 OS 和应用程序的更新和补丁，同时也可以提供其他云服务，例如存储用户数据和移除丢失设备。
- **企业移动性管理系统**（enterprise mobility management system）：企业移动性管理（Enterprise Mobility Management，EMM）是一个通用术语，指的是管理移动设备和相关组件（例如无线网络）所涉及的所有内容。EMM 不仅限于信息安全，还包括移动应用程序管理、库存管理和成本管理。尽管 EMM 并未直接被归类为安全技术，但它有助于将策略部署到企业的设备池并监视设备状态。
- **企业移动服务**（enterprise mobile service）：授权用户的移动设备可以访问这些后端服务，包括电子邮件、文件共享和其他应用程序。

8.3.2 移动设备漏洞

除了为客户端设备（例如仅在组织机构内部和组织网络中使用的台式机和笔记本电脑设备）实施的措施，移动设备还需要其他专门的保护措施。SP 800-124（Guidelines for Managing and Securing Mobile Devices in the Enterprise，企业中管理和保护移动设备准则）列出了移动设备的七个主要安全问题，总结如下。

缺乏物理安全控制

通常来讲，完全在用户控制下的移动设备往往在组织控制范围之外的多个位置（例如不在办公室内）保存和使用。即使需要将设备留在办公室内，用户也可以在组织内的安全位置和非安全位置之间移动设备。因此，盗窃和篡改成为现实威胁。

移动设备的安全策略必须假定任何移动设备都可能被攻击者窃取或至少被访问。威胁是双重的：攻击者可能试图从设备本身恢复敏感数据，也可能通过设备来访问组织资源。

不可信移动设备的使用

除了公司发行和控制的移动设备外，几乎所有员工都有个人智能手机和平板电脑，组织必须假定这些设备不可信。也就是说，设备可能未加密，且用户或第三方可能已安装了对安全性、操作系统使用等方面进行内置限制的旁路。允许员工、业务合作伙伴和其他用户使用个人选择和购买的客户端设备，以执行企业应用程序，并访问数据和公司网络的策略被称为**自带设备**（Bring-Your-Own-Device，BYOD）策略。这个策略通常适用于智能手机和平板电脑，也可用于笔记本电脑。本节稍后将讨论 BYOD 措施。

不可信网络的使用

如果将移动设备用于办公场所，则可以通过组织内部的无线网络连接到组织资源。然而，对于非本地设备，用户通常使用 Wi-Fi 或蜂窝访问 Internet 来构建 Internet 和组织之间的连接，以访问组织资源。这样的话，包含非本地网段的流量可能容易受到窃听或中间人攻击。因此，安全策略必须假定移动设备与组织之间的网络不可信。

处理不可信网络的一种有效机制是使用虚拟专用网络（Virtual Private Network，VPN）。VPN 是一种使用受限的逻辑性（即人工或仿真）计算机网络，通常使用加密（位于主机或网关）和身份验证方法，由相对公共物理网络（例如 Internet）的系统资源构建而成。虚拟网络的终端通过较大的网络建立了**隧道**（tunnel），外部用户可以登录 VPN 并与企业服务器通信。

未知方创建的应用程序的使用

通过设计，很容易在移动设备上查找和安装第三方应用程序。这明显会带来安装恶意软件的风险。后面会提到组织应对此威胁的多种方法。

与其他操作系统的交互

智能手机和平板电脑的一项共同功能是能够自动将数据、应用程序、联系人、照片等数据与其他计算设备以及云存储进行同步。除非组织能够控制同步所涉及的所有设备，否则组织的数据存储在不安全位置的风险将会很大，并且还存在引入恶意软件的风险。

不可信内容的使用

移动设备可能会访问和使用其他计算设备未遇到的内容。例如快速响应（Quick Response，QR）码（一种二维条形码）。移动设备的相机会捕获 QR 码并供移动设备使用。而 QR 码会转换为 URL，因此恶意 QR 码可能会将移动设备定向到恶意网站。

位置服务的使用

移动设备上的 GPS 功能可用于获取设备的物理位置。尽管此功能（作为在线状态服务的一部分）可能对组织有用，但也会带来安全风险。攻击者可以使用位置信息来确定设备和用户所在的位置，这可能会被攻击者利用。

8.3.3 BYOD 策略

许多组织提供了供员工使用的移动设备，并预先配置了这些设备以符合企业安全策略。然而，许多组织发现采用"自带设备"（BYOD）策略很方便甚至很有必要，该策略允许员工使用个人移动设备访问公司资源。IT 经理应该对每台拟访问网络的设备进行检查，并为操作系统和应用程序建立配置准则。例如，准则可能会禁止员工使用根设备$^{\ominus}$或越狱设备访问网络，禁止将局部存储器中的公司联系人存储在员工的移动设备中。BYOD 策略通常还会禁止侧载$^{\ominus}$。无论设备为组织还是员工所有，组织都应为设备配置安全控制，配置包括以下各项：

- 启用自动锁定。如果在给定的时间内未使用设备，则会导致设备锁定，用户重新输入

$\ominus$ **根权限**（rooting）删除了受限操作模式。例如，根权限可以允许在任何计算机上使用具有数字权限的内容，也可以允许在移动设备上使用增强的第三方操作系统或应用程序。根权限是 Android 设备使用的术语，越狱是 Apple 设备使用的等效术语。

$\ominus$ **侧载**（sideloading）指的是通过链接或网站将应用程序下载到设备上，而无需通过官方应用商店。尽管企业经常使用侧载分发本地应用程序，但恶意参与者也可以使用侧载（在许多情况下通过在黑市中购买的企业证书）分发恶意软件。

PIN 或密码才能重新激活设备。

- 启用密码或 PIN 码保护。需要 PIN 或密码才能解锁设备。此外，可以对其进行配置，以便使用 PIN 或密码对设备上的电子邮件和其他数据进行加密，并且只能使用 PIN 或密码进行检索。
- 避免使用记住用户名或密码的全自动功能。
- 启用远程擦除。
- 如果可用的话，确保启用 TLS 保护。
- 确保软件（包括操作系统和应用程序）为最新版本。
- 安装防病毒软件（如果软件可用）。
- 禁止将敏感数据存储在移动设备上，或者要求对其进行加密。
- 确保 IT 人员具有远程访问设备、擦除设备中所有数据、在设备丢失时禁用设备的能力。
- 禁止安装所有第三方应用程序，实施白名单以禁止安装所有未经批准的应用程序，或实施安全沙箱，以将组织的数据和应用程序与移动设备上的其他所有数据和应用程序隔离。任何批准清单上的应用程序均应附有数字签名和来自批准机构的公钥证书。
- 限制可进行同步操作或使用云存储的设备。
- 为了应对不可信内容的威胁，培训人员需要接受不可信内容的固有风险，并禁止在公司移动设备上使用相机。
- 为了应对恶意使用位置服务的威胁，要求在所有移动设备上禁用这些服务。

组织还可以在设备上强制使用旨在保护隐私的权限选项。在 Android 操作系统的默认情况下，没有应用程序有权执行任何会对其他应用程序、操作系统或用户产生不利影响的操作。这包括读取或写入用户的私人数据（例如联系人或电子邮件）、读取或写入其他应用程序的文件、执行网络访问、使设备保持唤醒状态等。应用程序必须添加一种通知来公开其所需的权限，这种通知被称为**清单**（manifest）。如果应用程序在其清单中列出了正常权限（即不会对用户隐私或设备操作造成太大风险的权限），则系统会自动为应用程序授予这些权限。如果应用程序在其清单中列出了危险的权限（即可能会影响用户隐私或设备正常操作的权限），则必须获得用户明确同意后才能授予这些权限。

Android 用户可以打开应用程序列表并选择"应用程序权限"（App Permissions）来管理所有应用程序的权限。Android 会显示权限的分类列表，以及已安装的可以访问该权限的应用程序数量。权限类别包括人体感应器、日历、相机、联系人、位置、麦克风、电话、短信和存储。用户可以查看哪些应用程序具有哪些权限的列表，或转到特定的应用程序，查看其拥有的权限并进行更改。

Apple 的 iOS（适用于 iPhone 和 iPad）系统具有类似的权限功能。

8.3.4 移动应用程序审查

数百万个应用程序主要由两家商店（Apple App Store 和 Google Play）提供，此外还有数百万个应用程序由其他公共应用商店提供。应用程序的可靠性和安全性可能相差很大，审核过程也可能不透明或不够健壮，尤其是 Apple App Store 和 Google Play 以外的应用商店提供的应用程序。

无论应用程序的来源是否可靠，企业都应该亲自对应用程序的安全性进行评估，以确定其是否符合组织的安全性要求。该要求应详细说明对应用程序所使用数据的安全保护方法、应用程序的部署环境以及应用程序可接受的风险级别。

图 8-4 说明了在组织内对应用程序进行评估、批准或拒绝的过程，此过程在 NIST SP 800-163（Vetting the Security of Mobile Applications，审查移动应用程序安全性）中称为**应用程序审查（app vetting）**。从公共商店或企业商店购买应用程序，或由内部或第三方开发人员提交应用程序后，审核过程便已开始。管理员是组织中负责部署、维护和保护组织移动设备的成员，他们还需要确保已部署的设备以及安装的应用程序符合组织的安全要求。管理员将应用程序提交给组织中的应用程序测试部门，该部门使用自动化方法或人工分析器来评估应用程序的安全特性，评估方法包括恶意软件搜索、漏洞识别和风险评估。生成的安全报告和风险评估结果将传送给审计员或审计小组。

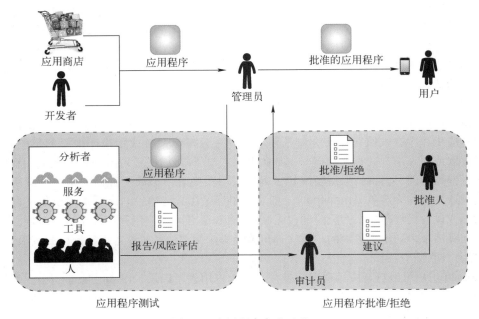

图 8-4　应用程序审查过程

审计员的作用是检查分析人员的报告和风险评估结果，以确保应用程序满足组织的安全要求。审计员还需要评估其他标准，以确定该应用程序是否违反了分析人员无法确定的组织特定安全要求。然后，审计员向组织中有权批准（或拒绝）移动设备应用程序部署的人员提出建议。如果相关负责人批准了某个应用程序，则管理员可以将该应用程序部署到组织的移动设备上。

美国国土安全部提供了 AppVet 工具，可为应用程序的测试、批准和拒绝活动提供自动管理支持。

8.3.5　移动设备安全资源

对于注重移动设备安全性的机构而言，来自美国各机构的很多文件都是宝贵的参考资源。以下列出了一些重要文件：

- [DHS17]：移动设备安全性研究（Study on Mobile Device Security）。开发了一个由六个区域组成的威胁模型，该模型提供了每个区域中最大威胁的详细摘要及缓解措施和防御措施。
- NISTIR 8144：移动设备及基础设施威胁评估（Assessing Threats to Mobile Devices & Infrastructure）。详细描述了与移动设备和企业有关的威胁。
- SP 800-124：企业移动设备管理和保护准则（Guidelines for Managing and Securing Mobile Devices in the Enterprise）。为选择、实施和使用集中式管理技术提供了建议，说明了移动设备使用中固有的安全问题，为在移动设备整个生命周期内保护其安全性提供了建议。
- SP 800-163：审查移动应用程序的安全性（Vetting the Security of Mobile Applications）。详细描述了应用程序审查、批准和拒绝活动。
- SP 800-164：移动设备中基于硬件的安全性准则（Guidelines on Hardware-Rooted Security in Mobile Devices）。专注于定义安全启用移动设备所需的基本安全性原语和功能。
- SP 1800-4：移动设备安全性：云和混合构建（Mobile Device Security：Cloud and Hybrid Builds）。包含了可参考的安全架构，演示了标准可商购的网络安全技术的实施，并帮助组织使用技术降低移动设备入侵的风险。

8.4　在线隐私威胁

与其他任何隐私领域一样，开发在线隐私的隐私设计和隐私工程解决方案的第一步是确定在线隐私威胁。本节将对本章所涵盖的以下两个领域中的威胁进行研究：Web 应用程序隐私和移动应用程序隐私。

8.4.1　Web 应用程序隐私

开放 Web 应用程序安全性项目（Open Web Application Security Project，OWASP）的十大隐私风险项目提供了 Web 应用程序中最重要的隐私风险列表。该项目的目标是从用户（数据主体）和提供者（数据所有者）的角度确定 Web 应用程序最重要的技术和组织隐私风险。风险包括：

- **Web 应用程序漏洞（Web application vulnerability）**：应用程序的设计和实现不当，无法检测到问题或立即修补程序（补丁），这很可能会导致隐私泄露。在任何保护用户敏感数据或对用户敏感数据进行操作的系统中，这种漏洞都是关键问题。
- **用户端数据泄露（user-side data leakage）**：未能防止用户数据信息泄露给未授权方，

从而导致数据机密性丧失。数据泄露的原因可能是恶意破坏或意外错误（例如，由于访问管理控制不足、存储不安全、数据重复或缺乏意识而发生的泄露）。

- **数据泄露响应不足**（insufficient data breach response）：未将可能的数据泄露告知受影响的个体（数据主体）；未能通过纠正原因进行补救；未尝试限制数据泄露。
- **个人数据删除不足**（insufficient deletion of personal data）：在终止指定目的后，未能根据要求有效（或及时）删除个人数据。
- **不透明的政策、条款和条件**（non-transparent policies, terms, and conditions）：没有提供足够的信息来描述如何处理数据，例如数据的收集、存储和处理。非专业人员难以获得和理解这些信息。
- **不必要的数据收集**（collection of data not required for the primary purpose）：收集了系统不需要的描述性数据、人口统计或与用户相关的其他数据，或者未经用户同意的数据。
- **与第三方共享数据**（sharing of data with third party）：未经用户同意就将用户数据提供给第三方。原因可能是转移或交换货币补偿，或者不适当使用网站中所包含的第三方资源（例如小部件（地图、社交网络按键等）、分析或 Web 错误（例如信标））。
- **过期的个人数据**（outdated personal data）：使用过期、不正确或虚假的用户数据，并且未能更新或更正数据。
- **会话期限缺失或不足**（missing or insufficient session expiration）：无法有效地强制终止会话，可能会导致未经用户同意或知悉就收集其他用户数据。
- **不安全的数据传输**（insecure data transfer）：无法通过加密和安全通道进行数据传输（不包括用户端数据泄露），无法执行限制泄露入口的机制（例如，从 Web 应用程序操作机制中可以推断出用户数据）。

表 8-2 显示了 OWASP 对隐私和安全的调查结果，该调查对 10 种隐私风险的频率和影响进行了估计。

表 8-2　Web 应用程序隐私风险

隐 私 风 险	频 率	影 响
Web 应用程序漏洞	高	非常高
操作员端数据泄露	高	非常高
数据泄露响应不足	高	非常高
个人数据删除不足	非常高	高
不透明的政策、条款和条件	非常高	高
不必要的数据收集	非常高	高
与第三方共享数据	高	高
过期的个人数据	高	非常高
会话期限缺失或不足	中	非常高
不安全的数据传输	中	非常高

8.4.2 移动应用程序隐私

与移动应用程序有关的隐私威胁可分为两类：利用非恶意应用程序中的漏洞所产生的威胁，以及与恶意应用程序安装相关的威胁。

针对脆弱应用程序的威胁

合法的移动应用程序可能会受到多种隐私和安全威胁的影响，原因通常是在应用程序的开发过程中编码习惯不佳或在移动设备操作系统中存在潜在漏洞。考虑以下针对脆弱应用程序的威胁，其中包括隐私威胁和安全威胁［DHS17］：

- **不安全的网络通信**（insecure network communication）：需要对网络流量进行安全加密，以防止攻击者窃听。应用程序在连接时需要正确认证远程服务器，以防止中间人攻击和与恶意服务器的连接。
- **Web 浏览器漏洞**（Web browser vulnerability）：攻击者可以利用移动设备 Web 浏览器应用程序中的漏洞作为入侵移动设备的入口点。
- **第三方库漏洞**（vulnerability in third-party library）：第三方软件库是可以重用的组件，它可以免费获得或由软件供应商收费提供。通过组件或模块进行软件开发可能会更高效（在整个行业中经常会使用第三方库）。但是，有缺陷的第三方库可能会引入漏洞。由于第三方库的普遍性，它的使用可能会影响成千上万的应用程序和数百万的用户。
- **加密漏洞**（cryptographic vulnerability）：出现加密漏洞的原因可能有：未能对敏感数据使用加密保护；未能正确实施安全加密算法；或使用了某种专用加密技术，而该技术比经 NIST 验证和推荐使用的加密技术容易破解。

来自潜在有害应用程序的威胁

有害的应用程序旨在收集或破坏敏感信息，考虑以下示例［DHS17］：

- **收集隐私敏感信息的应用程序**（apps that gather privacy-sensitive information）：这些恶意应用程序可以在未经用户充分同意的情况下收集信息，例如设备永久标识符、设备位置、已安装的应用程序列表、联系人列表、呼叫日志、日历数据或文本消息。
- **秘密窃听**（surreptitious eavesdropping）：这些应用程序访问设备传感器以对用户或其他人进行窃听或拍照。
- **利用漏洞**（exploiting vulnerability）：尽管移动 OS 具有隔离功能，但应用程序可以利用其他应用程序、操作系统或其他设备组件中的漏洞进行攻击。
- **操纵可信应用程序**（manipulation of trusted apps）：这些应用程序伪装成可信（通常是常用）的应用程序。用户不经意下载的此类应用程序会在用户不知情的情况下执行恶意操作。有些可以有效地模仿真实应用程序的表面行为，使用户难以意识到他们所面临的风险。
- **可信应用程序间的数据共享**（sharing of data between trusted apps）：应用程序可能会在用户不知情的情况下与外部资源（例如 Dropbox）共享数据。

NIST 维护的 *移动威胁目录*（https://pages.nist.gov/mobilethreat-catalogue）中既记录了针对脆弱应用程序的威胁，也记录了来自潜在有害应用程序的威胁。

8.5 在线隐私需求

本节将遵循第 3 章中使用的方法得出在线隐私需求。本节的第一部分将介绍在线隐私准则的几种不同类别，第二部分将讨论由美国联邦贸易委员会（Federal Trade Commission，FTC）开发的在线隐私框架，该框架基于 FTC 的原则声明。

8.5.1 在线隐私准则

FTC 定义了一组适用于指定在线隐私需求的公平信息实践准则（Fair Information Practice Principle，FIPP）［FTC98］。如第 3 章所述，FTC 从 OECD 和其他组织开发的隐私 FIPP 中衍生出这些准则。这些准则包括：

- **声明/意识**（notice/awareness）：确保在实际收集消费者信息之前通知消费者该组织的信息实践（例如组织的隐私政策）。声明或意识包括
  - 收集数据的实体。
  - 数据的用途。
  - 任何潜在的数据接收者。
  - 所收集数据的性质。
  - 提供所请求数据是自愿的还是必需的，以及拒绝提供所请求信息的后果。
  - 数据收集者为确保数据机密性、完整性和质量所采取的步骤。
- **选择/许可**（choice/consent）：确保消费者可以决定相关个人信息如何被使用，以及是否可以将其用于其他目的。
- **访问/参与**（access/participation）：确保个体有能力访问数据并质疑数据的准确性和完整性。
- **完整性/安全性**（integrity/security）：确保数据的准确性和安全性，其安全性和准确性需要消费者和收集 PII 的组织共同维护。
- **执行/校正**（enforcement/redress）：确保存在实施隐私的机制。

美国政府提出的消费者隐私权利法案［OWH12］拟定了更详细的准则清单，有助于理解在线隐私实施的一系列要求：

- **个体控制**（individual control）：消费者有权控制公司从他们那里收集的个人数据（包括如何使用它们）。公司应向消费者提供对个人数据的适当控制，包括如何与他人共享个人数据，以及公司如何收集、使用或披露个人数据。公司应为消费者提供易于使用、易于访问的机制来实现这些控制，这些机制应反映公司所收集、使用或披露的个人数据的规模、范围和敏感性，以及使用个人数据的敏感性。公司应为消费者提供清晰、简单的选择，使消费者能够对个人数据收集、使用和披露做出有意义的决定。公司应向消费者提供与授予同意一样易于使用的撤销或限制同意的手段。
- **透明度**（transparency）：消费者有权获得关于隐私和安全实践的易于理解和易于访问的信息。为使消费者理解隐私风险和行使个人控制权，公司应在最合适的时间和地点

提供清晰的描述，说明他们收集了哪些个人数据，为什么需要这些数据以及如何使用、何时删除（或去标识化）该数据，他们是否会或出于何种目的与第三方共享这些数据。

- **可信环境**（respect for context）：消费者有权期望公司以与消费者提供数据的环境一致的方式收集、使用和披露个人数据。公司应对个人数据的使用和披露做出限制，除非法律另有要求，否则该限制应与公司和消费者之间的关系相一致，与消费者最初披露数据的环境相一致。如果公司出于某些目的想要使用或披露这些数据，则应在数据收集时就以消费者容易理解的方式披露这些目的，从而提高透明度和增强个体控制。如果在收集数据之后，公司想以与披露数据的环境不一致的目的使用或披露个人数据，则它们必须采取提高透明度，并增强个体选择的措施。最后，消费者的年龄和对技术的熟悉程度是可信环境的重要元素。公司应按照消费者年龄和熟练度适配原则履行相应义务。Helen Nissenbaum 在这方面做了一些有趣的工作［NISS11］。

- **安全性**（security）：消费者有权保护并负责任地处理个人数据。公司应评估与个人数据相关的隐私和安全风险，并采取合理的保护措施以控制风险，例如数据丢失，未经授权的访问、使用、破坏或修改，不当披露等风险。

- **访问与准确性**（access and accuracy）：消费者有权以适当的方式访问和更正可用的个人数据，该方式适合处理数据敏感性风险，以及因为数据不正确而带来不利后果的风险。公司应采取合理的措施来确保他们保留了准确的个人数据。对所收集和保留的个人数据，公司还应向消费者提供合理的访问权限，以及纠正数据、请求删除或限制使用的适当手段，公司应以与言论自由和新闻自由相一致的方式解释这一原则。在公司确定以何种方式维持准确性并向消费者提供访问、更正、删除或抑制措施时，他们还应考虑所收集或保留的个人数据的规模、范围和敏感性，以及其数据使用可能会对消费者造成的财务、物理或其他物质伤害的可能性。

- **集中收集**（focused collection）：消费者有权对公司收集和保留的个人数据进行合理的限制。公司应只收集他们需要的个人数据，以实现可信环境原则。公司在不再需要个人数据时应安全地处置数据或对数据进行去标识化处理，除非法律另有要求。

- **可问责性**（accountability）：消费者有权要求公司采取适当的措施处理个人数据，以确保他们遵守 Consumer Privacy Bill of Rights（消费者隐私权利法案）。公司应遵守这些原则，以对执法机构和消费者负责。公司还应要求员工遵守这些原则。为了实现这一目标，公司应该对员工进行适当的培训，以要求员工按照原则处理个人数据，并定期评估员工在这方面的表现，公司应在适当情况下对此进行全面审核。向第三方披露个人数据的公司应至少确保第三方有遵守这些原则的可执行合同义务，除非法律另有要求。

8.5.2 在线隐私框架

FTC 提出了一个在线隐私框架，该框架是实施在线隐私政策和机制的最佳实践指南［FTC12］。该框架由三个元素组成，如图 8-5 所示，下面对其逐一进行描述：

- **隐私设计**（privacy by design）：在产品开发的每个阶段都考虑隐私。
- **企业和消费者的简化选择**（simplified choice for businesses and consumers）：使消费

者能够在相关时间和相关环境中做出有关数据的决策，包括通过"请勿追踪（do not track）"机制进行决策，同时减轻了企业提供不必要选择的负担。

- **更高的透明度（greater transparency）**：收集信息和使用实践透明。

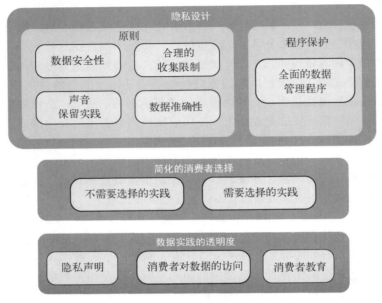

图 8-5   FTC 在线隐私网络

隐私设计

如第 2 章所述，隐私设计（Privacy by Design，PbD）要求组织在设计 IT 基础设施的新系统、子系统、应用程序或其他组件时考虑隐私需求，其目的是设计一种隐私工程机制和技术，可以在系统实现和部署过程中以整体方式纳入系统。

在线隐私框架的 PbD 元素定义了两个组件。首先，公司应将实质性的隐私保护纳入其行为，称为 PbD 原则；其次，公司应在其产品和服务的整个生命周期中维护全面的数据管理程序。

相关的 PbD 原则如下：

- **数据安全性（data security）**：PII 的有效安全性涉及管理实践和技术控制。组织可以从许多私营部门获得关于此领域的指导，例如支付卡协会有关支付卡数据的安全标准、SANS 研究所的安全策略模板以及金融服务技术政策部门 BITS 提供的金融服务行业标准和最佳实践指南。NIST 和 ISO 等标准组织同样为所有类型的组织提供了有用的指导，这些资源在第 3 章中进行了描述。

- **合理的收集限制（reasonable collection limit）**：公司应将数据收集限制在与特定交易环境相一致或与消费者同企业的关系相一致的范围内，或者依据法律进行特别授权。对于任何与这些情况不一致的数据收集，公司应在相关时间以醒目的方式向消费者进行适当的披露（在隐私政策或其他法律文件之外）。FTC 举了一个通过收集限制创新 PbD 概念的公司示例。研究生管理入学委员会（GMAC）曾收集了参加研究生管理入学考试的个体指纹，在人们担心个体指纹信息可能与犯罪数据库进行交叉引用后，GMAC 开发了一种掌静脉识别系统，该系统只用于考试［CLIN10］。GMAC 发现随着时间推移，该系统比指纹识别更稳定，比面部识别更准确，并且比虹膜或视网膜扫描的侵入性更小。与指纹识别相比，它不易随时间推移而发生功能蠕变，因为掌纹没有被广泛用作通用标识符。

- **合理的保留实践**（sound retention practice）：公司应对数据的保留实施合理的限制，并在达到收集数据的合法目的后处置这些数据。在某些情况下，公司可以在去标识化之后保留数据。
- **数据准确性**（data accuracy）：公司应采取合理的步骤来确保其所收集和维护的数据的准确性，尤其是当此类数据可能造成重大损害或被用来拒绝消费者服务时。

程序保护

隐私框架中 PbD 的另一个方面是程序保护。从本质上讲，这意味着公司应在其产品和服务的整个生命周期中维护全面的数据管理程序。要了解**程序保护**一词的预期范围，请查看 FTC 与 Google 之间的和解协议［FTC11］。和解授权的隐私计划至少必须包含某些控制和程序，包括：

- 指定负责隐私计划的人员。
- 风险评估至少要包括员工培训和管理以及产品设计和开发。隐私风险评估应考虑相关运营领域所面临的风险，包括但不限于（1）员工培训和管理，还应包括关于如何开展员工培训及管理的培训；（2）产品设计、开发和研究。
- 实施旨在解决已识别风险的控制措施，并定期测试或监控这些隐私控制措施的有效性。
- 对服务提供商进行适当的监督。
- 根据定期的测试和监控评估并调整隐私计划。

2016 年独立评估者的报告［PROM16］发现 Google 已实施了授权隐私计划，包括以下控制措施：

- 隐私计划人员的配备和主题专业知识的学习。
- 员工隐私意识培训。
- 内部和外部政策、程序和准则。
- 隐私风险评估活动。
- 出于隐私考虑的产品评论发布。
- 隐私代码审核。
- 终端用户隐私工具和设置。
- 投诉、反馈流程和机制。
- 定期进行内部和外部隐私计划评估。
- 与 Google 信息安全计划之间的相互合作与支持。
- 对第三方服务提供商的监督。
- 事件报告和响应程序。

终端用户的隐私工具和隐私设置受到了特别关注。表 8-3 列出了一系列隐私设置、指南和工具，供用户控制 Google 收集、使用和保护其数据的方式。Google 隐私计划仅是众多在线隐私政策和程序中的一个，因其效果很好，所以可以作为其他公司的指南。

表 8-3　Google 终端用户隐私设置和隐私工具

设定/工具类型	名　　称	描　　述
账户管理工具	我的账户	充当每个用户安全性、隐私和常规账户设置、工具和指南的核心部分
	仪表板	提供用户近期活动的"概览"视图（例如，用户保存了多少文档和电子邮件），并允许用户直接管理产品设置
	活动控制	显示用于管理、编辑和删除活动以及使用用户账户相关数据的设置，包括用户的搜索和浏览活动
	关联应用程序的账户权限	显示与用户 Google 账户关联的应用程序和外部网站，允许用户管理这些权限并根据需要删除应用程序
	非活动账户管理者	如果账户在用户指定的时间段内处于非活动状态，则允许用户选择如何处理账户数据，包括删除账户或在账户变为非活动状态时指定可以访问账户数据的可信联系人
	账户和服务删除	允许用户删除某些 Google 产品（例如 Gmail）或删除用户的整个 Google 账户
产品设置	广告设置	允许用户通过调整兴趣和人口统计信息、删除不想要的广告或者完全退出个性化广告来控制收到的广告类型
	搜索设置	允许用户控制搜索设置，例如使用 SafeSearch 过滤器以及是否在搜索结果中包含私密搜索结果
	退出分析	允许用户控制 Google Analytics 对其个人数据的使用权
隐私工具和指南	隐私检查	方便用户浏览产品和服务，使得用户可以调整隐私设置
	产品隐私指南	包含指向文章的链接，链接包含 Google 产品的工作方式以及用户如何在产品中管理其个人数据等信息
	无痕模式	允许使用 Google Chrome 浏览器，而 Chrome 不保存在无痕窗口中查看的页面
安全工具和指南	安全检查	方便用户浏览产品和服务，使得用户可以调整安全设置，包括用户的恢复信息、最近的安全事件、连接的设备和账户权限
	两步验证	允许用户为其 Google 账户启用更强大的需要两种身份验证形式（例如密码和验证码）的安全登录过程
	设备活动和通知	允许用户查看哪些设备访问了账户，并且指定在 Google 检测到潜在可疑活动时如何接收警报
	服务加密	提供有关服务加密的信息，该信息可用于多种 Google 产品，包括搜索、地图、YouTube 和 Gmail
	Chrome 安全浏览	提供关于可能包含恶意软件、有害软件和旨在窃取个人信息的网络钓鱼网站的警告消息
数据导出	下载你的数据	允许用户从 Google 账户下载和导出数据

8.5.3 简化的消费者选择

FTC 认为个人数据处理可分为两类 [FTC12]：

- **不需要消费者选择的行动**（practice that do not require choice）：对于与交易背景、公司和消费者的关系、法律要求或特别授权相一致的活动，公司在收集及使用消费者数据前无须为消费者提供选择。
- **需要消费者选择的行动**（practice that require choice）：对于需要消费者选择的活动，公司应当在消费者做出决定的时间和环境中为其提供选择。在以下情况下，公司应提前获得明确同意：（1）使用消费者数据的方式与收集数据时所声称的方式有实质性不同；（2）为某些目的收集敏感数据。

8.5.4 数据实践的透明度

用户需要意识到与特定公司共享信息所固有的隐私风险。FTC 列出了三项原则，这些原则为公司向客户和其他用户提供隐私信息提供了指导 [FTC12]：

- **隐私声明**（privacy notice）：隐私声明应清晰、简短且标准，以便于用户更好地理解和比较隐私实践。
- **访问**（access）：公司应提供对其维护的消费者数据的合理访问，访问范围应与数据的敏感性及使用的性质成比例。
- **对消费者的教育**（consumer education）：所有利益相关者应加大力度对消费者进行商业数据隐私实践教育。

8.6 隐私声明

用户做出明智的在线隐私决策的最基本需求是，他们需要了解并知悉服务或公司的数据实践，包括公司会收集、使用、保留和共享哪些个人信息。公司提供此信息的主要途径就是隐私声明。对于基于 Web 的服务，实际上所有网页在其主页的底部都有一个隐私链接，该链接指向声明隐私政策的页面，该隐私政策侧重于披露问题。

对于移动应用程序，此类隐私信息通常较少。相对较小的屏幕和其他的设备限制使得向用户发出隐私声明和控制数据实践受到限制。

大量研究表明，尽管最近的法规（例如 GDPR）正在纠正这一问题，但大多数当前的隐私声明在通知用户和提供选择方面均无效。这些研究列举了可能导致当前隐私声明无效的许多因素 [SCHA17]：

- **合并需求**（conflating requirements）：公司在设计在线隐私声明时会面临许多需求。用户想得到关于公司隐私实践和隐私控制的清晰、易于理解和简短的陈述。公司需要遵守有关隐私声明的法律和法规要求，例如欧盟《通用数据保护条例》（GDPR）、美国健康保险可携性和责任法（HIPAA）和加利福尼亚在线隐私保护法（CalOPPA）。此外，公司利用隐私声明证明其遵守了隐私法律和法规，并试图通过超出法律要求范围的承诺来限制责任。

- **缺乏选择**（lacking choices）：大多数隐私声明提供的选择很少，尤其是对于移动应用程序和物联网设备。许多网站和应用程序都将用户访问视为用户已同意使用其个人数据，无论用户是否已查看、阅读或理解隐私政策。
- **高负担/低效用**（high burden/low utility）：大多数用户不愿意花费时间阅读和理解他们日常遇到的隐私声明，更不用说花时间通过用户控制措施进行选择了。缺乏用户友好性和缺乏选择使这一问题变得更加复杂。
- **声明解耦**（decoupled notice）：隐私声明通常与普通的用户互动分开。网站仅在页面底部放置隐私政策的链接；移动应用程序在应用程序商店或某些应用程序子菜单中链接隐私政策；物联网设备的隐私政策仅在制造商的网站上可见。

8.6.1 声明要求

ISO 29184（Online Privacy Notices and Consent，在线隐私声明和许可）提供了组织在制定声明政策时应满足的要求列表，包括以下内容：

- **提供声明的义务**（obligation to provide notice）：组织必须确定在什么情况下向 PII 主体发送声明。这包括遵守法规和法律要求、合同义务以及对公司形象的关注。
- **适当的表达**（appropriate expression）：声明应清晰易懂，便于目标 PII 主体理解。
- **多语种声明**（multilingual notice）：应该用最适合环境的语种提供声明。
- **适当的时机**（appropriate timing）：通常，组织应在收集 PII 之前提供声明。
- **适当的地点**（appropriate location）：PII 主体应该很容易找到并访问隐私声明。
- **适当的形式**（appropriate form）：声明结构应明确且适合环境，并考虑到 PII 主体访问声明信息的方式。例如，与通过 PC 进行访问相比，移动电话呈现的界面有限，并且可能需要不同的声明结构。声明结构将在后面的章节中讨论。
- **持续参考**（ongoing reference）：只要某版本的声明仍与组织所保留的 PII 相关联，就应予以保留。
- **可访问性**（accessibility）：组织应容纳有访问障碍的 PII 主体（例如视力障碍者或盲人）。

8.6.2 声明内容

许多组织就隐私声明的所需主题达成了广泛共识。相关例子可参考［CDOJ14］、［MUNU12］、［OECD06］和［BBC19］。

表 8-4 列出了三个代表性政策所涵盖的主题：Google 提供各种在线应用程序和服务（参阅 https://policies.google.com/privacy? hl=zh_CN&gl=us）；摩根大通银行提供在线银行服务（参阅 https://www.chase.com/digital/resources/privacy-security/privacy/online-privacy-policy）；国际隐私专业人员协会（IAPP，一个会员组织）（参阅 https://iapp.org/about/privacy-notice/）。

表 8-4 隐私声明主题

Google	JPMorgan Chase Bank	IAPP
引言		
Google 收集的信息		
Google 为什么收集数据		引言
您的隐私控制	概述	数据保护官
分享您的信息	信息使用	我们如何收集和使用（处理）您的个人信息
确保您的信息安全	信息披露	使用 iapp. org 网站
导出和删除您的信息	了解 cookie、Web 信标和其他	我们何时以及如何与他人共享信息
与监管机构的合规与合作	追踪技术	将个人数据从欧盟转移到美国
关于本政策	选择退出在线行为广告	数据主体权利
相关隐私实践	链接到第三方网站	您的信息安全
数据传输框架	更新您的信息	资料存储与保留
关键术语	对此在线隐私政策的更改	隐私声明的更改和更新
合作伙伴		问题、疑虑或投诉

加利福尼亚司法部已经制定了最清晰的声明之一，说明了在线隐私声明中需要涵盖哪些主题［CDOJ14］，其建议涵盖的主题如下：

- **数据收集**（data collection）：描述如何收集 PII，包括其来源和技术（例如 cookie），并描述所收集的 PII 类型。

- **在线追踪/请勿追踪**（online tracking/do not track）：使得用户可以轻松找到在线追踪相关策略部分，描述用户应如何响应"请勿追踪"（Do Not Track，DNT）或类似机制，披露在网站或服务上收集 PII 的其他方（如果有）的情况。

- **数据使用与数据共享**（data use and sharing）：说明将如何使用或共享 PII，包括
  - 解释 PII 在完成客户交易或在线服务基本功能之外的用途。
  - 说明与其他实体（包括关联企业和营销合作伙伴）共享 PII 的做法。
  - 至少列出共享客户 PII 的公司的不同类型或类别。
  - 尽可能提供指向共享 PII 的第三方的隐私政策的链接。
  - 提供所收集的每种类型 PII 的保留期限。

- **个人选择和访问**（individual choice and access）：描述消费者在收集、使用和共享 PII 时的选择，为客户提供查看和更正其 PII 的机会。

- **安全保障**（security safeguard）：说明如何保护客户 PII 免受未经授权或非法的访问、修改、使用或破坏。

- **有效日期**（effective date）：提供隐私政策的有效日期。

- **可问责性**（accountability）：告诉客户他们可以与谁联系，以解决有关隐私政策和实践的问题。

ISO 29184 包含了更全面的列表，如下：

- **收集目的**（collection purpose）：组织应提供以下与 PII 收集有关的信息。
  - 收集 PII 的目的。
  - 在处理 PII 过程中，对 PII 主体可能造成的风险信息。

- 如果出于不同目的收集了 PII 的不同项目，则组织应向 PII 主体明确这一点。
- **PII 控制者**（PII controller）：组织应提供 PII 控制者的身份和联系方式。通常，PII 控制者不是某个个人，而是组织内的某个部门。
- **特定的 PII 元素**（specific PII element）：组织应指出要收集哪些特定的 PII（例如姓名、地址和电话号码），在收集之前应向主体显示其实际价值。
- **收集方式**（collection method）：PII 主体应了解如何收集其 PII，可能包括
  - 直接从 PII 主体收集，例如通过 Web 表单。
  - 间接收集。例如，组织可以从第三方（例如信贷机构）收集信息，并将其与直接收集到的 PII 合并。
  - 由 PII 控制者观察得到，包括浏览器指纹和浏览器历史记录。
- **收集时间和地点**（timing and location of collection）：对于间接收集到的 PII，声明应告知主体收集时间和地点。
- **使用方式**（method of use）：组织应说明如何使用 PII。ISO 29184 给出了以下示例。
  - 照原样使用。
  - 经过某些处理（例如推导、推断、去标识或与其他数据组合）后使用。
  - 与其他数据结合（例如使用 cookie 从第三方进行地理定位）。
  - 由自动决策技术（例如分析、分类）使用。
- **地理位置和管辖权**（geo-location and jurisdiction）：组织应指出将在何处存储和处理 PII，以及管理数据处理的法律管辖权。
- **第三方转移**（third party transfer）：组织应提供将 PII 转让给第三方的详细信息。
- **保留期**（retention period）：组织应说明 PII 将保留多长时间及其处置时间表。
- **PII 主体的参与**（participation of the PII principal）：组织应说明 PII 主体对所收集的 PII 拥有哪些权利，包括同意、访问、更正 PII 的能力以及撤销许可的能力。
- **查询和投诉**（inquiry and complaint）：该组织应告知 PII 主体如何行使其权利以及如何提出投诉。
- **访问同意的选项**（accessing the choices for consent）：组织应为 PII 主体提供审查其拥有权限的方法。
- **处理依据**（basis for processing）：组织应提供其处理 PII 的依据，可能是通过许可、合同要求或法律法规义务。
- **风险**（risk）：如果将缓解措施考虑在内，对 PII 主体的隐私影响或风险发生的可能性仍然很高，或这些风险无法在提供给 PII 主体的隐私信息中体现时，组织应向 PII 主体提供可能存在的风险的特别信息说明。

8.6.3　声明结构

隐私声明结构是可读性和可用性的关键性因素。传统上，隐私声明由一个长文件组成，该文件分为多个部分以涵盖各个主题。摩根大通的网络隐私声明（在撰写本文时）就是一个示例。这样的结构使读者难以找到有用的东西。公司越来越多地选择各种类型的分层隐私声

明，向用户提供隐私政策的高级摘要。一种方法是使用"更多信息"链接，以获得更详细的声明信息，IAPP 网络隐私声明就是这种类型。另一种方法是显示带有描述性标题的选项卡列表，用户可以选择这些选项卡来描述每个主题。TDBank 当前的网络隐私声明就是这种类型（参阅 https://www.td.com/us/en/personal-banking/privacy/）。

8.6.4　移动应用程序隐私声明

隐私声明的可读性和可访问性是移动应用程序面临的重大挑战，加利福尼亚司法部提出了以下建议 [CDOJ14]：

- 在应用程序的平台页面上发布策略或提供策略链接，以便用户在下载应用程序前查看这些策略。
- 在应用程序内提供策略链接（例如从应用程序配置页面、"关于"页面、"信息"页面或设置页面中）。

移动营销协会已经发布了移动应用程序隐私策略框架 [MMA11]，该模板用作移动应用程序隐私声明内容的推荐模板，涵盖以下主题：

- 应用程序获取的信息以及如何使用信息。这包括下载和注册时用户提供的信息以及应用程序自动收集的信息，例如移动设备类型、移动设备的唯一设备 ID、移动设备的 IP 地址、移动操作系统、移动 Internet 浏览器类型，以及应用程序使用方式信息。
- 应用程序是否收集设备的精确实时位置信息。
- 第三方是否有权访问应用程序获取的信息。
- 自动数据收集和广告发布，例如是否通过广告支持应用程序，并收集数据以帮助应用程序投放广告。
- 退出权利。
- 数据保留策略和信息管理。
- 儿童条例。避免向 13 岁以下的儿童索取或营销数据。
- 安全程序。
- 如何通知用户隐私策略的更改。
- 同意处理隐私政策中规定的用户提供和自动收集的信息。
- 联系人信息。

此列表与基于 Web 的隐私声明的推荐主题非常一致，但是组织需要关注在移动设备的小屏幕上能否有效呈现此信息的问题。为此，美国国家电信和信息管理局（National Telecommunications and Information Administration）制定了简短格式隐私声明建议 [NTIA13]。简短格式隐私声明应提供以下类别的简要信息：所收集的数据类型、用户特定数据共享、访问长格式隐私声明的方式，以及提供应用程序的实体的身份。

关于所收集数据的类型，简短格式声明应说明应用程序需收集以下哪些数据类别：

- **生物特征**（biometrics）：有关身体的信息，包括指纹、面部识别、签名或声纹。
- **浏览器历史记录**（browser history）：访问过的网站列表。
- **电话或短信记录**（phone or text log）：拨打或接收的电话或短信清单。

- **联系人**（contact）：联系人、社交网络连接或其电话号码、邮政编码、电子邮件和文本地址的列表。
- **财务信息**（financial info）：信贷、银行和消费者特定的财务信息，例如交易数据。
- **健康、医疗或治疗信息**（health，medical，or therapy info）：健康声明和其他用于衡量健康状况的信息。
- **位置信息**（location）：用户过去或当前的精确位置。
- **用户文件**（user file）：设备上存储的包含用户内容的文件，例如日历、照片、文本或视频。

简短格式声明应说明该应用程序是否与以下类别的任何第三方实体共享用户特定数据：

- **广告网络**（ad network）：通过应用程序展示广告的公司。
- **运营商**（carrier）：提供移动连接的公司。
- **消费者数据经销商**（consumer data reseller）：出于多种目的向其他公司出售消费者信息的公司，包括向消费者提供其可能感兴趣的产品和服务。
- **数据分析提供商**（data analytics provider）：收集和分析数据的公司。
- **政府实体**（government entity）：与政府的任何数据共享（除了法律要求或在紧急情况下明确允许的数据共享）。
- **操作系统和平台**（operating systems and platform）：为设备、应用商店提供支持的软件公司，以及为应用程序提供有关应用程序消费者通用工具和信息的公司。
- **其他应用程序**（other apps）：可能与消费者没有关系的其他公司的应用程序。
- **社交网络**（social network）：将个体与共同利益联系起来并促进共享的公司。

美国国家电信和信息管理局也提供了有关如何以及何时显示此数据的指南［NTIA13］。

8.6.5　隐私声明设计空间

隐私声明内容只是良好隐私声明设计的一个方面。IEEE Internet Computing 的文章 Designing Effective Privacy Notices and Controls（设计有效的隐私声明和控制）［SCHA17］提供了隐私声明的设计空间，该空间包含四个维度：声明的时间（何时显示）、渠道（如何显示）、形式（使用的通信模型），以及控制（如何提供选择），如图 8-6 所示。

时间

隐私声明的有效性在很大程度上取决于其显示的时间。如果 Web 服务或应用程序在用户不方便的时间显示声明，用户就很容易忽略它。IEEE Internet Computing 的 Designing Effective Privacy Notices and Controls，（设计有效的隐私声明和控制）［SCHA17］一文列出了六种时机：

- **设置时**（at setup）：在用户将要安装软件时，移动应用程序可以显示一次隐私声明。这可以使用户做出有关购买软件的明智决定。通常，使用此声明时间的应用程序还会为用户提供随后查看隐私声明的方法。
- **及时**（just in time）：移动应用程序或 Web 服务可以显示所请求交易的隐私含义。这具有以下优点：仅需要向用户显示与该交易有关的隐私信息。
- **环境相关**（context dependent）：移动应用程序或 Web 服务可以显示由用户所处环境的

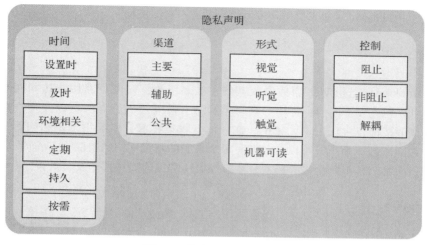

图 8-6　隐私声明设计空间

某些方面触发的隐私声明（包括位置（例如在数据收集传感器附近）或将要访问该信息的人），或警告潜在的意外情况。

- **定期（periodic）**：移动应用程序或 Web 服务可能会定期重复隐私声明作为提醒。例如，iOS 会定期提醒用户在后台访问手机位置的应用。

- **持久（persistent）**：持久声明会警告用户正在进行的数据活动会带来的隐私后果。例如，每当应用程序访问用户的位置时，Android 和 iOS 都会在状态栏中显示一个小图标；如果未显示该图标，则说明该用户的位置未被访问。隐私浏览器插件通常会在浏览器的工具栏中放置一个图标，以告知用户所访问网站的数据实践或第三方跟踪器。

- **按需（on demand）**：系统应使用户能够按需访问隐私声明的特定部分或全部隐私声明，一个简单的例子是在每个网页底部都提供隐私链接（这是一种标准做法）。

渠道

渠道是指如何将隐私声明呈现给用户，主要渠道是将隐私声明与提供的服务放置于同一平台的渠道。例如，如果通过 Web 界面提供服务，则政策声明将集成为 Web 界面的一部分。辅助渠道使用另外的方法，例如电子邮件。公共渠道使用公共可用的平台，例如广告牌和海报。

形式

形式指定了将隐私声明传达给用户的方式（例如视觉、听觉、触觉（振动）、机器可读）。对于在线服务，最常见的方式是将政策以文本和图形的形式直观呈现。可以用其他方式进行补充，以确保用户了解各种操作的隐私含义。机器可读模式的一个示例是 IoT 设备，这些设备将其机器可读隐私声明广播到智能手机或其他设备，然后再使用其他模式向用户展示。

控制

控制是指为用户提供决策权，决定其对数据的可能控制权，用户可以选择参与或退出数据活动。用户可能需要暂停并做出选择，而后提供许可。控件可以等待用户操作（阻止），也可以不等待（非阻止），或与主要通知分开（解耦）。

8.7 追踪

追踪（tracking）是指 Web 服务器或其他在线系统根据时间创建用户访问网站记录的功能。追踪还可以包含以下能力：将用户在每个网站上访问过的所有网页以及用户在每个网页上选择了哪些链接都包含在历史记录中。这种数据收集技术会引起很多隐私问题，特别是涉及与第三方共享信息（第三方可以合并拥有多个来源的特定用户的追踪信息）时。

追踪是一项复杂且不断变化的技术，本节将概述常见的追踪技术及其对策。

8.7.1 cookie

Cookie 是 Web 浏览器访问服务器网页时从服务器发送到浏览器的一小段文本，存储在Web 浏览器的用户空间中。cookie 中存储的信息至少包括 cookie 名称、唯一标识号及其域（URL）。通常，网站为每个访问者生成一个唯一的 ID 号，并使用 cookie 文件将 ID 号存储在每个用户的计算机上。当浏览器向发送 cookie 的服务器请求页面时，浏览器将该 cookie 的副本发送回服务器。网站只能检索已放置在浏览器计算机上的信息，而无法从其他 cookie 文件检索信息。

cookie 检索的方法如下：

1. 用户键入网站的 URL 或单击指向网站的链接。

2. 浏览器发送请求连接的 HTML 消息。如果有任何来自该网站的 cookie，浏览器会将这些 cookie 连同 URL 一起发送。

3. Web 服务器接收 cookie，并且可以使用存储在 cookie 中的任何信息。

cookie 对用户和 Web 服务来说都非常方便，示例如下：

- **保存登录**（saved logon）：例如，如果用户订阅受付费墙保护的新闻站点，则该用户必须登录才能访问该站点，这就创建了一个 cookie。此后，用户无须再次登录就能访问该新闻站点，因为该网站具有 cookie 信息，表明用户已成功登录。

- **汇总访客信息**（aggregate visitor information）：cookie 可以使站点确定有多少访客到达，其中新访客和重复访客的数量各有多少，以及每个访客访问了多少次。

- **用户偏好**（user preference）：网站可以存储用户偏好，这样该网站可以为每个访问者提供定制外观。

- **购物车**（shopping cart）：cookie 包含一个 ID，当人们向购物车中添加商品时，该网站可以进行跟踪，添加到购物车中的每个商品都与用户 ID 值一起存储在网站数据库中。结账时，站点通过在数据库中检索所有选择来了解购物车中有什么。没有 cookie 或类似技术，就不可能实现这种便利的购物机制。

大多数 cookie 信息都存储在 Web 服务器上。在大多数情况下，用户 cookie 中只需要唯一的 ID。请注意，用户删除 cookie 并不一定会从服务器中删除潜在的个人数据。

可以从三个维度对 cookie 进行特征描述：身份、持续时间和参与方（请参见表 8-5）。

如果用户访问网站而未登录该网站（例如，无须登录的新闻网站或不购物只用于浏览的零售网站），则 Web 服务器不会知道该用户的身份。在这种情况下，与 cookie 关联的唯一标识信息是服务器分配的唯一 ID，这是**未标识 cookie**（unidentified cookie）。如果用户确实登录了该站点，则 Web 服务器通常会将用户 ID 与 cookie 相关联，将用户 ID 存储在 cookie 中或在网站上保留状态信息（该网站将用户 ID 与 cookie ID 相关联），这是**标识 cookie**（identified cookie）。

表 8-5　Cookies 特征

特　征	种　类
身份	未标识 cookie：不包含用户 ID 标识 cookie：包含在登录网站时输入的用户 ID
持续时间	会话 cookie：在网络会话终止时删除 永久性 cookie：在 cookie 中指定的时间到期时删除
参与方	第一方：包含用户正在访问的网站的 URL 第三方：包含第三方 URL

　　根据持续时间，cookie 可以分为会话 cookie 或永久性 cookie。**会话 cookie**（session cookie）仅在用户打开某网站的窗口时保留在用户系统上。当用户关闭连接到该网站的所有窗口或浏览器时，浏览器将删除 cookie。会话 cookie 对于临时保存用户信息（例如购物车或聊天会话）很有用。

　　永久性 cookie（persistent cookie）包含到期日期。这意味着在 cookie 的整个生命周期（可以是其创建者想要的长短）中，每次用户访问该网站或在另一个网站访问该网站资源（例如广告）时，其信息都将被传输到服务器。永久性标识 cookie 允许用户重新访问需要登录的网站，而不必再次执行登录过程。永久性未标识 cookie 对 Web 服务器也很有用，因为它允许网站跟踪多次访问中单个用户的活动，即使未识别该用户也可以。该网站可以出于多种目的使用此类匿名信息。目的之一可能是改进界面，以便找到访问频率更高的页面。另一个可能的用途是价格操纵：如果同一用户多次访问某个站点并查看同一商品，则可能表示此用户对该商品感兴趣，但抵触商品价格，那么该站点可能会降低价格。

　　cookie 也可以分为第一方 cookie 或第三方 cookie。**第一方 cookie**（first-party cookie）由用户所访问的网站的 Web 服务器设置并读取。在这种情况下，cookie 的域名与网络浏览器地址栏中显示的域名相匹配。

　　第三方 cookie（third-party cookie）的域名与地址栏中显示的域名不同。当网页包含来自外部网站的内容（例如横幅广告）时，通常会出现第三方 cookie。第三方 cookie 可能会跟踪用户的浏览历史记录，广告商通常会使用它向用户投放相关广告。第三方 cookie 放置在用户计算机上，以跟踪用户在不同网站上的活动，从而创建用户行为的详细资料。第三方 cookie 只能跟踪与网站广告相关的页面中的用户活动，无法通过任何网站建立完整的监视功能。

　　Web 服务器可以通过多种机制在 Web 浏览器上安装第三方 cookie，包括请求浏览器连接到第三方网站以及安装 Java 插件。

　　第三方 cookie 使广告商、分析公司和其他公司能够跟踪多个站点上的用户活动。例如，假设用户访问 nypost.com 获取新闻，该站点包含许多广告图片，而每个广告商都可以安装第三方 cookie。如果用户随后访问了相同广告商的另一个网站，例如在线服装网站，则该广告商可以检索其 cookie，并知道该用户可能对某服装类型感兴趣。随着时间的推移，广告商可以建立用户的个人资料，即使它不知道用户的身份，也可以为该用户定制广告。此外，如果有足够的信息，广告商可能可以识别用户。这就是在线追踪技术引发隐私问题的地方。

各种浏览器为用户提供了许多对策，包括阻止广告和阻止第三方 cookie，其中一些技术可能会为用户禁用某些站点。此外，第三方追踪者一直在努力寻找新方法来克服这些对策。

8.7.2 其他追踪技术

Flash cookie 是使用 Adobe 的 Flash Player 技术的网站存储在计算机上的一个小文件。Flash cookie 使用 Adobe 的 Flash Player 来存储在线浏览活动的信息，它可以代替用于跟踪和广告发布的 cookie，因为它还可以存储用户的设置和偏好。Flash cookie 与 HTTP cookie 的存储位置不同，因此用户可能不知道要删除哪些文件以消除它们。另外，安装在给定计算机上的不同浏览器和独立 Flash 小部件可以访问相同的持久性 Flash cookie。Flash cookie 不受浏览器控制，删除 HTTP cookie、清除历史记录、清除缓存或在浏览器中选择"删除私有数据"选项均不会影响 Flash cookie。作为应对 Flash cookie 的对策，最新版本的 Flash Player 支持现代浏览器中的隐私模式设置。此外，某些反恶意软件防护软件能够检测和清除 Flash cookie。

设备指纹识别（device fingerprinting）可以根据浏览器的配置和设置随时间跟踪设备。指纹由可以从 Web 浏览器被动收集的信息组成，例如其版本、用户代理、屏幕分辨率、语言、已安装的插件和已安装的字体等。由于每个浏览器都是唯一的，因此设备指纹识别可以识别设备，而无须使用 cookie。由于设备指纹识别使用浏览器配置的特征来进行跟踪，因此删除 cookie 不会有帮助。指纹识别的对策是使设备指纹匿名。macOS 上最新版本的 Safari 采用了这种方法，这使世界上所有的 Mac 设备在追踪者看来都很像。

8.7.3 请勿追踪

所有浏览器都允许用户选择"请勿追踪"选项。使用此功能，用户可以告诉网站、广告商和内容提供商，他们不希望自己的浏览行为受到追踪。当选择"请勿追踪"选项时，浏览器在 HTTP 头字段中发送一个标识符。各个网站自愿支持此设置，也就是说各网站并不必须支持该设置。支持此设置的网站应自动停止其追踪用户的行为，无须用户采取进一步措施。

许多网站选择无视"请勿追踪"字段，侦听该请求的网站以不同的方式响应请求：有些网站只是禁用有针对性的广告，仍显示通用广告（而不是针对用户兴趣的广告），但这些网站实际上会将用户数据用于其他目的；有些网站可能会禁用其他网站的追踪，但仍会出于自己的目的追踪用户如何使用网站；有些网站可能会禁用所有追踪。关于网站应如何应对"请勿追踪"选项，业界几乎没有共识。

8.8 关键术语和复习题

8.8.1 关键术语

cookie	某些网站为了辨别用户身份而存储在用户本地终端上的数据（建议保留 cookie 的使用）	identified cookie	标识 cookie
		mobile app	移动应用程序
		mobile app vetting	移动应用程序审查
data broker	数据中间商	mobile device	移动设备
data collector	数据收集者	online privacy	在线隐私
data user	数据用户	online tracking	在线追踪
device fingerprinting	设备指纹识别	persistent cookie	永久性 cookie
do not track	请勿追踪	privacy notice	隐私声明
enterprise mobile service	企业移动服务	private app store	私有应用商店
enterprise mobility management	企业移动性管理	public app store	公共应用商店
		session cookie	会话 cookie
first-party cookie	第一方 cookie	third-party cookie	第三方 cookie
Flash cookie	Flash cookie	tracking	追踪
HTTP	超文本传输协议	unidentified cookie	未标识 cookie
HTTPS	安全超文本传输协议	Web Application Firewall（WAF）	Web 应用防火墙

8.8.2 复习题

1. 个人数据在线生态系统的主要元素有什么？
2. HTTPS 内置了哪些安全功能？
3. Web 应用程序防火墙如何工作？
4. 移动应用程序生态系统的主要元素是什么？
5. 列出移动设备的主要安全隐患。
6. 移动应用程序审查是什么？
7. 列出并简要定义 Web 应用程序的主要隐私风险。
8. 使用移动应用程序会遇到哪些主要的隐私或安全威胁？
9. FTC 定义了哪些在线隐私准则？
10. FTC 在线隐私框架有哪些元素和子元素？
11. 列出并简要描述导致当前 Web 隐私声明无效的主要因素。
12. 列出并简要定义隐私声明设计空间的维度。
13. 定义各种类型的 cookie。

8.9 参考文献

BBB19: Better Business Bureau. *Sample Privacy Policy*. 2019. https://www.bbb.org/greater-san-francisco/for-businesses/toolkits1/sample-privacy-policy/

CDOJ14: California Department of Justice. *Making Your Privacy Practices Public*. May 2014. https://oag.ca.gov/sites/all/files/agweb/pdfs/cybersecurity/making_your_privacy_practices_public.pdf

CLIN10: Cline, J. "GMAC: Navigating EU Approval for Advanced Biometrics." *Inside Privacy blog*, October 2010. https://iapp.org/news/a/2010-10-20-gmac-navigating-eu-approval-for-advanced-biometrics/

DHS17: U.S. Department of Homeland Security. *Study on Mobile Device Security*. DHS Report, April 2017.

FSEC19: F-Secure Labs. "Securing the Web Browser." *F-Secure blog*, 2019. https://www.f-secure.com/en/web/**labs_global/browser-security**

FTC11: Federal Trade Commission. *In the Matter of Google Inc., FTC Docket No. C-4336*. October 13, 2011. https://www.ftc.gov/sites/default/files/documents/cases/2011/10/111024googlebuzzdo.pdf

FTC12: Federal Trade Commission. *Protecting Consumer Privacy in an Era of Rapid Change: Recommendations for Businesses and Policymakers*. U.S. Federal Trade Commission, March 2012.

FTC98: Federal Trade Commission. *Privacy Online: A Report to Congress*. U.S. Federal Trade Commission, June 1998.

MMA11: Mobile Marketing Association. *Mobile Application Privacy Policy Framework*. December 2011. https://www.mmaglobal.com

MUNU12: Munur, M., and Mrkobrad, M. "Best Practices in Drafting Plain-Language and Layered Privacy Policies." *Inside Privacy Blog*. September 2012. https://iapp.org/news/a/2012-09-13-best-practices-in-drafting-plain-language-and-layered-privacy/

NISS11: Nissenbaum, H. "A Contextual Approach to Privacy Online." *Daedalus*. Fall 2011. https://www.amacad.org/publication/contextual-approach-privacy-online

NTIA13: National Telecommunications and Information Administration. *Short Form Notice Code of Conduct to Promote Transparency in Mobile App Practices*. July 25, 2013. https://www.ntia.doc.gov/files/ntia/publications/july_25_code_draft.pdf

OECD06: Organisation for Economic Co-operation and Development. *Making Privacy Notices Simple.* OECD Digital Economy Papers No. 120. July 2006.

OOI13: Office of Oversight and Investigations. *A Review of the Data Broker Industry: Collection, Use, and Sale of Consumer Data for Marketing Purposes.* Majority Staff Report to the U. S. Senate Committee on Commerce, Science, and Transportation, 2013.

OWH12: Office of the White House. *Consumer Data Privacy in a Networked World: A Framework for Protecting Privacy and Promoting Innovation in the Global Digital Economy.* February 2012. https://obamawhitehouse.archives.gov/sites/default/files/privacy-final.pdf

PROM16: Promontory Financial Group, LLC. *Independent Assessor's Report on Google Inc.'s Privacy Program.* U.S. Federal Trade Commission, June 24, 2016. https://www.ftc.gov/about-ftc/foia/frequently-requested-records/foia-records/google/2018-00387-3

SCHA17: Schaub, F., Balebako, R., and Cranor, L. "Designing Effective Privacy Notices and Controls." *IEEE Internet Computing.* May/June 2017.

第 9 章

其他 PET 主题

学习目标：

经过本章的学习，你应当具备以下能力：

- 理解数据丢失防范（data loss prevention）的概念；
- 定义数据丢失防范中的三种数据状态；
- 解释物联网范围；
- 列出并论述物联网的五个主要组成部分；
- 理解云计算与物联网之间的关系；
- 概述云计算概念；
- 列出并定义主要的云服务；
- 列出并定义云部署模型；
- 理解云计算所面临的独特的安全性和隐私性问题。

9.1 节讨论数据丢失防范及其在隐私保护中的适用性；9.2 节至 9.4 节对物联网（Internet of Things，IoT）进行概述，并对 IoT 相关的隐私问题进行讨论；9.5 节和 9.6 节对云计算进行概述，并对云计算相关的隐私问题进行讨论。

9.1 数据丢失防范

数据丢失（data loss）是指信息被有意或无意地发布到不受信任的环境。**数据丢失防范**（Data Loss Prevention，DLP），也称为**数据泄露防范**（Data Leakage Prevention，DLP）是一套涵盖人员、流程和系统的综合方法，这些人员、流程和系统可以通过深度内容检查和集中式管理框架来识别、监视和保护使用中的数据（例如终端行为）、动态数据（例如网络操作）以及静态数据（例如数据存储）。在过去的几年中，研究者的注意力和投资已从保护网络转移到保护网络中的系统以及保护数据本身。DLP 控件是基于策略的，它包括对敏感数据进行分类、在整个企业中发现数据、执行控件、进行报告和审核以确保策略合规。可能会造成泄露或实际上已发生泄露的敏感信息通常包括共享内容以及未加密内容，例如文字处理文档、演示文件和电子表格等。这些敏感信息可能会通过许多不同的点或渠道（例如电子邮件、即时消息、Internet 浏览或在便携式存储设备上）泄露出去。

DLP 是保护信息隐私的重要技术，其开发目的在于解决安全问题。DLP 解决了包括个人身份信息（Personally Identifiable Information，PII）在内的敏感数据的保护问题。

9.1.1　数据分类和识别

企业内所有敏感数据和 PII 都需要随时随地受到保护。首先，企业需要定义什么是敏感数据，并在必要时为敏感数据划分等级。其次，企业需要对所有可能的敏感数据进行识别。最后，必须具备能够实时识别敏感数据的应用程序。以下是实现敏感数据识别任务的常用方法 [MOGU07]：

- **基于规则的方法**（rule based）：针对基本结构化敏感数据（例如信用卡号和社会保险号），最好采用正则表达式、关键字和其他基本模式匹配技术。针对包含易于识别的敏感数据的数据块、文件、数据库记录等，可以采用基于规则的匹配技术来有效识别。
- **数据库指纹**（database fingerprinting）：该项技术搜索与从数据库中加载的数据精确匹配的记录，其中可能包括姓名、信用卡号、信用卡验证码等多字段组合。例如，搜索行为可能只会在顾客群中查找信用卡号，而忽略了在线购买的员工。这项技术相当耗时，但误报率非常低。
- **精准文件匹配**（exact file matching）：该技术涉及计算文件的哈希值，并监测任何能够与指纹完全匹配的文件。该项技术易于实现，并且可以检查文件是否已被意外存储或以未经授权的方式传输。然而，除非使用特别耗时的密码哈希函数，否则对于攻击者而言，这种技术很容易破解。
- **部分文件匹配**（partial document matching）：此技术在受保护的文档上查找部分匹配项。它涉及在文档的某些部分上多次使用哈希，因此，如果将文档的一部分提取并归档到其他地方或粘贴到电子邮件中，则该部分文件将被检测到。此方法对于保护敏感文档很有用。

9.1.2　数据状态

有效实施 DLP 的关键在于加深对数据易受攻击的地点和时间的了解。管理 DLP 的一种有效方法是按状态将数据分为三类：静态数据、动态数据和使用中的数据。表 9-1 给出了不同数据状态的定义以及与每种数据状态相对应的 DLP 目标。

表 9-1　数据状态

数据状态	定　义	DLP 目标	示　例
静态数据	对于在稳定的存储系统中且不会频繁更新的数据，组织通常以加密形式存储	查找并分类存储在整个企业中的敏感信息	存储在服务器或云存储中的企业文件，相对静态的数据库，以及台式机和笔记本电脑上的参考或稳定数据
动态数据	在任何类型的内部或外部网络之间流动的数据	监视并控制敏感信息在企业网络中的流动	电子邮件附件、Web 上传/下载、即时消息、通过本地网络或与云之间的传输以及移动设备流量

（续）

数 据 状 态	定　　义	DLP 目标	示　　例
使用中的数据	通过各种终端接口，在生成、更新、处理、擦除或查看的过程中产生的数据	监视和控制敏感信息在终端用户系统上的流动	通过办公应用程序处理数据、查看/编辑 PDF 文件、数据库功能、云应用程序和移动应用程序

静态数据

静态数据为企业带来了极大风险。大型企业可能在驱动器和可移动介质上拥有数百万个文件和数据库记录。特定的一组数据文件或记录可能具有"原始"存储位置，但是该数据（或该数据的一部分）也可能被迁移到其他存储位置。如果不对这种情况加以监视和控制，数据很快就会变得难以管理。文件共享是数据复制和扩散的一个示例。对于联网的计算机系统，协作项目的文件共享是很常见的，这可能意味着文件的所有者或创建者不知道共享后文件发生了什么。许多常用的基于 Web 的协作和文档管理平台也存在相同的风险。

DLP 处理静态数据的基本任务是识别并记录整个企业中特定类型信息的存储位置。DLP单元使用某种数据发现代理，该代理的执行过程如图 9-1 所示。

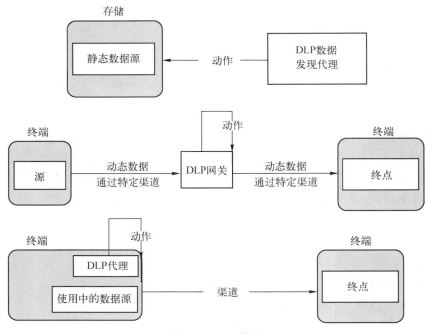

图 9-1　DLP 模型

- 查找并识别特定类型的文件，例如电子表格、文字处理文档、电子邮件文件和数据库记录。自动搜索包括文件服务器、存储区域网络、网络附加存储和终端系统。
- 找到文件后，代理必须能够打开每个文件并对文件内容进行扫描，以获取特定类型的文件信息。
- 代理会记录包含安全性相关信息的文件，如果违反了安全策略，则发出警报。这需要一种用于加密数据的策略和机制，以便将整个加密块标记为敏感，或使代理能够解密并确定敏感度。日志文件的安全性至关重要，因为它对于攻击者而言是一个有用的工具。

动态数据

动态数据解决方案有两种运行模式：

- **被动监控（passive monitoring）**：观察数据包在网络链接上流动时的副本。可以通过交换机上的端口镜像（即交换机上两个或多个端口的交叉连接）或网络线路分接头完成此监控。将包含感兴趣信息的数据包或数据包序列记录下来，一旦出现安全违规行为，则可能触发安全警报。
- **主动监控（active monitoring）**：在网络线路上插入中继或网关类型的设备以分析和转发数据包（请参阅图 9-1）。主动监视器可以记录并发出警报，也可以对监视器进行配置，以阻止违反安全策略的数据流。

为了检查通过网络发送的信息，DLP 解决方案必须能够监测网络流量、识别要捕获的正确数据流、组合收集的数据包、重建数据流中携带的文件，然后执行与静态数据相同的分析，以确定文件的所有部分是否受到其规则集限制。

被动监控的优点在于它是非侵入性的，不会减慢流量的传输速度。与即时警报和快速事件响应结合使用时，被动监控方法非常有效；主动监视的优点在于它可以主动执行 DLP 策略，代价是增加网络和计算需求。

使用中的数据

使用中的数据的解决方案通常涉及在终端系统上安装 DLP 代理软件。代理可以监视、报告、阻止或隔离特定种类的数据文件和文件本身内容的使用。代理还可以维护硬盘驱动器上的文件清单以及插入终端的可移动媒体。代理可以允许或禁止某些类型的可移动媒体，例如要求可移动设备支持加密。

9.1.3　电子邮件的 DLP

美国商务部颁布的政策［DOC14］是将 DLP 应用于电子邮件的一个示例。该文档定义了一种过滤标准，该标准用于确定电子邮件中是否包含敏感 PII 或与其他信息组合后能够转变为敏感 PII 的非敏感 PII。以下是过滤层次结构，按顺序依次为：

- 社会安全号码；
- 护照号；
- 驾驶执照/州识别号；
- 银行账号/信用卡号；
- 医疗/HIPAA 信息；
- 出生日期；
- 母亲的婚前姓氏。

例如，护照号码过滤器扫描用英文或西班牙文表示的"passport"一词，其后跟一串数字。

出口扫描

为了过滤敏感 PII，必须对来自网络的所有传出消息进行筛选。DLP 系统将所有成功匹配关键字的电子邮件进行隔离，并自动生成电子邮件发送至发件人，该邮件描述了可能存在的违规情况、电子邮件的隔离情况，以及将电子邮件发送（停止隔离）给目标收件人所需的步骤。匹配的关键字包括加密电子邮件、删除敏感数据或联系隐私办公室。如果员工怀疑 DLP 隔离区错误（误报）并联系隐私办公室，则会向发件人发送另一封电子邮件，说明审查结果。

如果发件人未在预定时间内执行隔离通知，则 DLP 系统会对用户发出警告：该电子邮件及其附件已被删除且未发送。

入口扫描

DLP 系统还扫描传入的电子邮件。系统阻止任何包含 PII 的电子邮件传入网络。系统向发件人发送自动通知，描述禁止策略，并附有部门认可的加密软件的使用说明。另外，DLP 系统将阻止把消息发送给预期的接收者。

9.1.4 DLP 模型

Ernst&Young［ERNS11］提出了一种三级概念模型，它说明了所有有助于全面了解数据泄露防范的要素（请参见图 9-2）。第一级是数据治理，可确保 DLP 符合公司的目标和要求，并推动了 DLP 控件的发展。组织需要为其所持有的特定类型的个人数据制定分类方案，以便按照需求定制 DLP 控件。在 Ernst&Young 模型中，治理的一部分是确定组织存储和处理的敏感数据以及数据存储在 IT 架构（服务器、数据中心、云、工作站）中的何处。

第二级是 DLP 控件，适用于在组织内存储数据的两种高级方式：

- **结构化存储库**（Structured repository）：这些通常是由 IT 组织支持和控制的数据库，例如关系数据库。
- **非结构化存储库**（Unstructured repository）：这类数据通常由终端用户驱动，存储在控制较少的存储库中，例如网络共享、SharePoint 网站和工作站。

动态数据的控件通常具有如下几个目标：

- **边界安全**（perimeter security）：防止未加密的敏感数据离开防护边界。
- **网络监控**（network monitoring）：记录和监控网络流量，以识别和调查不当的敏感数据传输。
- **内部访问控制**（internal access control）：防止用户通过个人 Web 邮件、社交媒体、在线备份工具等访问未经授权的网站或将数据上传到网站。
- **数据收集/交换**（data collection/exchange）：仅通过安全手段与第三方进行数据交换。
- **通讯**（messaging）：防止通过即时消息传递或其他不基于 Web 的应用程序将文件传输给外部方。
- **远程访问**（remote access）：确保对公司网络的远程访问受到保护，并控制可以通过远程工具（例如 Outlook Web Access）保存的数据。
- **特权用户监控**（privileged user monitoring）：对于具有覆盖 DLP 控件、提取大量数据等特权的用户，应监视其操作。
- **访问/使用监控**（access/usage monitoring）：监视对高风险数据的访问和使用，以识别潜在的不当使用。

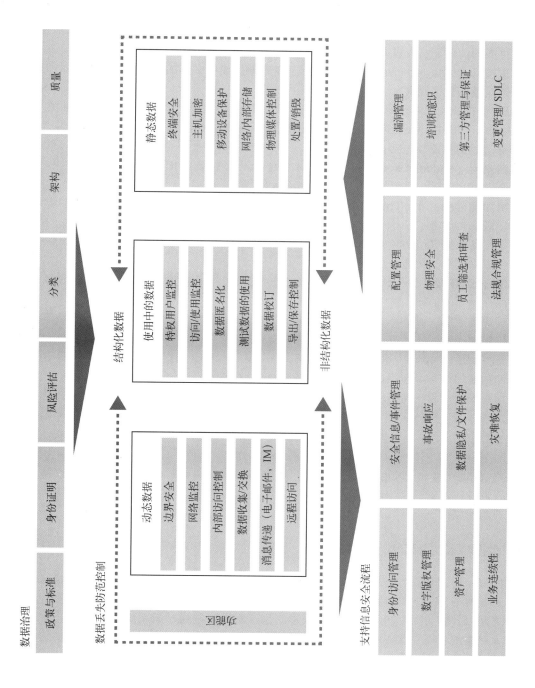

图9-2 DLP架构

数据治理

政策与标准 | 身份证明 | 风险评估 | 分类 | 架构 | 质量

数据丢失防范控制

结构化数据

静态数据
- 终端安全
- 主机加密
- 移动设备保护
- 网络/内部存储
- 物理媒体控制
- 处置销毁

使用中的数据
- 特权用户监控
- 访问/使用监控
- 数据匿名化
- 测试数据的使用
- 数据校订
- 导出/保存控制

动态数据
- 边界安全
- 网络监控
- 内部访问控制
- 数据收集/交换
- 消息传递（电子邮件，IM）
- 远程访问

图像

非结构化数据

支持信息安全流程

身份访问管理 | 数字版权管理 | 资产管理 | 业务连续性

安全信息/事件管理 | 事故响应 | 数据隐私/文件保护 | 灾难恢复

配置管理 | 物理安全 | 员工筛选和审查 | 法规合规管理

漏洞管理 | 培训和意识 | 第三方管理与保证 | 变更管理 SDLC

- **数据匿名化**（data anonymization）：当敏感数据不再用于预期用途时，对它们进行清理/匿名处理。
- **测试数据的使用**（use of test data）：请勿使用敏感数据或将其复制到非生产系统中。在可能的情况下，在进入测试系统之前先对数据进行数据清理。
- **数据校订**（data redaction）：如果数据不是预期用途所必需的，则从报表、界面和摘要中删除敏感数据元素。
- **导出/保存控制**（export/save control）：限制用户将敏感数据复制到未经批准的容器（例如电子邮件、Web 浏览器）中的权限，包括复制、粘贴和打印文档。

对于静态数据，控制包括：

- **终端安全**（endpoint security）：限制对本地管理员功能的访问，例如安装软件和修改安全设置，以防止恶意软件、病毒、间谍软件等。
- **主机加密**（host encryption）：确保所有服务器、工作站、便携式计算机和移动设备上的硬盘都被加密了。
- **移动设备保护**（mobile device protection）：强化移动设备配置，启用例如密码保护和远程擦除之类的功能。
- **网络/内部存储**（network/internal storage）：以最小特权控制对基于网络的包含敏感数据的存储库的访问。
- **物理媒体控制**（physical media control）：防止将敏感数据复制到未经批准的媒体，确保仅在加密的媒体上进行授权数据提取。
- **处置/销毁**（disposal/destruction）：在设备处置过程中，确保清理或销毁所有具有数据存储功能的设备（包括数字复印机和传真机等设备）。

许多信息安全过程支持 DLP 控件的实施，图 9-2 最下面的部分描述了其中最重要的内容。

9.2 物联网

物联网（Internet of Things，IoT）是计算和通信领域长期不断革命的最新发展产物。它的规模、普遍性以及对日常生活、企业和政府的影响使所有以前的技术进步都相形见绌。本节将简要介绍物联网。

9.2.1 物联网中的事物

物联网（IoT）是指智能设备的扩展互连，其中的智能设备范围广泛，从家用电器到微型传感器。物联网的一个主要主题是将短距离移动收发器嵌入各种小工具和日常用品中，从而在人与物之间以及物与物之间形成新的通信形式。互联网通常通过云系统支持数十亿个工业对象和个人对象的互连。这些对象传递传感器信息，作用于它们所在的环境，并且在某些情况下可以通过自我调整来实现对大型系统（如工厂或城市）的整体管理。

物联网主要由**深度嵌入式设备**（deeply embedded device）驱动。这些设备具有低带宽、低功耗、低重复数据捕获和低带宽数据使用的特点，它们可以相互之间或与更高级别的设备

（例如将信息传递到云系统的网关设备）进行通信。嵌入式设备如高分辨率视频安全摄像机、视频 VoIP 电话等，都需要高带宽流功能。然而，很多产品仅要求间歇发送数据包。

　　物联网设备的用户界面可能会受到显示器尺寸和功能的严格限制，或者这些设备只能通过远程方式进行控制。因此，个人可能很难知道哪些数据设备正在收集个人数据，以及它们将如何对数据进行处理。

9.2.2　物联网设备的组件

　　图 9-3 说明了一台 IoT 设备的关键组件。此 IoT 设备的关键组件如下：

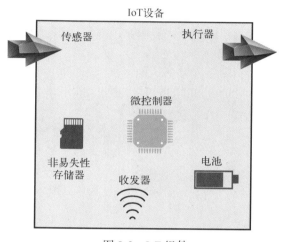

图 9-3　IoT 组件

- **传感器**（sensor）：传感器用于测量物理、化学或生物实体的某些参数，并以模拟电压电平或数字信号的形式传递与观察特性成比例的电子信号，传感器的输出通常会被输入到微控制器或其他管理元件。例如温度测量、射线照相成像、光学传感和音频传感。
- **执行器**（actuator）：执行器从控制器接收电信号，并通过与环境的交互做出响应，从而对物理、化学或生物实体的某些参数产生影响。例如加热线圈、心脏电击输送装置、电子门锁、无人机操作、伺服电机和机械臂。
- **微控制器**（microcontroller）：智能设备中的"智能"由深度嵌入式微控制器提供。
- **收发器**（transceiver）：收发器包含发送和接收数据所需的电子设备。IoT 设备通常包含一个无线收发器，能够使用 Wi-Fi、ZigBee 或其他无线协议进行通信。借助收发器，IoT 设备可以与其他 IoT 设备、Internet 和云系统网关设备互连。
- **能量供给**（power supply）：通常来讲，能量由电池提供。

　　物联网设备通常还包含**射频识别**（Radio-Frequency Identification，RFID）组件。使用无线电波识别物品的 RFID 技术正逐渐成为物联网的一项重要技术。RFID 系统的主要元素是标签和读取器。RFID 标签是一种用于进行物体、动物和人类追踪的小型可编程设备，有各种形状、大小、功能和成本可供选择。RFID 读取器会获取并重写工作范围（几英寸到几英尺）内的 RFID 标签上存储的信息。通常，RFID 读取器与计算机系统通信，该计算机系统记录并格式化获取到的信息以供进一步使用。某些设备上的 RFID 组件可以传输有关其设备的大量信息，从而引发隐私问题。

9.2.3　物联网与云环境

　　为了更好地了解 IoT 的功能，将其放置于包含第三方网络和云计算元素的完整企业网络环境中进行理解十分有效，图 9-4 提供了概述图。

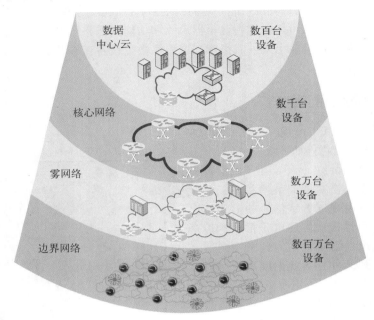

图 9-4　IoT/云环境

边界

典型企业网络的**边界**（edge）是物联网设备的网络，该网络由传感器和执行器组成，这些设备可能会相互通信。例如，一组传感器可以将它们的数据全部传输到一个相同的传感器，该传感器汇总由上级实体收集的数据。在此级别上，可能还会有许多网关。网关将 IoT 设备与更高级别的通信网络互连。它在通信网络中使用的协议和设备使用的协议之间执行必要的转换，还可能具有基本的数据聚合功能。

雾

在许多物联网部署中，传感器的分布式网络可能会生成大量数据。例如，海上油田和炼油厂每天可以生成 1 TB 的数据，一架飞机每小时可以创建几 TB 的数据。与其将这些数据永久地（或至少长期地）存储在物联网应用可访问的中央存储中，人们通常更希望在传感器附近处理尽可能多的数据。**雾**（fog）层级计算的目的是将网络数据流转换为适合存储并且适合于更高级别处理的信息。雾层级计算可能涉及大量数据和数据转换操作，带来的结果是存储的数据量要低得多。以下是雾计算操作的示例：

- **估计**（evaluation）：估计数据，以确定是否应在更高级别上对其进行处理。
- **格式化**（formatting）：重新格式化数据以进行一致的高级处理。
- **扩展/解码**（expanding/decoding）：使用其他上下文（例如数据来源）处理加秘数据。
- **蒸馏/还原**（distillation/reduction）：减少或汇总数据，以最小化数据和流量对网络和更高级别处理系统的影响。

- **评估（assessment）**：确定数据是否代表阈值或警报，可能还包括将数据重定向到其他目标。

通常情况下，在物理位置上，雾计算设备部署在物联网网络边缘附近，即传感器和其他数据生成设备附近。因此，大量生成数据的一些基本处理可以从位于中心的 IoT 应用程序软件中卸载或外包。

雾计算代表了现代网络与云计算相反的趋势。借助云计算，可以通过云网络设施向相对较少的用户提供大量集中式存储和处理资源，供分布式客户使用。借助雾计算，大量的单个智能对象与雾网络设施互连，这些雾网络设施提供了靠近边缘物联网设备的处理和存储资源。雾计算解决了成千上万个智能设备同时活动所带来的问题，包括安全性、隐私、网络容量限制和延迟要求。术语**雾计算**（fog computing）受以下事实启发：雾在低空徘徊，而天空中的云层却很高。

核心

核心网络（也称为**骨干网络**（backbone network））连接地理位置分散的雾状网络，并提供对不属于企业网络的其他网络的访问。通常，核心网络使用高性能路由器、大容量传输线以及多个互连的路由器来增加冗余和容量。核心网络还可以连接到高性能高容量的服务器，例如大型数据库服务器和私有云设施。一些核心路由器可能完全是内部的，在不充当边缘路由器的情况下提供了冗余和额外的容量。

云

云网络为来自边缘 IoT 设备的大量聚合数据提供存储和处理功能。云服务器还托管与 IoT 设备进行交互、管理 IoT 设备以及分析 IoT 生成数据的应用程序。

表 9-2 对云和雾的特征进行了比较。

表 9-2　云和雾特征对比

要　素	云	雾
处理/存储资源的位置	中心	边缘
延迟	高	低
接入	固定或无线方式	主要以无线方式
支持机动性	不支持	支持
控制	集中式/分层（完全控制）	分布式/分层（部分控制）
服务接入	通过核心	在边缘/手持设备上
可用性	99.99%	高易失性/高度冗余
用户/设备数	数千万/亿	数百亿
主要内容生成器	人	设备/传感器
内容生成器	中央位置	任何位置
内容消耗	终端设备	任何位置
软件虚拟基础设施	中央企业服务器	用户设备

9.3   物联网安全性

与信息隐私的其他领域一样，物联网隐私很大程度上依赖于信息安全机制。物联网环境提出了许多特定的安全挑战。因此，本节将概述物联网安全性。

9.3.1   物联网设备功能

物联网设备是物联网系统的基本元素。任何给定设备都将提供一定的功能，以满足特定的应用程序要求。图 9-5 基于 NISTIR 8228（Considerations for Managing Internet of Things（IoT）Cybersecurity and Privacy Risks，管理物联网（IoT）网络安全性和隐私风险的注意事项）中的图形，说明了安全漏洞或隐私威胁中最重要的功能。

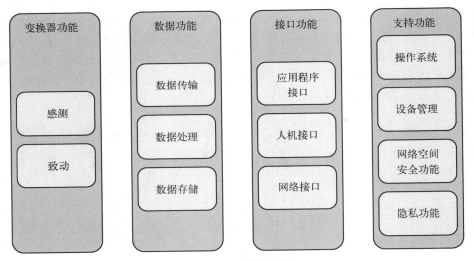

图 9-5   IoT 部件功能

图 9-5 中显示的功能分为以下几类：

- **变换器功能**（transducer capability）：包括传感器和执行器，与物理世界进行交互。每个物联网设备都至少具有一个变换器功能。
- **数据功能**（data capability）：直接向系统提供功能，包括存储和处理已检测到的数据，以及将数据传输到执行器和接口。
- **接口功能**（interface capability）：这些功能使设备可以与其他设备或人进行交互。接口功能的类型为
  - **应用程序接口**（application interface）：应用程序接口使其他设备可以与 IoT 设备进行交互。典型的有应用程序编程接口（Application Programming Interface，API）。
  - **人机接口**（human user interface）：一些（非全部）物联网设备使用户可以直接与设备进行交互。示例包括触摸屏、触觉设备、麦克风、相机和扬声器。

- **网络接口**（network interface）：网络接口包括支持设备通过通信网络发送和接收数据的硬件和软件。例如 Wi-Fi、蓝牙和 ZigBee。
- **支持功能**（supporting capability）：支持功能是基础功能，可启用 IoT 设备上的应用程序并提供满足系统要求的功能，包括
  - **操作系统**（operating system）：操作系统构成了物联网设备的软件平台。通常，由于设备资源有限，因此 OS 是最小的。
  - **设备管理**（device management）：包括 I/O 功能和设备驱动程序。
  - **网络空间安全功能**（cybersecurity capability）：包括加密功能和安全协议。
  - **隐私功能**（privacy capability）：包括与保护隐私相关的所有其他附加功能。

9.3.2　物联网生态系统的安全挑战

欧盟网络和信息安全机构（The European Union Agency for Network and Information Security, ENISA）发布的 Baseline Security Recommendations for IoT（IoT 基线安全建议）[ENIS17] 列出了以下阻碍安全物联网生态系统发展的问题：

- **非常大的攻击面**（very large attack surface）：物联网生态系统具有各种各样的漏洞点，以及大量可破坏数据。
- **设备资源受限**（limited device resources）：物联网设备通常是受限设备，它具有有限的内存、有限的处理能力和有限的电源，因此很难采用高级安全控制。
- **复杂的生态环境**（complex ecosystem）：物联网不仅涉及大量设备，还涉及不同设备之间或设备与云元素之间的互联、通信以及依赖性。这使得评估安全风险的任务极为复杂。
- **标准和法规的碎片化**（fragmentation of standards and regulations）：物联网安全标准方面的工作相对较少，并且最佳实践文档有限。因此，缺乏针对安全管理者和实施者的全面指导。
- **广泛部署**（widespread deployment）：物联网正在在商业环境中（更重要的是在关键基础设施环境中）持续快速地进行部署。这些部署是十分具有吸引力的安全攻击目标，因为快速部署通常在没有全面风险评估和安全计划的情况下发生。
- **安全集成**（security integration）：物联网设备使用各种各样的通信协议，并在实施时使用身份验证方案。此外，参与的利益相关者可能会提出承包商的观点和要求。因此，将安全性集成到一个可互操作的方案中非常困难。
- **物理安全方面**（safety aspect）：由于许多物联网设备在其物理环境上起作用，因此安全威胁可能会变成物理安全威胁，从而提高安全解决方案有效性的门槛。
- **低成本**（low cost）：数百万物联网设备的制造、购买和部署极大地激励了各方降低这些设备的成本。制造商倾向于限制安全功能以保持低成本，而客户倾向于接受这些限制。
- **缺乏专业知识**（lack of expertise）：物联网仍然是一项相对较新且发展迅速的技术，只有少数人接受过适当的网络空间安全培训和拥有相关经验。

- **安全更新**（security update）：嵌入式设备到处都是漏洞，而且没有修补它们的好方法［SCHN14］。芯片制造商强烈希望能尽快便宜地生产带有其固件和软件的产品。设备制造商根据价格和功能选择芯片，而对芯片软件和固件几乎没有任何要求。他们选择的重点是设备的功能，终端用户可能无法修补系统，也几乎没有关于何时以及如何修补系统的信息。这会导致物联网中数以亿计的互联网连接设备容易受到攻击。传感器会带来很大的问题，因为攻击者可以使用它们将错误的数据插入网络。执行器可能会带来更严重的威胁，攻击者会影响机械设备和其他设备的运行。
- **不安全的编程**（insecure programming）：有效的网络空间安全实践要求在整个软件开发生命周期中整合安全计划和安全设计。但是同样由于成本压力，物联网产品的开发人员将更多的重点放在功能和可用性，而不是安全性上。
- **不清楚的问责**（unclear liabilities）：主要物联网部署涉及庞大而复杂的供应链以及众多组件之间的复杂交互。在这种情况下很难明确分配责任，所以在发生安全事件时可能会产生歧义和冲突。

这些安全问题也构成了隐私问题，9.4 节将讨论物联网隐私问题。

9.3.3 物联网安全目标

NISTIR 8200（Interagency Report on Status of International Cybersecurity Standardization for the Internet of Things，物联网国际网络空间安全标准化状况的机构间报告）列出了物联网的以下安全目标：

- **限制对物联网网络的逻辑访问**（restricting logical access to the IoT network）：包括使用单向网关和防火墙防止网络流量直接在公司和 IoT 网络之间传递，以及为公司和 IoT 网络用户提供单独的身份验证机制和证书。物联网系统还应使用多层网络拓扑，将最关键的通信放置于最安全和可靠的层中。
- **限制对物联网网络和组件的物理访问**（restricting physical access to the IoT network and components）：物理访问安全涉及物理访问控制的组合，例如锁、读卡器或防护装置。
- **保护单个物联网组件免受攻击**（protecting individual IoT components against exploitation）：包括在实地条件下对安全补丁进行测试后的快速部署；禁用所有未使用的端口和服务，并保持禁用状态；将物联网用户特权限制为个人角色所需的特权；跟踪和监控审计追踪；在技术可行的情况下使用安全控制，例如防病毒软件和文件完整性检查软件。
- **防止未经授权的数据修改**（preventing unauthorized modification of data）：适用于传输中的数据（至少跨越网络边界）和静态数据。
- **检测安全事件及安全事故**（detecting security events and incidents）：目的是尽早发现安全事件，在攻击者实现目标之前打破攻击链。包括检测为物联网系统的正常及安全运行提供保障的 IoT 组件是否发生故障、服务是否不可用以及资源是否耗尽的能力。
- **在不利条件下维护功能**（maintaining functionality during adverse conditions）：涉及物

联网系统的设计，使每个关键组件都有一个冗余的对应组件。此外，如果某个组件发生故障，则该组件不会在 IoT 或其他网络上产生不必要流量或引起其他问题。物联网系统还应允许适度降级，在此期间自动化程度降低，操作员参与度更高。

- 发生事故后还原系统（restoring the system after an incident）：事故是不可避免的，因此事故响应计划至关重要。良好安全程序的主要特征在于，它在安全事件发生后可以快速恢复 IoT 系统。

有关物联网安全措施的讨论不在本章范围之内。有关讨论请参见 Computer Security：Principles and Practice（计算机安全：原则和实践）［STAL18］。

9.4 物联网隐私

9.2 节讨论的许多物联网相关的安全挑战和问题也适用于提供信息隐私。除此之外，物联网还带来了独特的隐私风险。联邦贸易委员会报告［FTC15］指出，其中某些风险涉及直接收集敏感个人信息，例如精确的地理位置信息、财务账号或健康信息，这些风险已由传统互联网和移动商务提出。随着时间的推移，个人习惯、位置和身体状况等个人信息的收集会带来其他风险，这可能会使没有直接收集敏感信息的实体对其进行推断。此外，即使是小型的 IoT 设备网络也可以生成大量数据。如此大量的细粒度数据使那些有权访问数据的人能够对数据进行分析，而使用小规模数据集进行此类分析是不可能的。另一个隐私风险是，制造商或入侵者可能会进行远程窃听，侵入私有空间。在办公室或工厂环境中，物联网数据可以揭示员工的位置和移动，这些信息可能与办公室或工厂的职能或其中发生的事件有关。

物联网设备几乎已经渗透到所有组织环境中。因此，在物联网环境中，组织需要关注员工隐私并采取保护措施。此外，制造或销售 IoT 设备的组织还面临着与部署环境中的个体隐私相关的监管、责任和公司形象问题。

由于物联网环境的独特要求，将隐私重新定义为与该环境相关的术语非常重要。Ziegeldorf 等人将物联网隐私定义为三重保证［ZIEG13］：

- 意识到物联网设备和服务带来的隐私风险。这种意识通过数据控制器（即提供 IoT 设备或服务的实体）的透明实践来实现。
- 控制物联网设备和服务对个人信息的收集和处理。
- 意识到数据控制者可能会使用个人信息并将其散布到数据主体个人控制范围之外的任何实体，并对这种做法进行控制。这意味着数据控制者必须为其对个人信息的操作行为负责。

9.4.1 物联网模型

图 9-6 描述了 IoT 模型，该模型可用于确定 IoT 环境中的各个漏洞点和潜在威胁。该图突出显示了与 IoT 设备交互或被 IoT 设备感知的任何数据主体的隐私相关的主要数据和处理操作。

如图 9-6 所示，物联网环境具有三大区域：

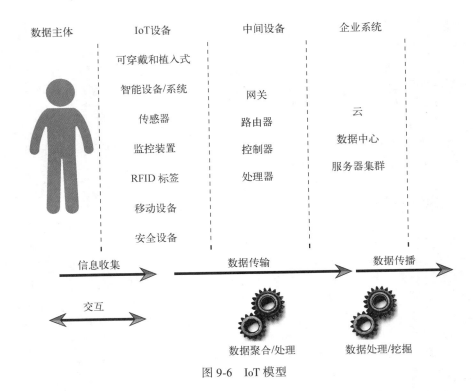

图 9-6   IoT 模型

- **IoT 设备**（IoT device）：各种各样的 IoT 设备类型都可以捕获附近环境中与个人有关的信息，其中包括
  - **可穿戴和植入式设备**（wearable and implanted device）：这些设备可以高度收集个人信息，包括与健康相关的信息。
  - **智能设备和系统**（smart device and system）：例如智能家居系统，它可以收集个体的习惯和喜好信息。
  - **传感器**（sensor）：各种类型的传感器都可以收集地理位置信息，也许还可以收集相关环境中个体的其他信息。
  - **监控装置**（surveillance device）：例如，面部识别设备可以识别并记录个体在特定时间出现在特定位置的信息。
  - **RFID 标签**（RFID tag）：如果 RFID 阅读器进行读取，那么设备上的标签可以传输与个人有关的信息。
  - **移动设备**（mobile device）：智能手机和其他移动设备可以向附近的数据收集设备提供个人信息。
  - **安全设备**（security device）：例如，用于访问控制的生物识别设备可以记录与个人有关的信息。
- **中间设备**（intermediate device）：中间设备从物联网设备收集信息。网关和其他处理器等设备收集 IoT 数据并将这些数据传输到企业系统。中间设备还可以执行聚合或其他处理功能。

- **企业系统**（enterprise system）：在企业级别（可能是云、企业数据中心、其他类型的服务器集群或一组单独的服务器）上，可以对从 IoT 收集到的个人数据进行处理、存储并传输给其他方。

在中间设备和企业系统级别上提出的隐私挑战本质上是处理个人数据的系统所面临的挑战。物联网系统所面临的独特隐私挑战取决于物联网设备所处的环境。

9.4.2　隐私工程的目标和风险

第 2 章中的图 2-5 定义了三个隐私工程目标：

- **可预测性**（predictability）：支持个人、所有者和操作人员对 PII（及其信息系统的处理）的可靠假设。
- **可管理性**（manageability）：提供 PII 的细粒度管理功能，包括修改、删除和选择性披露。
- **不可关联性**（disassociability）：使 PII 或事件的处理不与超出系统操作要求的个人或设备相关联。

基于这些目标，NIST 文档 ［NIST18］列出了潜在的 IoT 数据操作以及对个人的隐私损害，表 9-3 对其进行了总结。

表 9-3　IoT 个人隐私相关风险

隐私工程目标	物联网数据操作	潜 在 危 害
可预测性	■ 设备可能会收集各种有关个人和环境的数据 ■ 分散的数据处理功能会导致复杂的自动化系统和数据流 ■ 物联网系统可以直接作用于人的行为。例如，交通系统可以影响或控制车辆的行驶位置。环境系统会影响建筑物中的行为或运动	个人可能很难知道哪些正在收集设备数据，以及设备在收集之后将如何处理信息，尤其是在用户界面受到限制的情况下。这可能会导致与丧失自决权相关的问题： ■ 个人可能难以参与有关其信息使用的重要决策 ■ 这可能会对普通的行为和活动产生"寒蝉效应"
可管理性	■ 物联网传感器和设备在公共和私有环境中的普遍存在有助于聚合和分析有关个人的大量数据	■ 当与其他信息结合使用时，即使是非识别性信息也可以成为识别性信息 ■ 信息可能非常敏感，并以人们未曾预料到和无法从中受益的方式提供对个人生活的详细见解 ■ 分散管理会导致难以确保数据质量和数据管理，并可能导致对个体做出不准确或破坏性的决定，且难以补救
不可关联性	■ 设备可能会不加选择地收集信息，即使某些个人信息是系统不需要的 ■ 数据保护主要集中在系统中的静态数据或两个已知方之间的移动数据上 ■ 许多传感器用例的低功耗和低处理能力可能会使分散数据处理变得复杂	■ 即使在操作上不必要也要处理标识信息，这可以提高跟踪和配置个人信息的能力 ■ 在分散系统中，依赖于已知方/设备（而不是仅仅依赖于受信任方/设备）的加密可以创建有关个人的信息丰富的数据跟踪

9.4.3 对组织的挑战

NISTIR 8228 提供了减轻 IoT 环境中个人隐私风险的指南。该文档定义了五个风险缓解区域，这是受 IoT 环境影响最大的五个隐私风险缓解方面。也就是说，IoT 环境为组织在以下领域减轻隐私风险带来了独特的挑战：

- **无关联数据管理**（disassociated data management）：识别授权的 PII 处理并确定如何将 PII 最小化或将 PII 与个人和 IoT 设备分离。
- **知情决策**（informed decision making）：使个体能够理解 PII 处理结果以及与设备交互的效果，参与有关 PII 处理或交互的决策并解决问题。
- **PII 处理权限管理**（PII processing permission management）：维护 PII 处理权限，以防止未经许可的 PII 处理。
- **信息流管理**（information flow management）：维护 PII 信息生命周期在当前准确的映射，包括数据操作类型、操作正在处理的 PII 元素、执行该操作的实体以及出于隐私风险管理考虑的任何其他相关环境因素。
- **隐私违规检测**（privacy breach detection）：监控和分析 IoT 设备活动，以发现涉及个人隐私的违规迹象。

表 9-4 列出了物联网环境带来的特定挑战及其对组织的影响。

表 9-4   组织保护个人隐私方面所面临的挑战

对个体物联网设备的挑战	对组织的影响
分离数据管理	
物联网设备可以提供用于识别和身份验证的数据，但该设备不参与传统的联合环境	诸如使用标识符映射表和增强隐私的加密技术，使证书服务提供者与依赖方彼此不可见、或者使身份属性对传输方而言不可见的方法，在传统联合环境之外可能不奏效
知情决策	
物联网设备可能缺少使个人与其交互的接口	个人可能无法同意对其 PII 的处理或放置进一步处理特定 PII 属性的条件
分散的数据处理功能和物联网设备的异构所有权挑战了传统的可问责性流程	个人可能无法定位不准确或有问题的 PII 的来源，以纠正或解决问题
物联网设备可能缺少供个体阅读隐私声明的界面	个人可能无法阅读或访问隐私声明
物联网设备可能缺少访问 PII 的接口，或者 PII 可能存储在未知位置	个人可能难以访问自己的 PII，这限制了他们管理 PII 和了解在其数据上正在发生什么事情的能力，还增加了合规风险
个人可能不知道附近一些物联网设备的存在	个人可能不知道自己的 PII 正在被收集
PII 处理权限管理	
物联网设备可以基于自动化流程随意收集 PII，也可以分析、共享 PII 或对 PII 采取行动	PII 的处理方式可能不符合法规要求或组织政策

（续）

对个体物联网设备的挑战	对组织的影响
物联网设备可能是复杂且动态的，需要频繁添加和移除传感器	PII 可能难以跟踪，且个人以及设备所有者/操作者对 PII 的处理方式没有可靠的假设，从而导致知情决策更加困难
物联网设备可以被远程访问，可以在管理员控制范围之外共享 PII	PII 的共享方式可能不符合法规要求或组织政策
信息流管理	
物联网设备可能是复杂且动态的，需要频繁添加和移除传感器	使用传统的清单方法可能难以识别和跟踪 PII
物联网设备可能不支持用于集中式数据管理的标准化机制，并且要管理的物联网设备数量可能非常庞大	旨在保护个人隐私的 PII 处理规则的应用可能会中断
物联网设备可能不具备支持配置的能力，例如防止远程激活、限制数据报告、收集声明和数据最小化等	缺乏直接的隐私风险缓解功能可能需要补偿控制，这可能影响组织优化可减少的隐私风险数量的能力
物联网设备可能会不加选择地收集 PII。设备的异构所有权挑战了传统的数据管理技术	很有可能会保留操作上不必要的 PII
分散的数据处理功能和物联网设备的异构所有权在检查数据准确性方面挑战了传统的数据管理流程	错误的 PII 有可能持续存在，并给个体带来问题
分散的数据处理功能和物联网设备的异构所有权挑战了传统的去标识化过程	汇总不同数据集可能导致对 PII 的重识别
隐私泄露检测	
物联网设备可能缺乏硬件/软件功能、处理能力或数据传输能力，因此无法提供详细的活动日志	组织很难对可能发生的隐私侵犯进行监控

9.5 云计算

在许多组织中，将大部分（甚至全部）信息技术（Information Technology，IT）运营转移到被称为企业云计算的 Internet 连接基础设施上已经是大趋势。本节将对云计算进行概述。

9.5.1 云计算组成元素

在 NIST SP 800-145（The NIST Definition of Cloud Computing，云计算的 NIST 定义）中，NIST 对**云计算**（cloud computing）的定义如下：

云计算是一种模型，用于对可配置计算资源（例如网络、服务器、存储、应用程序和服务）的共享池进行普遍、方便、按需的网络访问，可以用最少的管理工作量或服务提供商交互来快速配置和释放这些资源。云模型可以提高可用性，并且由五个基本特征、三个服务模型和四个部署模型组成。

该定义涉及各种模型和特性，其关系如图 9-7 所示。

图 9-7   云计算组成元素

云计算的基本特征包括：

- **广泛的网络接入**（broad network access）：云提供了可通过标准机制访问的网络功能，以促进异构大小型客户机平台（例如移动电话、平板电脑、笔记本电脑）的使用。
- **快速伸缩**（rapid elasticity）：云计算可以根据客户的特定服务需求扩展和减少资源。例如，在特定任务期间，客户可能需要申请大量服务器资源，在任务完成后，客户可以释放这些资源。
- **实测服务**（measured service）：云系统（在某种程度上）利用适合服务类型抽象级别（例如存储、处理、带宽、活动用户账户）的计量功能来自动控制和优化资源使用。云系统可以监视、控制和报告资源使用情况，从而为服务的提供者和使用者提供透明度。
- **按需自助服务**（on-demand self-service）：消费者可以按需自动地单方面申请计算功能，例如服务器时间和网络存储，而无须与每个**云服务提供商**（Cloud Service Provider，CSP）进行人工交互。服务是按需提供的，因此资源不是消费者 IT 基础设施的永久组成部分。
- **资源池**（resource pooling）：CSP 的计算资源可通过多租户模型进行汇总，以服务多个消费者，并根据消费者需求动态分配不同的物理资源和虚拟资源。资源位置具有一定程度的独立性，因为客户通常无法控制或知晓资源的确切位置，但是可以指定更高抽象级别的位置（例如国家、州、某数据中心）。资源包括存储、处理器、内存、网络带宽和虚拟机等。即使是私有云，也倾向于在同一组织的不同部分之间集中资源。

NIST 定义了三种**服务模型**（service model），可以被视为嵌套服务的替代方案：

- **软件即服务**（Software as a Service，SaaS）：为消费者提供使用在云基础设施上运行的 CSP 应用程序的功能。用户可通过小型客户端界面（例如 Web 浏览器）从各种客户端设备访问应用程序。企业不从软件产品获取桌面和服务器许可证，而是从云服务获得相同的功能。借助 SaaS，客户不需要复杂的软件安装、维护、升级和补丁程序。SaaS 的示例包括 Google Gmail、Microsoft Office 365、Salesforce、Citrix GoToMeeting 和 Cisco WebEx。

- **平台即服务**（Platform as a Service，PaaS）：消费者可以将使用 CSP 支持的编程语言和工具创建或获取的应用程序部署到云基础设施上。PaaS 通常提供中间件样式的服务供应用程序使用（例如数据库和组件服务）。实际上，PaaS 是云中的操作系统。PaaS 的示例有 Google AppEngine、Engine Yard、Heroku、Microsoft Azure Cloud Services 和 A-pache Stratos。

- **基础设施即服务**（Infrastructure as a Service，IaaS）：消费者可以在能够部署和运行软件的情况下配置处理器、存储、网络和其他基本计算资源，这些软件包括操作系统和应用程序。IaaS 使消费者能够结合数字运算和数据存储等基本计算服务来构建高度适应的计算机系统。IaaS 的示例有 Amazon Elastic Compute Cloud（Amazon EC2）、Mi-crosoft Azure、Google Compute Engine（GCE）和 Rackspace。

NIST 定义了四个**部署模型**（deployment model）：

- **公有云**（public cloud）：公有云基础设施可供公众或大型行业团体使用，并由销售云服务的组织所有。CSP 既负责云基础设施，也负责对云中数据和操作的控制。

- **私有云**（private cloud）：私有云基础设施仅为一个组织运营，它可以由组织或第三方管理，可存在于特定场所内部或外部。CSP 仅负责基础设施，而不负责控制。

- **社区云**（community cloud）：社区云基础设施由多个组织共享，支持具有共同关注点（例如任务、安全要求、策略、合规性注意事项）的特定社区。它可以由组织或第三方管理，可以存在于特定场所内部或外部。

- **混合云**（hybrid cloud）：混合云基础设施由两个或更多云（私有云、社区云或公共云）组成，这些云仍然是唯一的实体，但是通过标准化或专有技术将它们绑定在一起，从而实现了数据和应用程序的可移植性（例如，通过云爆发实现云之间的负载平衡）。

图 9-8 说明了两种典型的私有云配置。私有云由服务器和存储企业应用程序和数据的数据存储设备互连集合组成，本地工作站可以从企业安全范围内访问云资源。远程用户（例如来自卫星办公室的用户）可以通过安全链接对其进行访问，例如通过连接到安全边界访问控制器（例如防火墙）的虚拟专用网（Virtual Private Network，VPN）。企业还可以选择将私有云外包给 CSP，CSP 建立并维护私有云，该私有云由未与其他 CSP 客户端共享的专用基础设施资源组成。通常，边界控制器之间的安全链接提供了企业客户端系统和私有云之间的通信。该链接可以是专用租用线路，也可以是 Internet 上的 VPN。

图 9-9 概括地显示了为企业提供专用云服务的公共云环境。公共 CSP 服务于各种各样

的客户，给定企业的云资源与其他客户端使用的云资源相隔离，只是隔离程度因 CSP 而异。例如，CSP 将多个虚拟机专用于给定客户，但一个客户的虚拟机可能与其他客户的虚拟机共享同一个硬件。企业必须使用密码和身份验证协议来增强此链接，以维护企业与云之间的流量安全。

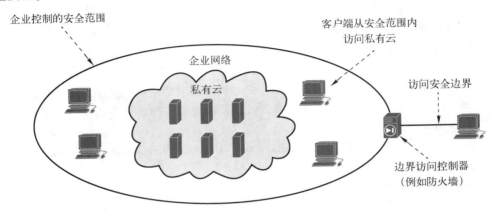

a) 本地私有云

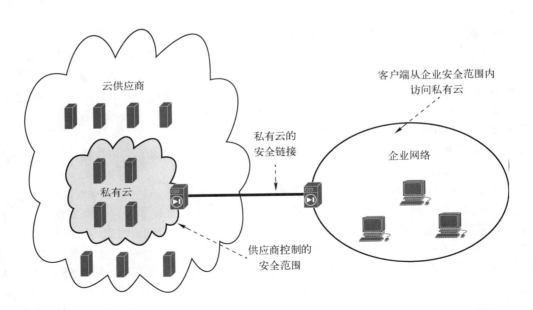

b) 外包私有云

图 9-8   私有云配置

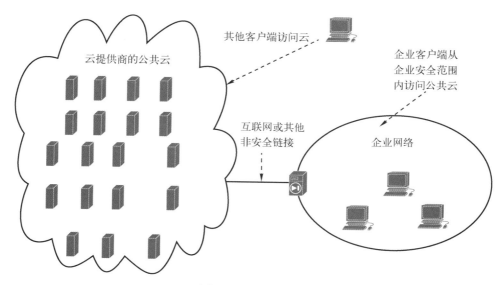

图 9-9 公有云配置

9.5.2 云服务用户所面临的威胁

云服务和云资源的使用给企业网络空间安全带来了一系列新的威胁。例如，ITU-T
［ITUT12a］发布的报告列出了云服务用户面临的以下威胁：

- **责任模糊**（responsibility ambiguity）：企业拥有的系统依赖于 CSP 提供的服务。提供的服务级别（SaaS、PaaS 或 IaaS）确定了从 IT 系统转移到云系统的资源量。无论服务级别如何，都很难准确定义客户和 CSP 的安全职责。而任何含糊之处都会使风险评估、安全控制设计和事故响应变得复杂。
- **治理性缺失**（loss of governance）：将企业的一部分 IT 资源迁移到云基础设施后，可以对 CSP 进行部分管理控制。治理性缺失的程度取决于云服务模型的级别（SaaS、PaaS 或 IaaS）。无论如何，企业都将不再具有对 IT 运营的完整治理和控制。
- **信任缺失**（loss of trust）：由于云服务的黑盒性质，有时云服务用户很难评估 CSP 的信任级别，而且无法正式获取 CSP 的安全级别。此外，云服务用户通常无法评估 CSP 实施的安全级别，这使客户难以进行风险评估。
- **服务提供者锁定**（service provider lock-in）：治理性缺失可能会导致无法用另一种 CSP 替代当前 CSP 的方式。一个转换困难的例子是 CSP 依赖专用虚拟机管理程序或虚拟机映像格式，而并不提供将虚拟机转换为标准格式的工具。
- **非安全云服务用户访问**（non-secure cloud service user access）：大多数资源交付都是通过远程连接进行的，因此不受保护的 API（主要是管理 API 和 PaaS 服务）是最容易受到攻击的媒介之一。网络钓鱼、欺诈和软件漏洞利用等攻击方法对安全构成了严重威胁。

- **资产管理缺失**（lack of asset management）：云服务用户可能难以通过 CSP 评估和监视资产管理。用户关注的关键元素包括敏感资产（信息）的位置、数据存储的物理控制程度、数据备份的可靠性（数据保留问题）以及业务连续性和灾难恢复对策。此外，云服务用户还担心将数据暴露给外国政府以及遵守隐私法等问题。
- **数据丢失和泄露**（data loss and leakage）：此威胁与上一项威胁密切相关，丢失加密密钥或特权访问代码将给云服务用户带来严重的安全问题。因此，缺少密码管理信息（例如加密密钥、身份验证码、访问特权）会导致数据敏感度损坏，例如数据意外泄露到外部环境。

有关云计算安全措施的讨论不在本章范围之内，有关讨论请参见［STAL20］。

9.6 云隐私

本节将研究一些与云隐私相关的风险和对策。

若干问题使云隐私的考虑因素变得复杂：首先，SaaS、PaaS 和 IaaS 之间存在区别。对于 IaaS 和 PaaS，CSP 几乎无法获取云中所存储数据的性质以及处理这些数据的方法。CSP 的主要责任是安全性：确保客户数据（无论是否包括 PII）的机密性、完整性和可用性。对于 SaaS，CSP 可能需要纳入特定的隐私措施，以确保 PII 的正确处理。通常，云客户对在云中存储和处理的 PII 隐私负主要责任，而在 SaaS 中，这是客户与 CSP 的共同责任。

第二个考虑因素是在云中存储和处理的数据与作为云客户访问云的个体身份之间的区别。在此，CSP 有责任提供机制和策略来保护访问云的个体的 PII，无论他们是否正在访问。

ITU-T 的 Privacy in Cloud Computing（云计算隐私）［ITUT12b］研究了云服务提供商在数据生命周期的每个阶段（包括收集、存储、共享、处理和删除）应当实施的隐私保护措施类型。表 9-5 总结了此报告中的概念。ITU-T 使用了一组与 OECD（请参阅第 3 章中的表 3-2）和 GDPR（请参见表 3-3）定义的原则相似的隐私原则。

表 9-5　云计算中的隐私原则和保护措施

数据生命周期阶段	隐私原则	隐私保护措施
收集	相称性和目的说明	数据最小化
存储	可问责性与安全性	加密
共享与处理	公平、许可和访问权	数据访问控制
删除	开放性与删除权	删除与匿名化

9.6.1 数据收集

CSP 负责保护访问云服务的人员身份，客户无须向服务提供者透露更多的个人信息（验证客户权利所必需的信息除外），即可访问应用程序和数据。

匿名证书是保护云客户隐私的一种机制。这种机制使用户可以从一个组织中获取证书，然后在不透露任何其他信息的情况下，向另一组织证明其拥有该证书。匿名证书系统还允许用户揭示某些证书属性信息（或证明它们满足某些属性（例如年龄<25）），同时隐藏其他证书属性信息，来进行选择性披露。

由 IBM 开发的 Identity Mixer（https://www.zurich.ibm.com/identity_mixer/）提供了一种实现匿名证书的方法，Identity Mixer 是对传统身份管理方案的概括，包括以下基本步骤：

1. 终端用户与身份提供者进行身份验证对话，并提供与用户身份相关联的属性值。
2. 用户使用身份提供者提供的证书请求访问服务。
3. 服务提供者从身份提供者那里获得身份信息、身份验证信息以及相关联的属性。
4. 服务提供者与用户建立会话，并根据用户的身份和属性实施访问控制限制。

Identity Mixer 使用户能够选择性地仅公开验证者所需属性，无须跨交易进行链接。本质上，此方案涉及两种技术：

- **灵活公钥**（flexible public key）：用户可以不绑定到单个公钥，而是对同一密钥使用许多独立的公用密钥（称为假名），以便对每个验证者甚至每个会话使用不同的假名。
- **灵活证书**（flexible credential）：可以将证明用户属性的证书转换为任何用户假名的有效令牌，这些假名仅包含原始证书中属性的一部分，转换后的令牌可以在发行方的公共验证码下进行验证。

Microsoft 提供了具有相同功能的另一种机制，称为 U-Prove[PAQU13]。U-Prove 令牌是一种新型证书，类似于 PKI 证书，可以对任何类型的属性进行编码，但它们有两个重要区别：

- 由于令牌中编码了特殊类型的公钥和签名，因此令牌的发行和展示不可链接，而属性的加密"包装"不包含任何关联句柄。这可以防止用户在使用 U-Prove 令牌时进行不必要的追踪，即使串通内部人员也无效。
- 为了响应动态验证程序策略，用户可以最少地公开令牌中编码的属性信息。例如，用户可以选择仅公开一部分编码属性，证明用户的未公开姓名未出现在黑名单中，或在未透露实际出生日期的情况下证明他（她）已成年。

9.6.2　存储

CSP 有责任维护云中存储和处理的个人数据的机密性。如前所述，在许多情况下，CSP 不知道哪些数据是托管客户数据库中的个人数据。

CSP 保护包括 PII 在内的所有客户数据的主要机制是加密。数据库加密的主要困难是数据的在线处理非常具有挑战性。在这种情况下，安全问题的直接解决方案是对整个数据库进行加密，并且不将加密/解密密钥提供给服务提供商。这种解决方案本身是不灵活的，用户几乎无法基于搜索或对关键参数建立索引来访问单个数据项，而只能从数据库下载整个表，解密表并使用解密结果。为了提高灵活性，必须能够以加密的形式使用数据库。

另一个选择是从加密但可查询的数据库中检索数据，图 9-10 显示了此方法的一个简单示例。如图 9-10 所示，该方案涉及四个实体：

- **数据所有者**（data owner）：产生数据以供组织内部或外部用户进行受控发布的组织。数据所有者维护数据库和提供数据库索引的一组元数据，例如主字段或关键字段。
- **用户**（user）：向系统提出查询请求的人员实体，可以是被服务器授予数据库访问权限

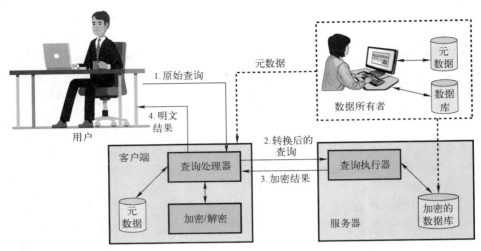

图 9-10   一种数据库加密方案

的组织员工，也可以是经过身份验证后被授予访问权限的组织外部用户。

- **客户端**（client）：前端，它将用户查询转换为对服务器上存储的加密数据的查询。
- **服务器**（server）：从数据所有者处接收加密数据并使数据可以分发给客户端的组织。服务器实际上可以由数据所有者拥有，但通常它是由外部提供商（例如 CSP）拥有和维护的设施。

假设数据库中的每个项目都使用相同的加密密钥分别加密。加密的数据库存储在服务器上，但是服务器没有密钥，从而保证数据安全存储于服务器。即使有人能够入侵服务器系统，攻击者访问到的依然只有加密数据。客户端系统有加密密钥副本，客户端上的用户可以按以下顺序从数据库检索记录：

1. 用户对具有特定主键值的一个或多个记录中的字段发出 SQL 查询。

2. 客户端的查询处理器对主密钥进行加密，相应地修改 SQL 查询，然后将查询传输到服务器。

3. 服务器使用主键的加密值处理查询，并返回适当的一条或多条记录。

4. 查询处理器解密数据并返回结果。

例如，考虑在雇员数据库上的以下查询：

```
SELECT Ename,Eid,Ephone
   FROM Employee
   WHERE Did = 15
```

假设使用加密密钥 k，部门 ID = 15 的加密值为 $E(k, 15) = 1000110111001110$。然后，客户端的查询处理器可以将前面的查询转换为：

```
SELECT Ename,Eid,Ephone
   FROM Employee
```

```
WHERE Did = 1000110111001110
```

这种方法当然很简单，但是如前所述，它缺乏灵活性。例如，假设雇员表包含一个薪金属性，用户希望检索薪水少于$70 000 的所有记录。没有显式的方法可以执行此操作，因为每个记录中的薪金属性值都是加密的。加密值聚合不保留原始属性值的顺序。可以在 Computer Security：Principles and Practice（计算机安全：原则和实践）［STAL18］中找到此方法的更灵活版本的示例。

文章 Cryptographic Cloud Storage（加密云存储）［KAMA10］描述了一种更复杂的方案，该方案使多个用户无须拥有加密密钥即可访问加密的基于云的数据库的各个部分。本质上，该体系结构包含四个组件：

- **数据处理者**（data processor）：在数据发送到云之前对其进行处理，包括加密数据或将索引加密到数据库中的行或其他数据块中。
- **数据验证者**（data verifier）：检查云中的数据是否已被篡改。
- **令牌生成器**（token generator）：生成可以使云存储提供商检索客户数据段的令牌。例如，令牌可以是索引的加密值，CSP 将其与加密索引匹配并返回相应的加密块。
- **证书生成器**（credential generator）：通过向系统的各个参与方颁发证书来实施访问控制策略，这些证书将能够使各方根据该策略对加密文件进行解密。

9.6.3 数据共享与处理

当应用程序处理用户的个人数据时，用户对数据的控制权是一项基本权利。为了提升透明度和用户控制权，CSP 可以部署仪表板，用于汇总应用程序使用的数据并提供指向个人设置控件的链接。定义用于表达信息系统安全策略语言的标准示例是 ITU-T X.1142（eXtensible Access Control Markup Language（XACML 2.0），可扩展访问控制标记语言（XACML 2.0）。利用基于 XACML 的仪表板解决方案，用户可以定义首选项，以控制哪些实体（例如服务提供商）可以根据策略访问哪些数据。

9.6.4 数据删除

在数据主体与其云提供商之间的合同关系结束时，如果没有正当的理由保留数据，则数据主体有权要求提供商删除其数据。

9.7 关键术语和复习题

9.7.1 关键术语

active monitoring	主动监测	cloud	云
actuator	执行器	cloud computing	云计算

（续）

community cloud	社区云	ingress scanning	入口扫描
core	核心	Internet of Things（IoT）	物联网
data at rest	静态数据	microcontroller	微控制器
data in motion	动态数据	manageability	可管理性
data in use	使用中的数据	passive monitoring	被动监测
data leakage prevention	数据泄露防范	platform as a service（PaaS）	平台即服务
data loss prevention（DLP）	数据丢失防范	power supply	能量供给
deeply embedded device	深度嵌入式设备	predictability	可预测性
deployment model	部署模型	private cloud	私有云
disassociability	不可关联性	public cloud	公有云
edge	边界	radio-frequency identification（RFID）	射频识别
egress scanning	出口扫描	sensor	传感器
fog	雾	service model	服务模型
hybrid cloud	混合云	software as a service（SaaS）	软件即服务
infrastructure as a service（IaaS）	基础设施即服务	transceiver	收发器

9.7.2   复习题

1. 定义数据丢失防范。
2. 区分静态数据、动态数据和使用中的数据。
3. 定义物联网。
4. 列出并简要描述 IoT 设备的主要组件。
5. 定义云计算。
6. 列出并简要描述三种云服务模型。
7. 列出并简要定义四个云部署模型。
8. 描述一些主要的特定于云的安全威胁。

9.8   参考文献

DOC14: U.S. Department of Commerce. *Privacy Data Loss Prevention Working Group Recommendations.* December 17, 2014. http://osec.doc.gov/opog/privacy/Memorandums/DLP-Memo_04152016.pdf

ENIS17: European Union Agency For Network And Information Security. *Baseline Security Recommendations for IoT in the context of Critical Information Infrastructures.* November 2017. www.enisa.europa.eu

ERNS11: Ernst & Young. *Data Loss Prevention: Keeping Your Sensitive Data Out of the Public Domain.* October 2011. https://www.ey.com/Publication/vwLUAssets/EY_Data_Loss_Prevention/$FILE/EY_Data_Loss_Prevention.pdf

FTC15: U.S. Federal Trade Commission. *Internet of Things: Privacy & Security in a Connected World.* FTC Staff Report, January 2015.

ITUT12a: International Telecommunication Union Telecommunication Standardization Sector. *Focus Group on Cloud Computing Technical Report Part 5: Cloud Security.* FG Cloud Technical Report, February 2012.

ITUT12b: International Telecommunication Union Telecommunication Standardization Sector. *Privacy in Cloud Computing.* ITU-T Technology Watch Report, March 2012.

KAMA10: Kamara, S., and Lauter, K. "Cryptographic Cloud Storage." *Proceedings of Financial Cryptography Workshop on Real-Life Cryptographic Protocols and Standardization.* 2010.

MOGU07: Mogull, R. *Understanding and Selecting a Data Loss Prevention Solution.* SANS Institute whitepaper, December 3, 2007. https://securosis.com/assets/library/publications/DLP-Whitepaper.pdf

NIST18: National Institute of Standards and Technology. *NIST Cybersecurity for IoT Program.* March 29, 2018. https://www.nist.gov/sites/default/files/documents/2018/03/29/iot_roundtable_3.29.pdf

PAQU13: Paquin, C. *U-Prove Technology Overview V1.1.* Microsoft whitepaper, April 2013. https://www.microsoft.com/en-us/research/wp-content/uploads/2016/02/U-Prove20Technology20Overview20V1.120Revision202.pdf

SCHN14: Schneier, B. "The Internet of Things Is Wildly Insecure—and Often Unpatchable." *Wired*, January 6, 2014.

STAL18: Stallings, W., and Brown. L. *Computer Security: Principles and Practice.* New York: Pearson, 2018.

STAL20: Stallings, W. *Cryptography and Network Security: Principles and Practice.* New York: Pearson, 2020.

ZIEG13: Ziegeldorf, J., Morchon, O., and Wehrle, K. "Privacy in the Internet of Things: Threats and Challenges." *Security and Communication Networks.* 2013.

第五部分

信息隐私管理

第 10 章

信息隐私治理与管理

学习目标：

经过本章的学习，你应当具备以下能力：

- 解释安全治理的概念并区分安全治理与安全管理；
- 概述安全治理的关键组成部分；
- 解释安全治理中的角色及其职责；
- 解释安全治理的概念；
- 解释隐私治理中的角色及其职责；
- 了解隐私管理的关键领域；
- 概述隐私专项计划（privacy program plan）、隐私计划和隐私政策、应解决的主题；
- 概述结构化信息标准促进组织（Organization for the Advancement of Structured Information Standards，OASIS）隐私管理参考模型。

本章着眼于信息隐私治理和信息隐私管理的关键概念。10.1 节将对信息安全治理进行概述，并说明治理的总体概念以及有关信息安全的实现方式；10.2 节将探讨信息隐私治理，尤其是检查隐私角色和隐私程序；10.3 节将研究信息隐私管理，包括隐私计划和隐私策略的概念；10.4 节将介绍对隐私管理者履行职责有用的模型——OASIS 隐私管理参考模型。

10.1　信息安全治理

本节首先介绍信息安全管理系统（Information Security Management System，ISMS）的概念，并将信息安全治理视为 ISMS 的组成部分。Effective Cybersecurity: A Guide to Using Best Practices and Standards（有效的网络空间安全：最佳实践和标准的使用指南）［STAL19］更详细地描述了这些主题。

10.1.1　信息安全管理系统

国际标准化组织（international organization for standardization，ISO）颁布了 ISO 27000 信息安全标准套件，是组织信息安全政策和程序开发的基准。ISO 27000 提供了 ISMS 的以下定义：

信息安全管理系统由组织共同管理的政策、程序、准则以及相关的资源和活动组成,旨在保护其信息资产。ISMS 是用于建立、实施、运营、监控、审查、维护和改进组织信息安全以实现业务目标的一种系统方法。它基于风险评估和组织的风险接受水平,旨在有效处理和管理风险。根据需要分析保护资产的要求,有助于成功实施 ISMS。以下基本原则也有助于成功实施 ISMS:

a)　了解信息安全需求。

b)　分配信息安全责任。

c)　纳入管理承诺和利益相关者的利益。

d)　增强社会价值。

e)　风险评估,确定适当的控制措施以达到可接受的风险水平。

f)　将安全性纳入信息网络和系统的基本要素。

g)　积极预防和发现信息安全事件。

h)　确保采用全面的信息安全管理方法。

i)　持续重新评估信息安全并做出适当修改。

10.1.2　信息安全治理概念

NIST SP 800-100 (Information Security Handbook:A Guide for Managers,信息安全手册:管理员指南) 将**信息安全治理** (information security governance) 定义如下:

建立和维护框架并支持管理结构,确保信息安全策略与业务目标保持一致并支持业务目标的流程,通过遵守政策和内部控制使安全策略与适用的法律法规保持一致并分配职责,所有这些都是为了管理风险。

ITU-T 的 X.1054 (Governance of Information Security,信息安全治理) 将信息安全治理定义为指导和控制组织信息安全相关活动的系统。

为了更好地了解安全治理的作用,区分信息安全治理 (如上定义)、信息安全管理和信息安全实施/操作是有用的。ISO 27000 对**信息安全管理** (information security management) 的定义如下:

通过保护组织的信息资产,监督和制定实现业务目标所必需的决策。信息安全的管理通过制定和使用信息安全政策、过程和指南来表达,然后由与组织相关的所有个人在整个组织中应用。

> **说明**
>
> ISO 不是首字母缩写词 (在某些情况下为 IOS),而是源自希腊语 isos 的一个词,意思是"相等"。

我们可以通过以下方式定义**信息安全的实现/操作**:

在网络空间安全框架内定义的安全控制的实施、部署和正在进行的操作。

图 10-1 表明了这三个概念之间的层次关系。**安全治理** (security governance) 级别将任

务优先级、可用资源和整体风险承受能力传达给安全管理级别。从本质上讲，安全治理是制定足以满足企业战略需求的安全程序的过程。**安全程序**（security program）包括保护信息和信息系统的管理、运营和技术方面。它包括用于协调安全活动的政策、程序、管理结构和机制。因此，安全计划定义了安全管理以及实施/操作级别的计划和要求。

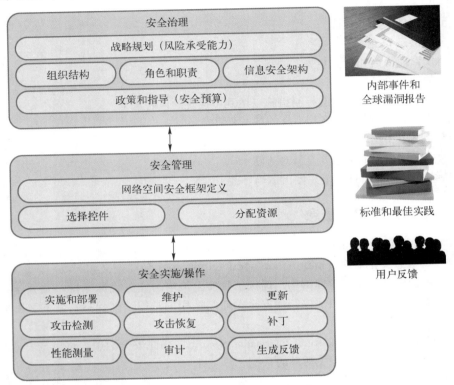

图 10-1　信息安全管理系统元素

安全管理（security management）级别将信息用作实现安全程序的风险管理流程的输入。然后，它与实施/操作级别进行协作，以交流安全要求并创建网络空间安全配置文件。

实施/操作级别（implementation/operations level）将此配置文件集成到系统开发生命周期中，并且持续监控安全性能。它执行或管理安全相关过程，每天更新到当前的基础设施。安全管理级别使用监控信息来评估当前配置文件，并报告治理级别的评估结果，以通知组织的整体风险管理过程。

图 10-1 说明了每个级别的关键元素。如图所示，这三个层级在 ISMS 的持续发展中相互作用。另外，三个补充因素同样起作用：内部安全事件报告和来自各种来源的全球漏洞报告有助于定义组织在保护信息资产方面所面临的威胁和风险等级。众多标准和最佳实践文档为风险管理提供了指导。用户反馈来自内部用户和有权访问组织信息资产的外部用户，反馈有助于提高政策、程序和技术机制的效率。根据不同的组织及其网络空间安全方法，这三个因素在每个级别或多或少都发挥着作用。

10.1.3　安全治理组件

NIST SP 800-100 将构成有效安全管理的关键活动列为（1）战略计划（2）组织结构（3）角色和职责的建立（4）与企业架构的整合（5）政策和指南中的安全目标记录（请参阅图 10-1）。本节将依次对其中各项进行检查。

战略计划

对于此讨论，定义战略计划的三个与层次结构相关的方面非常有用：企业战略计划、信息技术（Information Technology，IT）战略计划和网络空间安全或信息安全战略计划（见图 10-2）。

企业战略计划（enterprise strategic planning）涉及对组织（例如商业企业、政府机构、非营利组织）长期目标的定义，以及为了实现这些目标组织所制定的发展计划。战略管理小组的 Strategic Planning Basics（战略计划基础）［SMG17］将企业战略计划中涉及的管理活动描述为用于确定优先事项，集中精力和资源，加强运营，确保员工和其他利益相关者朝着共同目标努力，围绕预期目标达成协议，并根据不断变化的环境评估和调整组织的发展方向的活动。它涉及战略计划的制定和对计划实施的持续监督。战略计划是一个文档，用于与组织沟通目标，沟通实现这些目标所需的行动以及在计划过程中制定的所有其他关键要素。

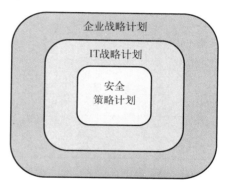

图 10-2　战略计划

IT 战略计划（IT strategic planning）涉及使 IT 管理与企业战略计划运营保持一致。这不仅需要简单的 IT 管理，还需要确保 IT 计划过程与企业战略计划相结合，并基于以下两个战略因素：任务需要和企业成熟度［JUIZ15］。随着许多参与者利用 IT 来最大化效率，组织必须参与战略计划，以确保对 IT 的投资产生了业务价值，并且确保风险评估与企业目标一致。这对于实现整个企业使命是必要的。此外，随着 IT 基础设施的发展和成熟，实现企业战略目标可能涉及与外部提供商（例如云服务提供商）制定新安排、员工和外部参与者更多地使用移动设备，甚至依赖开发物联网（IoT）功能的各种新型软硬件。这些活动可能会给灵活性带来意想不到的障碍，并带来全新的风险。因此，IT 管理必须以战略计划为指导。

信息安全战略计划（Information security strategic planning）使信息安全管理与企业战略计划和 IT 战略计划的运营保持一致。组织内部 IT 的普遍使用及其价值将 IT 向组织交付价值的概念扩展到包括缓解组织风险［ZIA15］。因此，IT 安全是组织治理和决策流程各个层面的关注点，信息安全战略计划也是战略计划必不可少的组成部分。

信息安全战略计划应体现在一个文件中，该文件应得到相应主管和委员会的批准，并定期进行审查。表 10-1 给出了这类文件的大纲。

表 10-1　信息安全战略计划文档的要素

章　　节	描　　述
定义	
使命、愿景和目标	定义使信息安全计划与组织目标一致的策略，包括各个安全项目在实施特定战略计划中的作用
优先事项	描述决定战略和目标优先次序的因素
成功标准	定义信息安全计划的成功标准。包括风险管理、抗逆性和避免不利业务的影响
集成	阐明将安全计划与组织的业务和 IT 战略相结合的策略
威胁防御	描述安全程序如何保护组织免受安全威胁
实施	
运营计划	提供年度计划，以实现涉及预算、资源、工具、政策和倡议的商定目标。该计划可用于监控进度和与利益相关者沟通，还可以确保信息安全从一开始就包含在每个相关项目中
监控计划	提供一个计划，用于维护利益相关者的反馈途径，根据目标衡量进度，确保战略目标保持有效并符合业务需求
调整计划	提供一个计划，以确保战略目标保持有效，并符合业务需求和沟通价值的程序
评审	
评审计划	描述信息安全策略的定期审查所涉及的程序和个人/委员会

组织结构

处理网络空间安全的组织结构在很大程度上取决于组织的规模、组织的类型（政府机构、企业、非营利组织）以及其对 IT 的依赖程度。但是本质上要执行的基本安全治理功能是相同的。基于 ITU-T X.1054（Governance of Information Security，信息安全治理）的图 10-3 在更广泛的范围内说明了这些基本功能，包括：

- 直接功能：从企业策略和风险管理的角度指导安全管理。
- 监控功能：使用可衡量的指标监控安全管理的性能。
- 评估功能：按顺序评估和验证安全性能监控的结果，确保达到目标并确定 ISMS 及其管理的未来变化。
- 沟通功能：向利益相关者报告企业安全状况并评估利益相关者要求。

该框架包括指导、监视和评估 ISMS 的治理周期。该评估结合了监控结果和安全管理建议以决定变化和改进。此周期符合 ISO 27001 中的 Requirement 4.4（要求 4.4），该文件规定组织应建立、实施、维护和持续改进 ISMS。

评估功能以报告的形式与利益相关者进行沟通，可以每年发布（或更频繁）一次，也可以基于安全事件发布。

ITU-T 的 X.1054 提供了一个信息安全状态报告结构的示例，该结构涵盖了以下主题：

- 简介：范围（战略、政策、标准）、场所（地理/组织单位）、周期（月/季度/半年/年）。
- 整体状况：满意/不太满意/不满意。
- 更新（适当和相关）。

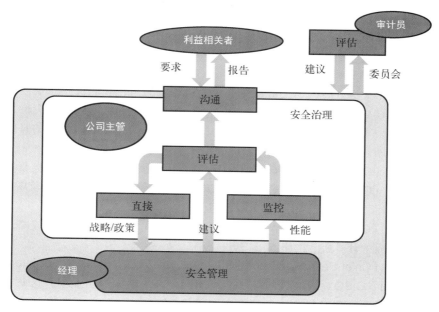

图 10-3　安全治理框架

- 在实现信息安全策略方面的进展。
- 要素：已完成/已着手/已计划。
- 信息安全管理体系的变更。
- ISMS 政策修订、实施 ISMS 的组织结构（包括分配责任）。
- 认证进展。
- ISMS（重新）认证、认证的信息安全审核。
- 预算、人员编制、培训。
- 财务状况、员工人数充足程度、信息安全资格。
- 其他信息安全活动。
- 参与业务连续性管理、意识活动、内部/外部审计协助。
- 重大问题（如果有）。
  - 信息安全审查的结果（建议、管理层的回应、行动计划、目标日期）。
  - 主要内部/外部审计报告（建议、管理层回应、行动计划、目标日期）方面的进展。
  - 信息安全事件（估计影响、行动计划、目标日期）。
  - 遵守（或不遵守）相关法律法规（估计影响、行动计划、目标日期）。
- 需要的决定（如果有）。
  - 使信息安全支持业务计划的额外资源。

对于希望通过强调安全性（例如信息和通信技术业务）来提高声誉的组织而言，此概述特别有用。组织应对安全风险和适当披露的方法的透明度也可以有效地增加信任。利益相关者可以通过这些活动共享共识。例如，公共云服务提供商共享有关信息安全计划的大量细节，甚至达到客户可以事先安排进行审核和漏洞测试的程度。传统上，具有业务客户的其他服务提供商和组织没有提供这种级别的透明度。

最后，由企业高层管理人员委托的独立第三方审核员执行评估功能，如图 10-3 所示。

角色与职责

安全治理的一个关键方面是定义信息安全相关执行官的角色和职责。通常，他们是 C 级主管。术语 C 级（C-level）或首席级（chief level）是组织中的高级行政人员头衔。担任 C 级职位的人员制定了公司的战略，做出更高风险的决策，并确保公司战略目标的日常运营。在安全治理中占有一席之地的高管职位包括：

- 首席执行官（Chief Executive Officer，CEO）：负责组织的成败，高层监督整个操作。
- 首席运营官（Chief Operating Officer，COO）：通常仅次于 CEO。代表首席执行官监督组织的日常运营、制定政策和策略以规范运营。
- 首席信息官（Chief Information Officer，CIO）：负责信息技术（IT）战略，以及实现企业目标所需的计算机、网络和第三方（例如云）系统。
- 首席安全官（Chief Security Officer，CSO）或首席信息安全官（Chief Information Security Officer，CISO）：确保数据和系统的安全。在一些大型企业中，这两个角色是分开的，分为负责物理安全的 CSO 和负责数字安全的 CISO。
- 首席风险官（Chief Risk Officer，CRO）：负责评估和缓解企业资本和收益面临的重大竞争、法规和技术威胁。该角色在大多数企业中并不存在，它最常见于金融服务组织中。在没有 CRO 的企业中，组织风险决定可由 CEO 或董事会决定。
- 首席隐私官（Chief Privacy Officer，CPO）：负责制定和实施政策，以保护员工和客户数据免受未经授权的访问。
- 首席法律顾问（Chief Counsel）：也称为总法律顾问或首席法律官（Chief Legal Officer，CLO）。首席律师隶属于法律部门，负责监督和确定所有部门的法律问题。

10. 1. 4　与企业架构集成

安全治理的关键要素是信息安全架构的开发，可以使用以下术语进行定义：

- 架构：实体组成部分的安排、组织和管理方式。
- 企业架构：企业中所有信息技术的系统、基础设施、运营和管理。该架构通常是组织业务模型、数据、应用程序和信息技术基础设施的高层级内部表示。
- 信息安全架构：企业架构的嵌入式组成部分，描述企业安全流程的结构和行为、信息安全系统、人员和组织子单位，表明其与企业使命和战略计划相一致。

组织的信息安全架构提供了有关如何在企业架构中放置和使用安全功能（如身份和访问管理）的信息。它将安全需求和控制分配给公共服务或基础设施，也为实现风险适当的信息系统安全性，确定在什么条件下哪些安全控制适用于信息系统提供了基础。

在过去的 20 年里，不同的组织开发和采用了许多企业架构模型。联邦企业架构框架（Federal Enterprise Architecture Framework，FEAF）［OMB13］是一种广泛使用的治理资源，它将信息安全架构作为企业架构（Enterprise Architecture，EA）的一部分进行开发。FEAF 是所有使用中的企业架构中最全面的［SESS07］，本节对其进行概述。尽管 FEAF 是为美国联邦机构开发的，但它可以被其他政府组织、私营企业、非营利组织等用作有效的治理工具。

FEAF 提供了以下内容：

- 从子架构域的角度看企业架构。
- 描述企业架构不同角度的六个参考模型。
- 创建企业架构的过程。
- 从前 EA 范式迁移到后 EA 范式的过渡过程。
- 一种对属于企业架构权限的资产进行分类的分类法。
- 一种衡量使用 EA 驱动业务价值成功与否的方法。

子架构域表示整个框架的特定区域。这些领域为描述和分析投资和运营提供了标准化的语言和框架。每个域都是根据一组工件定义的，这些工件本质上是描述一部分或全部架构的文档项。有三个级别的工件：

- **高级工件**：这些工件记录战略计划和目标，通常以政策声明和图表的形式呈现。
- **中级工件**：这些工件记录组织程序和操作，如服务、供应链元素、信息流、IT 和网络架构。这一级别工件的典型示例有叙述性描述、流程图、电子表格和图表。
- **低级 EA 工件**：这些工件记录特定资源，如应用程序、接口、数据字典、硬件和安全控制。这个级别工件的典型示例有详细的技术规范和图表。

将这些工件与 EA 框架结合使用可以极大地帮助管理者和规划者理解架构元素之间的关系。范围和细节的不同层次有助于阐明 EA 框架中的六个领域：战略、业务、数据和信息、支持应用程序、主机和基础设施以及安全性。对应于六个域的是六个参考模型，它们描述了对应域中的工件（见表 10-2）。下面的列表更详细地描述了参考模型。

表 10-2 企业架构参考模型

参 考 模 型	元 素	目标/好处
性能参考模型（PRM）	目标、度量领域和度量类别	改善组织绩效、治理和成本效益
业务参考模型（BRM）	任务部门、职能和服务	组织变革、分析、设计和重组
数据参考模型（DRM）	域、主题和话题	数据质量/重用、信息共享和敏捷开发
应用程序参考模型（ARM）	系统、组件和接口	应用程序组合管理和成本效益
基础设施参考模型（IRM）	平台、设施和网络	资产管理标准化与成本效益
安全参考模型（SRM）	目的、风险和控制	安全的业务/IT 环境

- **性能参考模型**（Performance Reference Model，PRM）：定义了描述企业架构交付的价值的标准方法，它链接到战略域。这个领域的 PRM 工件的一个例子是 SWOT 分析报告，它展示了项目或商业风险中涉及的优势（strength）、弱点/限制（weakness/limitation）、机会（opportunity）和威胁（threat），包括风险和影响。
- **业务参考模型**（Business RePerence Model，BRM）：通过共同任务和支持服务领域的分类来描述组织。BRM 为定义企业各个任务部门的功能和服务提供指导，并链接到业

务服务域。这个领域的 BRM 工件的一个例子是用例描述和图表，它描述了在特定环境中，与特定目标相关的系统和用户之间可能的一组交互序列。

- **数据参考模型**（Pata Reference Model，DRM）：有助于发现筒仓中现有的数据存储，并有助于理解数据的含义，了解如何访问该数据，以及如何利用该数据来支持性能结果。DRM 链接到数据和信息域。这个域的 DRM 工件的一个例子是数据字典，它是数据信息的集中存储库，如名称、类型、值的范围、源，以及组织文件和数据库中每个数据元素的访问授权。

- **应用程序参考模型**（Application Reference Model，ARM）：对支持服务能力交付的系统（和应用程序）相关标准和技术进行分类。ARM 为开发统一的系统、组件和接口文档化方案以及应用程序组合管理提供了指导。它链接到启用应用程序域，这个域的 ARM 工件的一个例子是系统/应用程序演化图。此工件记录了将一套系统和应用程序迁移到更高效的套件或对其进行升级的计划增量步骤。

- **基础设施参考模型**（Infrastructure Reference Model，IRM）：对网络/云相关标准和技术进行分类，以支持和启用语音、数据、视频的传送和移动服务组件和功能。ARM 为开发统一的平台、设施和网络元素文档化方案以及资产管理提供了指导。它链接到主机基础设施域。这个域的 IRM 工件的一个例子是托管操作概念，它提供托管和使用托管服务的高级功能架构、组织、角色、职责、流程、度量和战略计划。其他工件提供了基础设施元素的详细文档。

- **安全参考模型**（Security Reference Model，SRM）：提供一种通用语言和方法，用于在组织业务和绩效目标的背景下讨论安全和隐私。SRM 在风险调整的安全/隐私保护以及安全控制的设计和实施方面提供指导。它链接到安全域。这个域的 SRM 工件的一个例子是连续监控计划，它描述了组织监控和分析安全控制并报告其有效性的过程。

图 10-4 基于 the U. S. Office of Management and Budget and Federal Chief Information Officers Council（美国管理和预算办公室和联邦首席信息官委员会）[OMB13] 中的图片，说明了参考模型之间的相互作用。

这些模型对四类资产进行操作：

- **组织资产**（organization asset）：包括投资、计划、过程、应用程序、基础设施和个人。
- **业务能力**（business capability）：业务能力代表组织执行活动并产生价值结果的能力。业务能力可以被视为出于特定目的的组织资产的集合。
- **数据资产**（data asset）：这些资产包括数据库、文件和组织可用的其他数据资源。
- **IT 资产**（IT asset）：这些资产包括设备、外围设备、系统、应用程序和 IT 资本投资。

图 10-5 更详细地显示了安全参考模型和其他参考模型之间的交互。

企业架构是支持企业和安全治理的强有力方法，应该被视为治理的基本元素。

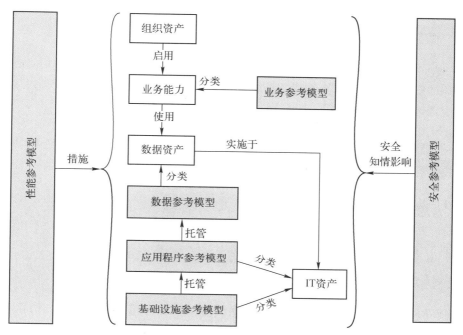

图 10-4　参考模型（RM）组件间的关系

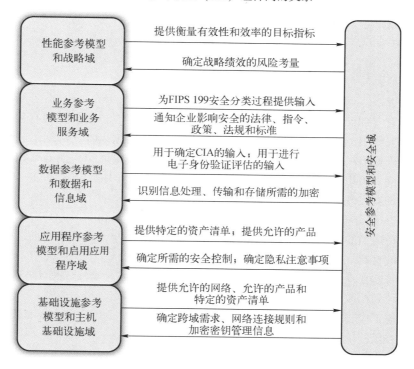

图 10-5　安全参考模型和其他参考模型之间的交互

10.1.5 政策和指导

NIST SP 800-53（Security and Privacy Controls for Information Systems and Organizations，信息系统和组织的安全和隐私控制）将*信息安全策略（information security policy）*定义为规定组织如何管理、保护和分发信息的指令、规则和实践的集合。它是安全治理的一个重要组成部分，具体地表达了组织的安全目标。通过适当选择控制措施，将这些政策以及有关政策实施的指导文件付诸实践，以缓解已标识风险。这些政策和指南需要涵盖信息安全角色和职责、所需安全控制的基线以及所有数据和 IT 资产用户的行为规则指南。

10.2 信息隐私治理

本节将概述信息隐私治理的关键方面。

10.2.1 信息隐私角色

在处理隐私问题的组织中，没有一套公认的隐私位置体系。隐私管理结构在很大程度上取决于组织的规模（无论是私营部门还是公共部门）以及其监管环境。常见的隐私位置包括：

- 首席隐私官
- 数据保护官
- 隐私顾问
- 隐私拥护者
- 隐私主管

首席隐私官（Chief Privacy Officer，CPO）是一个 C 级职位。CPO 拥有领导和指导组织隐私计划的必要权限，该计划涉及组织隐私政策的制定和实施。CPO 必须了解相关的隐私法律和法规，并确保组织遵守这些法规。通常情况下，CPO 是媒体和其他隐私相关的外部询问的联络点。在许多组织中，随着信息隐私日益重要，CPO 的作用已经扩大。一项基于 CPO 在线工作描述的调查发现了其常见职责［LEAC14］，如下：

- 合规职责/工作（compliance duty/effort）：确保现有服务和新服务符合隐私义务。确保组织保持适当的隐私和保密同意书、授权表和信息通知，并反映当前组织和法律实践及要求的材料。
- 协调监管监视工作（coordinate regulatory monitoring effort）：与监管实体进行协调和联络，以确保计划、政策和程序的合规性。
- 实施合规工作（operationalize compliance effort）：保持对适用隐私法规和认证标准的最新了解，并监控信息隐私技术的进步，以确保组织合规。
- 组织内协作（intra-organizational collaboration）：与高管、IT 经理、IT 安全部门、IT 审计和监控部门、业务部门和其他部门协作，以确保在系统开发的所有阶段都考虑到隐私，实现公司的战略目标，并遵守信息隐私计划。

- 员工培训（employee training）：制定隐私培训和意识材料，并监督正在进行的隐私培训和意识活动。
- 隐私公共关系（privacy public relation）：与组织管理部门、法律顾问和其他相关方合作，与外部方代表沟通组织的信息隐私利益。确保就在需要时组织隐私政策进行外部沟通。
- 员工管理和监督（employee management and oversight）：指导和监督隐私专家，并与全球高管协调隐私和数据安全计划，以确保整个组织的一致性。确保员工遵守组织隐私政策。
- 建立和改进隐私程序（build and improve the privacy program）：在整个系统开发生命周期中通过隐私设计和隐私工程来确保隐私。
- 数据治理（data governance）：监督和监控 PII 的使用、收集和披露。定期进行隐私影响评估。
- 第三方合同（third-party contract）：制定和管理程序，以确保第三方关系符合组织的隐私政策。
- 事件响应（incident response）：制定、实施和监控隐私事件响应。

　　数据保护官（Data Protection Officer，DPO）负责强调遵守与组织隐私法规和法律有关的任何问题或关注点。DPO 通常负责执行内部审计和处理投诉，还可能负责进行隐私影响评估。尽管 DPO 的地位早于《通用数据保护条例》（General Data Protection Regulation，GDPR）制定，但人们对这一地位的发展更感兴趣，因为 GDPR 规定了某些情况下 DPO 的行为规范。GDPR 列出的 DPO 的任务，如下：

- 通知并告知控制者或处理者（参见第 3 章的图 3-4）以及根据 GDPR 和其他联盟或成员国数据保护规定履行其义务的员工。
- 监督 GDPR、其他联盟或成员国的数据保护规定，以及与控制者或处理者有关的个人数据保护政策的遵守情况，包括职责分配、提高认识和培训参与处理操作的工作人员，以及相关审计。
- 根据要求提供有关数据保护影响评估的建议，并监控其性能。
- 与监管机构合作。
- 担任监管机构解决处理相关问题的联络点，并在适当情况下就任何其他事项进行咨询。

　　GDPR 指出，DPO 应独立于其他有信息隐私责任的人，并应向最高管理层报告。DPO 没有实施隐私措施的操作责任，也没有决定组织将承担何种隐私风险水平的政策责任。

　　隐私顾问（privacy counsel）是处理隐私相关法律事务的律师，他们的职责通常包括：

- 提供有关数据隐私和安全法律要求的建议。
- 就事件响应过程提供建议，并就应对实际事件提供法律建议。
- 为新产品和服务制定合规机制。
- 积极参与产品开发并起草面向客户的相关文件。
- 起草并与客户、供应商和合作伙伴协商合同条款。

- 回复第三方的调查问卷和询问。
- 积极监测和咨询本地和全球法律发展。

隐私主管（privacy leader）一词正变得越来越普遍。一般来说，隐私主管是隐私合规和运营的负责人，可能是组织中最高级的隐私官员。在美国联邦政府中，它相当于隐私机构高级官员（Senior Agency Official for Privacy，SAOP）。根据美国管理和预算办公室的 Managing Federal Information as a Strategic Resource（将联邦信息作为战略资源进行管理）[OMB16]，隐私主管有责任制定、实施和维护隐私计划，以管理隐私风险、制定和评估隐私政策，并确保遵守与项目和信息系统 PII 的创建、收集、使用、处理、存储、维护、传播、披露和处置有关的所有适用法规、条例和政策。隐私主管的任务有：

- 制定并维护隐私专项计划。
- 制定并维护隐私持续监控（Privacy Continuous Monitoring，PCM）策略和 PCM 计划，以保持对隐私风险的持续意识。以足够的频率评估隐私控制，以确保符合适用的隐私需求并管理隐私风险。
- 执行隐私控制评估并记录结果，以确保所有所选和实施的隐私控制的持续有效性。
- 确定评估方法和指标，以确定隐私控制是否正确实施，是否按预期操作，是否足以确保符合适用的隐私需求并管理隐私风险。
- 审查 IT 资本投资计划和预算请求，以明确识别和包含包括隐私需求和相关隐私控制在内的任何相关成本，这涉及用于创建、收集、使用、处理、存储、维护、传播、披露或处理 PII 的任何 IT 资源。
- 审查和批准用于创建、收集、使用、处理、存储、维护、传播、披露或处理风险和隐私影响方面 PII 的信息系统分类。
- 审查和批准信息系统的隐私计划。
- 与 CIO、CISO 以及其他执行这些要求的官员协作。

这一职责清单与 CPO 的职责清单有相当大的重叠。实际上，在有 CPO 的组织中，CPO 也是隐私主管。最近一项针对隐私主管的全球调查也显示，隐私领导者的职责与其他隐私官员的职责存在重叠。通常，隐私主管也是 DPO 或首席隐私顾问 [IAPP18]（见图 10-6）。只有极少数隐私主管也能履行 CISO 的职责。

近年来，许多企业采取了在全组织范围内或在每一个当地环境（如分支机构）中指定**隐私拥护者**（privacy champion）的做法。这可以是一份全职工作，也可以是隐私管理人员或其他隐私专业人员工作的一部分。隐私拥护者的角色也可以与安全拥护者的角色结合起来。

隐私拥护者的作用是在整个组织内推广隐私文化。一方面，拥护者作为隐私主管和企业隐私管理者的大使，以在当地环境中传达隐私政策。另一方面，拥护者作为隐私文化的倡导者，提高企业在隐私方面的认识，并努力确保终端用户系统和软件中包含隐私需求。

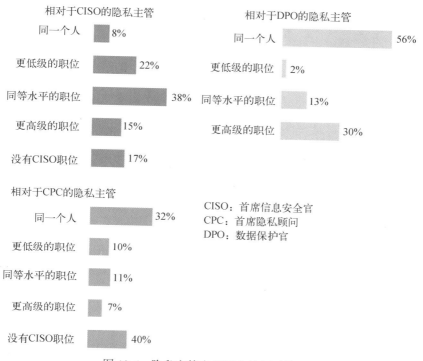

图 10-6 隐私主管在组织中的相对位置

10.2.2 隐私专项计划

信息隐私治理的一个基本要素是制定隐私专项计划。有两个术语对本次讨论很重要：

- 隐私专项（privacy program）：保护 PII 的管理、操作和技术方面。它包括协调隐私活动的政策、程序、管理结构和机制。
- 隐私专项计划（privacy program plan）：提供组织隐私专项概述的正式文件。项目计划在组织内部传达组织的隐私目标、实现这些目标所需的管理结构和行动，以及确保 PII 隐私的所有其他关键要素。本文件应由适当的执行委员会批准并定期审查。

隐私专项计划的详细程度取决于组织的规模以及收集、存储、处理和分发的 PII 的数量。表 10-3 列出了隐私专项计划中可能涉及的主题，分为三个领域：战略、运营和监督。

表 10-3 隐私专项计划文件的元素

领 域	主 题
战略	使命宣言和战略目标
	公平信息隐私实践
	隐私专项结构

（续）

领　域	主　题
战略	隐私角色
	组织实体间的协调
运营	PII 管理
	隐私控制
	预算和采购
	隐私影响评估
	劳动力管理
	培训和意识
	事件响应
监督	审计和监控
	通知和纠正
	隐私报告

隐私专项计划文件的战略领域可以包括以下主题：

- **任务声明和战略目标**（mission statement and strategic goal）：定义使信息安全计划与组织目标相一致的战略，并描述使隐私目标与安全目标相一致的方法。
- **公平信息隐私实践**（fair information privacy practices）：声明该计划遵守公平信息实践原则（Fair Information Practice Principle，FIPP），它使所有利益相关者了解隐私计划致力于执行的内容。OECD 的 FIPP（见第 3 章表 3-2）和与个人数据处理有关的 GDPR 原则（见第 3 章表 3-3）是本组织可以采用的 FIPP 示例。可以在美国管理和预算办公室的报告中找到另一个有用的 FIPP 列表，该报告名为 Managing Federal Information as a Strategic Resource（将联邦信息作为战略资源进行管理）［OMB16］。
- **隐私专项结构**（structure of privacy program）：提供隐私专项结构和隐私专项资源的描述。
- **隐私角色**（privacy role）：定义组织中的隐私角色，如隐私主管、数据保护官和隐私拥护者。对于每个角色，文档定义了该角色中的一个或多个人员的职责范围。例如文档 Best Practices：Elements of a Federal Privacy Program（最佳实践：联邦隐私计划的要素）［FCIO10］列出了 CPO 的主要职责，如下。
  - 确保组织实施信息隐私保护的总体责任和可问责性，包括组织完全遵守与隐私保护有关的联邦法律、法规和政策。
  - 在监督、协调和促进组织的隐私合规性工作中发挥核心作用。这一角色应审查组织的隐私程序，以确保其全面性和时效性。如果确定了其他程序或修订程序，则 CPO 会与开发、采用和实施这些程序的适当的组织进行协商并合作。
  - 确保组织的员工和承包商接受有关其隐私保护职责的相应培训和教育。这些计划向员工介绍组织处理 PII、文档和记录的基本隐私法律、法规、政策和程序。

- 在组织制定和评估涉及隐私问题的法律、法规和相关政策建议的过程中发挥核心决策作用。这些问题包括组织对 PII 的收集、使用、共享、保留、披露和销毁。
- **组织实体间的协调**（coordination among organizational entities）：描述负责隐私不同方面的组织实体之间的协调。此外，应说明如何协调隐私、安全官员及团体，以便在安全计划中纳入对 PII 的保护。

隐私专项计划的操作区域提供了关于隐私控制和保护 PII 政策的实施和持续操作的高级视图。它可能包含以下主题：

- **PII 管理**（managing PII）：应明确组织用于管理 PII 的要求或指南。例如，美国管理和预算办公室报告 Managing Federal Information as a Strategic Resource（将联邦信息作为战略资源进行管理）[OMB16] 列出了以下与管理 PII 相关的职责。
  - 维护涉及 PII 的机构信息系统清单，定期进行审查，并将 PII 减少到最低限度。
  - 消除对社会保险号码不必要的收集、维护和使用。
  - 遵循批准的 PII 记录保留计划。
  - 限制 PII 的创建、收集、使用、处理、存储、维护、传播和披露。
  - 要求与 PII 共享的实体在具有特定分类级别的信息系统中维护 PII。
  - 通过协议对共享 PII 的创建、收集、使用、处理、存储、维护、分发、披露和处置施加条件。
- **隐私控制**（privacy control）：隐私专项计划不是记录具体实施的隐私控制的地方。相反，该专项计划应承诺使用被广泛接受的隐私控制。尤其是组织应承诺使用从 NIST SP 800-53 和 ISO 29151 中选择的隐私控制。
- **预算和采购**（budget and acquisition）：隐私专项需要有效资源。专项计划应说明以下方面的程序和管理职责。
  - 确定所需资源。
  - 包括新 IT 系统收购计划中的隐私需求。
  - 对没有足够 PII 保护的信息系统进行升级、更换和淘汰。
- **隐私影响评估**（privacy impact assessment）：隐私专项不记录隐私影响评估的详细信息，但应说明用于确实和减轻组织活动隐私影响的程序和管理职责，并将隐私影响和为减轻这些影响而采取的措施告知公众。
- **劳动力管理**（workforce management）：隐私专项计划应说明隐私主管或其他隐私官员或团体负责处理员工的招聘、培训和组织在隐私方面的专业发展需求，包括将隐私职责投入到涉及直接隐私信息的员工绩效中。
- **培训和意识**（training and awareness）：隐私培训和意识计划是整个组织建立隐私文化的关键要素。培训涉及确保责任人实施隐私政策。意识计划通常针对所有具有 IT 角色的个人，以确保他们了解处理 PII 的隐私需求。专项计划应定义组织中的培训和意识计划。
- **事件响应**（incident response）：专项计划应说明制定了哪些政策，以及哪些资源可用于处理损害或可能损害隐私的事件。专项计划无须提供详细信息，但应在概述中说明如何履行以下职责。

- 记录事件管理响应政策和能力。
- 监督和协调的角色和职责。
- 事件响应程序测试。
- 事后审查和建议流程。
- 事件报告政策和程序。

隐私专项计划的监督区域提供了隐私专项监控和职责方面的高级视图。它可能包含以下主题。

- **审计（auditing）**：专项计划应说明审计的方式和频率，以及由谁执行。
- **责任（accountability）**：专项应承诺组织实施政策和程序，以确保所有人员都有责任遵守机构范围内的隐私需求和政策。
- **通知和纠正（notice and redress）**：专项计划应记录个人隐私声明的内容和方式，该个人的 PII 由组织收集、存储和处理。专项计划还应概述个人对 PII 进行修改或纠正的程序。

10.3   信息隐私管理

广义地说，信息隐私管理职能包括在高级负责人（如隐私主管或 CPO）的指导下建立、实施和监控信息隐私计划。

隐私管理涉及多个层次的管理。每一级都为全面隐私计划贡献了不同类型的专业知识、权威和资源。一般来说，执行管理人员（例如总部一级的管理人员）更好地了解整个组织，并拥有更多权力。另一方面，一线经理（在 IT 设施和应用程序级别）更熟悉具体的需求（包括技术和过程），以及系统和用户的问题。隐私计划管理的层次应该是互补的，每一个层次都可以使另一个层次更有效。

当然，隐私管理的细节因组织的 IT 运营规模、组织处理的 PII 数量以及各种其他因素（如监管、合同和企业形象问题）而异。本节将首先讨论隐私管理的关键领域；接着讨论关键的隐私管理文档：信息隐私策略；最后，将介绍隐私管理模型。

10.3.1   隐私管理的关键领域

图 10-7 显示了隐私管理所关注的主要领域。

大部分隐私管理职责分为以下七类：

- **隐私设计（privacy by design）**：隐私设计（Privacy by Design，PbD）是信息隐私管理的重点。PbD 的目的是确保在系统实现之前就将隐私特性设计到系统中。PbD 规定了在系统开发生命周期的每个阶段如何实现隐私。具体来说，PbD 涉及隐私规划和政策、隐私风险和影响评估，以及隐私控制的选择。第 2 章讨论了 PbD 原则。
- **隐私工程（privacy engineering）**：隐私工程包括在信息和通信技术（Information and Communications Technology，ICT）系统的整个生命周期中考虑隐私，使隐私成为其功能

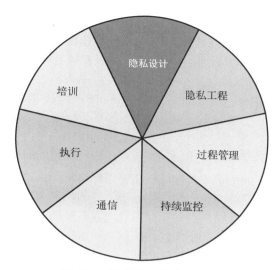

图 10-7　隐私管理的关键领域

的一个组成部分。隐私工程涉及在系统中实现隐私；确保在系统集成过程中纳入隐私；隐私测试和评估；隐私审计和事件响应。第 2 章讨论了隐私工程原则。

- **流程管理**（process management）：流程管理涉及确保组织内部独立业务职能的协调。在这种情况下，隐私经理与安全经理、业务部门经理和其他人协调，以确保隐私被纳入所有管理问题中。

- **持续监控**（ongoing monitoring）：监控涉及隐私审计和绩效。企业内部审计是对企业记录的独立检查，以确定其是否符合标准或政策。更具体地说，隐私审计涉及隐私政策以及用于实施该政策的机制和程序。隐私绩效监控负责处理应用于信息系统的隐私控制的可衡量结果。

- **通信**（communication）：该领域包括隐私相关文件、员工手册和咨询、合规程序的开发，还包括组织内部以及与外部利益相关者和其他利益相关方的隐私相关沟通的形式。

- **执行**（enforcement）：该领域涵盖检测和处理隐私违规行为的机制以及执行隐私政策的政策和程序。

- **培训**（training）：该领域涵盖所有处理或使用 PII 的员工所需的培训。

10.3.2　隐私计划

隐私计划涉及信息隐私管理和运营与企业和 IT 战略规划的协调。它还包括更详细的组织计划、协调和隐私实施。负责隐私计划的经理或小组需要咨询关键参与者（如部门负责人和项目经理）并将其纳入组织计划的持续过程中。

NIST SP 800-18（Guide for Developing Security Plans for Federal Information Systems，联邦信息系统安全计划制定指南）是隐私计划的有用指南。尽管本文档的重点是安全计划，但它也包含了隐私计划的概念。下面的讨论基于这篇文档中的概念。

　　系统隐私计划的目的是概述系统隐私需求，并描述为满足这些要求而制定或计划的控制措施。隐私计划还规定了所有访问系统的个人的责任和预期行为。隐私计划应被视为规划充分、高性价比的系统隐私保护的结构化过程文档。组织在制定隐私计划时应考虑 PbD 和隐私工程原则。

　　SP 800-18 建议为每个信息系统（Information System，IS）制定一份单独的计划文件，其中 IS 被定义为为了信息的收集、处理、维护、使用、共享、传播或处置而组织的一组离散信息资源。IS 由硬件和软件元素组成，它们共同支持给定的应用程序或一组相关应用程序。IS 的计划文档应包括以下元素：

- **IS 名称/标识符（IS name/identifier）**：唯一分配给每个系统的名称或其他标识符。唯一标识符的分配使组织可以轻松收集特定于系统的信息和隐私度量，并实现对所有系统实现和性能相关需求的完整跟踪。标识符应在系统的整个生命周期内保持不变，并应保留在与系统使用相关的审计日志中。
- **IS 所有者（IS owner）**：负责管理该资产的人员。
- **授权个人（authorizing individual）**：负责以机构运营、机构资产或个人可接受的风险水平运营 IS 的高级管理员或执行官。
- **隐私责任分配（assignment of privacy responsibility）**：负责 PII 隐私的个人。
- **隐私分类（privacy categorization）**：使用 FIPS 199 类别，如果有必要的话，将所有系统元素的机密性、完整性和可用性保持在可接受的风险水平（低、中、高）。
- **IS 运行状态（IS operational status）**：状态，如正在开发或进行重大修改的运行状态。
- **IS 类型（IS type）**：类型，如主要应用或支持系统。
- **说明/目的（description/purpose）**：对系统功能和目的的简要说明（1~3 段）。
- **系统环境（system environment）**：对技术系统的概述，包括主要硬件、软件和通信设备。
- **系统互连/信息共享（system interconnection/information sharing）**：与此 IS 交互的其他系统/信息资产。
- **相关法律/法规/政策（related law/regulation/policy）**：对系统的机密性、完整性或可用性以及系统保存、传输或处理的信息提出特定要求的任何法律、法规或政策。
- **现有隐私控制（existing privacy control）**：控制的描述。
- **计划隐私控制（planned privacy control）**：控制及其实施计划的描述。
- **IS 隐私计划完成日期（IS privacy plan completion date）**：目标日期。
- **IS 隐私计划批准日期（IS privacy plan approval date）**：计划批准日期。

　　此类文档使隐私主管能够监督整个组织中的所有隐私项目。隐私主管还应协调制定和批准这些计划的过程。Federal Enterprise Architecture Security and Privacy Profile（联邦企业架构安全和隐私概要文件）［OMB10］很好地描述了该过程。该过程包括三个阶段，每个阶段都有目标、对象、实施活动和输出产品，以正式纳入机构企业架构和资本规划过程：

　　1. 确定（identify）：查看确定支持任务目标的隐私需求所需的研究和文档活动，以将其纳入企业架构。

2. 分析（analyze）：对组织隐私需求和组织现有（或计划）支持隐私的功能的分析。

3. 选择（select）：企业对其前一阶段提出的解决方案的评估和重大投资的选择。

步骤 1 指三种类型的需求，定义如下：

- **外部需求**（external requirement）：这些是组织外部强加的隐私需求，如法律、法规和合同承诺。
- **内部需求**（internal requirement）：这些是作为隐私政策的一部分制定的隐私需求，如可接受的风险和保密程度、机密性、完整性、可用性和隐私指南。
- **商业需求**（business requirement）：指除与整体商业任务相关的隐私要求外的其他要求。例如财务、会计和审计需求。一般来说，这些需求是指组织需要履行业务职责。

10.3.3　隐私政策

信息隐私政策是规定组织如何管理、保护和分发信息的指令、规则和实践的集合，区分五种类型的文件有助于理解这一概念：

- **隐私专项计划**（privacy program plan）：涉及维护资产安全的长期目标和隐私治理。
- **隐私计划**（privacy plan）：涉及为实现战略隐私目标而采取或计划采取的安全控制措施。
- **隐私政策**（privacy policy）：涉及实施隐私的规则和实践。也称为**数据保护政策**。它涉及具体的政策和程序，这些政策和程序规定员工和非员工如何在组织处理的 PII 上采取措施。
- **隐私声明**（privacy notice）：涉及向外部用户提供的有关隐私保护的信息。此文档通常被称为隐私政策，但为了区分，本书使用术语**隐私声明**。第 8 章，包括隐私声明相关内容。
- **可接受使用政策**（Acceptable use policy）：涉及用户如何被允许使用资产。第 12 章涵盖隐私声明的内容。

表 10-4 提供了关于这些文件更详细的说明。所有这些文件都应该得到隐私主管或同级主管的批准。隐私主管可以要求个人或团队准备文件。考虑到这些区别，本节将讨论隐私政策。

表 10-4　隐私相关文件

文 件 类 型	说　　明	主 要 受 众
隐私专项计划	用于与组织沟通的文件，组织的长期目标涉及信息隐私、实现这些目标所需的行动以及计划过程中制定的所有其他关键要素	C 级主管
隐私计划	正式文件，该文件概述信息系统的安全要求，并说明为满足这些要求而采取的或计划采取的隐私控制措施	C 级主管、安全经理和其他经理
隐私政策（数据保护政策）	一套法律、规则和实践，规定组织如何管理和保护 PII 以及 PII 分配规则。它包括相关责任和所有相关个人应遵守的信息隐私原则	所有员工，尤其是对一项或多项资产负有一定责任的员工

（续）

文 件 类 型	说　　明	主 要 受 众
隐私声明 （外部隐私政策）	通知外部用户保护其 PII 以及 PII 权限的措施的文件	组织数据的外部用户
可接受使用政策	为各方规定了组织内与 PII 有关的信息、系统和服务的批准使用范围的文件	全体员工

　　信息隐私政策的目的是确保组织中的所有员工，特别是对一项或多项资产负有某种责任的员工，了解使用中的隐私原则及其个人隐私相关责任。信息隐私政策的不明确会破坏隐私专项的目的，并造成重大损失。

　　信息隐私政策是组织为整个组织的信息隐私提供管理指导和支持的手段。隐私政策文件定义了对员工以及可能在组织中扮演某些角色的其他人（如承包商、外部合作伙伴或供应商以及访客）的期望。

　　隐私政策文件包括以下主要部分：

- **概述**（overview）：文件目的的背景信息和政策解决的问题。
- **人员、风险和责任**（people，risk，and responsibility）：政策的范围、政策解决的风险，以及各岗位员工的责任。
- **对 PII 的要求**（requirement for PII）：为保护 PII 所采取措施的详细信息。
- **外部环境**（the external context）：与 PII 负责人和其他外部方有关的政策。

表 10-5 给出了每个部分中涵盖的典型主题。

表 10-5　信息隐私政策文件的元素

部　　分	说　　明
概述	
介绍	声明组织需要收集和使用某些 PII，并且规定了如何保护 PII
政策依据	解释为什么需要该政策，即为遵守法规和法律；保护员工、客户和业务合作伙伴的权利；以及防止侵犯隐私的风险
法律法规	列出并简要描述相关法律法规，如 GDPR、美国隐私法或其他适用的法律或法规
FIPP	列出并定义指导策略及其实施的 FIPP
人员、风险和责任	
政策范围	从以下方面描述政策范围： ■ 适用对象，如总公司和所有分支机构、所有员工、所有承包商和供应商 ■ 受保护的数据，即什么是 PII，如姓名、社会保险号、电子邮件地址和其他 PII
数据保护风险	列出并简要描述公司面临的隐私风险类型，如违反机密性、未能向 PII 主体提供选择权以及声誉受损
责任	简要列出每个关键官员的责任，如隐私主管、DPO、IT 经理和市场经理
一般工作人员指南	简要介绍所有员工的隐私相关责任。隐私意识计划提供了更多细节

（续）

部　　分	说　　明
PII 需求	
数据存储	描述保护所存储 PII 的强制措施。这可能包括加密、访问控制机制、其他信息安全措施以及批准的物理位置和设备
数据使用	描述在使用过程中保护 PII 的强制措施
数据准确性	描述与确保 PII 准确性和时效性有关的员工职责
外部环境	
PII 主体请求	描述 PII 主体知道组织持有哪些信息、如何访问这些信息、如何保持时效性以及如何更正错误的权利。本文件应概述 PII 主体执行这些任务的方法
披露数据	表示允许向其他方（如执法机构）披露 PII 的情况
提供信息	要求组织保持清晰、易于访问的隐私声明

10.4　OASIS 隐私管理参考模型

结构化信息标准促进组织（Organization for the Advancement of Structured Information Standards，OASIS）是一个非营利组织，致力于为全球信息社会开发和采用开放标准。该联盟有 5000 多名参与者，代表了超过 65 个国家的 600 多个组织和个人成员。OASIS 促进了行业共识，并制定了全球标准，包括与安全和隐私相关的领域。本节将介绍 OASIS 对隐私管理实践的两个重要贡献。

10.4.1　隐私管理参考模型和方法

OASIS 开发了隐私管理参考模型和方法（Privacy Management Reference Model and Methodology，PMRM）［OASI16］，这是一种隐私管理的方法和分析工具。PMRM 实际上是一本详细的指导手册，用于通过设计来管理隐私。它是一种逐步确保系统设计过程包含并满足隐私需求的方法。

图 10-8 说明了整个 PMRM 过程。这个过程从选择用例开始。本质上，用例是一个业务过程、服务或功能，用例会使用、生成、传输、处理、存储和擦除个人信息（Personal Information，PI）和 PII。

> **说明**
>
> PMRM 认识到 PI 和 PII 之间的区别，其中 PI 指与自然人相关联的任何属性，而 PII 指足以唯一标识一个自然人的数据。但是，文档通常将这两个概念结合在一起描述 PRMR 任务。

PMRM 定义了一个由 19 个任务组成的序列，这些任务分为 5 个功能阶段：
- 用例描述和高级分析。

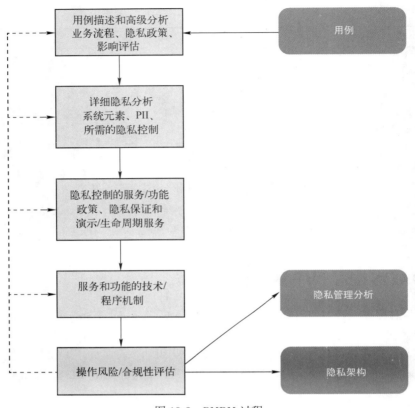

图 10-8　PMRM 过程

- 详细隐私分析。
- 隐私控制的服务和功能。
- 服务和功能的技术和程序机制。
- 操作风险和合规性评估。

第 20 个任务是根据需要迭代分析，以细化和添加细节。分析的最终结果由两个文档组成：隐私管理分析和隐私架构。对于每个任务，PMRM 提供了一个增强模型实用性的例子。以下各节描述 PMRM 每个阶段中的任务。

用例描述和高级分析

第一组任务包括开发用例的详细描述并提供初始的高级隐私分析。这一阶段的四项任务是：

- 用例描述（use case description）：这是用例的一般描述。此描述应指明涉及的应用程序、个人、组织单位以及外部实体。
- 用例清单（use case inventory）：此清单应包含后续步骤中隐私分析所需的所有信息。示例包括所涉及的 IT 系统、适用的法律法规、收集的 PI、适用的隐私政策声明和隐私声明。它应该包括影响 PI 收集、存储、处理、共享、传输和处置的任何其他因素。

- **隐私策略一致性标准**（privacy policy conformance criteria）：本部分详细说明了此用例的特定一致性标准，以满足隐私需求。例如，该标准可能包括在特定系统之间进行双因素身份验证的需求，以及在特定传输中使用 IPsec（Internet Protocol Security）以满足特定策略要求。
- **评估准备**（assessment preparation）：本部分应提供潜在风险和隐私影响的初步和一般性描述，以指导后续步骤中详细的风险评估和隐私影响评估。

详细隐私分析

这个阶段是 PMRM 的核心，它提供了一种结构化的方法，管理者可以使用这种方法来确保将 PbD 原则纳入了系统开发中。它由 3 个部分和 12 个任务组成。第一部分（识别具有隐私和含义的用例中所有关键元素）由以下任务组成：

- **识别参与者**（identify participant）：识别系统内负责 PI 生命周期任何方面的所有利益相关者，包括 PI 的收集、存储、处理、共享、传输和处置。
- **识别系统和业务流程**（identify system and business process）：识别涉及 PI 的收集、存储、处理、共享、传输和处置的系统和业务流程。在此上下文中，系统（system）指的是 IT 系统，如工作站、服务器、数据中心或云计算基础设施。业务流程（business process）是人员或设备为特定用户或顾客生产特定产品或服务而进行的一组结构化的（通常是连锁的）活动，它在用例中实现特定的组织目标。
- **识别域和所有者**（identify domain and owner）：域是物理环境（如组织站点、第三方站点）或逻辑环境（如云服务）。所有者是负责实施和管理域内隐私控制的个人。
- **识别域内的角色和责任**（identify role and responsibility within a domain）：在用例中，这些任务阐明了特定域内个人、业务流程，以及系统的角色和责任。
- **识别接触点**（identify touch point）：接触点是个人与系统之间、多个系统之间，或个人或系统与业务流程之间数据流的接口。此任务识别与 PI 流相关的接触点。
- **识别数据流**（identify data flow）：此任务识别携带 PI 或与隐私控制相关数据的每个数据流。

这个阶段的第二部分是关于 PI 的。目标是识别收集、存储、处理、共享、传输和处置的所有 PI。本部分包含以下任务：

- **识别传入的 PI**（identify incoming PI）：流入域的 PI。
- **识别域内生成的 PI**（identify internally generated PI）：域内生成的 PI，包括可能链接到标识的物理位置和时间戳。
- **识别流出的 PI**（identify outgoing PI）：PI 从一个系统或业务流程流向另一个系统或业务流程，无论是在同一域内还是在不同域间。

这个阶段的最后一部分是隐私控制的选择，包括管理、技术和物理控制。控制说明了与此域和此用例相关的所有 PI。本部分包含以下任务：

- **指定继承的隐私控制**（specify inherited privacy control）：这些是已经存在的域、系统或业务流程的隐私控制，可用于满足本用例的隐私需求。
- **指定内部隐私控制**（specify internal privacy control）：这些是本域隐私政策强制要求的

隐私控制。

- **指定导出的隐私控制**（specify exported privacy control）：这些是为满足本用例的隐私需求而必须导出到其他域的隐私控制。

此阶段的最终产品是一组隐私控制，这些控制实现了隐私策略并满足用例的隐私需求。然而在 PMRM 中，隐私控制采取的是政策声明或要求的形式，这些声明或要求不能够立即采取行动或实施。因此，PMRM 中的隐私控制没有 NIST SP 800-53 和 ISO 29151 中定义的那样详细。

隐私控制的服务和功能

此阶段的目的是定义用于实现所选隐私控制的服务和功能。PMRM 使用了两个关键概念：

- **功能**（function）：实现隐私控制的任何硬件、软件或人类活动。
- **服务**（service）：为特定目的运行的相关功能的定义集合。

实际上，PMRM 建议对服务进行分类，以便于管理 PbD 过程。PMRM 定义了三类服务：

- **核心政策服务**（core policy service）：这些服务定义了 PI 所允许的服务以及在用例中如何使用 PI。
- **隐私保证服务**（privacy assurance service）：这些服务与确保隐私控制按预期实现相关。
- **演示和生命周期服务**（presentation and life cycle service）：与隐私控制相关，该隐私控制为 PI 主体和负有隐私责任的员工提供接口。

表 10-6 定义了 PMRM 模型 ［OASI16］ 中的 10 个服务。隐私工程师、系统架构师或技术经理有责任定义每个服务中的功能并实现技术机制或描述功能的过程机制。

表 10-6　PMRM 服务

PMRM 服务	服务功能	目　的
核心政策服务		
协议	根据适用的策略、数据主题偏好和其他相关因素，定义和记录处理 PI 的权限和规则；为相关参与者提供协商、更改或建立新权限和规则的机制；表达协议，使它们可以被其他服务使用	管理和商讨任务和规则
使用	确保 PI 的使用符合许可、政策、法律和法规条款，包括在 PI 的生命周期内对其进行信息最小化、链接、集成、推理、传输、派生、聚合、匿名化和处置	控制 IP 使用
隐私保证服务		
验证	从准确性、完整性、相关性、及时性、出处、使用的适当性以及其他相关的定性因素方面评估并确保 PI 的信息质量	确保 PI 质量
认证	确保任何参与者、域、系统或系统组件的证书与其在处理 PI 时分配的角色一致，并验证它们是否能够根据定义的政策和分配的角色支持所需的隐私控制	确保正确的隐私管理证书

（续）

PMRM 服务	服　务　功　能	目　　的
执行	启动监控功能以确保所有服务的有效运行。当审计控制和监控显示操作故障和失败时，启动响应操作、政策执行和追索。记录并向利益相关者或监管机构报告合规证据。为可问责性提供必要的证据	监控正常运行，对异常情况做出响应，并在需要时报告合规证据（如有必要）
安全	提供必要的程序和技术机制，以确保 PI 的机密性、完整性和可用性；使 PI 的处理、通信、存储和分发可信；并保护隐私操作	保护隐私信息和操作
演示和生命周期服务		
相互作用	提供 PI 和 PI 相关信息的展示、通信和交互所需的通用接口，包括用户界面、系统间信息交换和代理等功能	信息展示与通信
访问	允许数据主体（根据需要或经许可、策略或法规允许）检查其在域中保留的 PI，并为其 PI 提出更改、更正或删除建议	查看并提出对 PI 的更改建议

此阶段的唯一任务是：

- **确定支持已识别的隐私控制操作所必需的服务和功能**（identify the services and functions necessary to support operation of identified privacy control）：此任务是为了实现系统和域之间每个数据流的交换。

支持选定服务和功能的技术和程序机制

这个阶段定义了用于实现前面阶段所制定设计的特定机制。PMRM 将机制视为通过人工过程或技术实施对一组服务和功能的操作实现。机制包括可以提供所需隐私控制交付的具体程序、应用程序、技术和供应商解决方案、代码和其他具体工具。实际上，前面的 PMRM 阶段处理满足用例隐私需求所需的内容，而这个阶段处理如何交付所需的功能。

此阶段的唯一任务是：

- **确定满足支持已识别的隐私控制操作所必需的服务和功能的机制**（identify mechanisms satisfying the services and functions necessary to support operation of identified privacy control）：此任务是为了实现系统和域之间每个数据流的交换。

操作风险和合规性评估

此阶段的唯一任务是：

- **进行风险评估**（conduct risk assessment）：从操作角度进行风险评估。这个风险评估不同于为该用例开发的初始风险评估。此风险评估着眼于所建议设计解决方案在实际操作中所产生的任何风险。如果此评估确定了为此用例开发的隐私控制没有解决某些风险，那么分析员需要返回到前面的某个阶段并继续执行，以迭代设计过程。

PMRM 文档

PMRM 方法设想了两个重要文档作为流程输出：隐私管理分析（Privacy Management Analysis，PMA）文档和隐私架构文档。

PMA 服务于多个利益相关者，包括隐私官、工程师和经理、总合规经理和系统开发人员。PMA 是一个高层次的结构化文档，它将隐私控制政策映射到服务和功能，而服务和功能又通过技术和程序机制得以实现。PMA 记录了处理这个用例的方式，并且可以作为输入来缩短对其他用例的分析。OASIS 目前正在为 PMA 开发一个模板，该模板可以指导管理人员和分析师创建此文档。

　　隐私架构是这个用例的隐私控制的实际实现。它是在机制中实现的一组集成的政策、控件、服务和功能。隐私架构文档应适用于具有类似需求的其他用例。

10.4.2　软件工程师的隐私设计文档

　　OASIS 已经发布了针对软件工程师的规范，该规范将七项隐私设计（PbD）原则转换为文档生成或引用的一致性要求［OASI14］。组织可以使用本文档中的指导来生成文档，证明在软件开发生命周期的每个阶段都考虑了隐私（参见图 10-9）。这种方法的优势在于可以向利益相关者证明已经实施了 PbD。此外，该方法指导开发人员在设计和实现阶段确保满足 PbD 原则。（关于 PbD 原则的详细讨论，请参见第 2 章。）

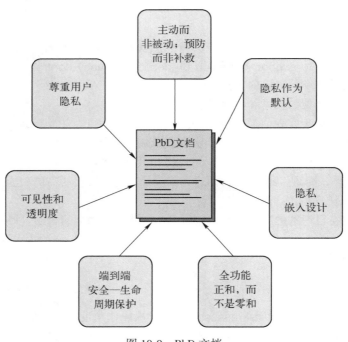

图 10-9　PbD 文档

　　对于每个 PbD 原则，OASIS Privacy by Design Documentation For Software Engineers Version 1.0（软件工程师隐私设计文档 1.0 版）［OASI14］将该原则阐述为详细的子原则，并指明所需文档。例如，以隐私作为默认原则，文档列出了以下子原则：

- 2.1-目的特殊性（2.1-Purpose Specificity）：目的必须是特定和有限的，并且能够被工程师控制。

- 2.2-目的遵守（2.2-Adherence to Purpose）：必须制定方法确保收集、使用和披露个人数据。

- 符合规定，目的有限。
- 与数据主体同意相一致。
- 符合特定的法律法规

- **2.3-工程控制**（2.3-Engineering Control）：应严格限制正在开发的软件所涉及的数据处理生命周期的每个阶段，包括
  - 限制收集。
  - 通过公平和合法的方式收集。
  - 从第三方收集。
  - 限制使用和披露。
  - 限制保留。
  - 处置、销毁和修订。

Privacy by Design Documentation for Software Engineers Version 1.0（软件工程师隐私设计文档 1.0 版）列出了以下文档要求：

- 作为利益相关者，应列出所有［类别的］数据主体。
- 应清楚记录收集和处理的目的，包括个人数据的保留。
- 应详细记录数据流、过程的表达模型、与内部软件项目相关的用例或用户故事的行为，以及与外部平台、系统、API 或导入的代码的所有数据或过程交互。
- 应说明隐私控制和隐私服务/API 的选择，以及它们适用于隐私功能要求和风险的何处。
- 应从隐私角度包括软件退役计划。

OASIS Privacy by Design Documentation for Software Engineers（软件工程师隐私设计文档 1.0 版）［OASI14］的附件为开发人员提供了以下附加指南：

- 确保在从软件概念到软件退役的整个软件开发生命周期内考虑隐私需求的过程。
- 组织及其软件工程师编写和参考隐私嵌入文档以证明符合本 PbD SE 版本 1.0 规格的方法规范。
- 一个隐私使用模板，可以帮助软件工程师记录隐私需求，并将其与核心功能需求结合起来。
- PbD 参考架构，可以由软件工程师根据其上下文进行定制，并包含软件解决方案应展示的隐私属性。
- PbD 模式。
- PbD 维护和退役。

总而言之，主文档及其附件对于隐私管理人员和系统开发人员确保遵循 PbD 原则非常有用。

10.5   关键术语和复习题

10.5.1   关键术语

acceptable use policy	可接受使用政策	information security management	信息安全管理
C-level	C 级	information security management system (ISMS)	信息安全管理系统
chief counsel	首席顾问	information security strategic planning	信息安全战略规划
chief executive officer (CEO)	首席执行官	IT strategic planning	IT 战略规划
chief information officer (CIO)	首席信息官	personally identifiable information (PII)	个人身份信息
chief information security officer (CISO)	首席信息安全官	privacy by design	隐私设计
chief operating officer (COO)	首席运营官	privacy champion	隐私拥护者
chief privacy officer (CPO)	首席隐私官	privacy engineering	隐私工程
chief risk officer (CRO)	首席风险官	privacy management reference model (PMRM)	隐私管理参考模型
chief security officer (CSO)	首席安全官	privacy notice	隐私声明
data protection officer (DPO)	数据保护官	privacy policy	隐私政策
data protection policy	数据保护政策	privacy program	隐私专项
enterprise strategic planning	企业战略规划	privacy program plan	隐私专项计划
information privacy governance	信息隐私治理	process management	过程管理
information privacy management	信息隐私管理	security program	安全计划
information security governance	信息安全治理	Senior Agency Official for Privacy (SAO)	高级机构隐私官员

10.5.2   复习题

1. 简要区分信息安全治理和信息安全管理。
2. 列出并描述典型的 C 级行政职位的职责。
3. 列出并描述典型隐私职位的职责。
4. 什么是隐私专项？
5. 简要区分隐私专项计划、隐私计划、隐私政策、隐私声明和可接受的使用政策。
6. 简要描述 OASIS 隐私管理参考模型。
7. 简要描述软件工程师的 OASIS 隐私文档

10.6 参考文献

FCIO10: Federal CIO Council Privacy Committee. *Best Practices: Elements of a Federal Privacy Program.* https://www.cio.gov/resources/document-library/

IAPP18: International Association of Privacy Professionals. *IAPP-EY Annual Privacy Governance Report.* 2018. https://iapp.org/media/pdf/resource_center/IAPP-EY-Gov_Report_2018-FINAL.pdf

JUIZ15: Juiz, C., and Toomey, M. "To Govern IT, or Not to Govern IT?" *Communications of the ACM.* February 2015.

LEAC14: Leach, E. *Chief Privacy Officer: Sample Job Description.* IAPP blog, 2014. https://iapp.org/resources/article/chief-privacy-officer-sample-job-description/

OASI14: OASIS. *Privacy by Design Documentation for Software Engineers Version 1.0.* June 25, 2014. https://www.oasis-open.org/standards

OASI16: OASIS. *Privacy Management Reference Model and Methodology (PMRM) Version 1.0.* May 17, 2016. https://www.oasis-open.org/standards

OMB13: U.S. Office of Management and Budget and Federal Chief Information Officers Council. *Federal Enterprise Architecture Framework.* 2013.

OMB16: U.S. Office of Management and Budget. *Managing Federal Information as a Strategic Resource.* Circular A-130, 2016. https://obamawhitehouse.archives.gov/sites/default/files/omb/assets/OMB/circulars/a130/a130revised.pdf

SESS07: Sessions, R. A Comparison of the Top Four Enterprise-Architecture Methodologies. Microsoft Developer Network, May 2007.

SMG17: Strategic Management Group. *Strategic Planning Basics.* October 23, 2017. http://www.strategymanage.com/strategic-planning-basics/

STAL19: Stallings, W. *Effective Cybersecurity: A Guide to Using Best Practices and Standards.* Upper Saddle River, NJ: Pearson Addison Wesley, 2019.

ZIA15: Zia, T. " Organisations Capability and Aptitude towards IT Security Governance." *2015 5th International Conference on IT Convergence and Security (ICITCS)*, August 2015.

第 11 章

风险管理和隐私影响评估

学习目标：

经过本章的学习，你应当具备以下能力：

- 解释整个风险评估过程；
- 比较定量和定性风险评估；
- 概述 NIST 和 ISO 风险管理框架；
- 解释风险处理的主要选择；
- 解释隐私阈值分析的目的；
- 描述隐私影响分析的主要步骤；
- 解释隐私影响分析报告的目的。

欧盟《通用数据保护条例》（General Data Protection Regulation，GDPR）描述了**隐私影响评估（Privacy Impact Assessment，PIA）**，该术语在条例中被称为**数据保护影响评估**：

当采用一种处理方式（特别是使用新技术），并考虑其性质、范围、环境和处理目的时，可能会给自然人的权利和自由带来高风险，管理者应当在处理之前，评估预期的处理操作对个人数据保护的影响。一次评估可能解决一组带来相似高风险的相似处理操作。

GDPR 要求 PIA：

- 系统描述预期的处理操作和处理目的，包括在适用情况下，管理者追求的合法权益。
- 评估与目的相关的处理操作的必要性和相称性。
- 评估数据对象的权利和自由风险。
- 在考虑数据对象和其他相关人员的权利及合法权益的情况下，为应对风险而拟采取的措施，包括保障措施、安全措施和确保个人数据保护的机制，以及证实其符合 GDPR 的规定。

PIA 是有效隐私设计的一个基本要素。它能够使隐私主管保证隐私控制的实施满足法规和组织需求，是确定必须采取哪些步骤来管理组织隐私风险的关键。

为了帮助读者理解 PIA 的性质和作用，11.1 节和 11.2 节将介绍信息安全风险评估和风险管理的处理；11.3 节和 11.4 节涉及隐私风险评估和隐私影响评估。

11.1   风险评估

风险评估的最终目的是使组织主管能够确定合适的安全预算，并在预算内实现安全控制以优化保护级别。这一目标是通过提供组织的安全漏洞潜在成本估计，以及对此类漏洞发生概率的估计来实现的。

虽然风险评估的效用显而易见，而且确实不可或缺，但是认识到它的局限性也十分重要。如果风险评估的规模过于宏大，则项目可能会很大、很复杂、无法审查，并且可能会导致一些难以量化的内容的遗漏。另一方面，如果未采用有效的风险计算方法，管理员往往会低估风险的程度，并选择投资其他他们更了解且回报更显著的领域。因此，主管需要制定一个在规模过大和规模过小之间平衡的风险评估计划。

11.1.1   风险评估过程

图 11-1 概述了确定风险等级的通用方法。

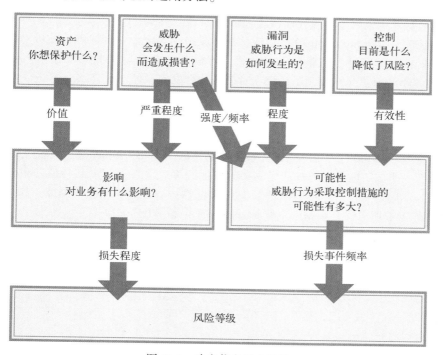

图 11-1   确定信息安全风险

图 11-1 中的术语定义如下：

- **资产**（asset）：对实现组织使命或业务目标有价值的一项内容。资产可能与信息处理特别相关，包括支持信息相关活动的任何数据、设备或环境的其他组件，这些信息可能被非法访问、使用、披露、修改、销毁或窃取，从而导致损失。资产类别还包括组织知识、声誉和形象。

- **威胁（threat）**：任何潜在的对组织运营（包括使命、职能、形象或声誉）和组织资产有不利影响的情况或事件，或者个人对信息系统进行未经授权的访问、破坏、披露、信息修改或拒绝服务。

- **威胁严重程度（threat severity）**：一个威胁事件对组织成本的影响的潜在程度。换句话说，威胁严重程度用于衡量一个给定的威胁能造成多大的破坏。

- **威胁强度（threat strength）**：也称为**威胁能力（threat capability）**，即一个威胁因素对资产施加的威胁的严重程度。例如，考虑一个试图获取服务器上根特权的攻击者。当拥有根特权时，攻击者可能会读取、更改或删除文件，并且能够为勒索软件加密文件。此时，威胁严重程度是衡量攻击者可以攻击多少文件以及可以对文件造成的损坏类型的度量。在这种情况下，威胁能力是指攻击者获取根访问权限的技巧、方法和判定。

- **威胁事件频率（threat event frequency）**：在给定的时间范围内，一个威胁因素对资产采取行动的可能频率。

- **漏洞（vulnerability）**：信息系统、系统安全程序、内部控制或实现中的弱点，该弱点可被威胁源利用或触发。脆弱性**程度（extent）**在某种程度上反映了弱点的严重程度。

- **安全控制（security control）**：为信息系统或组织规定的一种保障措施或对策，旨在保护其信息的机密性、完整性和可用性，并满足一组已定义的安全需求。控制**有效性（effectiveness）**是对控制阻止攻击者的成功程度的一种度量。

- **影响（impact）**：未经授权的信息披露、未经授权的信息修改、未经授权的信息销毁、信息或信息系统可用性的损失等可能导致的危害程度。注意，威胁严重程度与影响不同，它只是决定影响大小的一个因素。

- **可能性（likelihood）**：也称为**损失事件频率（loss event frequency）**，指在给定的时间范围内，一个威胁因素对资产造成危害的可能频率。注意，该定义与威胁事件频率定义类似。不同之处在于，损失事件频率意味着威胁事件成功发生。因此，如果黑客未成功攻击 Web 服务器，则是一个威胁事件，而不是一个损失事件。

- **风险（risk）**：衡量实体受到潜在情况或事件威胁的程度。风险反映了对组织运营（包括使命、职能、形象或声誉）、组织资产、个人和其他组织的潜在不利影响。

- **风险等级（level of risk）**：风险或风险组合的严重程度，以风险后果及其可能性的组合表示。

> **说明**
>
> 术语**风险**和**风险等级**通常可以互换使用。

需要同时考虑威胁和漏洞。威胁是威胁因素有意或无意利用漏洞的可能性，该漏洞是系统安全程序、设计、实现或内部控制的一个弱点。针对漏洞的威胁会导致安全违规或破坏。风险等级是组织用来评估以风险处理的形式采取补救行动的必要性和预期成本的一种度量。

图 11-1 指出了两条主线：影响和可能性，它们可以并行运行。组织执行以下任务：

- **影响**（impact）：在确定影响时考虑资产和威胁这两个要素。
  - **资产**（asset）：编制组织资产清单，包括每项资产及其指定价值。资产包括声誉和商誉等无形资产，以及数据库、设备、业务计划和人员等有形资产。
  - **威胁**（threat）：对于每项资产，确定可能降低资产价值的威胁。

然后，对于每项资产，在发生威胁行为时，根据成本或损失价值确定其对业务的影响。

- **可能性**（likelihood）：在确定可能性时考虑威胁、漏洞和控制三个要素。
  - **威胁**（threat）：对于每项资产，确定哪些威胁是相关且需要被考虑的威胁。
  - **漏洞**（vulnerability）：对于一项资产的每个威胁，确定该威胁的脆弱性级别。也就是说，针对某项资产具体确定如何实施威胁行为。
  - **控制**（control）：确定当前已采取哪些安全控制措施以降低风险。

然后，根据威胁行为的可能性和相应控制措施的有效性，确定威胁行为造成伤害的可能性。

最后，风险等级是由威胁发生时的成本和威胁发生的可能性共同决定的。例如，黑客（威胁因素）可能利用远程身份验证协议（漏洞目标）中的已知漏洞（漏洞）来破坏（违反策略）远程身份验证（暴露资产）。该威胁是未经授权的访问。资产是任何可以被未经授权的访问所破坏的事物，比如 PII 文件。该漏洞表示威胁行为是如何发生的（例如，通过 Web 界面访问）。针对此漏洞的现有安全控制可以降低威胁行为的可能性。

注意，在确定安全控制的预算分配时，影响和可能性都是必要的。如果组织仅关注影响，则会在高影响威胁上投入大量安全预算，即使该影响的可能性极小。因此，组织可能很少关注那些产生低或中等影响且常见的威胁，其最终结果是业务的总体损失更高。相反，当组织仅基于可能性来错误地分配安全资金时，如果忽略了一个影响成本非常高的相对罕见的安全事件，组织将面临非常高的安全损失。

11.1.2 风险评估挑战

组织在确定风险等级方面面临着巨大的挑战。概括而言，这些挑战分为两类：估计困难和预测困难。首先考虑有助于确定风险的四个要素的估计问题：

- **资产**：组织需要为单个资产赋予价值，还要考虑特定威胁会如何降低该价值，也就是如何影响价值。一个简单的例子可以说明这有多么困难：如果一家公司负责维护客户信用卡号码数据库，那么该数据库被盗的影响是什么？可能会有法律费用和民事罚款、声誉损失、客户流失以及员工士气下降。评估这些成本的规模是一项艰巨的任务。
- **威胁**：在确定组织所面临的威胁时，可以参考过去的经验，以及随后将讨论的大量公开的可用报告，这些报告列出了当前的威胁及其相应的攻击频率。即便如此，显然很难确定所面临威胁的全部范围以及威胁实现的可能性。
- **漏洞**：组织中可能存在没有意识到的安全漏洞。例如，众所周知，软件供应商会延迟发布安全漏洞，直到有补丁可用，或者甚至延迟发布漏洞的一部分补丁，直到有完整的补丁可用（例如，[ASHO17]、[KEIZ17]）。此外，补丁可能会引入新的漏洞。再举一个例子，公司可能在数据中心周围建造防火墙，然而，如果承包商没有安装符合规范要求的防火墙，则公司可能无法知晓漏洞的存在。

- **控制**：实现控制是为了减少漏洞，从而减少遭遇特定威胁的可能性。然而，可能很难评估给定控制的有效性，包括软件、硬件和人员培训。例如，一个特定的威胁行为可能相对不太可能发生，但是由于成功的威胁行为会产生很大的影响，所以可能会引入控制。但是，如果事件很少发生，组织就很难确定控制是否达到了预期的效果。可以人为地通过威胁行为来测试系统，但这种人为行为可能并不像实际中发生的那样真实，因此不能准确评估控制的有效性。

风险评估的另一个挑战是预测未来状况的困难。同样，考虑到这四个要素，会出现以下问题：

- **资产**：无论计划期是一年、三年还是五年，组织资产价值的变化使评估安全威胁影响的工作复杂化。公司扩张、软件或硬件升级、搬迁，以及许多其他因素可能会发挥作用。
- **威胁**：很难评估潜在攻击者目前的威胁能力和意图。未来的预测更容易受到不确定性的影响。在很短的时间内，可能会出现全新的攻击方式。当然，如果没有对威胁的全面了解，就不可能对影响做出准确的评估。
- **漏洞**：组织或其 IT 资产内部的变更可能会产生意想不到的漏洞。例如，如果一个组织将大部分数据资产转移到云服务提供商，那么组织可能无法准确地知道该提供商的脆弱性程度。
- **控制**：新技术、软件技术或网络协议可能会提供加强组织防御的机会。然而，这些新机会的性质很难预测，更不用说它们的成本了，因此在计划期间的资源分配可能不是最佳的。

使问题复杂化的是威胁、漏洞和控制之间的多对多关系。一个给定的威胁可能会利用多个漏洞，而一个给定的漏洞可能会受到多个威胁的攻击。类似地，一种控制可以解决多个漏洞，而单个漏洞可能需要通过多种控制的实现来缓解。这些事实使选择哪些控制措施以及为各种缓解措施分配多少预算变得复杂。

面对这些挑战，主管需要遵循一套完善的基于最佳实践的系统的风险评估方法。

11.1.3   定量风险评估

组织可以定量或定性地处理风险评估的两个因素，即影响和可能性。对于影响，一个似乎可行的方法是为每个影响区域分配特定的货币成本，这样一来就可以将整体影响表示为货币成本。否则，将使用定性术语来描述，例如低、中和高。类似地，可以定量或定性确定一个安全事件的可能性。可能性的定量形式只是一个概率值，可能性的定性形式也可以用低、中和高等类别表示。

如果所有因素都可以定量表示，则可推导出如下公式：

$$风险等级 = (不良事件发生概率) \times (影响值)$$

如果各种因素能以合理的置信度进行量化，这个等式可以用来指导在安全控制方面投资多少的决策。图 11-2 说明了这一点。随着新的安全控制措施的实施，不良事件发生的剩余概率会下降，相应地，安全漏洞的成本也会下降。但是，与此同时，安全控制的总成本会随着新控制措施的增加而增加。图 11-2 上方的曲线代表总安全成本，计算方法如下：

$$总成本 = (安全控制成本) + (安全漏洞成本)$$

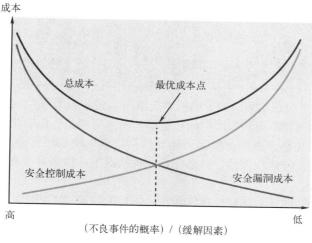

图 11-2　风险评估的成本分析

最优成本点出现在总成本曲线的最低点。这表示可以承受的风险等级，如果成本支出与收益不成比例，就无法进一步降低风险。

11.1.4　定性风险评估

假设所有的影响成本和可能性都能用数量来表示是不合理的。组织通常不愿意披露安全漏洞。因此，安全事故信息通常是轶事或基于调查的，且不能用可靠或精确的概率或频率值描述。与此同时，安全漏洞造成的总成本或潜在损失难以量化。成本可能取决于多种因素，例如停机时间长短、负面宣传的数量和影响、恢复成本以及其他难以估计的因素。

但是，通过合理的判断可以有效地进行定性风险评估。定性评估确定相对风险而不是绝对风险。对风险等级进行粗略估计可以显著简化分析。定性风险评估通常足以识别最重要的风险，并允许管理层确信所有重大风险已得到缓解，从而为安全支出设定优先级。表 11-1 对定量和定性风险评估进行了比较。

表 11-1　定量和定性风险评估的比较

优缺点	定量风险评估	定性风险评估
优点	■ 根据财务影响确定风险的优先级；根据财务价值确定资产的优先级 ■ 通过安全投资回报结果促进风险管理 ■ 可以用与管理相关的术语表示结果（例如，货币价值和以特定百分比表示的概率） ■ 随着组织在积累经验的同时建立历史数据记录，准确性会随着时间的推移而提高	■ 使风险排名具有可见性和可理解性 ■ 更容易达成共识 ■ 不必对威胁频率进行量化 ■ 不必确定资产的财务价值 ■ 让不是安全或计算机领域专家的人更容易参与

（续）

优缺点	定量风险评估	定性风险评估
缺点	■ 分配给风险的影响值基于参与者的主观意见 ■ 达成可信结果和共识的过程非常耗时 ■ 计算可能复杂且费时 ■ 该过程需要专业知识，所以无法轻松地指导参与者	■ 重要风险之间的区分不足 ■ 由于没有成本/收益分析的依据，所以难以证明对控制实施进行投资的合理性 ■ 结果取决于所创建风险管理团队的质量

表 11-1 中指出，“分配给风险的影响值基于参与者的主观意见”是定量风险评估的一个缺点，这是因为将影响成本预测为严格的定量值是不可行的。有关官员或团体必须对未来事件的定量值进行主观评估，忽视此限制可能导致对定量风险评估准确性的错误印象。此外，主观意见用于对影响进行定性评估，但是在后一种情况下，很明显主观评估是这个过程中固有的。

对影响、威胁、可能性和漏洞类别的明确定义十分必要。对于影响，FIPS 199（*Standards for Security Categorization of Federal Information and Information Systems*，联邦信息和信息系统安全分类标准）根据某些事件可能对组织造成的潜在影响定义了三个安全类别，这些事件会危害组织完成其分配任务、保护资产、履行法律责任、维持日常功能及保护个人所需的 IT 资产。这些类别是：

- **低（low）**：预计会对组织运营、组织资产或个人仅产生有限的不利影响，这可能
  - 在组织能够履行其主要职能的范围和期限内，导致任务能力下降，职能的有效性明显降低。
  - 造成组织资产的轻微损失。
  - 造成较小的经济损失。
  - 对个人造成轻微伤害。
- **中等或中度（moderate or medium）**：预计会对组织运营、组织资产或个人产生严重不利影响。这可能
  - 在组织能够履行其主要职能的范围和期限内，导致任务能力显著下降，职能的有效性显著降低。
  - 造成组织资产的重大损失。
  - 造成显著的经济损失。
  - 对个人造成显著的伤害，不包括生命损失或严重危及生命的伤害。
- **高（high）**：预计会对组织运营、组织资产或个人产生严重或灾难性的不利影响。这可能
  - 组织不能在其主要职能范围和期限内履行一个或多个主要职能，导致任务能力严重降低或丧失。
  - 造成组织资产的重大损失。
  - 造成重大经济损失。
  - 对个人造成严重或灾难性的伤害，包括生命损失或严重危及生命的伤害。

FIPS 199 提供了一些定性影响评估的例子。例如，假设一个管理极其敏感的调查信息的执法组织确定，机密性缺失造成的潜在影响是高的，完整性缺失引起的潜在影响是中等的，而可用性缺失引起的潜在影响是中等的。该信息类型的安全类别（SC）表示为：

SC 调查信息＝{（机密性,高）,（完整性,中等）,（可用性,中等）}

类似地，可以将概率范围分配给定性的可能性类别。SP 800-100（Information Security Handbook：A Guide for Managers，《信息安全手册：管理员指南》）建议了以下类别：

- **低**：≤0.1
- **中**：0.1 到 0.5
- **高**：0.5 到 1.0

另一种可能的分类基于对一个事件每年发生次数的估计：

- **低**：每年<1 次
- **中**：每年 1 到 11 次
- **高**：每年>12 次

考虑到这些类别，图 11-3 说明了使用矩阵确定风险的方法。图 11-3a 描述了脆弱性估计。一个特定威胁的脆弱性取决于威胁的能力或强度，以及一个系统或资产对该特定威胁的抵抗强度。因此，对于给定的威胁类型和给定的系统抵抗该威胁的能力，该矩阵表示所估计的脆弱性级别。对于此特定矩阵，风险分析人员可以确定，如果抵抗强度高于威胁能力，则表明脆弱性较低，以此类推。

其次，一个不良安全事件造成特定威胁的可能性取决于威胁事件发生的频率或可能性，以及该威胁的脆弱性，如图 11-3b 所示。在此示例中，对于一个特定类型的威胁，如果分析人员估计威胁事件的发生频率较低且脆弱性较高，则可以确定威胁事件成功的可能性较低。注意，由于脆弱性永远不会超过 100%，因此可能性永远不会大于威胁事件发生的频率。

图 11-3c 说明了影响取决于资产类别和一个特定威胁可能造成的损失披露。

组织可以根据损失的业务影响对资产进行分类，例如：

- **对业务有较低影响**：公共信息、高级信息。
- **对业务有中等影响**：网络设计、员工名单、采购订单信息。
- **对业务有重大影响**：财务数据、个人身份信息（PII）、竞争产品信息。

还可以根据以下披露等级对资产进行分类：

- **较低的资产披露**：轻微或无损失。
- **中等的资产披露**：有限或适度的损失。
- **较高的资产披露**：严重或完全的损失。

最后，风险取决于造成影响的不良事件的影响和可能性（图 11-3d）。因此，这些矩阵加上各种因素的低、中或高估计值，为评估风险提供了一种合理的方法。

但是应该记住，这种粗粒度分析的结果必须经过判断。例如，在图 11-3d 中，一个低可能性、高影响的违规和一个高可能性、低影响的违规均被评为中等风险。对于稀缺的安全资源，应该优先考虑哪一个？平均而言，每种类型的违规都可能会产生相同数量的年度损失。处理前一次违规是否更重要？因为尽管这种情况很少发生，但一旦发生，对组织来说就可能是灾

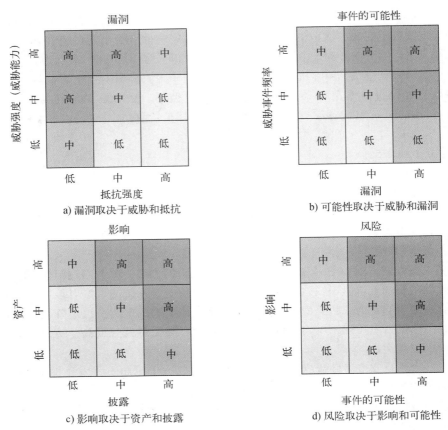

图 11-3　定性风险确定

难性的。还是处理后一种违规更重要？因为在不受保护的情况下，后者会产生源源不断的损失。这要由管理层来决定。

11.2　风险管理

风险评估是更广泛的风险管理安全任务的一部分。NIST SP 800-37（Risk Management Framework for Information Systems and Organizations，A System Life Cycle Approach for Security and Privacy，信息系统和组织的风险管理框架，一种用于安全和隐私的系统生命周期方法）指出，风险管理包括对组织资产进行规范、结构化和灵活的评估，安全和隐私控制的选择、实现和评估，系统和控制授权，以及持续监控。它还包括企业层面的活动，以帮助组织更好地为在系统级别执行风险管理框架（Risk Management Framework，RMF）做准备。

为了将风险评估纳入风险管理的范畴，本节总结 NIST 和 ISO 定义的风险管理的概念。

11.2.1 NIST 风险管理框架

NIST SP 800-37 定义了一个风险管理框架，该框架将风险管理过程分为六个步骤（参见图 11-4）：

1. **分类**（categorize）：确定将由系统传输、处理或存储的信息，并根据影响分析定义合适的信息分类级别。分类步骤的目的是通过确定与组织资产的损害或损失有关的不利影响或后果，来指导并告知后续的风险管理过程和任务，包括组织系统的机密性、完整性和可用性，以及这些系统处理、存储和传输的信息。这是风险评估。

2. **选择**（select）：根据安全性分类为系统选择一组初始的基准安全性控制，并根据对风险和本地条件的组织评估，根据需要定制和补充安全性控制基准。

3. **实现**（implement）：实现安全控制，并记录如何在系统及其运行环境中使用这些控制。

4. **评估**（assess）：使用适当的评估程序评估安全控制。确定正确执行控件的程度，按预期运行并在满足系统安全要求方面产生期望的结果。

5. **授权**（authorize）：根据安全控制评估结果，正式授权系统运行或继续运行。该管理决策基于系统运行所导致的组织操作和资产风险，以及该风险的可接受程度作决策。

6. **监控**（monitor）：持续监控安全控制，以确保当系统和系统运行的环境发生变化时，安全控制随着时间的推移持续有效。这包括评估控制有效性、记录对系统或其运行环境的更改、对相关更改进行安全影响分析，以及向指定的组织官员报告系统的安全状态。

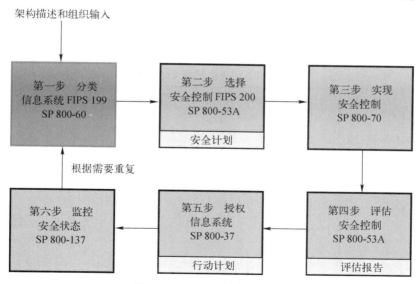

图 11-4　NIST 风险管理框架

分类步骤的一个输入包含架构考虑。考虑因素包括：

- **信息安全架构**（information security architecture）：这是对企业安全流程、信息安全系统、人员和组织子单元的结构和行为的描述，显示了它们与企业使命和战略计划的一致性。
- **使命和业务流程**（mission and business process）：指的是组织做什么、使命是什么，以及完成使命需要哪些业务流程。
- **信息系统边界**（information system boundary）：这些边界（也称为授权边界）确定了组织信息系统的保护范围（即组织在其直接管理控制下或职责范围内同意保护什么），包括人员、流程和信息技术，这些都是支持组织使命和业务流程的系统的一部分。

分类步骤的其他主要输入类型与组织输入有关，包括：

- 法律、指示和政策指导。
- 战略目标和目的。
- 优先事项和可用资源。
- 供应链考虑。

11.2.2   ISO 27005：信息安全风险管理

ISO 27005（Information Security Risk Management，信息安全风险管理）中定义了开发风险管理过程的一个有用框架，它描述了管理信息安全风险的系统方法。

图 11-5 显示了 ISO 27005 中定义的整个风险管理过程。这个过程包括一些独立的活动：

- **环境建立**（context establishment）：此管理功能涉及设置信息安全风险管理所需的基本标准，定义范围和边界，以及为信息安全风险管理建立适当的组织结构。风险标准基于组织目标以及外部和内部环境。它们可以源自标准、法律、政策和其他要求。表 11-2 基于 ISO 27005 列出了环境建立的准则。

表 11-2   风险管理环境的建立

分　类	考虑或标准
风险管理的目的	■ 法律合规性和尽职调查证据 ■ 制定一个业务连续性计划 ■ 制定一个事件响应计划 ■ 对产品、服务或机制的信息安全要求的描述
风险评估标准	■ 业务信息流程的战略价值 ■ 所涉及的信息资产的重要性 ■ 法律法规要求和合同义务 ■ 可用性、机密性和完整性对运营和业务的重要性 ■ 利益相关者的期望和看法，以及对商誉和声誉的负面影响
影响标准	■ 受影响的信息资产的分类级别 ■ 违反信息安全（例如失去机密性、完整性和可用性） ■ 受损的操作（内部或第三方） ■ 业务和财务价值的损失 ■ 计划和截止日期的中断 ■ 名誉受损 ■ 违反法律、法规或合同规定

（续）

分　类	考虑或标准
风险接受标准	■ 可能包括多个阈值，具有期望的目标风险水平，但规定高级管理人员在特定情况下接受高于此水平的风险 ■ 可以表示为估计利润（或其他业务收益）与估计风险的比率 ■ 不同的风险类别可能适用不同的标准（例如，可能导致违反法规或法律的风险不会被接受，但如果将其指定为合同要求，则允许接受高风险） ■ 可能包括对未来额外处理的要求（例如，如果批准并承诺在规定的时间内采取行动将风险降低到可接受的水平，则可接受风险）

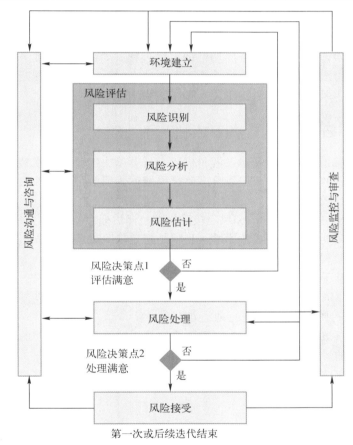

图 11-5　ISO 27005 风险管理过程

- **风险评估**（risk assessment）：图 11-5 将风险评估描述为三个活动。
  - **风险识别**（risk identification）：涉及对风险源、事件、其原因及其潜在后果的识别，可能涉及历史数据、理论分析、知情人士和专家意见以及利益相关者的需求。
  - **风险分析**（risk analysis）：为风险估计和风险处理决策提供基础。风险分析包括风险估计。

- ■ **风险估计**（risk evaluation）：通过将风险分析的结果与风险标准进行比较，以确定风险类型或大小是否可以接受，来协助做出有关风险处理的决策。
- ● **风险处理**（risk treatment）：可以通过决定不开始或不继续进行引起风险的活动来避免风险；为了寻求机会而增加风险；消除风险源；改变可能性；改变后果；与另一方或多方分担风险（包括合同和风险融资）；通过明智的选择保留风险。
- ● **风险接受**（risk acceptance）：一种方法是确保组织经理明确接受剩余风险。
- ● **风险沟通与咨询**（risk communication and consultation）：组织需要进行连续的迭代过程，以提供、共享或获取信息，并就风险管理与利益相关者进行对话。
- ● **风险监控与审查**（risk monitoring and review）：组织需要对从风险管理活动获得的所有风险信息进行持续的监控和审查。

如图所示，风险管理过程是一个周期性的重复过程。如前所述，业务资产评估、威胁能力和频率、脆弱性程度以及控制技术和技巧不断变化。此外，实施的控制措施可能无法实现预期的收益。因此，风险的评估和处理必须是一项持续的活动。

11.2.3　风险评估

风险分析完成后，高级安全管理人员和执行人员可以决定是否接受特定风险，如果不接受，则确定分配资源的优先级以减轻风险。此过程被称为**风险评估**，涉及将风险分析结果与风险评估标准进行比较。

ISO 27005 区分了风险评估标准和风险接受标准。评估标准侧重于各种业务资产的重要性以及各种安全事件可能对组织造成的影响，目标是指定风险处理的优先级。风险接受标准与组织可以承受的风险程度有关，可以为风险处理的预算分配提供指导。

SP 800-100 为基于三级模型的风险评估和行动优先级划分提供了一些一般指导：

- ● **高**：如果观察或发现被评估为高风险，则非常需要采取纠正措施。现有的系统可以继续运作，但必须尽快制定纠正行动计划。
- ● **中**：如果观察被评估为中风险，则需要采取纠正措施，并在合理的时间范围内制定包含这些措施的计划。
- ● **低**：如果观察被评估为低风险，系统的授权官员必须确定是否需要纠正措施或决定接受风险。

11.2.4　风险处理

风险评估过程完成后，管理层应可以识别所有资产面临的所有威胁，并可以估计每种风险的程度。此外，风险评估为应对每种威胁的优先级和紧迫性投入了资源。对一组已识别风险的响应被称为**风险处理**或**风险响应**，ISO 27005 列出了四种风险处理方法（见图 11-6）：

- ● **风险降低或减轻**（risk reduction or mitigation）：为减少风险发生的可能性或风险所带来的负面影响而采取的措施。通常，组织通过选择额外的安全控制措施来降低风险。

- **风险保留**（risk retention）：接受风险成本。
- **风险规避**（risk avoidance）：决定不参与或退出风险情况。
- **风险转移或分担**（risk transfer or sharing）：与另一方分担风险造成的损失。

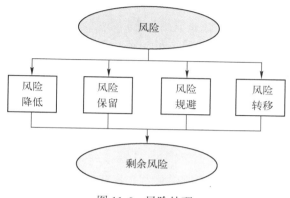

图 11-6　风险处理

风险与处理之间存在多对多的关系。单一处理可能会影响多个风险，并且多个处理可能会应用于单一风险。此外，这四个选项不是互相排斥的。多个策略可以作为一个风险处理计划的一部分。

任何风险处理计划都只能降低但不能消除风险，剩下的风险称为**剩余风险**。在计划的基础上，组织应更新风险评估并确定剩余风险是否可以接受，或者计划是否需要更新。

风险降低

风险降低是通过实施安全控制来实现的。安全控制可能导致：

- 移除威胁源。
- 改变威胁利用漏洞的可能性。
- 改变安全事件的后果。

风险保留

风险保留也称为**风险接受**，是一种有意识的管理决策：尽管存在风险，仍继续从事某项活动或避免增加现有的控制措施（如果有），以保护资产免受给定威胁的损害。如果定义的风险大小在组织的风险承受能力范围之内，则可以接受这种实际上不处理的处理方式。在特定情况下，如果存在有吸引力的商业利益，则组织可能会接受比通常可接受风险更大的风险。无论如何，都需要对风险进行监控，并且需要制定利益相关者可以接受的应对计划。

风险规避

如果在某种情况下风险过高，而将风险降低到可接受水平的成本超过了收益，组织可能会选择避免导致风险披露的情况。例如放弃一个商业机会，搬迁以避免环境威胁或法律责任，或禁止使用某些硬件或软件。另一种与隐私环境特别相关的避免方式是，组织可能决定不收集某一类数据。

风险转移

风险的分担或转移是通过将所有或部分风险缓解责任或风险后果分配给其他组织来完成

的。可以采取保险、分包或与其他实体合作的形式。

11.3　隐私风险评估

本节讨论隐私风险评估。虽然 11.4 节涵盖更广泛的隐私影响评估范畴，但在这里有必要介绍一些定义。NIST SP 800-53（Security and Privacy Controls for Information Systems and Organizations，信息系统和组织的安全和隐私控制）定义了**隐私影响评估（Privacy Impact Assessment，PIA）**，也称为**数据保护影响评估**（Data Protection Impact Assessment，DPIA），作为对信息处理方式的分析：

- 确保处理符合有关隐私的适用法律、法规和政策要求。
- 确定在电子信息系统中以可识别形式创建、收集、使用、处理、存储、维护、传播、披露和处置信息的风险和影响。
- 检查和评估保护以及处理信息的替代过程，以减少潜在的隐私问题。

隐私影响评估既是一种分析，也是一种正式文档，它详细说明了分析的过程和结果。因此，PIA 是一个建立和证明遵守组织隐私要求的过程。

PIA 是整个隐私风险管理过程的一部分。以下定义对这个讨论来说很有用：

- **隐私威胁（privacy threat）**：侵犯隐私的可能性，存在于可能侵犯隐私并造成损害的情况、能力、动作或事件中。第 4 章详细讨论了隐私威胁。
- **隐私漏洞（privacy vulnerability）**：系统设计、实现或运行和管理中的缺陷或弱点，可能被有意或无意地利用，从而违反系统的隐私策略并破坏 PII。第 4 章详细讨论了隐私漏洞。
- **隐私侵犯（privacy breach）**：在处理 PII 时违反了一项或多项相关隐私保护要求的情况。
- **隐私损害（privacy harm）**：因处理 PII 而给个人带来的不利经历。
- **隐私影响（privacy impact）**：有问题的数据行为造成的成本大小或损害程度。
- **隐私控制（privacy control）**：在组织内为满足隐私要求而采用的管理、技术和物理保护措施。
- **隐私风险（privacy risk）**：个人在数据处理过程中遇到问题的可能性和出现问题的影响。
- **隐私风险评估（privacy risk assessment）**：识别、评估数据处理中的特定风险并对其进行优先级排序的过程。
- **隐私风险管理（privacy risk management）**：一套跨组织识别、评估和应对隐私风险的过程。

图 11-7 改编自 NIST 安全风险管理框架（见图 11-4），给出了 PIA 的范围。

> **说明**
>
> 这是 ISO 29134 和 GDPR 中定义的范围。一些文档将 PIA 限制为隐私风险评估，而另一些文档则将 PIA 扩展为包括所有隐私风险管理。

请注意，**隐私影响评估**这一术语在两个方面用词不当。首先，PIA 并不是简单地评估影响，而是评估隐私风险。其次，PIA 不局限于评估，还包括确定风险处理的控制措施。

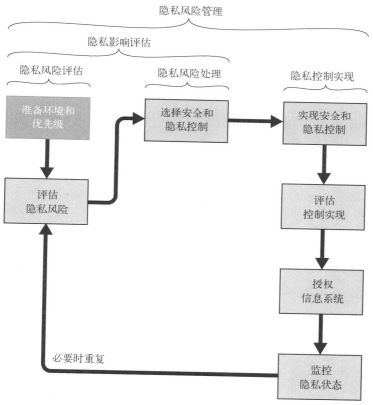

图 11-7　隐私风险管理框架

PIA 过程的核心是隐私风险评估，本节将对此进行研究。11.4 节将讨论整个 PIA 流程。

图 11-8 说明了确定隐私风险的过程，这与确定信息安全风险基本相同（参见图 11-1）。图 11-8 中的详细信息基于法国数据保护局的文件［CNIL12］中提出的概念，随后由欧盟工作组进行了改进［SGTF18］。关于 PIA 流程的另一个有用讨论来自英国数据保护办公室的（*Data Protection Impact Assessment*）数据保护影响评估文件）［ICO18］。

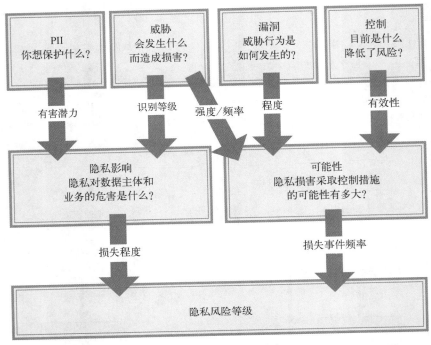

图 11-8   确定隐私风险

11.3.1   隐私影响

图 11-8 的左侧部分用于确定隐私影响。该分析涉及确定组织对哪些 PII 进行收集、处理、存储或传输，以及哪些数据行为可能构成威胁。应用于 PII 的威胁结果是隐私影响，相当于隐私损害。

威胁

PIA 主要关注的是隐私侵犯对个人的影响。第 4 章讨论了潜在隐私威胁。总而言之，隐私威胁可分为以下几类：

- **挪用（appropriation）**：以超出个人预期或授权的方式使用 PII。当以个人会反对或非预期的方式使用个人信息时，就会发生挪用。
- **曲解（distortion）**：使用或传播不准确或具有误导性的不完整的个人信息。曲解会以不准确、不讨好或贬低的方式呈现给用户。
- **诱导性披露（induced disclosure）**：泄露个人信息的压力。当用户被迫提供与交易目的或结果不相称的信息时，就会发生诱导性披露。诱导性披露包括利用对必要（或认为必要）服务的访问或特权。
- **不安全（insecurity）**：对 PII 的不当保护和处理。身份盗窃是一个潜在的后果，另一个可能的后果是通过更改某人的记录来传播关于此人的虚假信息。
- **监视（surveillance）**：跟踪或监视（monitoring）与服务目的或结果不相称的个人信息。

监视数据操作和有问题的监视数据操作之间的差异非常小。追踪用户的行为、交易或个人信息可能是出于保护用户免受网络威胁或提供更好的服务等操作目的，但当它导致隐私受到损害时，就成为监视。

- **预期外的披露**（unanticipated revelation）：以与上下文无关的方式使用数据，以意想不到的方式揭示或暴露个人或个人的某些方面。对大型数据集和不同数据集的聚合和分析可能会产生预期外的披露。
- **不必要的限制**（unwarranted restriction）：阻碍对 PII 的有形访问，限制对系统内信息存在的认识或对此类信息的使用。

隐私损害

组织通过开发存储于或流经组织信息系统的 PII 档案，并将其与潜在威胁交叉引用来确定潜在隐私损害。第 4 章讨论了潜在隐私损害。总而言之，影响可分为以下几类：

- **自决权的丧失**（loss of self-determination）：丧失个人主权或自由选择能力。这包括以下几类。

  - **丧失自主权**（loss of autonomy）：指不必要的行为改变，包括对言论或集会自由的自我限制。
  - **排除**（exclusion）：缺乏对 PII 的了解或访问权限。当个体不知道实体收集或可以利用的信息，或他们没有机会参与此类决策时，就减少了关于该实体是否适合拥有这些信息或者信息是否会以公平或平等的方式被使用的可问责性。
  - **丧失自由**（loss of liberty）：信息的不当暴露导致逮捕或拘留。即使在民主社会，不完整或不准确的信息也可能导致逮捕，信息的不当曝光或使用也可能导致政府权力的滥用。在非民主社会可能会出现更多危及生命的情况。
  - **物理伤害**（physical harm）：对个人的实际物理伤害。举个例子，如果个人的 PII 用于定位和访问与个人交互的网络物理系统，物理伤害就可能包括医疗设备传感器读数不准确、自动化胰岛素泵损坏引起的药物剂量错误或关键的智能汽车控制（如制动和加速）故障。

- **歧视**（discrimination）：对个人的不公平或不平等待遇。包括以下类别。

  - **侮辱**（stigmatization）：将 PII 与实际身份联系起来而造成的一种侮辱，从而导致尴尬、情绪困扰或歧视。例如，健康数据、犯罪记录等敏感信息或获得某些服务（如食品券或失业救济金）的信息可能会附加到个人身上，从而产生对他们的主观推断。
  - **权力失衡**（power imbalance）：指通过获取 PII 导致不合理的权力失衡，或利用、滥用获得者和个人之间的权力失衡获取 PII。例如，收集个人属性或分析其行为或交易可能导致各种形式的歧视或影响，包括差别定价或划界。

- **丧失信任**（loss of trust）：违反关于个人信息处理的隐含或明确的期望或协议。例如，向实体披露个人或其他敏感数据时，会对这些数据的使用、安全、传输、共享等方面产生许多期望。违规行为可能会让个人不愿参与进一步的交易。
- **经济损失**（economic loss）：由于身份盗窃以及在涉及个人信息的交易中未能获得公允价值而造成的直接经济损失。

与信息安全风险评估一样，对于隐私风险评估，组织必须根据对个人的危害程度来评估每种潜在危害的相对程度。

评估隐私影响很有挑战性，因为个人（而非组织）会直接受到隐私损害。为隐私影响分配等级很有挑战性，因为个人感受到的伤害可能会显著变化，特别是由于尴尬或其他心理原因产生的伤害。

关于组织损失，NISTIR 8062（An Introduction to Privacy Engineering and Risk Management in Federal Systems，联邦系统隐私工程和风险管理导论）建议，组织可以使用其他成本作为代理来帮助考虑个人影响，包括：

- 为个人造成的问题而产生的法律合规成本。
- 任务失败成本，如不愿使用系统或服务。
- 导致信任丧失的声誉成本。
- 在员工针对个人可能遇到的问题，评估其服务于公共利益的总体任务时，影响士气或任务效率的内部文化成本。

隐私影响评估

评估隐私影响的典型方法是查看造成影响的两个因素（参见图 11-8）：

- **有害潜力**（prejudicial potential）：对威胁的所有潜在后果造成的损害的估计。
- **识别等级**（level of identification）：对识别数据主体的容易程度的估计，该主体具有可用软件处理的可用数据。

识别潜在影响的典型方法是使用五个级别，例如非常低、低、中等、高和非常高。分析师可以考虑要保护的 PII 的类型和数量以及可能侵犯 PII 主体（数据主体）隐私的相关威胁。其他因素包括被破坏的 PII 的敏感性、受影响的 PII 主体数量以及组织影响程度。表 11-3 提供了定义示例，细分为对 PII 主体和对组织的成本的隐私损害。

表 11-3　隐私影响等级的定义

影　　响	对 PII 主体的影响	对组织的影响
非常低	几乎没有明显的影响	几乎没有明显的影响
低	可以忽略的经济损失；或暂时轻微降低声誉；或对其他个人因素没有影响	不违反法律、法规；或可忽略的经济损失；或暂时轻微降低声誉
中	可挽回的经济损失；或轻微降低声誉；或对其他个人因素影响不大	轻微违反法律、法规，处以警告；或可挽回的经济损失；或声誉下降
高	无法挽回的重大经济损失；或由于泄露敏感信息而严重损害声誉或造成其他心理损害；或对其他个人因素有严重影响	违反法律、法规，处以罚款、轻微处罚；或无法挽回的重大经济损失；或严重而持久的名誉损失
非常高	无法挽回的重大经济损失；或造成长期或者永久后果的严重名誉损失或其他心理损害；或对其他个人因素有严重影响	严重违反法律、法规，处以重大罚款或者其他处罚；或无法挽回的重大经济损失；或毁灭性的、长期的名誉损失

表 11-4 提供了五个识别等级的细分，并附有每一个等级的示例。对于给定的威胁类别，如果某个威胁能够访问组织资产上的 PII，那么 PIA 分析员可以估计识别个人的难度有多大。

表 11-4 识别等级

等 级	定 义	示例（大规模人口数据库）
非常低（1）	利用个人数据识别个人似乎几乎是不可能的	只使用个人的姓进行搜索
低（2）	使用个人数据识别个人似乎很困难，但在某些情况下是可能的	使用个人全名进行搜索
中（3）	使用个人数据识别个人似乎只是中等难度	使用个人全名和出生年份进行搜索
高（4）	使用个人数据识别个人似乎相对容易	使用个人全名和出生日期进行搜索
非常高（5）	通过个人数据来识别个人似乎非常容易	使用个人全名、出生日期和邮寄地址进行搜索

以下是基于欧盟智能电网工作组 Data Protection Impact Assessment Template for Smart Grid and Smart Metering Systems（智能电网和智能计量系统的数据保护影响评估模板）文档［SGTF18］提出的将有害潜力和识别等级相结合的方法。该方法包括以下步骤：

1. 确定与组织环境相关的隐私威胁类别列表。

2. 确定与每个威胁类别相关的主要资产。主要资产是一组分配在需要保护的特定 IT 系统上的一个或多个 PII。

3. 对于每个主要资产，确定可能发生的相关隐私损害。

4. 对于特定威胁造成的每一种潜在损害，将最符合有害影响的级别值（1 为非常低，5 为非常高）关联起来。

5. 对于每一项主要资产，将有害影响确定为潜在损害影响的最大值。

6. 对于每种威胁类别的每种主要资产，利用表 11-5 将识别程度和有害影响程度相加，并将其标准化为 1~5 的等级。其结果是对主要资产的隐私影响或严重性。

7. 给定威胁类别的严重性是所有相关主要资产严重性的最大值。

表 11-5 隐私影响标准化度量

识别等级+有害影响	影响或严重性
<4	非常低（1）
4~5	低（2）
6	中（3）
7	高（4）
>7	非常高（5）

11.3.2 可能性

NISTIR 8062 将隐私风险评估中的**可能性**（likelihood）定义为针对被系统处理 PII 的具有代表性或典型的个体发生有问题的威胁行动的估计概率。这是一个复杂的问题，涉及评估以下四个因素（参见图 11-8）：

- 有意或无意地尝试威胁行动的可能性。
- 威胁代理执行威胁事件的能力。
- 系统中可能导致尝试的威胁行为发生的漏洞。
- 由于现有或计划中的安全和隐私控制措施的有效性而降低的概率。

与影响评估一样，风险分析员可以对每一个因素使用五级度量，前两个因素与威胁有关。表 11-6a 和 b 显示了威胁能力和威胁事件频率的典型定义。

表 11-6　隐私可能性因素

a) 威胁源能力

等　　　级	能　　　力
非常低	威胁源没有实施威胁的特殊能力
低	威胁源具有有限的实施威胁的能力
中	威胁源具有恶意意图和适度实施威胁的能力
高	威胁源具有恶意意图和不受限制的管理特权来实施威胁
非常高	威胁源具有恶意意图和相当多的专门知识来实施威胁

b) 威胁事件频率

等　　　级	能　　　力
非常低	每年小于 0.1 次（少于 10 年一次）
低	每年 0.1 到 1 次
中	每年 1 到 10 次
高	每年 10 到 100 次
非常高	每年大于 100 次

c) 脆弱性

等　　　级	隐私违规的容易度
非常低	非常困难，需要持续的努力和专业知识
低	不能偶然发生；或需要详细的系统知识；或需要授权人员的帮助
中	需要一般的系统知识；或可以被有意执行
高	需要对系统有一定的了解；或可能是错误或粗心使用的结果
非常高	不需要系统的技术知识；或可能是错误或粗心使用的结果

d) 控制有效性

等　　　级	能　　　力
非常低	仅能抵御平均威胁人口中最低的 2%
低	仅能抵御平均威胁人口中最低的 16%
中	防御平均的威胁因素

（续）

等　　级	能　　力
高	防御除平均威胁人口前 16% 之外的所有威胁
非常高	防御除平均威胁人口前 2% 之外的所有威胁

关于漏洞，第 4 章讨论了潜在的隐私漏洞。总而言之，这些漏洞可以是：

- **技术漏洞**（technical vulnerability）：软件或硬件组件（包括应用软件、系统软件、通信软件、计算设备、通信设备和嵌入式设备）在设计、实现或配置上的缺陷。
- **人力资源漏洞**（human resource vulnerability）：关键人员依赖性、意识和培训方面的差距；纪律方面的差距以及访问的不当终止。
- **物理和环境漏洞**（physical and environmental vulnerability）：物理访问控制不足；设备位置不佳；温度/湿度控制不当；电力不当。
- **操作漏洞**（operational vulnerability）：缺乏变更管理；职责划分不充分；对软件安装缺乏控制，对媒体处理和存储缺乏控制；对系统通信缺乏控制；不适当的访问控制或访问控制程序的漏洞；系统活动记录和评审不充分；加密密钥控制不足；安全事故的报告、处理和解决方案不足；以及对安全控制有效性的监督和评估不足。
- **业务连续性和合规性漏洞**（business continuity and compliance vulnerability）：业务风险管理错位、缺失或流程不充分；业务连续性/应急规划不足，以及对治理策略和法规遵从性的监视和评估不充分。
- **政策和程序漏洞**（policy and procedure vulnerability）：隐私政策和程序不足以完全保护 PII，包括遵守 FIPP。
- **数据集漏洞**（dataset vulnerability）：去标识化措施上的漏洞；统计数据集中的 PII 掩蔽不够；对多个数据集分析发现 PII 的保护不够。

表 11-6c 提供了五级漏洞程度评估的示例定义，以隐私易泄露的程度表示。但是，分析人员需要考虑已为保护主要资产（PII 数据）的系统设计或计划的任何控制措施，以修改这些估计。该分析的结果是隐私泄露的剩余风险。然后分析人员可以使用与图 11-3a 中的 3×3 矩阵类似的 5×5 矩阵。最后，分析人员可以使用与图 11-3b 类似的矩阵来估计可能性，该可能性是威胁事件发生频率和脆弱性程度的函数。作为替代，分析人员可以使用每个级别的数值等效项（非常低 = 1，依此类推），取两个因子的总和，然后使用与表 11-5 中相同的标准化方法进行标准化处理。因此，脆弱性是通过取威胁能力和抵抗强度的标准化总和来计算的。然后，通过获取漏洞和威胁事件频率的标准化总和来计算可能性。

与影响评估一样，在进行隐私评估时，分析师需要针对每种威胁类别的每项主要资产执行可能性分析。

11.3.3　评估隐私风险

隐私风险评估基于对影响和可能性的估计。组织应针对每个主要资产（存储在系统中的 PII）和每个威胁类别进行评估。所使用的技术基本上与 11.1 节所述的信息安全风险评估技相同。

图 11-9 给出了定性风险评估矩阵的两个示例（与图 11-3 相比）。该矩阵为每个影响级别和可能性级别定义了风险级别。图中左侧矩阵的结构很常用。例如，ISO 29134（Guidelines for Privacy Impact Assessment，隐私影响评估指南）使用了这种结构的 4×4 矩阵。右边的结构适合更保守或规避风险的组织。

对于每个主要资产和威胁类别，组织应根据风险在矩阵中的位置和组织使用的风险标准设置优先级。以下是五种风险等级的典型指南：

- 非常高：必须通过实施降低影响和可能性的控制措施，来绝对避免或显著降低这些风险。推荐实践表明，组织应实施独立的预防控制（损害事件之前采取的行动）、保护（损害事件期间采取的行动）和恢复（损害事件之后采取的行动）措施［SGTF18］。
- 高：应通过实施适当减少影响或可能性的控制措施来避免或减少这些风险。例如，图 11-9 左侧的矩阵具有高风险条目，它的影响很大，可能性很小。在这种情况下，重点是减少影响。如果影响相对较高且可能性较低，则应对这些风险的重点应放在预防上，而如果影响相对较低且可能性较高，则应着重于恢复。
- 中：中等风险的方法与高风险的方法基本相同。不同之处在于，中等风险的优先级较低，并且组织可以选择投入较少的资源来解决这些风险。
- 低：组织可能愿意接受这些风险而无须进一步实施控制，尤其是在处理其他安全或隐私风险的同时也降低了这种风险的情况下。
- 非常低：组织可能愿意接受这些风险，因为进一步减少这些风险并不具有成本效益。

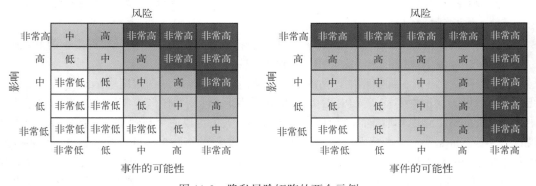

图 11-9　隐私风险矩阵的两个示例

11.4　隐私影响评估

如本章前面的图 11-7 所示，PIA 涉及隐私风险评估和隐私风险处理计划。ISO 29134 为执行 PIA 提供了有用指导。图 11-10 总结了 ISO 29134 中定义的 PIA 流程。该图左下角的两个框实际上并不是 PIA 流程的一部分，而是提供了 PIA 融入整体隐私风险管理方案的方法。本节关注其他框中定义的步骤。

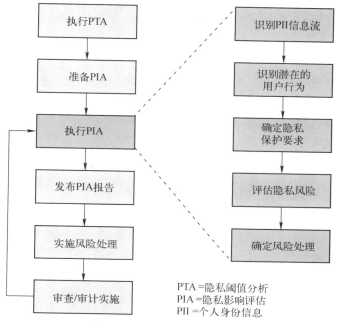

PTA =隐私阈值分析
PIA =隐私影响评估
PII =个人身份信息

图 11-10　ISO 29134 PIA 流程

11.4.1　隐私阈值分析

隐私阈值分析（Privacy Threshold Analysis，PTA）是一项简短的评估，要求系统所有者回答有关其系统性质以及系统是否包含 PII 的基本问题，以确定需要 PIA 的系统。这种方法能够使代理机构确保系统在开发的最早阶段进行 PIA 流程（如果需要）。

SP 800-53 包含对需要 PIA 的条件的有用描述：

在以下情况发生之前，对可能构成隐私风险的系统、程序或其他活动进行隐私影响评估：

a. 开发或获取用于收集、维护或传播可识别信息的信息技术；

b. 启动一个新的信息收集：

1. 将使用信息技术收集、维护或传播；

2. 包括允许特定个人进行现实或在线联系的可识别信息。前提是向 10 名或 10 名以上的人员（代理、机构或组织员工除外）提出了相同的问题或相同的报告要求。

典型的 PTA 包含以下信息：

- 系统描述。
- 收集或使用了哪些 PII（如果有）。
- 从谁那里收集 PII。

如果未收集或使用任何 PII，或者 PII 不存在任何隐私风险，则 PTA 文档将表明不需要 PIA。否则，PTA 文档建议使用 PIA。通常，隐私主管会审核 PTA，以对是否需要 PIA 做出最终决定。

11.4.2 准备 PIA

准备 PIA 应该是战略安全和隐私计划的一部分。准备 PIA 的重要部分如下：

- **确定 PIA 团队并提供指导**（identify the PIA team and provide it with direction）。隐私主管应对 PIA 负最终责任。隐私主管以及其他隐私人员应确定 PIA 的范围和所需的专业知识。根据组织的规模和所涉及的 PII 数量，团队可能需要信息安全专家、隐私顾问、运营经理、伦理学家、业务任务代表等人员。隐私主管或隐私团队应定义风险标准，并确保高级管理层批准这些标准。
- **准备 PIA 计划**（prepare a PIA plan）。PIA 负责人（PIA 评估者）应制定计划，以详细说明人力资源、业务案例以及执行 PIA 的预算。
- **描述此 PIA 的主题系统或项目**（describe the system or project that is the subject of this PIA）。此描述应包括系统或项目的概述，总结系统设计、涉及的人员、进度和预算。描述应集中于被处理的 PII。PII 讨论应指出收集和处理了什么 PII、目标、哪些 PII 主体受到影响、PII 的处理涉及哪些系统和过程，以及 PII 处理遵循什么隐私政策。
- **确定利益相关者**（identify stakeholders）。评估者应指出谁对该项目、技术或服务感兴趣或可能受到影响。

11.4.3 识别 PII 信息流

要了解在给定系统或项目中使用 PII 所涉及的隐私风险，对 PII 如何流入、通过和流出系统的完整描述至关重要。工作流图是一个有用的工具，用于确保记录了 PII 处理的所有方面。来自 ISO 29134 的图 11-11 是 PII 处理的典型示例工作流程。评估者应评论并指出工作流程中每个点对隐私的潜在影响。

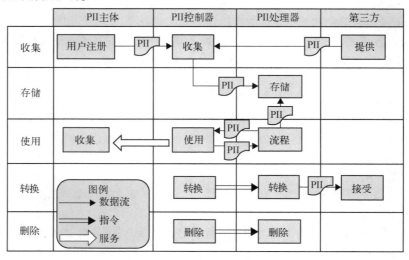

图 11-11 PII 处理的工作流程图

11.4.4　识别潜在的用户行为

评估者需要识别可能无意中影响隐私的用户行为。示例包括错误地修改 IT 设备上的操作系统安全设置以及易受社会工程攻击的程度。该文档可以作为用户培训和意识计划的指南。

11.4.5　确定相关的隐私保护要求

评估者需要确定哪些隐私保护要求与此系统或过程相关。这些要求可以分为以下几个方面：

- **法律法规**（legal and regulatory）：确定适用于此案例的法律法规。
- **合同规定**（contractual）：确定合同要求了哪些隐私保护措施。
- **业务**（business）：确定适用于业务运营的隐私保护措施。这些包括组织在信息安全和隐私系统设计中通常使用的行业准则、最佳实践文档和标准，以及适用于此案例的组织隐私政策。
- **个人**（individual）：确定哪些 FIPP 与本案例有关。

这些保护要求可作为说明需要实施哪些隐私控制的指南。

11.4.6　评估隐私风险

隐私风险评估包括三个步骤：

1. **风险识别**（risk identification）：评估者可以识别适用于此案例的潜在威胁和系统漏洞。
2. **风险分析**（risk analysis）：如 11.4 节所述，评估者计算每种潜在影响的风险等级。
3. **风险评估**（risk evaluation）：评估者根据隐私对 PII 主体的严重程度以及对组织的总体影响，确定隐私风险的相对优先级。

11.4.7　确定风险处理

PIA 的最后一步是确定对已识别风险采用哪种风险处理方法。这涉及三个任务：

- 选择处理方案。
- 确定控制措施。
- 创建风险处理计划。

选择处理方案

11.2 节介绍了风险处理方案，包括风险降低、风险保留、风险规避和风险转移。评估者必须为每种已识别隐私风险推荐最合适的处理方案。针对每种风险的处理方案决策涉及多个因素之间的平衡，尤其是每种方案对组织的成本要求以及组织保护 PII 隐私的义务。

确定控制措施

对于评估者选择降低风险的每种风险，责任隐私人员需要选择适当的安全和隐私控制组合，以减轻或消除风险。隐私主管可以执行此任务，也可以将其分配给一个或多个其他隐私人员，包括隐私评估者。首选应该是使用行业标准控件，例如 ISO 29151（Code of Practice for Personally Identifiable Information Protection，个人身份信息保护实践守则）和 NIST SP 800-53 中定义的控件。

创建风险处理计划

评估者应为每种已识别风险制定风险处理计划，其中应包括以下信息：

- 选择此处理方案的理由。
- 具体实施的控制措施。
- 处理后的剩余风险。
- 成本/效益分析的结果。
- 实施负责人。
- 时间表和资源。
- 如何监控和评估实施情况。

11.4.8 PIA 报告

PIA 报告记录了 PIA 流程。但是，PIA 流程是一个持续的活动，如图 11-10 中的返回循环所示。新信息可能会导致返回 PIA 流程，进而导致更新 PIA 报告。PIA 报告的目标包括：

- 证明 PIA 流程是根据组织的政策执行的。
- 为实施后审查提供基础。
- 为信息隐私审计提供输入。
- 如果有必要对该项目的 PIA 流程进行迭代，则提供书面依据。

基于对澳大利亚、加拿大、新西兰、英国和美国的许多示例 PIA 报告的回顾，PIAF 项目［PIAF 11］建议 PIA 报告应：

- 阐明 PIA 是否足够早地启动，以便有时间影响结果。
- 指出谁执行了 PIA。
- 包括对要评估的项目的描述，其目的以及任何相关的上下文信息。
- 映射信息流（即如何收集、使用、存储、保护和分发信息，将数据保留给谁，以及保留多长时间）。
- 根据相关法规检查项目的合规性。
- 确定隐私风险或影响。
- 确定避免或减轻风险的解决方案或选项。
- 提出建议。
- 在组织的网站上发布报告并使其可以被轻松找到，或者，如果未发布 PIA 报告（即使是已编辑的形式），则应解释为何未发布该报告。
- 确定进行了哪些协商以及与哪些利益相关方进行了协商。

PIAF 项目报告［PIAF11］包含许多 PIA 报告的示例，这些示例对于组织设计自己的报告格式非常有用。

11.4.9 实施风险处理

一旦 PIA 报告得到高级管理层的批准，负责隐私风险处理的个人或团队便可以实施已批准的控制措施。在实施之前，组织应为开发人员和用户提供适当的培训，以确保充分考虑隐私影响。

11.4.10 审查/审计实施

组织应指定个人或团体来评估隐私风险处理实施的运营有效性。第 13 章将讨论该主题。当确定实施存在不足或有了新要求时，组织应强制要求更新 PIA。

11.4.11 示例

读者可能会发现检查真实的 PIA 示例很有用。这两个文件很有价值：欧盟智能电网工作组的 Data Protection Impact Assessment Template for Smart Grid and Smart Metering Systems（智能电网和智能计量系统数据保护影响评估模板）［SGTF18］，以及覆盖了新西兰集成数据基础设施，由新西兰统计局发布的 Privacy Impact Assessment for the Integrated Data Infrastructure（集成数据基础设施的隐私影响评估）［SNZ12］。此外，美国国土安全部还维护着由各种政府机构制作的可公开获取的 PIA 清单（https://www.dhs.gov/privacy-impact-assessments）。

11.5 关键术语和复习题

11.5.1 关键术语

asset	资产	privacy risk management	隐私风险管理
data protection impact assessment	数据保护影响评估	privacy risk reduction	隐私风险降低
impact	影响	privacy risk retention	隐私风险保留
level of risk	风险等级	privacy risk transfer	隐私风险转移
likelihood	可能性	privacy risk treatment	隐私风险处理
privacy breach	隐私侵犯	privacy threshold analysis	隐私阈值分析
privacy control	隐私控制	privacy vulnerability	隐私漏洞
privacy harm	隐私损害	privacy threat	隐私威胁
privacy impact	隐私影响	qualitative risk assessment	定性风险评估
privacy impact assessment	隐私影响评估	quantitative risk assessment	定量风险评估
privacy risk	隐私风险	risk	风险
privacy risk assessment	隐私风险评估	risk acceptance	风险接受
privacy risk avoidance	隐私风险规避	risk analysis	风险分析
privacy risk evaluation	隐私风险评估	risk assessment	风险评估

（续）

risk avoidance	风险规避	risk transfer	风险转移
risk evaluation	风险评估	risk treatment	风险处理
risk identification	风险识别	security control	安全控制
risk management	风险管理	threat	威胁
risk reduction	风险降低	vulnerability	脆弱性
risk retention	风险保留		

11.5.2　复习题

1. 确定风险的四个因素是什么，它们如何相互关联？
2. 区分定性和定量风险评估。
3. 解释术语**剩余风险**。
4. 解释 NIST 风险管理框架中的步骤。
5. 描述各种风险处理方案。
6. 隐私风险评估和隐私影响评估之间有什么区别？
7. 隐私影响与信息安全影响有何不同？
8. 什么是隐私阈值分析？
9. 描述准备 PIA 的建议步骤。
10. PIA 报告应包含哪些内容？

11.6　参考文献

ASHO17: Ashok, I. "Hackers Spied and Stole from Millions by Exploiting Word Flaw as Microsoft Probed Bug for Months." *International Business Times*, April 27, 2017.

CNIL12: Commission Nationale de l'Informatique et des Libertés. *Methodology for Privacy Risk Management.* 2012 https://www.cnil.fr/sites/default/files/typo/document/ CNIL-ManagingPrivacyRisks-Methodology.pdf

ICO18: U.K. Information Commissioner's Office. *Data Protection Impact Assessments.* 2018. https://ico.org.uk/for-organisations/guide-to-data-protection/guide-to-the-general-data-protection-regulation-gdpr/data-protection-impact-assessments-dpias/

KEIZ17: Keizer, G. "Experts Contend Microsoft Canceled Feb. Updates to Patch NSA Exploits." *ComputerWorld*, April 18, 2017.

PIAF11: PIAFProject. *A Privacy Impact Assessment Framework for Data Protection and Privacy Rights.* Prepared for the European Commission Directorate General Justice. 21 September 2011. https://www.piafproject.eu/

SGTF18: E.U. Smart Grid Task Force. *Data Protection Impact Assessment Template for Smart Grid and Smart Metering Systems.* September 2018. https://ec.europa.eu/energy/en/topics/markets-and-consumers/smart-grids-and-meters/smart-grids-task-force/data-protection-impact-assessment-smart-grid-and-smart-metering-environment

SNZ12: Statistics New Zealand. *Privacy Impact Assessment for the Integrated Data Infrastructure.* 2012. http://archive.stats.govt.nz/browse_for_stats/snapshots-of-nz/integrated-data-infrastructure/keep-data-safe/privacy-impact-assessments/privacy-impact-assessment-for-the-idi.aspx

第 12 章

隐私意识、培训和教育

学习目标：

经过本章的学习，你应当具备以下能力：

- 描述网络安全学习的四个阶段；
- 讨论隐私意识计划的目标和所需内容；
- 了解基于角色的培训要素；
- 讨论可接受的使用策略的作用和典型内容。

信息隐私计划的关键要素是隐私意识、培训和教育计划。它是向所有员工，包括 IT 员工、IT 安全员工和管理人员以及 IT 用户和其他员工，分发隐私信息的方法。对于每个个人角色而言，具有高度隐私意识并进行适当隐私培训的员工，其重要性与任何隐私对策或控制措施一样重要，甚至更为重要。

两份重要的 NIST 出版物 SP 800-16（A Role-Based Model for Federal Information Technology/Cybersecurity Training，联邦信息技术/网络安全培训基于角色的模型）和 SP 800-50（Building an Information Technology Security Awareness and Training Program，建立信息技术安全意识和培训计划）是这一领域的宝贵资源，本章借鉴了这两份文件。NIST SP 800-50 在更高的战略层面讨论如何建立和维护信息安全意识和培训计划；NIST SP 800-16 解决了更高的战术层面的问题，讨论了意识–培训–教育框架、基于角色的培训和课程内容考虑。两份出版物都定义并描述了一个网络安全学习框架，该框架描述了整个组织中各部分的学习流程，包括四个层次（见图 12-1）：

- 安全意识（awareness）：一系列解释和提升安全性、建立问责制并向员工通报安全新闻的活动。所有员工都需要参加安全意识计划。
- 网络安全基本程序（cybersecurity essential）：旨在开发使用 IT 资源的安全做法。以任何方式参与 IT 系统的员工（包括承包商员工）都需要进行此级别的学习。它通过提供关键安全术语和概念的通用基准，为后续的专门培训或基于角色的培训奠定了基础。
- 基于角色的培训（role-based training）：旨在为与信息系统相关的个人角色和职责提供特定的知识和技能。培训支持能力发展，并帮助人员理解和学习如何履行其安全职责。
- 教育/认证（education/certification）：将各种功能性专业的所有安全技能和能力整合到一个共同的知识体系中，并添加对概念、问题和原则（技术和社会）的多学科研究。

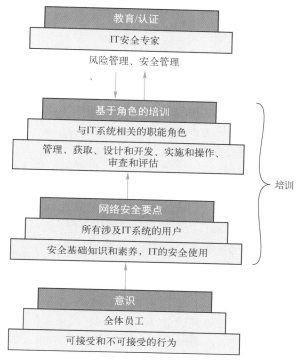

图 12-1　网络空间安全学习框架

　　图 12-1 中描述的概念与安全有关，也同样适用于隐私。12.1 节和 12.2 节将介绍隐私意识、培训和教育；12.3 节将研究可接受的使用政策的相关主题。

12.1　信息隐私意识

　　本节讨论了两个关键概念：

- **隐私意识**（privacy awareness）：员工对信息隐私重要性的理解程度，组织存储和处理的个人信息所需的隐私级别，以及他们的个人隐私责任。
- **隐私文化**（privacy culture）：员工根据其个人隐私责任表现出预期隐私行为的程度以及组织存储和处理的个人信息所需的隐私级别。

　　因为所有员工都有保护个人身份信息（PII）的有关职责，所以所有员工都必须接受适当的意识培训。该培训旨在使个人的注意力集中在一个或多个问题上。意识培训是以各种形式不断向用户推送隐私消息的计划。隐私意识计划必须覆盖所有员工，而不仅仅是能够访问 IT 资源的员工。所有员工都应该关注诸如物理安全、接纳访客的协议、社交媒体规则和社会工程威胁等问题。

　　组织的总体目标应该是制定一个隐私意识计划，该计划渗透到组织的各个级别，并能够成功地促进有效的隐私文化。为此，意识计划必须持续进行，重点关注各种人的行为，对其进行监控和评估。

隐私意识计划的具体目标应包括：

- 为一系列与信息隐私相关的意识、培训和教育活动提供焦点和驱动力，其中一些活动可能已经到位，但可能需要进行更好地协调并且变得更有效。
- 传达保护 PII 所需的重要建议准则或做法。
- 向需要的人提供有关信息隐私风险和控制的一般和特定信息。
- 使个人意识到他们在信息隐私方面的责任。
- 激励个人采用推荐的准则或做法。
- 确保隐私意识计划受风险因素驱动。例如，可以根据他们的工作职能、对资产的访问级别、访问权限等将风险级别分配给不同的个人组。
- 使员工了解不同类型的不当行为，即恶意、过失和意外行为，以及如何避免过失或意外行为，如何识别他人的恶意行为。员工应了解以下概念。
    - 恶意行为（malicious behavior）：有造成伤害的动机，有意识地做出不当行为（例如，在去竞争对手单位任职之前复制业务文件、泄露敏感信息、滥用信息谋取私利）。
    - 过失行为（negligent behavior）：没有造成伤害的动机，但有意识地做出不当行为（例如，使用未经授权的服务或设备以节省时间、提高生产率或实现远程工作）。
    - 意外行为（accidental behavior）：没有造成伤害的动机，无意识地做出不当行为（例如，将敏感信息通过电子邮件发送给未授权的收件人、打开恶意电子邮件附件、在公开服务器上发布个人信息）。
- 通过广泛理解信息隐私，建立更强的隐私文化。
- 帮助增强现有信息隐私控制的一致性和有效性，并可能促进采用具有成本效益的控制。
- 帮助最小化信息隐私泄露的数量和范围，从而直接（例如被病毒损坏的数据）和间接（例如减少调查和解决漏洞的需求）地降低成本。

12.1.1 安全意识主题

ISO 29151（Code of Practice for Personally Identifiable Information Protection，个人身份信息保护实践守则）就隐私侵犯的后果指出了意识计划涵盖的三个主要主题：

- 对于组织（例如法律后果、业务损失、品牌或声誉受损）。
- 对于 PII 主体（例如身体、物质和情感后果）。
- 对于所有工作人员（例如纪律处分）。

员工意识部分的一个很好的例子是美国国土安全部使用的简短视听演示文稿（https://www.dhs.gov/xlibrary/privacy_training/index.htm）。该演示文稿包含以下主题：

- 公平信息实践原则（FIPP）。
- PII 的定义。
- 组织中收集/处理 PII 的元素。
- 不保护 PII 的潜在后果——对于组织、受害者和造成隐私事件的人员。

- 何时报告隐私事件。
    - 丢失、允许或目击对 PII 未经授权的访问。
    - 意外释放 PII。
    - 滥用敏感 PII。
    - 文件或系统受到威胁时。
    - 怀疑有上述情况发生时。

12.1.2　隐私意识计划沟通材料

意识培训计划的核心包括用于传达隐私意识的沟通材料和方法。意识计划的设计有两种选择：内部材料和外部获得的材料。一个设计良好的程序很可能会同时使用两种材料。

NIST SP-100（Information Security Handbook：A Guide for Managers，信息安全手册：管理者指南）列出了意识计划的以下必要元素：

- 工具（tool）：隐私意识工具通过解释信息隐私的内容而非方式，通过沟通什么是允许的，什么是不允许的，来促进信息隐私并告知用户影响其组织和个人工作环境的威胁和漏洞。意识培训不仅传达了需要遵守的信息隐私政策和程序，而且也为对违规行为采取制裁和纪律行动提供了基础。意识培训用于解释使用组织信息系统和信息的行为准则，建立与信息系统和信息的可接受使用相关的期望水平。工具类型包括
    - 活动，例如隐私保护日。
    - 宣传资料。
    - 简介（程序、系统特定或发行特定）。
    - 行为准则。

- 沟通（communication）：隐私意识工作的很大一部分是与用户、经理、主管、系统所有者和其他人沟通。需要制定沟通计划来确定利益相关者、要沟通的信息类型、沟通的渠道以及信息交换的频率。该计划还需要确定沟通是单向还是双向。支持沟通的活动包括
    - 评估（按当前/未来模式）。
    - 战略计划。
    - 计划实施。

- 外联（outreach）：外联对于利用组织内的最佳实践至关重要。提供一站式隐私信息服务的门户网站会是一种有效的外联工具。门户网站上的所有成员都可以轻松访问策略、常见问题解答（FAQ）、隐私电子通信、资源链接以及其他有用信息。此工具可以促进一致且标准的消息的发布。

国际隐私专业人员协会（International Association of Privacy Professionals，IAPP）提供的资源：The Privacy in a Suitcase（https://iapp.org/resources/article/privacy-in-a-suitcase/）是很好的资料来源。它由独立的模块组成，这些模块提供了有关隐私和安全的基本主题的概述。The Privacy in a Suitcase 旨在教育非营利组织和小型企业有关隐私保护的基本原则和步骤，以保护他们的客户的个人信息。

12.1.3   隐私意识计划评估

就像其他信息隐私领域一样，组织需要一个评估指标以确保意识计划达成目标。欧盟网络和信息安全局（European Union Agency for Network and Information Security，ENISA）已开发出一套可用于意识计划评估的指标［ENIS07］，如表 12-1 所示。

表 12-1   衡量意识计划成功与否的指标

指　　标	注 意 事 项
因人为行为引起的安全事故数量	■ 能够快速显示行为的趋势和偏差 ■ 有助于了解根本原因并估计业务成本 ■ 可能不足以得出有意义的结果 ■ 可能是影响事故的其他因素
审查结果	■ 通常由能够为行为提供第三方保证的独立且知识丰富的人员进行 ■ 可能不会审查重要的意识领域
员工调查结果	■ 如果在特定培训前后使用，可用于衡量活动的有效性 ■ 如果足够大，可以提供员工行为的统计结论 ■ 需要以验证关键信息为目标 ■ 必须仔细设计，因为员工可能会用"预期"的答案而不是真实的行为来回应
员工是否遵循正确程序的测试	■ 用于实际测量行为，并强调培训后变化的非常好的方法 ■ 必须仔细规划和执行，因为可能违反雇佣和数据保护法 ■ 如果想让结果有意义，则需要足够大的样本
完成培训的员工人数	■ 需要决定课堂培训和计算机培训的结合方式 ■ 必须考虑哪些培训是强制性的 ■ 可能需要针对不同地区或区域进行定制 ■ 可能需要定期且花费高昂的更新

12.2   隐私培训和教育

隐私培训的对象是有权访问或负责收集、存储、处理 PII 的 IT 人员和其他人员。培训的目的是为这些人提供保护 PII 的知识和技能。组织的隐私培训政策应涵盖以下领域：

- 培训的角色和责任。
- 获得 PII 访问权限的培训先决条件。
- 培训频率和进修培训要求。

SP 800-122（保护个人身份信息机密性的指南，Guide to Protecting the Confidentiality of Personally Identifiable Information）列出了组织应与具有 PII 访问权限或职责的所有员工交流的主题，如下：

- PII 的定义。
- 适用的隐私法律、法规和政策。
- 数据收集、存储和使用 PII 的限制。
- 使用和保护 PII 的角色和责任。

- 适当处置 PII。
- 滥用 PII 的惩罚。
- 确认涉及 PII 的安全或隐私事件。
- PII 保留计划。
- 在应对 PII 相关事件和报告中的角色和责任。

作为培训计划的一部分，组织应让所有相关人员参加网络空间安全基本培训课程。除此之外，该组织的培训计划应根据个人的具体角色进行调整。

12.2.1　网络空间安全基本程序

网络空间安全基本程序有两个目的：它的主要功能是针对 IT 系统和应用程序的用户，包括公司提供的移动设备和 BYOD（Bring-Your-Own-Device），为这些员工制定合理的安全实践；其次，它通过提供关键安全术语和概念的通用基准，为后续的专门培训或基于角色的培训奠定了基础。

SP 800-16 将网络空间安全基本程序定义为一种程序，该程序可以提高个人对保护电子信息和系统所需的核心知识集的认识和应用能力。所有使用计算机技术或其输出产品的个人，无论其特定的工作职责是什么，都必须了解这些要点并能够应用它们。此级别的培训应针对特定的组织 IT 环境、安全策略和风险而定制。

应涵盖的主要主题包括：

- 网络空间安全的技术基础及其分类、术语和挑战。
- 通用信息和计算机系统安全漏洞。
- 常见的网络攻击机制、后果和使用动机。
- 不同类型的密码算法。
- 入侵、入侵者类型、技术和动机。
- 防火墙和其他入侵预防手段。
- 虚拟计算环境特有的漏洞。
- 社会工程及其对网络空间安全的影响。
- 基本安全设计原则及其在限制漏洞方面的作用。

12.2.2　基于角色的培训

基于角色的培训适用于在 IT 系统和应用程序中担任一定角色的所有特权和非特权用户。在这种情况下，术语**角色**（role）是指人员在组织内具备的职责和功能。基于角色的隐私培训允许拥有不同角色（例如人力资源和 IT）的员工接受针对其专业的培训。

培训与意识之间的最大区别在于，培训旨在教授允许个人执行特定功能的技能，而意识则旨在将个人的注意力集中在一个或多个问题上。

基于角色的培训的性质取决于个人在组织中的角色。SP 800-16 根据四个主要角色的不同来制定培训建议：

- **管理**（manage）：个人的工作职能包括监督程序或安全程序的技术方面；监督计算机系统、网络或应用程序的生命周期；或负责培训员工。
- **设计**（design）：个人的工作职能包括界定程序范围或开发程序、过程和架构；或设计计算机系统、网络或应用程序。
- **实施**（implement）：个人的职能包括实施计划、流程和政策；操作/维护计算机系统、网络或应用程序。
- **评估**（evaluate）：个人的职能包括评估上述任何行动的有效性。

SP 800-50 提供了一个为系统管理员培训 IT 安全课程的例子，该课程应详细说明应实施的管理控制、操作控制和技术控制。管理控制包括政策、IT 安全计划管理、风险管理和生命周期安全。操作控制包括人员和用户问题；应急计划；事件处理、意识和培训；计算机支持和操作；物理和环境安全问题。技术控制包括标识和身份验证、逻辑访问控制、审计跟踪和加密。

美国人事管理办公室（Office of Personnel Management，OPM）提供了另一个有用的角色细分 [OPM04]。OPM 根据角色列出了以下培训目标：

- 组织信息系统的**所有用户**（all users）每年必须至少接触一次安全意识材料。用户包括员工、承包商、学生、客座研究员、访客和其他可能需要访问组织信息系统和应用程序的人。
- **执行官**（executive）必须接受信息安全基础知识培训和安全规划及管理方面的政策级培训。
- **项目经理和职能经理**（program and functional manager）必须接受信息安全基础知识培训；安全规划和系统/应用程序安全管理方面的管理和实施级培训；系统/应用程序生命周期管理、风险管理和应急计划的管理和实施级培训。
- **首席信息官**（Chief Information Officer，CIO）、**IT 安全项目经理**（IT security program manager）、**审计师**（auditor）**和其他安全相关人员**（如系统和网络管理员、系统/应用安全员）必须接受信息安全基础知识培训和安全规划、系统和应用程序安全管理方面的广泛培训，系统/应用程序生命周期管理、风险管理和应急计划。
- **IT 职能管理和操作人员**（IT function management and operations personnel）必须接受信息安全基础知识培训；安全规划和系统/应用程序安全管理方面的管理和实施级培训；系统/应用程序生命周期管理、风险管理的管理和应急计划的实施级培训。

一个非常有用的资源是 SP 800-181（国家网络空间安全教育（NICE）网络空间安全劳动力框架倡议，National Initiative for Cybersecurity Education（NICE）Cybersecurity Workforce Framework）。本文件将网络空间安全责任人的培训和教育目标分为四个方面：

- **知识**（knowledge）：直接用于履行职能的一系列信息。该文件列出了 630 个与网络空间安全相关的独立知识领域。
- **技能**（skill）：应用对组织或个人的网络空间安全态势有影响的工具、框架、过程和控制的可观察能力。该文件列出了 374 个与网络空间安全相关的独立技能领域。
- **能力**（ability）：执行可观察行为或创造可观察产品的行为的能力。该文件列出了 176

个与网络空间安全相关的独立能力领域。

- **任务**（task）：与其他任务相结合，构成特定工作角色的工作的特定工作。该文件列出了 1007 个与网络空间安全相关的独立任务领域。

SP 800-181 将网络空间安全劳动力分为七个类别。每个类别都细分为多个专业领域，每个专业领域又细分为多个特定工作角色。SP 800-181 提供了工作角色与所需知识、技能、能力和任务之间的对应关系。这个非常详细的框架适合作为大型组织的指南。

12.2.3 教育与认证

教育与认证计划的目标是那些负有特定信息隐私责任的人，而不是那些负有其他 IT 责任但必须考虑隐私问题的 IT 员工。

信息隐私教育通常不在大多数组织意识和培训计划的范围内，它更适合于员工职业发展计划的范畴。通常，这种教育是由外部资源提供的，如学院或大学课程或专业培训计划。以下是此类计划的示例：

- **国际隐私专业人士协会**（International Association of Privacy Professionals，IAPP）：IAPP 是提供隐私相关认证的主要组织，它提供三种服务：认证信息隐私专业人士（Certified Information Privacy Professional，CIPP）、认证信息隐私管理人（Certified Information Privacy Manager，CIPM）和认证信息隐私技术（Certified Information Privacy Technologies，CIPT）。

- **国际信息系统安全认证联盟**（International Information System Security Certification Consortium（ISC)²）认证医疗信息安全和隐私从业人员（Certified HealthCare Information Security and Privacy Practitioner，HCISSP）：专为负责保护受保护健康信息（protected health information，PHI）的信息安全专业人员设计。

此外，以下信息安全计划对负有信息隐私责任的人很有用：

- **SANS 计算机安全培训和认证**（SANS Computer Security Training & Certification）：SANS 提供密集的沉浸式培训，旨在帮助参与者掌握保护系统和网络免受最危险威胁侵害（即被主动利用的威胁）所需的实际步骤。

- **全球信息保证认证（GIAC）安全要素（GSEC）**（Global Information Assurance Certification（GIAC）Security Essentials（GSEC））：该计划专为希望展示 IT 系统安全任务实践技能的 IT 专业人士而设计。本认证的理想受众除了了解简单的术语和概念外，还具备对信息安全的深入理解。

- **ISACA（信息系统审计和控制协会，Information Systems Audit and Control Association）认证的信息安全经理**（Certified Information Security Manager，CISM）：这个项目是为倾向于组织安全并希望展示在信息安全计划和更广泛的业务目标之间建立关系的能力的受众而设计的。本认证确保信息安全知识以及信息安全计划的开发和管理。

- **欧洲公共行政研究所（EIPA）**（European Institute of Public Administration（EIPA））：EIPA 提供了许多与信息隐私（在大多数欧盟政策和法规文件中被称为**数据保护**）相关

的课程，通过后将获得数据保护证书。

12.3   可接受的使用政策

可接受的使用策略（Acceptable Use Policy，AUP）是一种针对所有有权访问一个或多个组织资产的员工的安全或隐私政策。它定义了哪些行为是可以接受的，哪些行为是不可接受的。AUP 应当简洁明了，并且应当作为雇用条件，每个员工都签署一份表格，表明他或她已阅读并理解该政策并同意遵守其条件。

12.3.1   信息安全可接受的使用政策

MessageLabs whitepaper 的 Acceptable Use Policies—Why，What，and How（可接受的使用政策——原因、含义及方法）［NAYL09］建议使用以下过程开发 AUP：

1. **进行风险评估，以确定关注的领域**（conduct a risk assessment to identify areas of concern）。也就是说，作为风险评估过程的一部分，应确定需要加入 AUP 的要素。

2. **创建政策**（create a policy）。政策应针对已识别的特定风险进行调整，并包括责任成本。例如，如果公开客户数据，则组织将承担责任。如果由于员工的作为或不作为而未能保护数据，并且此行为违反了 AUP，或者如果明确执行了此政策，则可以减轻组织的责任。

3. **分发 AUP**（distribute the AUP）。这包括教育员工为什么需要 AUP。

4. **监视合规性**（monitor compliance）。需要一个监视和报告 AUP 合规性的过程。

5. **实施该政策**（enforce the policy）。违反 AUP 时，必须一致、公平地实施 AUP。

SANS 研究所提供了 AUP 模板的示例（https://www.sans.org/security-resources/policies/general/pdf/acceptable-use-policy）。该文档的核心是政策（policy）部分，其中涵盖以下领域：

- 一般用途和所有权，重点包括
  - 员工必须确保专有信息受到保护。
  - 仅在履行职责的授权和必要范围内访问敏感信息。
  - 员工必须对个人使用的合理性做出良好的判断。
- 安全和专有信息，重点包括
  - 移动设备必须符合公司的 BYOD 政策。
  - 系统级别和用户级别的密码必须符合公司的密码政策。
  - 员工在打开电子邮件附件时必须格外小心。
- 不可接受的使用——系统和网络活动，重点包括禁止以下行为。
  - 未经授权复制受版权保护的材料。
  - 除了开展公司业务，否则即使具有授权访问权限，也不能出于任何目的访问数据、服务器或账户。
  - 向他人透露账户密码或允许他人使用账户。
  - 关于保修的声明，除非属于正常工作职责。
  - 规避任何主机、网络或账户的用户身份验证或安全性。

- 　　■ 向外部方提供有关公司雇员的信息或名单。
- 不可接受的使用——电子邮件和通讯活动，重点包括禁止以下行为。
  - 任何形式的骚扰。
  - 任何形式的垃圾邮件。
  - 未经授权使用或伪造电子邮件标题信息。
- 不可接受的使用——博客和社交媒体，重点包括
  - 博客是可接受的，只要它以专业和负责任的方式进行，不违反公司政策，不损害公司的最大利益，并且不影响员工的正常工作职责。
  - 禁止发布任何可能损害公司或其员工的形象、声誉或商誉的博客。
  - 员工不得将个人陈述、观点或信念归于公司。

12.3.2　PII 可接受的使用政策

在信息隐私方面，AUP 应涵盖员工在 PII 方面的责任。AUP 应适用于处理、存储或传输 PII 的信息系统的任何用户，并应涵盖以下领域：

- **PII 影响级别**（PII impact level）：用户应确保已评估所使用的任何 PII 集的影响程度，并且用户应承担相应的 PII 保护责任。
- **移动计算设备**（mobile computing device）：在移动设备上存储或处理 PII 时需要获得特定批准。该政策应指定其他措施，例如日志记录和跟踪程序、使用加密、批准从工作场所移除设备、屏幕锁定以及其他措施。
- **远程访问**（remote access）：该政策应表明不鼓励远程访问，并且仅允许出于迫切的操作需求使用授权设备进行远程访问。该政策应指定所需的措施，例如基于证书的身份验证、连接时不活动的时间限制以及对 PII 远程存储的限制。
- **报告侵犯隐私行为**（reporting privacy breach）：该政策应规定在发生丢失或怀疑丢失 PII 或其他侵犯隐私行为时的用户责任。
- **PII 培训**（PII training）：该政策应表明用户必须完成 PII 培训，包括进修培训。

12.4　关键术语和复习题

12.4.1　关键术语

accidental behavior	意外行为	privacy certification	隐私认证
acceptable use policy	可接受的使用政策	privacy culture	隐私文化
cybersecurity essentials	网络空间安全基本程序	privacy education	隐私教育
malicious behavior	恶意行为	privacy training	隐私培训
negligent behavior	过失行为	role-based training	基于角色的培训
privacy awareness	隐私意识		

12.4.2   复习题

1. 网络空间安全学习框架的四个层次是什么？
2. 简要解释隐私意识和隐私文化之间的区别。
3. 区分恶意行为，过失行为和意外行为。
4. 隐私意识计划应涵盖哪些主题？
5. 用于影响意识培训的工具有哪些？
6. 网络空间安全基本程序计划应涵盖哪些主题？
7. 什么是基于角色的培训？
8. 解释可接受使用政策的概念。

12.5   参考文献

ENIS07: European Union Agency for Network and Information Security. *Information Security Awareness Initiatives: Current Practice and the Measurement of Success.* July 2008. https://www.enisa.europa.eu

NAYL09: Naylor, J. *Acceptable Use Policies—Why, What, and How.* MessageLabs whitepaper, 2009. http://esafety.ccceducation.org/upload/file/Policy/AUP%20Legal%20advice.pdf

OPM04: Office of Personnel Management. *Information Security Responsibilities for Employees Who Manage or Use Federal Information Systems.* 5 CFR Part 930. 2004.

第 13 章

事件监控、审计与事故响应

学习目标：

经过本章的学习，你应当具备以下能力：

- 理解安全事件和安全事故的区别；
- 列举在安全审计跟踪中收集的有效信息；
- 概述 SP 800-53 安全审计控制；
- 描述常用的隐私审计清单；
- 概述隐私事故管理过程。

本章介绍组织在实施隐私控制和政策之后进行的一系列活动。主要目标是评估隐私专项的有效性并应对隐私侵犯行为。13.1 节到 13.3 节介绍如何收集和评估与安全性和隐私控制有效性相关的信息；13.4 节讨论对侵犯隐私行为的应对处理。

13.1 事件监控

本节讨论记录、监控和管理信息安全事件的方法，并进一步讨论这些方法在信息隐私中的应用。

13.1.1 安全事件记录

在信息安全领域，通常将事件与事故区分开来：

- **安全事件（security event）**：组织认为对系统或系统环境有潜在安全影响的事件。安全事件能够识别可疑或异常行为。有时，我们能从大量事件中觉察到某个事故正在发生的迹象。
- **安全事故（security incident）**：对信息系统的机密性、完整性和可用性，或系统处理、存储、传输的信息构成实际或潜在的危害，或对安全政策、安全程序或可接受的可用政策构成违反或违反威胁的事件。安全事故也称为**安全违规（security breach）**。

这里引入一个相关概念：威胁情报（Indicator Of Compromise，IOC），它是一类安全事故。IOC 是用在可能表现为异常行为的攻击过程中的特定技术。NIST SP 800-53 （*Security and*

Privacy Controls for Information Systems and Organizations，信息系统和组织的安全和隐私控制）将 IOC 定义为在组织信息系统上（主机或网络级别）识别入侵的取证手段。IOC 为组织提供受侵客体或信息系统的有用信息。例如，受侵主机发现 IOC 可以创建注册表键值，网络流量 IOC 可提供链接到恶意命令和控制服务器的地址（Uniform Resource Locator，URL）或协议元素。将 IOC 快速分发和使用可以缩短信息系统和组织受到相同攻击的时间，从而提高信息安全性。

安全事件包括安全事故和非安全事故。例如，在证书颁发机构工作站中，安全事件可能包括下列内容：

- 记录操作人员登入/登出系统的行为。
- 执行加密操作（如签署数字证书或证书废除列表）。
- 执行加密卡操作（如创建、插入、删除或备份）。
- 执行数字证书生命周期操作（如密钥更新、续订、废除或更新）。
- 将数字证书发布到 X. 500 目录。
- 接收密钥泄露通知。
- 接收不适当的认证请求。
- 检测由加密模块报告的警报条件。
- 内置硬件自检失败或软件系统完整性检查失败。

其中后四个事件为安全事故。

安全事件的记录目标

日志用来记录在组织的系统和网络中发生的事件。安全事件记录的目标是识别可能导致信息安全事故的威胁、维护重要的安全相关信息的完整性和支持调查取证。有效的记录有助于企业重审与安全相关的事件、交互以及更改。企业可以通过查看诸如异常行为、未授权访问尝试、资源过量使用等事件记录来分析并确定原因。

可能的安全记录来源：

可供记录的安全事件来源广泛，包括：

- 服务器和工作站操作系统日志。
- 应用程序日志（如 Web 服务器、数据库服务器）。
- 安全工具日志（如防病毒、更改检测、入侵检测/防御系统）。
- 出站代理日志和终端用户应用程序日志。
- 用于本地用户和远程数据库或服务器之间通信（称为纵向通信）的防火墙和其他外围安全设备。
- 跨网域通信（称为横向通信）的数据中心存储元素之间的安全设备。此类通信可能涉及虚拟机和基于软件的虚拟安全功能。

海量日志源对企业安全管理提出了巨大的挑战。组织应建立一个中央存储库，以常规化格式存储日志。这一过程可能需要使用转换软件与合并软件，从而使日志的信息量可控。

记录内容

在确定要记录的事件类型时，组织必须考虑多种因素，包括相关的合规性义务、机构隐私政策、数据存储开销、访问控制需求以及在相应的时间段范围内监测和搜索大数据集的能力。可以记录的安全相关事件的示例如下：

- **操作系统日志**（operating system log）：记录用户登录/注销成功、用户登录失败、更改或删除账户、服务失败、更改密码、启动或停止某项服务、目标访问被拒绝以及目标访问变更等。
- **网络设备日志**（network device log）：记录防火墙允许或阻止通过的流量、传输的字节、使用的协议、检测到的攻击活动、更改用户账户以及管理员访问等内容。
- **Web 服务器**（Web server）：记录对于不存在文件、可嵌入 URL 的代码（SQL、HTML）的过量访问尝试，对服务器上并未实现的扩展的访问尝试、启动/停止 Web 服务及服务失败的消息、用户身份验证失败、无效请求以及服务器内部错误等内容。

13.1.2　安全事件管理

安全事件管理（Security Event Management，SEM）是识别、收集、监测、分析和报告安全相关事件的过程。SEM 的目标是从大量安全事件中提取属于事故的事件。SEM 从所有设备/节点和其他类似应用程序（如日志管理软件）中获取数据输入，通过安全算法和统计计算对收集到的事件数据进行分析，找出所有的漏洞、威胁或风险（见图 13-1）。

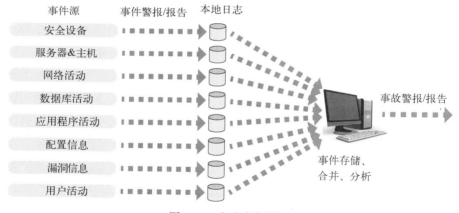

图 13-1　安全事件管理

正如前面章节所述，事件管理的第一阶段是以日志的形式收集事件信息。通常情况下，由设备生成事件信息并将其存储在本地日志中。生成事件信息需采取以下步骤：

- **标准化**（normalization）：为了有效管理，日志数据需要采用统一格式以便进一步处理。
- **过滤**（filtering）：本步骤包括为各类事件分配优先级。基于分配的优先级，大量事件可以暂时不进行深入分析，但可以将其归档以方便后续查看。
- **整合**（aggregation）：大型企业的 IT 设施每天可生成数百万个事件，可以将这些事件分类整合为更易于管理的数据。例如，如果某一特定类型的流量多次受到阻止，则将此类型流量及其在特定时间段内被阻止的次数记录为单个整合事件即可。

通过以上预处理可以减小数据量。下一步的目标是分析数据并生成安全事故警报。分析方向包括以下方面：

- **模式匹配**（pattern matching）：这涉及在存储事件记录的字段中查找数据模式。具有给定模式的事件集可能意味着安全事故。
- **扫描检测**（scan detection）：攻击很可能始于攻击者对 IT 资源的扫描，例如端口扫描、漏洞扫描或其他类型的 ping。来自单个源或少量源的大量扫描可能意味着安全事故的发生。
- **阈值检测**（threshold detection）：有一种直观的分析是检测阈值边界。例如，如果在特定时间段内某种事件发生的次数超过给定阈值，则可能构成事故。
- **关联事件**（event correlation）：关联包括使用来自多源的多个事件来推断是否有攻击或可疑活动发生。例如，如果某特定类型的攻击分多个阶段进行，则需要将记录这些活动的单独事件关联起来才能识别该攻击。关联还包括将特定事件与已知系统漏洞相关联，这种关联方法可能会分析出高优先级事故。

13.1.3 PII 相关事件记录

组织通常将*安全事件*限定为具有潜在安全影响的事件。此类事件可能是可疑或异常事件，也有可能是非异常事件。从隐私的角度来看，任何涉及个人身份信息（Personally Identifiable Information，PII）的访问都属于事件。

因此，针对每次 PII 访问，隐私事件日志都应记录以下内容：

- 所访问的是哪一个 PII。
- 所访问的 PII 的主体是谁。
- 此次事件所执行的操作（如读取、打印、添加、修改、传输、删除）。
- 执行操作的时间。
- 此次操作的责任主体。
- 使用的特权访问级别（如果有）（如系统管理员或操作员）。

日志本身可能包含与事故相关的 PII。因此，组织应使用诸如访问控制和加密之类的安全措施来确保所记录的信息仅用于既定目的，并维护日志文件的完整性。

NIST SP 800-53 为与日志相关的隐私保护提供了以下指南：

自动化的监控技术可能会带来意想不到的隐私风险，因为自动化的控件可能会连接到外部或其他不相关的系统。匹配系统之间的记录可能会产生联系，进而引发意想不到的后果。组织在隐私影响评估中评估并记录这些风险，并根据其隐私专项计划制定相应的决策。

实际的隐私侵犯或隐私政策违规构成了隐私事故。组织应该给出异常活动的定义，以检测疑似的隐私事故。

13.2 信息安全审计

一般而言，企业内部审计独立检查企业记录，以确定记录符合标准或策略。具体来说，安全审计与安全策略及其实施机制和过程有关。

本节介绍两个相关定义：

- **安全审计**（security audit）：独立审查和检验系统的记录和活动以确定系统控制适度且符合既定的安全策略和程序、检测安全服务的漏洞并对应对策略提出修改建议。
- **安全审计跟踪**（security audit trail）：按照时间先后顺序记录系统活动，以便从头到尾复现和检查导致相关安全事务的一系列操作、程序、事件的环境和活动。

安全审计机制并不与安全违规预防直接相关，而是与事件的检测、记录和分析相关。审计的基础目标是为系统实体建立可问责性，这些系统实体曾发起或参与了安全相关的事件和操作。因此，需要采取手段生成和记录安全审计踪迹并审查和分析审计踪迹，从而发现和调查安全违规。

13.2.1　收集数据并审计

收集数据的选取取决于诸多因素。首先，需要考虑收集数据量的大小，这取决于有价值的数据范围以及数据收集的粒度。其次，需要在数量和效率之间作权衡。收集的数据越多，系统的性能损耗就越大。数据量庞大可能会给检查和分析数据的各种算法增加不必要的负担。此外，数据量庞大会产生过量或过于冗长的安全报告。

基于以上注意事项，安全审计跟踪设计的第一要务就是选择要捕获的数据。需要捕获的数据包括：

- 与使用审计软件相关的事件。
- 与系统安全机制相关的事件。
- 所有供各种安全检测和预防机制使用而收集的事件，包括与入侵检测和防火墙操作相关的事件。
- 与系统管理和操作相关的事件。
- 操作系统访问（如系统调用）。
- 特定应用程序访问。
- 远程访问。

审计应能同时捕获正常和异常事件。其中很重要的一点是：无论一个连接（比如 TCP）请求是否异常或是否成功，它都可以作为安全审计跟踪记录的对象。相比于生成安全警报或向防火墙模块提供输入，为审计收集数据的需求更加重要。代表不会触发警报的行为的数据可以用来识别正常使用模式与异常使用模式，从而用作入侵检测分析的输入。同样地，在发生攻击的情况下，可能需要分析所有的系统活动，以诊断攻击并制定对策以供后续使用。

当安全管理员设计数据收集的审计策略时，对审计跟踪进行分类将有利于选择数据收集项。以下是有利于选择数据收集项的典型分类：

- **系统级审计跟踪**（system-level audit trail）：系统级审计跟踪通常用来监测和优化系统性能，同时又能够提供安全审计功能。系统强制执行某些安全策略，比如访问系统本身。系统级审计跟踪应捕获登录尝试（无论成功与否）、所使用的设备以及所执行的 OS 功能等数据。像系统操作和网络性能指标等其他系统级功能也可能有利于审计。
- **应用程序级审计跟踪**（application-level audit trail）：应用程序级审计跟踪可以检测到应

用程序内的安全违规行为，也可以检测到应用程序与系统交互中的缺陷。对于重要的或处理敏感数据的应用程序，应用程序级审计跟踪能够提供尽可能详尽的记录来评估安全威胁和影响。例如，电子邮件应用程序的审计跟踪可以记录发件人和收件人、邮件大小以及附件类型。使用 SQL（结构化查询语言）查询进行数据库交互的审计跟踪可以记录用户、事务类型，甚至记录访问的单个表、行、列或数据项。

- **用户级审计跟踪**（user-level audit trail）：用户级审计跟踪按时间跟踪用户活动。此类审计跟踪可以用来要求用户对其行为负责，也可以用作尝试定义正常行为与异常行为的分析程序的输入。用户级审计跟踪可以记录用户与系统的交互，比如记录发出的命令、身份验证和认证尝试以及所访问的文件和资源。审计跟踪还可以捕获用户如何使用应用程序。
- **网络级审计跟踪**（network-level audit trail）：网络级审计跟踪捕获各种各样的网络活动。企业使用这类审计跟踪来评估系统性能并执行负载均衡。这类审计跟踪还可以跟踪与安全性相关的数据，比如由防火墙、虚拟专用网络管理器和 IPsec 流量生成的数据。
- **物理访问审计跟踪**（physical access audit trail）：物理访问审计跟踪由控制物理访问的设备生成，而后传输到中央主机以供后续存储和分析。例如，此类设备有磁卡密钥系统和报警系统。

13.2.2　内部审计和外部审计

完善的审计策略应包括内部安全审计和外部安全审计。内部审计通常每季度一次或在重大安全事件之后由组织自行实施。外部审计通常由外部人员每年实施一次。

内部安全审计的目标应包括：

- 识别安全薄弱环节。
- 提供改进信息安全管理系统的时机。
- 向管理层提供有关安全状态的信息。
- 审查安全系统是否符合组织的信息安全策略。
- 查找并解决不合规情况。

外部安全审计的目标应包括：

- 评估内部审计流程。
- 确定各类安全违规的共性和复发频率。
- 确定常见原因。
- 为解决程序中的疏漏提供咨询和培训。
- 复查并更新策略。

13.2.3　安全审计控制

NIST SP 800-53 中定义的审计控件族可以为开发安全审计程序提供很好的参考。这些控件作为风险管理组织过程的一部分实施，具有灵活、可自定义的特点。

审计问责族由 16 个控件组成，部分控件具有一个或多个控件增强功能。增强功能可以增加基础控件的功能、特性或增强强度。16 个控件分类如下：

- **审计与问责策略和程序**（Audit and Accountability Policy and Procedures）：定义了安全审计策略的管理策略。
- **审计事件**（Audit Event）：侧重于审计事件的类型。审计事件的附加指南包括
  - 指定要审计的事件类型；
  - 验证系统是否可以审计指定事件类型；
  - 解释为什么可审计事件类型能够支持对安全和隐私事件的事后调查；
  - 协调安全审计功能与其他需要审计相关信息的组织实体。
- **审计记录的内容**（Content of Audit Record）：处理审计记录的内容，包括
  - 指定审计记录的内容，例如事件发生的类型、时间、地点、来源、结果以及与该事件关联的个人或主体的身份；
  - 为捕获内容提供集中管理和配置；
  - 限制审计记录中包含的 PII。
- **审计存储能力**（Audit Storage Capacity）：分配足够的存储容量以满足记录保留的需求。
- **审计处理失效响应**（Response to Audit Processing Failure）：向特定人员提供审计处理失效报警以及应对措施指导。
- **审计检查、分析和报告**（Audit Reviews，Analysis，and Reporting）：定期检查和分析安全审计记录，并报告给指定人员。
- **审计简化和报告生成**（Audit Reduction and Report Generation）：从审计记录中提供更有利于分析的简要信息。
- **时间戳**（Timestamp）：记录内部系统时钟的时间戳，并将所有时钟同步到单一时间源。
- **审计信息保护**（Protection of Audit Information）：提供对审计信息的技术或自动保护。
- **不可抵赖性**（Non-repudiation）：防止个人拒绝本应执行的审计相关的指定操作。
- **审计记录保留**（Audit Record Retention）：为制定记录保留策略提供指导。
- **审计生成**（Audit Generation）：为定义可审计事件类型的审计记录生成功能提供指导。
- **监测信息披露**（Monitoring for Information Disclosure）：监测开源信息（例如来自社交网站的信息）以发现未经授权泄露组织信息的证据。
- **会话审计**（Session Audit）：为授权用户提供并实施选择捕获/记录或查看/收听的用户会话的功能。
- **备用审计功能**（Alternate Audit Capability）：在主审计功能实施组织定义的备用审计功能失败时，为其提供备用审计功能。
- **跨组织审计**（Cross-Organizational Audit）：提供具备跨组织协调方法的审计功能，以满足组织使用外部组织的系统和/或服务的需求。

这组控件为规划和实施有效的安全审计功能提供了全面的指导。另外，如表 13-1 的最后

一列所示，一些控件还处理了隐私要求（S＝安全控件，P＝隐私控件）。

表 13-1 审计和问责控制类别

编　码	名　称	安全（S）/隐私（P）
AU-1	审计与问责策略和程序	S
AU-2	审计事件	S
AU-3	审计记录的内容	S, P
AU-4	审计存储能力	S
AU-5	审计处理失效响应	S
AU-6	审计检查、分析和报告	S
AU-7	审计简化及报告生成	S
AU-8	时间戳	S
AU-9	审计信息保护	S
AU-10	不可抵赖性	S
AU-11	审计记录保留	S, P
AU-12	审计生成	S, P
AU-13	监测信息披露	S
AU-14	会话审计	S
AU-15	备用审计功能	S
AU-16	跨组织审计	S, P

13.3 信息隐私审计

隐私审计既包括对策略和程序的详细审查，也包括对审计时实施的隐私控制措施有效性的评估。隐私审计的目标包括：
- 确定对适用的隐私法律和法规的遵守程度。
- 确定对合同义务的遵守程度。
- 指出隐私管理、操作和技术控制在要求和实际之间的差距（如果存在）。
- 为隐私修复和改进计划提供依据。
- 通过满足特定隐私标准来提高安全审计和评估过程的有效性和完整性。

13.3.1 隐私审计清单

隐私审计应包括对事件日志的审查以及对策略、程序和操作的评估。清单作为一个有效的指导，能够确保将所有的问题考虑在内。下面基于 Privacy Audit Checklist（隐私审计清单）文件［ENRI01］列出的清单进行讨论。

前期准备工作

在审计真正开始之前，需要做些准备工作来指导审计过程。首先，审计员应建立组织的环境，包括以下几点：

- 评估影响组织的法律/法规环境。
- 说明行业/贸易组织的隶属关系。（是否有政策和实践必须遵循的自律措施？）
- 考虑媒体环境。（是否存在某些评估期间应当关注的实践问题？即 cookie 使用、Web 漏洞使用或其他媒体热点问题。）

接下来，审计员应该执行或访问隐私影响评估（Privacy Impact Assessment，PIA）。PIA 将包括组织内所有 PII 的记录，尤其是敏感 PII（如医疗信息、财务信息、13 岁以下的儿童信息）。PIA 还将记录数据流，这些记录将有助于确定隐私相关信息的暴露程度。

从用户侧收集的信息

审计员应确定在用户知情与同意的情况下收集哪些信息，包括：

- **日志文件（log file）**：审计员应确定收集各类信息（如 IP 地址、浏览器类型、访问日期/时间）的目的。
- **cookie**：说明使用 Cookies 的理由以及是否允许其他公司通过网站向用户发送 Cookies。
- **合作方、第三方（partner，third party）**：向其他组织（比如业务合作方或第三方供应商）流入/流出的 PII 信息。

审计应解决信息共享问题，需考虑以下几点：

- 网站/组织是否可以共享、传输或发布信息给第三方？
- 网站是否包含访问其他网站的链接？会对隐私产生什么影响？
- 组织是否在从用户直接接收的信息的基础上补充了从第三方接收的其他信息？是否补充了在未经用户明确同意的机制下接收的信息？

考虑到需要控制个人信息的收集、使用和分发，审计应记录可供用户选择使用的加入/退出机制。

安全问题

审计员应记录并评估 PII 安全机制的有效性，包括以下几方面：

- **访问控制（access control）**：谁可以访问 PII？为什么可以访问？采取了哪些措施来防止非授权个人的访问或具有访问权限个人的非授权操作？
- **身份验证（authentication）**：评估身份验证控制以验证访问 PII 的个人身份。
- **数据完整性（data integrity）**，包括以下方面。
  - 有哪些限制可用来控制敏感数据与不受保护的数据的合并？
  - 是否有适当的机制允许用户访问其信息，以验证数据正确并且没有被修改或破坏？
  - 组织允许用户访问、修改和更正哪些信息？
  - 有哪些验证机制可以验证想要访问/更正其个人信息的用户的身份？
  - 如果用户的 PII 在使用中发生变化，如何通知该用户？

隐私政策评估

审计员应核实内部隐私政策声明是否符合所有法规和组织隐私政策并满足公平信息实践

原则（Fair Information Practice Principle，FIPP）。审计员应确保隐私政策完整且易于理解，并且针对此政策制定适当的培训和意识计划。

审计员应对组织的外部隐私政策或隐私声明进行类似的评估。第 8 章讨论了隐私声明，第 10 章讨论了隐私政策。

13.3.2 隐私控制

如表 13-1 所示，SP 800-53 中的四个审计和可问责性控制包括以下隐私元素：

- **AU-3 审计记录内容（AU-3 Content of Audit Record）**：控制增强 AU-3（3）处理审计记录内容中的限制 PII 元素。组织应具体列出审计记录中可能记录的内容。AU-3（3）在这方面的指导原则为，当出于操作目的不需要此类信息时，限制审计记录中的 PII 有助于降低系统产生的隐私风险的级别。
- **AU-11 审计记录保留（AU-11 Audit Retention）**：组织应规定保留审计记录的时间，以便为安全和隐私事件做事后调查提供支持。所规定的保留时间应同时满足法规和组织信息保留要求。
- **AU-12 审计生成（AU-12 Audit Generation）**：控制增强 AU-12（4）处理 PII 的查询参数审计，表示为"提供并实现对包含 PII 的数据集的用户查询事件的参数进行审计的功能。"查询参数是用户或自动化系统提交给系统以检索数据的显式条件。对系统中包含 PII 的数据集的查询参数进行审计，可以增强组织跟踪并了解授权人员访问、使用或共享 PII 的能力。
- **AU-16 跨组织审计（AU-16 Cross-Organizational Audit）**：当审计信息跨组织边界传输时，组织应使用其事先定义的方法在外部组织之间协调其事先定义的审计信息。维护跨组织边界请求特定服务的个人身份通常非常困难，这样做可能会对性能和隐私产生重大影响。

13.4 隐私事故管理和响应

ISO 27000（*Information Security Management Systems—Overview and Vocabulary*，信息安全管理系统——概述和词汇）将**信息安全事故管理**定义为由检测、报告、评估、响应、处理和学习信息安全事故组成的过程。类似地，信息隐私事故管理将这些问题作为信息隐私事故来处理，也称为**隐私侵犯**。

组织应使用广泛的**违规**定义，以最大程度地检测隐私违规的情况。可以参考美国管理和预算办公室备忘录［OMB17］中关于**隐私侵犯**的以下定义：

失控、违规、未经授权的披露、未经授权的获取或以下类似情况：非授权用户访问或可能访问 PII 以及授权用户以非授权目的访问或可能访问 PII。

13.4.1 隐私事故管理的目标

以下是与信息隐私事故管理有关的目标，组织应：

- 检测与隐私相关的事件并进行有效处理，尤其是确定何时将其归类为隐私侵犯行为。
- 以最适当、最有效的方式评估并响应已发现的隐私侵犯。
- 通过事件响应中的适当控制将隐私侵犯对组织及其运营产生的不利影响降到最低。
- 通过建立逐级向上汇报流程，协调危机管理和业务连续性管理的相关元素。
- 评估和缓解信息隐私漏洞，以防止或减少事故发生。
- 从信息隐私事故、漏洞及其管理中快速学习。这种反馈机制旨在增加防止将来发生信息隐私事故的可能性、改善信息隐私控制的实施和使用，并改善总体信息隐私事故管理计划。

以下文档可以为制定隐私事故管理计划提供指导：

- NIST SP 800-122：Guide to Protecting the Confidentiality of Personally Identifiable Information（保护个人身份信息机密性的指南）
- ISO 29151：Code of Practice for Personally Identifiable Information Protection（个人身份信息保护实践守则）
- 欧盟数据保护工作组 WP250：Guidelines on Personal Data Breach Notification Under the GDPR（GDPR 下的个人数据侵犯通知准则）
- OMB 备忘录 M-17-12：Preparing for and Responding to a Breach of Personally Identifiable Information（对侵犯个人身份信息行为的准备及应对）

当发生隐私事故时，许多组织会临时做出反应。由于隐私事故存在潜在成本，长期来看，开发一个能快速发现和响应此类事故的常规功能的成本效益会更大。该功能还可以用来支持对以往隐私事故的分析，从而提高预防和响应事故的能力。

SP 800-61（Computer Security Incident Handling Guide，计算机安全事故处理指南）定义了一个包含四个阶段的事故管理过程（请参见图 13-2）。SP 800-122 建议利用为信息安全事故管理建立的管理结构和过程，将隐私事故管理添加到每个阶段。

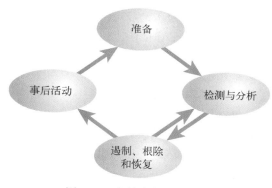

图 13-2　事故响应生命周期

13.4.2　隐私事故响应小组

大多数组织都希望创建一个正式的**隐私事故响应团队**（Privacy Incident Response Team, PIRT）。PIRT 是由组织中具备相应技能且可信赖的成员组成的团队，该团队在其生命周期中处理安全事故。有时，外部专家可能会支援该团队。具有以下背景/技能的个人应被选为 PIRT 成员：

- 了解已知威胁、攻击特征和漏洞。
- 了解企业网络、安全基础设施和平台。
- 具有隐私侵犯响应与排除故障方面的技术经验。

- 具有取证技术和最佳实践的经验。
- 了解有关隐私和披露以及证据要求的法律法规。
- 了解业务责任特定领域中的系统、威胁、漏洞以及补救方法。

PIRT 的兼职或联络成员应包括来自以下关键领域的代表：

- 信息技术。
- 信息安全。
- 企业通讯。
- 人力资源。
- 法律。
- 业务部门管理和技术专家。
- 公司安全（包括物理安全）。

PIRT 的主要职责是在整个事故响应生命周期中对事故做出响应。PIRT 也可能为改善隐私实践并实施新的隐私控制提供建议。

13.4.3　隐私事故响应准备

有效的事故响应能力需要由组织内的多人参与。制定正确的计划并实施决策是建立成功的事故响应计划的关键。事故响应准备包括：

- 给出**隐私事故**术语针对特定组织的明确定义，以便明确术语的范围。
- 创建一个隐私事故响应计划。
- 建立集开发、实施、测试、执行和审查隐私事故响应计划于一体的多功能 PIRT。
- 对 PIRT 进行人员培训。
- 制定事故响应和报告程序。
- 建立与外部各方沟通的准则。
- 定义 PIRT 将提供的服务。
- 建立并维护准确的通知机制。
- 制定用于确定事故优先级的书面指南。
- 制定收集、格式化、组织、存储和保留事故数据的计划。

管理和预算办公室［OMB17］建议，隐私事故响应计划至少应包括以下要素：

- **隐私事故响应团队**（privacy incident response team）：包括明确 PIRT 的特定成员及其官职，以及其在响应隐私侵犯时各自的角色和职能。
- **确定适用的隐私法规文档**（identifying applicable privacy compliance documentation）：包括识别可能会构成潜在信息泄露的相关信息的职责，相关信息包括：负责 PII 的个人、PIA、隐私声明。
- **通过共享信息应对侵犯行为**（information sharing to respond to a breach）：包括在违规后可能在组织内部或与其他组织或政府机构间发生的潜在信息共享，以协调或消除重复记录，识别潜在受影响的个人或获取其联系方式以通知潜在受影响的个人。

- 报告要求（reporting requirement）：包括负责向执法和监督实体报告违规行为的特定官员。
- 评估对受到潜在侵犯影响的个人造成伤害的风险（assessing the risk of harm to individuals potentially affected by a breach）：包括组织在评估对受到潜在影响的个人造成伤害的风险时应考虑的因素。
  - 降低对受到潜在侵犯影响的个人造成伤害的风险（mitigating the risk of harm to individuals potentially affected by a breach）：包括组织是否应向潜在受影响的个人提供指导、为其购买身份盗用服务以及提供获取此类服务的方法。
  - 通知受到潜在侵犯影响的个人（notifying individuals potentially affected by a breach）：包括是否、何时以及如何向受到潜在影响的个人和其他相关实体提供通知（在某些法律框架下，可能还需要告知某类未受影响的个人）。

组织应为员工提供明确的定义，包括什么构成涉及 PII 侵犯行为以及需要报告什么信息。SP 800-122 建议从报告已知或涉嫌涉及 PII 的违规行为的员工那里获得以下信息：

- 报告事故的人。
- 发现事故的人。
- 发现事故的日期和时间。
- 事故的性质。
- 系统名称以及可能互连的其他系统。
- 信息丢失或泄露的相关描述。
- 丢失或泄露信息的存储介质。
- 采取适当的控制措施，以防止未经授权使用丢失或泄露的信息。
- 潜在受影响的人数。
- 是否与执法部门联系。

13.4.4　检测与分析

检测与分析可能是事故响应生命周期中是最具挑战性的阶段，本阶段包括确定事故是否已发生，如若发生，进一步确定事故的类型、程度和严重性。

事故检测

本章前面各节详细讨论了事故记录和管理。隐私事故检测的任务是从记录的众多安全和隐私事件中检测隐私事故。

事故检测包括以下主要方面。组织应：

- 对所有 IT 人员和用户进行培训，包括：报告故障、弱点和可疑事故的程序；识别和检测安全及隐私保护问题的方法；如何适当升级报告。
- 实施技术控制以从事件日志中自动检测安全和隐私事故，并尽可能实时提供报告。主要的技术工具包括入侵检测系统（Intrusion Detection System，IDS）和持续监控防病毒软件。
- 从内部和外部数据源收集态势信息，包括：本地系统、网络流量和活动日志；当前政治、社会或经济活动中有可能影响事故活动的新闻动态；有关事故趋势、新的攻击媒介、当前的攻击指标、新的缓解策略和技术的外部反馈。
- 确保数字证据被安全地收集和存储，并对其安全保存进行持续监控，以便为法律诉讼或内部纪律处分提供证据。

分析

当检测到隐私事故时，组织应该对侵犯的潜在影响进行初步分析。组织应考虑以下几点：
- **可能会被违规行为破坏的 PII 的属性和敏感性**（nature and sensitivity of the PII potentially comprimised by the breach）：包括由于该类型的 PII 被破坏可能使个人遭受的潜在伤害。
- **访问和使用 PII 的可能性**（likelihood of access and use of PII）：包括是否已对 PII 进行了适当的加密处理，或通过其他方式使其无法被访问或被完全访问。
- **侵犯类型**（type of breach）：包括侵犯的环境、涉及的人及其意图。
- **对组织的影响**（impact on the organization）：包括法律责任、财务责任和声誉损害。

通过分析还可以确定是否需要立即采取措施来消除漏洞或阻止事故发生。这种分析也可能是事后活动阶段的一部分。

13.4.5　遏制、根除和恢复

遏制、根除和恢复阶段是事故管理的核心任务。如果预防措施失效而后发生了事故，则企业需要停止攻击（如果正在进行）并从攻击中恢复。在此阶段采取的措施可能会帮助我们发现另一个事故，该事故再反馈到检测和分析阶段，如之前的图 13-2 所示。

遏制

大多数事故都需要某种遏制措施。目的是防止事故在资源不堪重负或以其他方式增加破坏之后进一步扩大影响。

应事先计划好对各类事件的处理策略。策略的选取将取决于事故的类型。因此，面对电子邮件传播的病毒、拒绝服务、入侵以及特权升级，需要采取不同的应对策略。在某些情况下，可能需要将系统从网络中删除，直到将其清除。还可能需要禁用或更改用户或系统级账户、终止活动会话。

该战略的属性和可遏制资源的规模应取决于事先制定的标准。标准的示例包括对资源的潜在破坏和剽窃、保存证据的需求、策略的有效性、实施策略所需的时间和资源以及解决方案的持续时间。

根除

持续损害被叫停后，有必要执行某种根除措施，以消除事故的残留元素，例如恶意软件和被破坏的用户账户。

恢复

在恢复过程中，IT 人员会恢复系统使其尽可能地正常运行，并且在适当情况下对系统进行加固以防止发生类似事故。可能操作如下：
- 使用最近备份的纯净版本还原系统。

- 彻底重建系统。
- 用纯净版本替换损坏的文件。
- 安装补丁。
- 更改密码。
- 加强网络边界安全性（例如防火墙规则集）。

SP 800-122 表明了在此阶段针对隐私侵犯行为采取的以下措施：

- 在恢复过程中，如果需要从介质中删除 PII，则额外执行介质清理步骤。
- 在对销毁 PII 之前，确定是否必须保留该 PII 作为证据。
- 使用适当的取证技术以确保证据留存。
- 确定 PII 是否被访问以及有多少记录或个人受到影响。

13.4.6　通知受影响的个人

在隐私事故发生后或发生期间，组织的首要任务之一就是发布通知。可能有用于通知政府机构、业务合作伙伴、利益相关者和受影响的 PII 主体的法律、法规或合同要求。该通知应包括事故的详细信息和组织的响应情况。组织应为受影响的 PII 主体提供适当且有效的补救措施，比如更正或删除有误信息。

在向个人发出通知时，组织应使受影响的个人了解他们的选择。

欧盟的 GDPR 在这方面提供了可参考的指导。GDPR 指出，如果个人数据泄露很可能对自然人的权利和自由造成高风险，则控制者应立即将个人数据泄露告知数据主体。通知应言简意赅地提供以下内容：

- 对于侵犯属性的描述。
- 数据保护人员或其他联系点的名称和联系方式。
- 对于侵犯行为可能造成的后果的描述。
- 对于控制者为解决违规行为已采取或拟采取措施的相关描述，包括在适当情况下为减轻其可能的不利影响而采取的措施。

欧盟文件 WP250 提供了许多数据泄露示例和与各示例相匹配的通知类型。

13.4.7　事后活动

应该具有事故记录功能，以记录事故和相关注意事项。当一个事故经历了遏制、根除和恢复三阶段的处理之后，组织应开展一个评估过程。该过程应包括经验学习会议和事后报告。组织可能需要根据事故类型和安全策略，对事故进行全面的取证调查，或者进行损失综合分析。

一旦 PIRT 审查并分析出事故的影响以及恢复所需的工作量，PIRT 会建议采取进一步行动，例如：

- 审查事故处理过程，根据事件的新颖程度及严重性来决定是否需要修改该过程或投入更多的资源。

- 确定是否应更改策略和过程。需要考虑的问题包括：是否有程序遗漏？是否存在沟通不明确？是否未适当考虑利益相关者？技术人员是否具备相应的资源（信息和设备）来执行分析与恢复？
- 考虑事故管理流程之外可能需要的其他改进，包括新的或修订的安全控制技术、意识和可接受的可用策略更新以及威胁情报和漏洞评估领域的改进。

SP 800-61 提供了可参考的清单，用于确保组织完成事故响应生命周期的所有阶段，见表 13-2。

表 13-2　事故处理清单

检测和分析	
1	确定是否有事故发生
1.1	分析前驱事件和指标
1.2	寻找相关信息
1.3	进行研究（例如搜索引擎、知识库）
1.4	一旦处理人员认定发生了事故，就开始记录调查情况并收集证据
2	根据相关因素（功能影响、信息影响、可恢复性工作等）优先处理事故
3	向有关内部人员和外部组织报告该事故
遏制、根除和恢复	
4	获取、保存、保护和记录证据
5	遏制事故
6	根除事故
6.1	识别并缓解所有被利用的漏洞
6.2	删除恶意软件、不当材料和其他组件
6.3	如果发现了更多受影响的主机（例如新的恶意软件感染），请重复检测和分析步骤（1.1、1.2）以识别所有受影响的主机，而后为其遏制（5）和根除（6）事故
7	从事故中恢复
7.1	使受影响的系统恢复到可运行状态
7.2	确认受影响的系统正常运行
7.3	如有必要，实施其他监控以寻找将来的相关活动
事 后 活 动	
8	创建跟进报告
9	举行一次经验学习会议（对于重大事件是必选的，否则是可选的）

13.5　关键术语和复习题

13.5.1　关键术语

event monitoring	事件监控	log files	日志文件
external audit	外部审计	privacy audit	隐私审计
information privacy auditing	信息隐私审计	privacy breach	隐私侵犯
information security auditing	信息安全审计	privacy control	隐私控制
internal audit	内部审计	privacy incident management	隐私事故管理
privacy incident response	隐私事故响应	security event logging	安全事件记录
privacy incident response team（PIRT）	隐私事故响应团队	security event management	安全事件管理
security audit	安全审计	security incident	安全事故
security audit trail	安全审计跟踪	security log	安全日志
security event	安全事件		

13.5.2　复习题

1. 区分安全事件和安全事故。

2. 对于安全事件日志记录，应在操作系统日志、网络设备日志和 Web 服务器日志中捕获哪些事件？

3. 隐私事件日志应记录哪些信息？

4. 安全审计的主要目标是什么？

5. 定义**安全审计**和**安全审计跟踪**。

6. 什么是**外部安全审计**？外部安全审计的主要目标是什么？

7. 隐私审计清单应包含哪些内容？

8. 列举并描述 SP 800-53 审计和可问责性控制集中特定于隐私的控制。

9. 信息隐私事故管理的目标是什么？

10. 描述事故管理过程的四个阶段。

11. 哪些技术和培训对于 PIRT 成员的选取很重要？

12. 隐私事故响应计划应包含哪些内容？

13. 在评估隐私侵犯的严重性时应考虑哪些因素？

13.6　参考文献

ENRI01: Enright, K. *Privacy Audit Checklist.* 2001. https://cyber.harvard.edu/ecommerce/privacyaudit.html

OMB17: Office of Management and Budget. *Preparing for and Responding to a Breach of Personally Identifiable Information.* OMB Memorandum M-17-12. January 3, 2017.

第六部分

法律法规要求

第 14 章

欧盟《通用数据保护条例》

学习目标：

经过本章的学习，你应当具备以下能力：

- 了解 GDPR 组织及其制定的相关指南；
- 阐述 GDPR 的原则；
- 阐述在 GDPR 中定义的数据主体的权利；
- 概述控制者和处理者的职责；
- 概述数据保护影响评估过程。

《通用数据保护条例》（General Data Protection Regulation，GDPR）是欧盟委员会为保护欧盟（European Union，EU）数据颁布的法规。GDPR 由欧盟委员会于 2016 年 4 月 27 日发布，并于 2018 年 5 月 25 日正式实施。GDPR 的前身是 95/46/EC 指令，该指令曾为欧盟成员国的数据保护法奠定了基础。与 95/46/EC 指令不同，GDPR 作为法规（而非指令）可直接生效，而无须成员国实施法律。该法规使一些领域的数据保护更加强大和具体，同时加强了消费者掌控其自身数据的权利。因此，尽管许多规定看起来很熟悉，但总体来说，GDPR 从根本上改变了欧盟内数据保护的影响。

欧洲经济区（European Economic Area，EEA）由欧盟的 27 个成员国以及冰岛、列支敦士登和挪威组成，经济区内的所有国家/地区都必须遵守 GDPR。为了保护欧盟公民的隐私并统一欧盟成员国的数据法规，GDPR 还规定了欧盟以外的个人数据流向。GDPR 中的规则适用于私人组织和政府机构，包括警察和军队。GDPR 中的指令适用于欧盟公民的所有个人数据（无论收集该数据的组织是否位于欧盟内部）以及其数据存储在欧盟内部的所有人员（无论他们是否真正是欧盟公民）。

> **注意**
>
> GDPR 的官方名称为：Regulation（EU）2016/679 of the European Parliament and of the Council of 27 April 2016（2016 年 4 月 27 日欧洲议会和理事会的 2016/679 条例（EU））。

本章重点介绍 GDPR 中信息隐私设计者和实施者特别关注的领域。14.1 节至 14.3 节提供

概述，讨论 GDPR 中的关键角色和术语、GDPR 文件的结构以及 GDPR 的目标和范围；14.4
节至 14.6 节重点介绍数据主体的权利，包括对权利定义原则的说明，对收集和处理某类个人
数据的限制以及受 GDPR 保护的数据主体的权利，另外还详细介绍 GDPR 规定的运营和管理
要求；14.7 节介绍控制者、处理者以及数据保护官的角色和职责；14.8 节介绍 GDPR 对数据
保护影响评估的要求。

14.1 GDPR 中的关键角色和术语

GDPR 中定义了多种角色，包括：

- **自然人**（natural person）：有自然生命的人。
- **法人**（legal person）：被认为具有特权和义务（如具有签订合同、起诉和被起诉的能力）的非人类实体（如公司、合伙企业或独资企业）。有时，**法人**一词涵盖自然人和非人类实体，但 GDPR 将**法人**一词仅限定为非人类实体。
- **数据主体**（data subject）：已识别或可识别的自然人，指可以被直接或间接识别的自然人，尤其是当该自然人具备以下可参考因素时：名称、身份证号、位置数据、在线标识符，或一个或多个特定于该自然人的身体、生理、遗传、精神、经济、文化或社会身份的因素。
- **控制者**（controller）：确定处理个人数据的目的和方式的自然人或法人、公共机构、机构或其他机构，无论该数据是由该方还是由代理方收集、存储、处理或分发。
- **处理者**（processor）：代表控制者的意愿并按照控制者的指示负责处理个人数据的自然人或法人、公共机构、代理机构或其他组织。控制者和处理者可以是相同的实体。
- **第三方**（third party）：除数据主体、控制者、处理者、以及经控制者或处理者直接授权得以处理个人数据的人以外的自然人或法人、公共机构、代理机构或组织。
- **数据保护官**（Data Protection Officer，DPO）：隐私团队的独立成员，直接向高级管理层报告。DPO 的职责包括
  - 协助控制者或处理者监督内部对 GDPR 的遵守情况。
  - 根据需要为数据保护影响评估提供建议并监督其执行情况。
  - 与监管机构合作并充当联络人。监管机构是有权执行 GDPR 的政府实体。
  - 优先考虑并集中精力解决数据保护风险较高的问题。
  - 根据组织中负责处理个人数据的各个部门提供的信息创建清单并保存处理操作的记录。
- **监管机构**（supervisory authority）：由欧盟成员国建立的独立公共机构，负责监督 GDPR 的应用。欧盟成员国中的一些国家将此机构称为数据保护机构（Data Protection Authority，DPA），尽管该术语并未出现在 GDPR 中。

GDPR 使用的某些术语与信息隐私文献和法规中迄今常见的术语不同。表 14-1 列出了常用的 GDRP 术语及与其等价的术语。

表 14-1   GDPR 关键术语

GDPR 术语	等 价 术 语
数据控制者	PII 控制者
数据处理者	PII 处理者
数据保护	信息隐私
默认数据保护	默认隐私
数据保护设计	隐私设计
数据保护影响评估	隐私影响评估
数据保护官	首席隐私官、隐私主管
数据主体	PII 主体
个人数据	PII
个人数据泄露	隐私违规、隐私侵犯

14.2   GDPR 的结构

GDPR 共分为 11 章，包含 99 个正文条款。其中，99 个条款是法规中的具体规定。此外，GDPR 文件还包含 173 条叙述，这些叙述提供了对 GDPR 的评论和额外解释说明。除 172 条叙述外，每一条叙述都与一个或多个特定的条款相关联。

> **注意**
>
> 在该法规的英文版本中，条款占 57 页，叙述占 31 页。

表 14-2 概述了每章的主题，并给出了相应的条款和叙述。

表 14-2   GDPR 的组织结构

章 节	描 述	条 款	叙 述
1：一般条款	定义法规目标、个人数据范围、领域范围和术语	1～4	1～37
2：原则	讨论组织应如何处理个人数据以及处理数据的人如何证明其操作合规。本章还引入了个人数据的同意、分类以及何时无须身份验证即可处理数据	5～11	38～57
3：数据主体的权利	说明数据被处理者、控制者或接收处理人处理的个人的权利	12～23	58～73
4：控制者和处理者	处理一系列程序问题。涵盖控制者、处理者和数据保护官的角色。授权使用数据保护设计和数据保护影响评估。另外，还概述了有关个人数据泄露通知的要求	24～43	13，39，74～100

（续）

章　节	描　述	条　款	叙　述
5：将个人数据转移到第三方国家或国际组织	将个人数据转移到第三方国家（欧盟或EAA以外的国家）或国际组织	44～50	101～116
6：独立监管机构	重点关注欧盟成员国的要求和委托	51～59	117～132
7：合作与一致性	讨论多个监管机构如何保持一致并相互配合。本节还定义并讨论了欧洲数据保护委员会的目的	60～76	124～128，130～131，133～140
8：补救、责任与惩罚	评审数据主体的权利以及他们如何进行投诉。本章还介绍了对处理者和控制者的处罚	77～84	141～152
9：特殊处理情况的相关规定	讨论成员国如何为特殊的处理活动提供豁免、条件或规则	85～91	153～165
10：授权法案与实施法案	讨论欧盟委员会采取授权法案的权力及其发生的过程。这里指那些非欧盟立法特别组成部分的法案	92～93	166～170
11：最终规定	讨论欧盟委员会如何针对该法规进行四年一度的报告。本章还讨论了先前的指令与GDPR之间的区别	94～99	102，171，173

为了提供更具体的指导，第 29 条条款数据保护工作组发布了一系列文件。该咨询机构由各个欧盟成员国的数据保护机构、欧洲数据保护监管机构和欧洲委员会的代表组成，于 2018 年被 GDPR 监管下的欧洲数据保护委员会（EDPB）所取代。EDPB 发布了其他指导文件。以下是与本书的重点内容相关的文档：

- *Guidelines 2/2019 on the Processing of Personal Data Under Article 6（1）（b）of the GDPR in the Context of the Provision of Online Services to Data Subjects*
- *Guidelines 3/2018 on the Territorial Scope of the GDPR（Article 3）*
- *Guidelines on Transparency Under Regulation 2016/679（wp260rev. 01）*
- *Guidelines on Automated Individual Decision-Making and Profiling for the Purposes of Regulation 2016/679（wp251rev. 01）*
- *Guidelines on Personal Data Breach Notification Under Regulation 2016/679（wp250rev. 01）*
- *Guidelines on Consent under Regulation 2016/679（wp259rev. 01）*
- *Guidelines on the Lead Supervisory Authority（wp244rev. 01）*
- *Guidelines on Data Protection Officers（"DPOs"）（wp243rev. 01）*
- *Guidelines on the Right to "Data Portability"（wp242rev. 01）*
- *Guidelines on Data Protection Impact Assessment（DPIA）（wp248rev. 01）*

14.3　GDPR 的目标和范围

GDPR 第 1 章列出了该法规的目标及其适用范围。

14.3.1 GDPR 的目标

GDPR 具有以下主要目标：
- 为每个人提供个人数据保护的基本权利。
- 协调对自然人在所进行的活动中的基本权利和自由的保护，并确保个人数据能够在成员国之间自由流通。
- 根据比例适当原则，平衡隐私权与其他基本权利。
- 考虑到建立信任关系以促进整个市场内数据经济发展的重要性，在强有力的执法的支持下，定义一个强大且更一致的欧盟数据保护框架。
- 使自然人尽可能地掌控自己的个人数据。
- 确保在处理整个欧盟的个人数据时，都能够应用一致和同质性规则保护自然人基本的权利和自由。
- 加强和详细列出成员国中数据主体的权利以及确定个人数据处理方式和执行处理的人的义务，并监督和确保遵守个人数据保护规则和对个人进行等同制裁的等效权力。
- 在应用 GDPR 时要同时考虑微型、小型和中型企业的特定需求。

14.3.2 GDPR 的范围

GDPR 为其应用定义了适应范围和地域范围。术语定义如下：
- **适用范围**（material scope）：相关法律法规所涵盖的行动。在本章中，适用范围是指 GDPR 涵盖的个人数据处理的类型。
- **地域范围**（territorial scope）：法律法规的管辖范围。在本章中，地域范围是指 GDPR 涵盖的企业和数据主体所处的实际位置。

适用范围

GDPR 适用于以全自动化、半自动化以及非自动化方式（构成或旨在构成归档系统的一部分）处理个人数据。第 15 条叙述给出了如下解释：

为了防止造成严重的规避风险，对自然人的保护在技术上应该是中立的，并且不应依赖于所使用的技术。自然人的保护应适用于通过自动以及手动方式处理个人数据。

GDPR 中将**个人数据**定义如下：

与已识别或可识别的自然人（"数据主体"）相关的任何信息；可识别的自然人是指能够被直接或间接识别的个体，特别是通过诸如姓名、身份证号、地址数据、网上标识等标识符或者自然人所特有的一项或多项诸如身体、生理、遗传、精神、经济、文化或社会方面的身份特征而识别的个体。

该法规将归档系统定义为"根据特定标准可访问的任何结构化的个人数据集，无论其功能或地理的分布模式是中心化、去中心化或是分散式"。例如，当个人数据的手动记录集是按时间先后顺序排列时，可以按日期访问记录。

GDPR 定义的个人数据包含四个关键要素：

- **所有信息**（any information）：从本质上讲，GDPR 将可用于识别个人身份的所有数据都视为个人数据。它首次将基因、心理、文化、经济和社会信息包括在内。信息的性质、内容以及技术格式可能多种多样。

- **相关性**（relating to）：本词表示该法规适用于其内容、目的或结果与个人相关的信息。本词还涵盖可能会影响处理或评估个人方式的信息。

- **已识别或可识别的**（identified or identifiable）：第 26 条叙述指出，要确定一个人是否是可识别的，应将所有可能用于识别该人的合理方法考虑在内。为了确定是否有可识别自然人的合理手段，应将所有客观因素考虑在内，如识别成本、识别时间以及可用于识别的技术、处理和技术发展。因此，个人数据不仅包括用来识别个体的数据本身，还包括那些可用于识别个体的有效信息和手段。保护原则不适用于匿名数据，因为我们无法识别其数据主体。

- **自然人**（natural person）：个人数据适用于自然人，而不适用于非人类法人。

许多国家对 PII 采取了某种限制性的观点，人们通常侧重于关注数据与已识别个体是否有实际关联。然而，以 GDPR 为最高标准的欧盟隐私法律法规对 PII 的定义更为宽泛，将其定义扩展为包含可用于识别个人身份的所有数据。正如 California Law Review（加州法律评论）[SCHW14] 中的"美国和欧盟的个人信息协调"所指出的那样，在欧盟的解释中，"尽管单独的数据无法与特定的个人相关联，但只要它可以合理地与其他信息结合以识别一个人，那么该信息就是 PII。"

该法规不适用于某些情况，如与国家安全、外交政策或成员国的某些执法活动相关的情况。此外，该规定不适用于纯粹的个人或家庭活动过程中的自然人。

地域范围

在世界任何地方处理欧盟居民的数据都将受到 GDPR 的约束。任何在欧盟地域范围以外建立的组织，只要满足以下两点，也会受到 GDPR 的约束：组织向欧盟居民提供商品或服务，并监督欧盟居民的行为。表 14-3 说明了地域范围的要求。请注意，组织内的业务部门需要考虑与其合作进行数据处理的任何其他实体（无论是否与其同属一个组织）是否受到 GDPR 的约束。

表 14-3　GDPR 的地域范围

身　　份	活　　动	个人数据主体	处 理 地 点	目　　的
欧盟设立的数据控制者或处理者	处理个人数据	属于自然人	欧盟内外	在企业活动范围内
在欧盟以外设立的数据控制者或处理者	处理个人数据	属于欧盟的自然人	欧盟内外	与提供商品/服务（收费或免费）有关，或与监测欧盟内自然人的行为有关
在欧盟以外设立的数据控制者	处理个人数据	属于自然人	在欧盟以外，但出于国际公共法的原因适用成员国法律	外交使团或领事位置

地域范围的主体是一个复杂的问题，有两个有用的参考来源：EDPB 文件 *Guidelines 3/ 2018 on the Territorial Scope of the GDPR*（*Article 3*）（第 3/2018 号条例下 GDPR 地域范围的指导方针）和来自 The Privacy Advisor（隐私顾问）［KISH18］中关于"GDPR 的地域范围是什么？"的内容。

14.4　GDPR 的原则

GDPR 是基于一系列原则和权利而建立的（参见图 14-1）。这些原则推动了组织隐私政策和隐私控制的发展，并且数据主体的权利定义了对个人数据收集、处理和存储的限制。本节阐明了 GDPR 原则，14.5 节将讨论数据主体的权利。

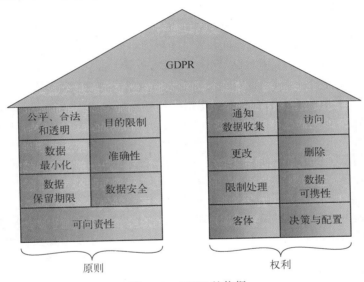

图 14-1　GDPR 的依据

GDPR 第 2 章定义了规范个人数据处理的一系列原则。这些原则与 OECD 组织制定的公平信息实践原则（FIPP）（请参阅第 3 章中的表 3-2）相类似，内容如下：

- **公平、合法和透明地处理数据**（fair，lawful，and transparent processing）：公平合法地处理个人数据的要求十分广泛，比如包括告知数据主体将其个人数据用于何种目的的义务。
- **目的限制**（purpose limitation）：出于一种目的收集的个人数据不应用于其他不兼容的目的。根据相应的法律法规，允许出于存档、科学、历史或统计的目的进一步处理个人数据。
- **数据最小化**（data minimization）：除个别情况以外，组织应仅处理那些为了达成其处理目的而实际需要处理的个人数据。
- **准确性**（accuracy）：个人数据必须准确，并在必要时保持最新。必须采取一切合理步骤以确保及时删除或纠正不正确的个人数据。

- **存储限制**（storage limitation）：个人数据的保存形式应使得其识别数据主体的时间不超过收集数据或对其进行进一步处理所需的时间。数据主体有权删除个人数据，有时候个人数据保留时间甚至会超过最长保留期限。
- **完整性和机密性**（integrity and confidentiality）：必须采取技术和组织措施，以保护个人数据免遭意外或非法破坏以及意外丢失、更改、未经授权的披露或访问。
- **可问责性**（accountability）：控制者有义务证明其进行的数据处理操作符合数据保护原则。

本节将详细介绍以上原则的要点。

14.4.1 公平性

组织应本着公平对待数据主体的原则对数据进行收集和处理。GDPR 并未给出关于**公平**这一术语的明确定义。EDPB 文件 *Guidelines on Automated Individual Decision-Making and Profiling for the Purposes of Regulation 2016/679*（*wp251rev. 01*）（关于 2016/679 号条例下自动化个人决策的指导方针）中讨论了不公平配置和造成歧视的可能性。例如，通过拒绝人们获得就业机会、信贷、保险以及使人们购买风险过高或价格昂贵的金融产品。根据 GDPR，**配置**（profiling）是对自然人进行自动评估的行为，尤其是当处理目标可预测或用于既定用途时。配置是在个人相关数据的基础上进行的派生或推演，而不是由数据主体直接提供。由于理解能力有所不同，人们可能难以理解在配置和自动决策过程中涉及的复杂技术。

本文给出了一个数据经纪人的示例。某数据经纪人根据个人数据将人们进行分类，而后在未经消费者许可或不了解基础数据的情况下将消费者的数据出售给金融公司，这种行为可能给人们带来不必要的财务危机。

一般来说，这种给某个个体或群体带来伤害可能是不公平的处理方式。例如，简历汇总服务可能会收集和使用个人性别，并将性别作为岗位匹配的一个因素，而其中所使用的算法可能会无意中对女性抱有偏见。

公平原则的另一个方面涉及数据主体的合理期望。这包括数据主体了解为特定目的处理个人数据可能带来的不利后果（第 47 条叙述）。它还包括，若出于非原始目的处理个人数据，控制者应适当考虑数据主体与控制者之间不平衡的关系和潜在的影响（第 50 条叙述）。

14.4.2 合法性

GDPR 要求组织在处理数据之前先明确收集和处理数据应当遵循的法律依据，并且必须在收集数据时向数据主体提供处理的目的和法律依据。第 6 条条例列出了六项符合合法性要求的法律基础，组织必须遵从以下至少一项：

- 数据主体知情并同意出于一个或多个既定目的处理其个人数据。请注意，获得数据主体的同意只是替代合法性的一种选择。WP259（*Guidelines on Consent Under Regulation 2016/679*，关于 2016/679 号条例下同意的指导方针）提供了有关方面的详细论述。

- 为了履行数据主体签订的合同，或为了在数据主体签订合同之前根据数据主体的要求采取相关操作，必须进行数据处理。
- 为了履行控制者应承担的法律义务，必须进行数据处理。
- 为了保护数据主体或另一个自然人的切身利益，必须进行数据处理。
- 对于为了公共利益而开展执行的任务或为了行使控制人拥有的官方权力，必须进行数据处理。
- 为了控制者或第三方追求的合法利益，必须进行数据处理。有一种例外情况，当数据主体的利益或基本权利和自由更重要，尤其是当数据主体是儿童时，则需要优先保护个人数据。

14.4.3　透明性

透明性表示组织向数据主体提供处理其个人数据的相关信息，这些信息符合以下规则：
- 必须简洁易懂且易于访问。
- 必须使用清晰明了的语言。
- 在向儿童提供信息时，使用清晰明了的语言更为重要。
- 必须以书面形式或其他方式提供，包括在适当情况下以电子方式提供。
- 当数据主体有要求时，能够以口头的方式提供。
- 必须免费提供。

EDPB 文件 *Guidelines on Transparency Under Regulation 2016/679*（*wp260rev. 01*）（关于2016/679 号条例下透明性的指导方针）给出了许多满足透明性要求的示例，包括在线讨论隐私声明。网站的每个页面都应使用常用的术语（例如隐私、隐私政策或数据保护声明等）清晰地显示隐私声明/通知的链接。网页中的文本或链接应尽量避免采用不明显甚至是难以找到的位置或配色方案。

14.5　对特定类别个人数据的限制

GDPR 对可能收集和处理的个人数据提出了两类特殊限制：儿童的个人数据和特殊类别的个人数据。

14.5.1　儿童的个人数据

GDPR 为 16 岁以下的儿童提供了更强的保护。与成年人相比，儿童可能不太了解相关的风险、后果和保障措施，以及他们在处理个人数据方面的权利。如果能同时满足以下两个条件，则适用于 GDPR 第 8 条条款：
- 数据处理应基于儿童同意（即应满足 14.4 节中描述的合法性的第一个替代条件，即基于数据主体的同意）。
- 数据处理与直接向 16 岁以下的儿童提供信息社会服务有关。其中，**信息社会服务**一词涵盖合同和其他在线订立或传输的服务。

在同时满足以上两个条件的基础上，只有有监护权的父母同意（或授权），对儿童 PII 的收集或处理才是合法的。图 14-2 说明了第 8 条条款中的条件。

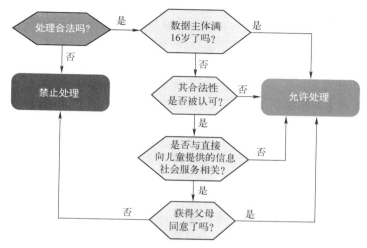

图 14-2　同意处理儿童数据的条件

14.5.2　特殊类别的个人数据

特殊类别的数据是指对基本权利和自由特别敏感的数据。由于在数据处理过程中可能会对基本权利和自由造成重大风险，因此特殊类别的数据需要特殊保护。第 9 条条款列出了以下内容：

能够揭露种族或族裔血统、政治立场、宗教、哲学信仰或工会成员的个人数据；以唯一识别自然人为目的的基因数据、生物特征数据；有关健康以及与自然人的性生活或性取向相关的数据。

为了处理特殊类别的数据，必须满足两个独立条件（请参见图 14-3）。

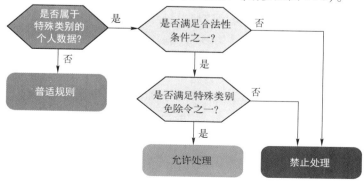

图 14-3　处理特殊类别的个人数据的条件

首先，必须满足第 6 条条款所定义的六条合法依据（列于 14.4 节中）之一。其次，必须满足以下 10 个条件之一：

（a）数据主体已明确同意出于一个或多个特定目的处理其个人数据，除非联盟或成员国法律规定数据主体不得解除第 1 条条款所述的禁止；

（b）为了使控制者或数据主体履行在就业、社会保障和社会保护法等领域的义务并行使特定权利，必须进行数据处理，但前提是需得到欧盟或成员国的法律授权，或得到为适当保障数据主体的基本权利及利益，针对成员国法律而提供的集体协议授权。

（c）当数据主体在身体上或法律上没有能力给予同意时，则必须进行数据处理，以保护数据主体或另一自然人的切身利益。

（d）数据处理是在基金会、协会或任何其他以政治、哲学、宗教或工会为宗旨的非营利组织的适当保护下，在其合法活动的过程中进行的。要求该处理仅与该组织的成员或前成员有关，或就其目的与组织有定期联系的人员有关，并且若未经数据主体的同意，不得在该组织外部披露个人数据；

（e）处理与由数据主体明确公开的个人数据有关；

（f）为确立、行使或抗辩法律主张或当法院以司法身份行事时，必须进行数据处理；

（g）根据欧盟或成员国法律，出于切实公共利益的考虑，必须进行数据处理。该处理应符合追求目标，切实尊重数据保护权，并提供相应的具体措施来维护数据主体的基本权利和利益；

（h）为了实现以下目的：促进预防医学或职业医学的发展、评估员工工作能力、进行医疗诊断、提供医疗保健和社会保障及相关治疗、基于欧盟或成员国法律管理医疗保健和社会保障系统和服务或与健康专家制定合同，且符合第 9 条条例中所详述的条件和保障，必须进行数据处理；

（i）出于对公共卫生领域的公众利益的考虑，必须进行数据处理。例如，在欧盟或成员国法律的基础上，为防止严重跨界的健康威胁及确保医疗保健以及药品、医疗器械的质量和安全达到高标准，规定了相应的具体措施来保障数据主体的权利和自由，尤其是职业保密性；

（j）根据欧盟或成员国法律第 89（1）条条款的规定，为达成公共利益、科学研究、历史研究或统计目的，必须进行数据处理。该处理应符合追求目标、切实尊重数据保护权，并提供相应的具体措施来维护数据主体的基本权利和利益。

请注意，根据第 6 条条款进行的合法依据选择并不能决定组织必须采用哪种特殊类别条件，反之亦然。英国信息专员办公室［ICO18］的 Data Protection Impact Assessments（数据保护影响评估）给出了以下几个示例：如果以同意作为合法依据，则根据第 9 条，组织将不受限于使用显式同意进行特殊类别处理，应该选择在当前情况下最合适的特殊类别条件——尽管在很多情况下两者之间可能有明显关联。例如，如果合法依据是切身利益，那么运用第 9 条条款中关于切身利益的条件十分恰当。

14.6 数据主体的权利

GDPR 第 3 章列举了数据主体应享有的以下权利：

- 被告知从数据主体何处收集个人数据的权利（the right to be informed where personal data are collected from the data subject）：在获取个人数据时，控制者应向数据主体提供有关收集和使用该主体个人数据的信息，包括控制者的身份及联系方式、数据保护专员的联系方式、处理个人数据的目的以及法律依据、个人数据的收件人或收件人类别（如果有）、控制者意欲将个人数据转移到第三国或国际组织的事实、相应保护措施的参考、获取其副本的方式或位置。

- 被告知除数据主体外，从哪里收集个人数据的权利（the right to be informed where personal data have not been collected from the data subject）：控制者从另一个来源获取个人数据时，必须在合理的时间范围内提供上一项所列的信息。

- 数据主体的访问权（the right of access by the data subject）：控制者应允许数据主体访问其个人数据。GDPR 要求控制者在一个月之内给予回应，且不收取任何费用，并提供其他信息，如数据保留期限。

- 纠正权（the right to rectification）：个人有权纠正或完善其不完整的个人数据。

- 删除权（被遗忘的权利）（the right to erasure（right to be forgotten））：在某些限制下，个人有权删除其个人数据。

- 限制处理的权利（the right to restrict processing）：个人有权要求限制或禁止对其个人数据的处理。限制个人数据处理的方法包括：将选定数据临时移动到另一个处理系统，使选定的个人数据对用户不可用或从网站中临时删除已发布的数据。

- 数据可携权（the right to data portability）：数据可携权使个人可以出于自己的目的从不同服务中获取和重用其个人数据。这使数据主体能够以安全可靠的方式轻松地将个人数据从一个 IT 环境移动、复制或转移到另一个 IT 环境，而不会影响其可用性。这种方式使个人能够利用相关的应用程序和服务，它们能够使用这些数据找到更优惠的交易或帮助个人了解自己消费习惯。

- 异议权（the right to object）：数据主体有权根据自身处境随时反对与自身相关的个人数据处理。除非处理的合法理由凌驾于数据主体的利益、权利和自由之上，否则控制者将无法进行数据处理。

- 与自动决策和配置有关的权利（rights in relation to automated decision making and profiling）：配置涉及（1）自动处理个人数据；（2）使用个人数据评估自然人的私有属性。具体包括分析或预测自然人的工作表现、经济状况、健康状况、个人喜好、兴趣、可靠性、行为、地理位置、动作。只有符合下列条件之一，组织才能进行此类决策：
  - 为订立或履行合同所必需。
  - 被适用于控制者的欧盟或成员国法律所授权。
  - 根据个人的明确同意。

14.7 控制者、处理者和数据保护官

GDPR 的第 4 章涵盖了与控制者、处理者和数据保护官的职责相关的内容。本节重点介绍

与本书紧密相关的主题。

14.7.1 数据保护设计和默认数据保护

第 25 条条例规定了控制者的以下责任：

- **数据保护设计**（data protection by design）：控制者应在处理的设计阶段及其操作中采取相应的技术和组织措施，以满足数据保护原则中阐明的要求。例如，采用去标识化技术措施、隐私意识组织措施。
- **默认数据保护**（data protection by default）：控制者应提供技术和组织措施，以确保在默认情况下只处理满足既定目标所必需的个人数据。

欧洲数据保护监管机构［EDPS18］发布的咨询意见将**数据保护**与**隐私设计**两个概念区分开来，具体内容在第 2 章中进行了讨论。本质上，EDPS 使用**隐私设计**一词来表示使用广泛措施保护隐私。**数据保护设计**和**默认数据保护**指明了 GDPR 标准下的特定法律义务，并且可能不包含隐私设计的更广泛内容和道德因素。

数据保护设计

欧洲数据保护监管机构［EDPS18］列出了数据保护设计的如下义务：

- **设计项目的结果**（outcome of a design project）：设计过程应涵盖整个系统开发生命周期，并重点保护符合项目要求和 GDPR 的个人及其数据。
- **风险管理方法**（risk management approach）：组织应实施隐私风险管理方法，包括数据保护影响评估。
- **适当且有效的措施**（appropriate and effective measure）：有效性应以下列措施的目的为基准：（1）确保并能够证明遵守 GDPR；（2）实施数据保护原则；（3）保护所处理数据的主体的权利。
- **将保护措施集成到处理过程中**（safeguard integrated into the processing）：组织和技术措施不应在事后另外列出，而应有效地集成到系统中。

组织用来确保已充分满足数据保护设计要求的有效参考指南为 ISO 28151 *Code of Practice for Personally Identifiable Information*（个人身份信息操作规范）和 NIST SP 800-122 *Guide to Protecting the Confidentiality of Personally Identifiable Information*（保护个人身份信息机密性指南）。

默认数据保护

默认数据保护要求组织确保仅处理达到指定目的所需处理的数据。它涉及数据最小化和目的限制的基本数据保护原则。

欧洲数据保护监管机构［EDPS18］给出了一个共享汽车应用程序的示例。用户希望自己的位置可帮助其了解最近的车停在哪里，以及用户的联系方式将用于在服务范围内与其取得联系。然而在默认情况下，不应将用户的位置和联系方式发送给本地自行车销售商，以防止他们向用户发送广告和优惠信息。

14.7.2 处理活动记录

GDPR 包含关于组织处理个人数据的记录的明确规定。每一位控制者必须维护一条记录，其记录应包括：

- 控制者以及可能的联合控制者、控制者代表、数据保护官的名称和联系方式。
- 数据处理目的。
- 对数据主体类别和个人数据类别的描述。
- 曾经或将要披露其个人数据的接收者的类别，包括第三国或国际组织中的接收者。
- 如果适当，将个人数据转移到第三国或国际组织，包括该第三国或国际组织的身份证明以及相应的保护措施文件。
- 如果可能，为删除不同类别的数据设定的时限。
- 如果可能，对实施的技术和组织安全措施的一般描述。

处理者必须保留类似的记录。该记录日志必须提供给监管机构。尽管此要求带来了一些负担，但它可以帮助组织更好地遵守 GDPR 并改善数据治理。

第 30 条条款确实为小型企业和其他组织提供了免责的可能性。特别地，除非满足以下条件之一，否则记录保留要求不适用于员工规模小于 250 人的企业或组织：

- 所执行的数据处理可能会导致数据主体的权利和自由风险。
- 数据处理并非偶然。GDPR 或任何指导性文件中均未定义“偶然”一词。偶尔的处理可以认为是偶然的、不可预见的或不常见的处理（例如与客户管理、人力资源或供应商管理有关的处理）。因此，“不偶然”大致对应于“定期”一词，该词在 WP243 中的定义具有以下一种或多种含义。
    - 在特定时间段内以特定间隔进行或发生。
    - 定期重复。
    - 持续或定期发生。
- 所处理的数据应包括第 9 条条款（参见 14.5 节）中提到的特殊类型的数据，或与刑事定罪和犯罪有关的个人数据。

图 14-4 说明了第 30 条条款的条件。

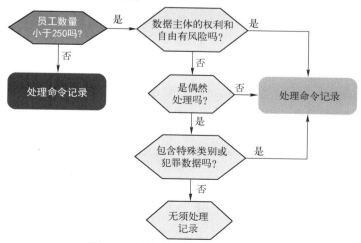

图 14-4 保留处理活动记录的条件

14.7.3 数据处理的安全性

数据处理的安全性是 GDPR 的基本原则。第 5 条条款规定，对个人数据的处理方式应确保个人数据的安全，包括防止未经授权的处理、非法处理以及意外丢失、破坏或损坏。该原则被进一步纳入了第 32 条条款，该条款要求实施适当的技术和组织措施，以确保适合风险的安全级别。第 32 条条款列出了以下具体措施：

- 个人数据的假名化和加密。
- 确保处理系统和服务时能够保持机密性、完整性、可用性和可恢复性的能力。
- 具备在发生物理或技术事故时能够及时恢复个人数据的可用性和可访问性的能力。
- 定期测试、评估技术和组织措施的有效性，以确保数据处理的安全性。

组织用来确保其充分满足安全性要求的有效参考指南为 ISO 27001 *Information Security Management Systems—Requirements*（信息安全管理系统——要求）和 ISO 27002 *Code of Practice for Information Security Controls*（信息安全控制操作规范）。

14.7.4 数据保护官

GDPR 要求受该法规约束的诸多组织必须任命一名数据保护官（DPO）。组织应基于专业素质，尤其是数据保护法律和惯例的专业知识来指定 DPO。

组织何时需要 DPO

第 37 条条款规定，如果满足以下条件之一，则控制者和/或处理者必须指定 DPO：

- 处理过程由公共机构执行，但以司法身份行事的法院除外。
- 组织的核心活动包括需要对数据主体的数据处理进行定期和系统的大规模监控。
- 组织的核心活动包括大规模处理第 9 条条款中定义的特殊类别的数据及犯罪相关的个人数据。

这里对以下术语进行解释：定期和系统的监控、大规模、特殊类别的数据。

定期和系统的监控（regular and systematic monitoring）一词包括以下概念：

- **监控**（monitoring）：包括 Internet 上所有形式的跟踪和配置，包括出于行为广告目的的跟踪和配置，还包括使用组织收集的个人数据进行脱机跟踪和配置。
- **定期**（regular）：如上所述，指正在进行或定期发生的活动。
- **系统的**（systematic）：指在某种意义上是数据收集和处理活动的一部分的活动。

第 37 条条款及相关的第 97 条叙述均未就**大规模**的构成提供具体参考。EDPB 指导文件 *Guidelines on Data Protection Officers*（wp243rev.01）（数据保护官指南）指出，组织在确定某个数据处理是否为大规模时应考虑以下因素：

- 涉及的数据主体的数量，可以是具体数量，也可以是相关人群的比例。
- 处理的数据量和/或不同数据项的范围。
- 数据处理活动的持续时间或永久性。
- 处理活动的地理范围。

本文提供以下大规模数据处理的示例:

- 在医院的日常业务中处理患者数据。
- 使用城市的公共交通系统 (例如,通过旅行卡进行跟踪) 处理个人旅行数据。
- 由专门提供这些服务的处理器处理国际快餐链客户的实时地理位置数据以进行统计。
- 保险公司或银行在日常业务中处理客户数据。
- 通过搜索引擎处理用于行为广告的个人数据。
- 电话提供商或 Internet 服务提供商对数据 (内容、流量、位置) 的处理。

因此,医院、社交媒体网站或移动健身应用程序可能需要在隐私法和合规方面有多年经验的 DPO,而美发沙龙则可能不需要。大型跨国组织可能需要任命拥有高级专业证书 (甚至是法律学位) 的 DPO,而较小的组织可能仅需任命通过在职培训获取相关知识的 DPO。

特殊类别的数据这一术语已在 14.5 节中讨论。

DPO 的任务

Guidelines on Data Protection (数据保护准则) [WP243] 列出了以下需由 DPO 负责的任务:

- **监控对 GDPR 的合规性** (monitor compliance with the GDPR):就雇主对 GDPR 的合规性进行告知、提供建议。
- **支持数据保护影响评估流程** (Support the data protection impact assessment (DPIA) process):就 DPIA 的以下方面向控制者和/或处理者提供建议。
  - 是否执行 DPIA。
  - 执行 DPIA 时应遵循的方法。
  - 是内部执行 DPIA 还是将其外包。
  - 为减轻对数据主体权益的风险而应采取的保护措施 (包括技术和组织措施)。
  - DPIA 是否已正确执行,其结论 (是否继续进行处理以及应采取何种保护措施) 是否遵守 GDPR。
- **与监管机构合作** (cooperate with the supervisory authority):充当联络点,以方便监管机构访问所需的文件和信息。
- **遵循基于风险的方法** (follow a risk-based approach):确定活动的优先级,重点关注数据保护风险较高的问题。
- **支持记录保存** (support record keeping):保留控制者处理操作的记录,这是启用合规性监控、通知和建议控制者或处理者的工具之一。

14.8　数据保护影响评估

第 35 条条款要求在某些条件下使用数据保护影响评估 (DPIA),并说明评估内容。DPIA 等同于本书在第 11 章中详细介绍的隐私影响评估 (Privacy Impact Assessment,PIA)。

14.8.1　风险与高风险

GDPR 中经常使用**风险**一词,该法规未对此进行定义。第 75 条叙述指出,要考虑的风险类型是"自然人的权利和自由所面临的风险，其可能性和严重性各不相同，这可能是个人数据处理不当所造成的，并可能导致实质性的、重大或非重大的风险或损害"。叙述中包括以下示例：

- 歧视。
- 身份盗用或欺诈。
- 经济损失。
- 声誉受损。
- 受专业保密保护的个人数据的机密性丢失。
- 未经授权的假名撤销。
- 任何可能导致数据主体的权利和自由被剥夺或个人数据失控的重大的经济或社会不利因素。
- 处理的个人数据揭露了种族或族裔血统、政治观点、宗教或哲学信仰或工会会员身份。
- 处理遗传数据、有关健康或性生活的数据、有关刑事定罪和犯罪的数据或相关安全措施。
- 为创建或使用个人数据，尤其是分析或预测有关工作绩效、经济状况、健康状况、个人喜好或兴趣、可靠性或行为、所处位置、活动轨迹等方面的情况，对个人的各方面都进行评估。
- 需处理弱势自然人（尤其是儿童）的个人数据。
- 数据处理过程涉及大量个人数据并影响大量数据主体。

以上所列的每种风险都可能变为高风险，具体取决于风险评估过程中通过参考处理的性质、范围、环境和目的而确定的风险的可能性和严重性。

14.8.2　确定是否需要 DPIA

确定是否需要 DPIA 的过程等效于第 11 章中讨论的隐私阈值分析。根据 GDPR，DPIA 对于数据处理操作可能是必需的。在该操作过程中，数据处理可能会给自然人的权利和自由带来高风险。

以下是可能需要 DPIA 的类别：

- 如果发生事故，正在处理的个人数据可能给数据主体带来高风险（参考第 84 条叙述）。
- 在第一次进行涉及个人数据的新业务流程之前（参考第 90 条叙述）。
- 过去涉及个人数据的业务流程未经过 DPIA（参考第 90 条叙述）。
- 处理旧数据集或个人数据时（参考第 90 条叙述）。
- 当使用个人数据（包括 IP 地址）来做出有关数据主体（配置）的决定时（参考第 91 条叙述）。
- 当大规模监视公共区域时（参考第 91 条叙述）。
- 当大规模处理敏感类数据、犯罪数据或国家安全数据时（参考第 91 条叙述）。
- 当业务流程采用新技术时（参考第 35 条条款）。
- 当业务流程涉及自动决策时（参考第 35 条条款）。

- 当个人数据的处理涉及个人数据的系统化处理时（参考第 35 条条款）。
- 当处理操作所代表的风险发生变化时（参考第 35 条条款）。

Guidelines on Data Protection Impact Assessment（*wp248rev. 01*）（数据保护影响评估指南）中的图 14-5 说明了与使用 DPIA 的决策有关的原则。

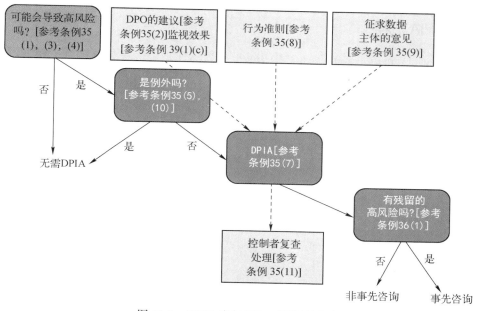

图 14-5　GDPR 中与 DPIA 相关的原则

如果处理者或控制者确定某处理涉及高风险，则必须执行 DPIA，除非是以下两类例外：
- 监管机构可以定义一组不需要 DPIA 的处理操作。
- 如果组织已经根据某些欧盟或成员国法律的规定，将 DPIA 作为一般影响评估的一部分，则无须执行 DPIA。

如第 11 章所述，DPIA 涉及数据保护风险的评估和风险处理的决策。一种风险处理办法（请参见图 11-6）是风险保留，控制者接受风险可能带来的损失。另一种方法是设法降低数据处理操作将带来的风险。无论在哪一种情况下，如果最终的风险处理计划留下了剩余高风险，则数据控制者必须事先寻求监管机构的意见。在此过程中，必须向监管机构充分提供 DPIA，监管机构可以提供建议。这相当于事先授权要求。

图 14-5 中的浅色框表示背景或辅助任务，包括以下内容：
- DPO 应向控制者提供有关 DPIA 的建议，并监视 DPIA 流程以确保其满足 GDPR。
- 控制者应按照组织事先定义的行为准则执行 DPIA。GDPR 准则是自愿问责工具，它为控制者和处理者的类别设置了特定的数据保护规则。它们可能是有用且有效的问责工具，详细描述了一个部门最适当、合法和道德的行为。因此，从数据保护的角度来看，对设计和实施符合 GDPR 要求的数据处理活动的控制者和处理者而言，GDPR 准则可以作为其行为规范手册，这为欧洲和国家法律中规定的数据保护原理赋予了操作意义。

- 在适当的情况下，控制者应在不损害商业保护和公共利益或数据处理操作安全性的前提下，尽量在预期的数据处理过程中征求数据主体或其代表的意见。
- 必要时，至少在数据处理操作所伴随的风险发生变化时，控制者应进行审查以评估数据处理是否按照 DPIA 进行。

14.8.3　DPIA 流程

Guidelines on Data Protection Impact Assessment（数据保护影响评估指南）[WP248] 中的图 14-6 说明了执行 DPIA 的建议过程，该过程包括以下步骤：

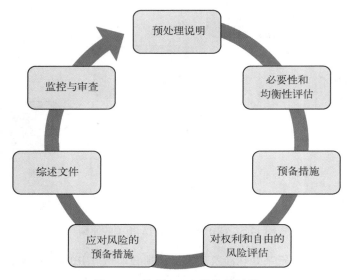

图 14-6　执行 DPIA 的迭代过程

1. **预处理说明**（description of the envisaged processing）：这是对数据处理操作及其目的的系统描述。它应包括以下内容：
- 说明组织如何收集、使用、存储和删除个人数据，以及其是否会将个人数据与第三方共享。描述数据处理的一种有效方法是使用流程图，如第 11 章所述。
- 数据处理范围的定义，包括个人数据的性质、将要收集和处理的数据量、存储数据时长以及预计的受影响人数。

2. **必要性和均衡性评估**（assessment of the necessity and proportionality）：这是对与目的有关的数据处理操作细节的合理性说明。

3. **预备措施**（measures already envisaged）：记录了为该数据处理而设计的安全和隐私控制。

4. **对权利和自由的风险评估**（assessment of the risks to the right and freedom）：这是一种考虑影响和可能性的风险评估。第 11 章进行了详细介绍。

5. **应对风险的预备措施**（measures envisaged to address the risk）：该风险处理计划记

录了用于减轻风险的安全和隐私控制。该计划应记录控制措施是如何在确保遵循 GDPR 的情况下保障个人数据的。

6. **综述文件**（documentation）：该文件应包括对风险处理计划的完整描述、剩余风险的描述以及经归纳的 DPO 建议（如果有）。

7. **监控与审查**（monitoring and review）：DPO 应监控 DPIA 流程，而控制者应进行审查以评估是否按照 DPIA 进行了处理。

14.8.4 GDPR 要求

欧盟委员会智能电网工作组［SGTF18］的一篇文献提供了一份供 DPIA 流程使用的清单，以核实流程或应用程序符合相关的 GDPR 规则并记录其如何实现此类合规性。尽管本文献介绍了智能电网环境，但清单通常适用于所有 DPIA。

清单包括以下条目：

- 目的限制（参考第 5 条条款）。
- 数据最小化（参考第 5 条条款）。
- 存储限制（参考第 5 条条款）。
- 完整性和机密性（参考第 5 条条款）。
- 准确和最新的数据（参考第 5 条条款）。
- 根据 GDPR 提供的合法性条件进行数据处理（参考第 6 条条款）。
- 数据处理应基于同意，须保证经数据主体同意处理其个人数据（参考第 7 条条款）。
- 根据 GDPR 提供的措施处理特殊类别的个人数据（参考第 9 条条款）。
- 数据控制者提供给数据主体的信息（参考第 13 条和第 14 条条款）。
- 保证数据主体的访问权（参考第 15 条条款）。
- 保证纠正权（参考第 16 条条款）。
- 保证删除权（参考第 17 条条款）。
- 保证限制处理权（参考第 18 条条款）。
- 当数据主体请求纠正、删除或限制处理时，是否向个人数据的接收者发送了通知，以及是否有可用的程序（参考第 19 条条款）。
- 保证数据的可携性（参考第 20 条条款）。
- 保证反对数据处理的权利（参考第 21 条条款）。
- 反对仅基于自动化处理（包括配置（如果适用））作决定的权利（参考第 22 条条款）。
- 数据保护设计和默认数据保护的原则（参考第 25 条条款）。
- 与最终的联合控制人达成的协议（参考第 26 条条款）。
- 保证实施适当的技术和组织措施，并确保数据主体的权利得到应有保护的指定处理者（参考第 28 条条款）。
- 根据控制者的指示，负责数据处理操作的人或组织（参考第 29 条条款）。
- 数据处理活动记录（参考第 30 条条款）。
- 安全措施（参考第 32 条条款）。

- 处理数据泄露和向监管机构或受影响的个人（如果适用）通知泄露的流程（参考第 33 条和第 34 条条款）。
- 预先存在的 DPIA（参考第 35 条条款）。
- 事先咨询（参考第 36 条条款）。
- 指定的 DPO（参考第 37 条条款）。
- 数据控制者或处理者的行为准则（参考第 40 条条款）。
- 数据控制者或处理者的资格认证（参考第 42 条条款）。
- 根据 GDPR 的规定在欧盟外转移个人数据（参考第 44~49 条条款）。

在 DPIA 中，控制者应指出系统是否符合各项要求，并提供基本原理或描述。

14.8.5　可接受的 DPIA 的标准

Guidelines on Data Protection Impact Assessment（数据保护影响评估指南）［WP248］提议数据控制者可以使用以下标准来评估 DPIA 本身或执行 DPIA 的方法是否足够全面以符合 GDPR：

- 提供关于数据处理的系统描述。
  - 考虑到处理的性质、范围、环境和目的。
  - 记录个人数据、接收者以及个人数据的存储期限。
  - 提供数据处理操作的功能性描述。
  - 标识个人数据所依赖的资产（例如硬件、软件、网络、人员、纸张、纸张传输渠道）。
  - 符合批准的行为准则。
- 根据以下内容，描述和评估有助于数据处理的措施的必要性和均衡性。
  - 特殊、明确且合法的目的。
  - 数据处理的合法性。
  - 充分、相关且仅限于必要的数据。
  - 有限存储期限。
- 描述和评估有助于数据主体的权利的措施的必要性和均衡性。
  - 提供给数据主体的信息。
  - 访问权和数据可携性。
  - 纠正和删除的权利。
  - 反对处理限制的权利。
  - 与处理者的关系。
  - 围绕国际转移的保障措施。
  - 事先咨询。
- 了解数据保护风险的来源、性质、特殊性和严重性。更具体地说，DPIA 从数据主体的角度处理每种风险（例如非法访问、违背意愿的修改及数据丢失）。
  - 考虑风险来源。

- 确定发生事件（包括非法访问、违背意愿的修改及数据丢失）对数据主体的权利和自由的潜在影响。
- 识别可能导致非法访问、违背意愿的修改和数据丢失的威胁。
- 估计可能性和严重性（参考第 90 条叙述）。
- 确定用于处理上一清单中的风险的措施。
- 涉及的利益相关方。
    - 征求 DPO 的建议。
    - 酌情征求数据主体或其代表的意见。

14.9 关键术语和复习题

14.9.1 关键术语

article	条款	legal person	法人
controller	控制者	material scope	适用范围
data protection by default	默认数据保护	natural person	自然人
data protection by design	数据保护设计	processor profiling	处理者配置
data protection impact assessment（DPIA）	数据保护影响评估	recital	叙述
data protection officer（DPO）	数据保护官	risk	风险
data subject	数据主体	supervisory authority	监管机构
fairness	公平	territorial scope	地域范围
General Data Protection Regulation（GDPR）	通用数据保护条例	third party	第三方
high risk	高风险	transparent	透明
lawful	合法的		

14.9.2 复习题

1. 自然人和法人有什么区别？
2. 控制者和处理者有什么区别？
3. 列举 DPO 的主要职责。
4. GDPR 中的条款和叙述有什么区别？
5. 列举并简要描述 GDPR 的主要目标。
6. 阐述适用范围和地域范围的概念。
7. 列举并简要描述 GDPR 原则。
8. 阐述 GDPR 中的公平概念。

9. 列举并简要描述 GDPR 中列举的数据主体的权利。

10. 数据保护设计和默认保护数据有什么区别？

11. **大规模数据处理**一词在 GDPR 中意味着什么？

12. 区分风险和高风险的概念。

13. 列举并简要描述执行 DPIA 的关键步骤。

14.10　参考文献

EDPS18: European Data Protection Supervisor. *Preliminary Opinion on Privacy by Design.* Opinion 5/2018, May 31, 2018. https://iapp.org/media/pdf/resource_center/Preliminary_Opinion_on_Privacy_by_Design.pdf

ICO18: U.K. Information Commissioner's Office. *Data Protection Impact Assessments.* 2018. https://ico.org.uk/for-organisations/guide-to-data-protection/guide-to-the-general-data-protection-regulation-gdpr/data-protection-impact-assessments-dpias/

KISH18: Kish, K. "What Does Territorial Scope Mean Under the GDPR?" *The Privacy Advisor*, January 23, 2018. https://iapp.org/news/a/what-does-territorial-scope-mean-under-the-gdpr/

SCHW14: Schwartz, P, and Solove, D. "Reconciling Personal Information in the United States and European Union." *California Law Review*, Vol. 102, No. 4, August 2014.

SGTF18: Smart Grids Task Force of the European Commission. *Data Protection Impact Assessment Template for Smart Grid and Smart Metering Systems.* September 13, 2018. https://ec.europa.eu/energy/en/topics/markets-and-consumers/smart-grids-and-meters/smart-grids-task-force/data-protection-impact-assessment-smart-grid-and-smart-metering-environment

第 15 章

美国隐私法

学习目标：

经过本章的学习，你应当具备以下能力：

- 讨论美国和欧盟的信息隐私环境之间的主要区别；
- 描述隐私相关的主要联邦法律；
- 介绍 HIPPA；
- 介绍 HITECH；
- 介绍 COPPA；
- 比较 GDPR 和《加州消费者隐私法》。

美国隐私法的特点与欧盟隐私法形成鲜明对比。欧盟依赖于单一法规，即《通用数据保护条例》（GDPR）。该法规在所有成员国中通用，每个成员国都设有监督机构或数据保护机构来监控和执行法规。GDPR 于 2018 年生效，它包含了（尤其是在信息隐私领域中）现代隐私设计和隐私工程的概念。例如，GDPR 要求使用数据保护影响评估（DPIA），并提出了有关 DPIA 流程和 DPIA 报告内容的要求和指南。

美国的隐私格局由各联邦和州的隐私法律法规（其中一些可以追溯到 20 世纪 70 年代）以及司法判例创建的普通法组成。一般来说，每部规范隐私的隐私法都与经济或政府机构的职责相关，其中很多隐私法要求各个联邦机构发布法规以细化法律要求。因此，这些法规在不同总统的管理下可能会发生变化。此外，许多州的隐私法律都效仿了 GDPR 的同意遵守责任，其中包括最近颁布的将于 2020 年开始实施的《加州消费者隐私法》，以及其他州提出的更为严格但尚未颁布的拟议法律。

15.1 节将简要概述主要的美国联邦隐私法；15.2 节至 15.4 节将介绍本书最重要的三部联邦隐私法；15.5 节详述最重要、影响最深远的州隐私法，即《加州消费者隐私法》。

15.1 美国联邦隐私法调查

表 15-1 列出了涉及隐私的重要联邦法律。

表 15-1   与隐私相关的美国联邦法律

类 别	联 邦 法 律	颁布年份
卫生保健	《健康保险可携性和责任法》	1996
	《经济和临床健康卫生信息技术法》	2009
遗传研究	《DNA 鉴定法》	1994
	《遗传信息非歧视法》（GINA）	2008
商业领域	《儿童在线隐私保护法》（COPPA）	1998
	《反垃圾邮件法》（CAN-SPAM）	2003
金融业	《金融服务现代化法》（GLBA）	1999
	《公平信用报告法》（FCRA）	1970
	《公平准确信用交易法》	2003
	《金融隐私权法》	1978
教育行业	《家庭教育权利和隐私法》（FERPA）	1974
执法机关	《综合犯罪控制与街道安全法》	1968
	《电子通信隐私法》（EPCA）	1986
国家安全	《爱国者法案》（USA PATRIOT Act）	2001
	《真实身份法案》	2005
政府	《信息自由法》（FOIA）	1966
	《驾驶员隐私保护法》（DPPA）	1994
	《1974 年隐私法》	1974
	《计算机匹配和隐私保护法》	1988
	《电子政务法》	2002
	《联邦信息安全管理法》（FISMA）	2002

表 15-1 中所列法律的详细信息如下：

- 《健康保险可携性和责任法》（Health Insurance Portability and Accountability Act，HIPAA）：要求适用主体（如医疗保险和健康保险提供者及其伙伴）保护健康记录的安全性和私密性。
- 《经济和临床健康卫生信息技术法》（Health Information Technology for Economic and Clinical Health Act，HITECH）：拓宽了 HIPAA 规定的隐私和安全保护范围，同时加大了对违规行为的处罚力度。
- 《DNA 鉴定法》（DNA Identification Act）：规定了国家 DNA 索引系统（National DNA Index System，NDIS）的参与要求以及 NDIS 可能保留的 DNA 数据，包括罪犯、被捕者、被合法拘留者、法医案件、身份不明的遗体、失踪人口及其亲属的数据。
- 《遗传信息非歧视法》（Genetic Information Nondiscrimination Act，GINA）：禁止雇主在雇佣期间歧视员工，并禁止保险公司基于基因测试的结果拒绝承保或收取更高的保费。GINA 通常还可以防止遗传信息泄露。

- 《儿童在线隐私保护法》（Children's Online Privacy Protection Act，COPPA）：为父母提供掌控其 13 岁以下孩子的在线信息的方法。COPPA 定义了网站运营商需遵循的通用要求，并授权联邦贸易委员会（FTC）颁布法规以阐明和实施其要求。

- 《反垃圾邮件法》（Controlling the Assault of Non-Solicited Pornography and Marketing Act，CAN-SPAM）：适用于所有通过电子邮件宣传产品或服务的人。该法案禁止使用虚假或有误导性的标题以及具有欺骗性的主题，禁止向不希望再接收电子邮件的个人发送消息。它还要求提供退出电子邮件的功能，并且在电子邮件包含色情内容时发出警告。该法案规定退出名单，也称为**禁止名单**，它只能用于合规目的。

- 《金融服务现代化法》（Gramm-Leach-Bliley Act，GLBA）：适用于金融机构，包含旨在保护消费者财务数据的隐私和信息安全的法律条款。该法律规定了机构应如何收集、存储和使用包含个人身份信息（PII）的财务记录，并对个人非公开信息的披露设置了限制。

- 《公平信用报告法》（Fair Credit Reporting Act，FCRA）：确保消费者报告机构有责任采取合理的程序来满足商业需求，以保证公平公正地对待消费者的机密性、准确性和私密性。FCRA 详细说明了消费者信用报告可能包含的信息，以及何人可以以何种方式使用消费者的信用信息。

- 《公平准确信用交易法》（Fair and Accurate Credit Transactions Act）：要求从事某些类型的消费者金融交易的实体了解身份盗用的警示信号，并采取措施应对可疑的身份盗用事故。

- 《金融隐私权法》（Right to Financial Privacy Act）：要求执法人员在披露信息之前遵循某些程序，使银行客户对财务记录持有有限的隐私期望。除非客户书面同意披露其财务记录或者获得行政或司法传票、依法签发的搜查令，否则银行不得出示此类记录以供政府检查。

- 《家庭教育权利和隐私法》（Family Educational Rights and Privacy Act，FERPA）：通过确保学生教育记录的私密性，并确保父母有权访问他或她的孩子的教育记录，更正这些记录中的错误以及知道谁请求或获得过这些记录，来保护学生及其家人。教育记录是机构或由机构维护的记录，其中包含个人可识别的学生和教育数据。FERPA 适用于中小学、学院和大学、职业学院以及获得美国教育部项目资助的州及地方的教育机构。

- 《综合犯罪控制和街道安全法》（Omnibus Crime Control and Safe Streets Act）：规范公共和私营部门对电子监视的使用。在公共部门，该法案概述了联邦政府在进行任何形式的电子监视之前必须遵循的详细程序。在私营部门，该法案禁止任何人在未经利害关系人同意的情况下故意使用或披露已通过电子或机械手段故意截获的信息。

- 《电子通信隐私法》（Electronic Communications Privacy Act，EPCA）：修改了联邦窃听法，以扩大防止未经授权截取特定类型的电子通信的保护范围，例如电子邮件、无线电寻呼设备、手机、私人通信运营商和计算机传输。它还将禁止拦截的范围扩展到有线或电子通信服务通信。

- 《爱国者法案》(The Uniting and Strengthening America by Providing Appropriate Tools Required to Intercept and Obstruct Terrorism Act，USA PATRIOT Act)：引入了许多立法变更，这些立法变更大大提高了美国执法机构的监视和调查能力。该法律允许金融机构彼此共享信息，以识别和报告涉及洗钱和恐怖活动的行为。但是，该法并未如传统此类立法那样提供系统的审查和平衡以捍卫公民的自由。

- 《真实身份法案》(REAL ID Act)：为美国创建真实国民身份证。该法案建立了关于州签发的驾驶执照和非驾驶员身份证的技术和验证程序的新国家标准，联邦政府将把这些标准用于官方目的，例如登上商业运营的飞机航班以及进入联邦大楼和核电站。

- 《信息自由法》(Freedom of Information Act，FOIA)：在大多数情况下，除了与国家安全、外交政策或其他机密区域有关的情况，FOIA 保证美国人有权要求联邦机构保存的任何合理的可识别记录副本。然而，当代理机构的信息披露构成"非必要侵犯个人隐私"时，须受此法案限制。

- 《驾驶员隐私保护法》(The Drivers Privacy Protection Act，DPPA)：限制披露由机动车国家部门(Department of Motor Vehicle，DMV)获得的与机动车记录有关的个人信息。机动车记录的定义是"与机动车驾驶员的许可证、机动车标题、机动车登记或机动车部门签发的身份证有关的记录。" DPPA 指定了 DMV 在何时以何种方式披露此类信息。

- 《1974 年隐私法》(Privacy Act of 1974)：旨在保护联邦政府创建和使用的记录的隐私。法律规定了联邦机构收集、使用、转移和披露 PII 时所必须遵循的规则。该法案还要求代理商仅收集和存储开展业务所需的最少信息。此外，法律要求各机构将其保留的可使用个人标识符(如姓名或社会保险号码)检索的记录发布给公众。

- 《计算机匹配和隐私保护法》(Computer Matching and Privacy Protection Act)：对1974 年的隐私法进行了修订，明确要求联邦机构将个人信息与其他联邦、州或地方机构持有的信息进行匹配。

- 《电子政务法》(E-Government)：要求联邦机构审查和评估其 IT 系统的隐私风险，并公开发布有关其数据收集实践的隐私声明。该法律是对 1974 年的隐私法的补充，旨在促进对电子政府资源的访问。根据该法律，收集 PII 的机构必须在收集该信息之前进行隐私影响评估。隐私影响评估必须详细说明代理商将如何收集数据、如何使用与共享数据、个人是否有机会同意数据的特定用途(如法律不允许的用途)、机构如何保护数据，以及所收集的数据是否将驻留在隐私法所定义的记录系统中。

- 《联邦信息安全管理法案》(Federal Information Security Management Act，FISMA)：保护联邦信息技术系统以及这些系统中包含的数据的安全性。该法律及其规定适用于联邦机构以及这些机构的承包商和分支机构。FISMA 要求联邦机构实施符合某些国家标准的基于风险的信息安全计划。FISMA 还要求每年对这些程序进行独立审查。

15.2　《健康保险可携性和责任法》

1996 年的《健康保险可携性和责任法》（HIPAA）旨在标准化健康信息的电子交换过程，并提高健康信息的隐私和安全性。HIPAA 适用于健康计划、卫生保健信息交换所和以电子方式传输健康信息（包括实体）的卫生保健提供者。HIPAA 授权卫生和公共服务（Health and Human Service，HHS）部长发布规则以实现 HIPAA 的目的。HIPAA 也许是最重要的联邦隐私法，因为它可以影响几乎所有的美国居民。

本节简要概述 HIPAA，并重点介绍其中关于隐私的部分。

15.2.1　HIPAA 概述

HIPAA 有两个主要目标：

- 要求失去或更换工作的员工持续拥有健康保险。
- 通过标准化与卫生保健相关的行政和财务交易的电子传输和保护，减轻卫生保健的行政负担并降低成本。

该法律由以下五部分构成：

- **第 I 部分：HIPAA 健康保险改革**（HIPAA Health Insurance Reform）：为失业或更换工作的个人提供健康保险。同时，它要求团体健康计划不得拒绝患有特定疾病和先天疾病的个人的承保行为，不得设置终身承保范围。
- **第 II 部分：HIPAA 行政简化**（HIPAA Administrative Simplification）：指示美国 HHS 建立处理电子卫生保健交易的国家标准。要求卫生保健组织实施对健康数据的安全电子访问，并遵守 HHS 制定的隐私法规。
- **第 III 部分：HIPAA 与税收有关的健康规定**（HIPAA Tax-Related Health Provisions）：包括与税收有关的规定和医疗保健准则。
- **第 IV 部分：团体健康计划要求的应用和执行**（Application and Enforcement of Group Health Plan Requirements）：进一步定义健康保险改革，包括关于已有病症或希望继续承保的个人的规定。
- **第 V 部分：收入抵销**（Revenue Offset）：包括有关公司自有的人寿保险的规定，以及因所得税而失去美国公民身份的人的待遇规定。

公众最关注的是 HIPAA 的第 II 部分。第 II 部分包括以下合规要素：

- **国家供应商标识符标准**（National Provider Identifier Standard）：每个适用主体必须具有唯一的 10 位国家供应商标识符（NPI）号码。适用主体包括健康计划、卫生保健提供者、卫生保健信息交换所和业务伙伴。业务伙伴可以是个人或组织，而不是适用主体员工中的一员，它代表适用主体执行某些功能、活动或向适用主体提供某些服务。其中，适用主体涉及对个人可识别的健康信息的使用或披露。
- **交易和代码集标准**（Transactions and Code Sets Standard）：卫生保健组织必须遵循电子数据交换（Electronic Data Interchange，EDI）的标准化机制，才能提交和处理保险索赔。

- **HIPAA 隐私规则（HIPAA Privacy Rule）**：此规则以 Standards for Privacy of Individually Identifiable Health Information（个人可识别健康信息的隐私标准）著称。此规则针对未经患者授权即可使用和披露患者信息的情况设置限制条件，从而为患者数据的隐私提供安全保护。
- **HIPAA 安全规则（HIPAA Security Rule）**：Security Standards for the Protection of Electronic Protected Health Information（受保护的电子健康信息的保护安全标准）建立了国家标准，以通过适当的管理、物理和技术保障措施来保护个人电子健康信息的机密性、完整性和可用性。
- **HIPAA 实施规则（HIPAA Enforcement Rule）**：此规则为调查违反 HIPAA 的行为建立了准则。

15.2.2　HIPAA 隐私规则

HIPAA 要求 HHS 发布法规，以详细说明隐私规则的要求。隐私规则旨在：

- 使患者更好地掌控其健康信息。
- 限制医疗记录的使用和发布。
- 建立保护个人健康信息的标准。
- 规定适用主体出于公共责任（如在紧急情况下）披露健康信息的条件。

针对大多数由适用主体或其合伙人持有或传输的个人可识别的健康信息，无论媒介（包括电子形式、书面形式或口头形式）是何种形式，HIPAA 隐私规则都应提供保护。**个人可识别的健康信息**也称为**受保护的健康信息**（Protected Health Information，PHI），属于健康信息的子集，包括从个人收集到的人口统计信息，以及：

（1）由保健提供者、健康计划的雇主或卫生保健信息交换所创建或接收的信息。

（2）与个人的过去、现在或将来的身体或精神健康状况有关的信息；面向个人的卫生保健情况；为个人提供卫生保健而产生的过去、现在、将来的花费；能够识别个人的信息或有合理的依据相信该信息可用于识别个人。

PHI 包括许多与上述列表中的健康信息相关联的公共标识符（如姓名、地址、出生日期、社会保险号）。

美国卫生与公众服务部［HHS12］的指导文件中提供了以下示例：病历、实验室报告或医院账单可以构成 PHI，因其每份文件都会包含患者姓名以及与健康数据内容相关的其他识别信息。相比之下，仅记录健康计划成员平均年龄为 45 岁的健康计划报告不能构成 PHI，因为尽管该信息是由个人计划成员记录汇总所得，但不能识别任何个人计划成员，并且没有合理的依据相信它可以用来识别个人。

PHI 涉及个人信息和相关健康信息。单独的标识信息（如个人名称、居住地址或电话号码）不一定会被指定为 PHI。例如，如果此类信息被报告为可公开访问的数据源（如通讯录），由于其与健康数据无关，该信息仍不能被指定为 PHI。如果此类信息与健康状况、卫生保健情况或付款数据一起列出，例如某信息若能表明该人在某个诊所接受过治疗，则此信息可以作为 PHI。

披露

若满足以下任一情况，即使缺少个人授权，适用主体也需披露 PHI：

- 信息主体的个人（或其个人代表）以书面形式授权披露。
- HHS 正在进行合规性调查、审查或执行行动。

当出于以下目的时，适用主体可以使用或披露 PHI：

- 用于个人。
- 用于治疗、付款和卫生保健运营。
- 作为赞同或反对的机会。
- 涉及以其他方式允许的使用和披露。
- 为了公共利益、执法和利益活动。
- 出于研究、公共卫生或卫生保健运营的目的，从有限的数据集中删除与个人、家庭和雇主有关的直接标识符。

否则，适用主体必须取得个人的书面许可才可使用或披露 PHI。

管理要求

隐私规则规定了以下管理要求，适用主体必须：

- **隐私政策和程序**（privacy policy and procedure）：制定并实施内部隐私政策和外部（隐私声明）策略。
- **隐私管理人员**（privacy personnel）：指定负责隐私政策的隐私官、联系人或办公室。
- **员工培训和管理**（workforce training and management）：对所有员工进行隐私政策和程序方面的培训，为使员工履行职责，这是必要且适当的。适用主体必须对违反其隐私政策和程序或隐私规则的员工进行制裁，并采取适当的制裁措施。
- **缓解措施**（mitigation）：在切实可行的范围内，缓解使用或披露 PHI 的违反 PHI 隐私政策和程序或隐私规则行为所造成的任何有害影响。
- **数据保护措施**（data safeguard）：实施适当的安全和隐私控制，以防止有意或无意使用或披露 PHI 的违反隐私规则行为。
- **投诉**（complaint）：针对以下方面，为个人提供投诉处理：隐私规则要求的适用主体的政策和程序、是否遵守此类政策和程序、是否符合隐私规则的要求。
- **打击报复和煽动**（retaliation and waver）：适用主体不得因某人行使隐私规则所规定的权利、协助 HHS 或其他相应机构进行调查、反对该人违反隐私规则的行为或做法，而对其进行报复。
- **保留文件和记录**（documentation and record retention）：适用主体必须保留其隐私政策和程序、隐私实践声明、投诉处理以及其他隐私规则需要记录的行动、活动和目标，直到其创建之日或最后生效日期（以较晚者为准）后六年。

去标识化

隐私规则对使用或披露已识别健康信息没有任何限制。第 7 章将 PII 的**去标识化**定义为组中的每个人都具有以下特征：

- 数据结果不足以标识它们所关联的 PII 主体。
- 将重识别参数与去标识数据相关联，从而使得参数与去标识数据的组合能够标识关联的 PII 主体。
- 攻击者在缺乏重识别参数的情况下，无法从已识别的数据中识别 PII。

因此，去标识化保留了**可链接性**。可以链接与同一重识别参数关联的不同数据。第 7 章还将 PII 的**匿名**定义为组中的每个人都具有以下特征：

- 数据结果不足以标识它们所关联的 PII 主体。
- 攻击者在缺乏重识别参数的情况下，无法从已识别的数据中识别 PII。

隐私规则专门处理了去标识 PHI，但也暗示了免除匿名 PHI。去标识的健康信息既不能识别个人，也不能为识别个人提供合理依据。隐私规则提供了去标识信息的两种方法（请参见［HHS12］中的图 15-1）。

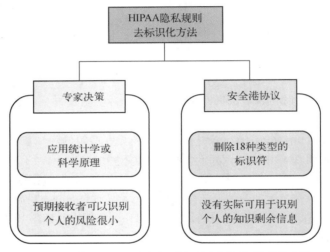

图 15-1　根据 HIPAA 隐私规则实现去标识化的两种方法

对于《专家决策法》，具有技术资格的人员将应用去标识化或匿名化技术，并确定预期接收者作为信息主体可以单独使用该信息，或与其他合理可用信息结合使用，以减小识别风险。第 7 章中讨论的技术方法（如抑制、泛化、扰动、交换和 k-匿名）都可以用来去标识化。

表 15-2 提出了一套用于评估去标识化方法风险的原则［HHS12］。

表 15-2　专家在确定健康信息可识别性时所使用的原则

原　　则	描　　述	举　　例
可复制性	根据相对于个人而言持续出现的几率，将健康信息特征划分风险优先等级	**低**：患者的血糖水平测试结果高低迥异
		高：患者的人口统计信息（如出生日期）相对稳定

（续）

原　　则	描　　述	举　　例
数据源可用性	确定哪些外部数据源包含患者标识符和健康信息中的可复制特征，以及允许哪些人访问这些数据源	低：实验室报告的结果通常不会以卫生保健环境以外的身份公开
		高：患者的姓名和人口统计信息通常位于公共数据源中，例如出生、死亡和婚姻登记等重要记录
可区分性	确定可以在健康信息中区分主体数据的程度	低：据估计，在美国，出生年份、性别和五位邮政编码的组合是唯一的居民仅占 0.04%，这意味着仅通过此类数据组合就可以识别出少数居民
		高：据估计，在美国，患者出生日期、性别和五位邮政编码的组合是唯一的居民超过 50%。这意味着仅使用这三个数据元素就可以对超过一半的美国居民进行唯一描述
风险评估	健康信息的可复制性、可用性和可区分性越大，则被识别的风险就越大	低：实验室值可能区别很大，但它们很难独立复制，也很少在许多人可以访问的多个数据源中被披露
		高：人口统计信息具有高度可区分性、高度可复制性，并且可以公开获得

《安全港协议法》涉及删除个人及其亲属、家庭成员和雇主的特定标识符，仅在适用实体不知晓剩余信息可用于识别个人的情况下，删除才有效。此方法要求删除潜在可标识信息，包括：

- 姓名。
- 所有小于州级的地理分区，包括街道地址、城市、县、辖区和邮政编码。
- 与个人直接相关的所有日期元素（年份除外），包括出生日期、入院日期、出院日期、死亡日期、89 岁以上以及象征此年龄的所有日期元素（包括年份）。
- 电话号码。
- 传真号码。
- 电子邮件地址。
- 社会保险号。
- 病历号。
- 健康计划受益人号码。
- 账号。
- 证书/许可证号。
- 车辆标识符和序列号，包括车牌号。
- 设备标识符和序列号。
- 网址。
- IP 地址。
- 生物特征识别符，包括指纹和声纹。
- 全脸照片及类似图像。

对于去标识化的 PHI，隐私规则包括以下用于重识别的实施规范：适用实体可以通过分配代码或其他记录标识的方式，允许对去标识的信息进行重识别，但前提是：

- 该代码或其他记录识别的方式并非从个人信息衍生而来或与个人信息相关，而且也无法对其进行翻译从而识别个人。
- 适用实体不会出于任何其他目的使用或披露代码或其他记录识别的方式，也不会披露重识别机制。

许多领域的研究人员使用去标识化的或匿名的健康数据。安全港协议法能够实现一些目的，但对于许多健康相关研究，则需要采用专家决策法来提供更多详细的信息。PHI 重识别风险这一话题超出了本书范围，相关内容可参考 Evaluating Re-identification Risks with Respect to the HIPAA Privacy Rule（美国医学信息学协会杂志）［BENI10］中的条款 *Journal of the American Medical Informatics Association*（根据 HIPAA 隐私规则评估重识别风险）。

15.3 《经济和临床健康卫生信息技术法》

《经济和临床健康卫生信息技术法》（The Health Information Technology for Economic and Clinical Health，HITECH）是 2009 年《美国复苏和再投资法案》（American Recovery and Rein-vestment Act of 2009，ARRA）的一部分。HITECH 法案的主要目标是促进和扩大健康信息技术的采用。

HITECH 法案增强了 HIPAA 定义的隐私和安全保护。该法案的两个重要方面是违规通知规则和对健康信息保护技术（包括加密和数据破坏）的描述。

HITECH 法案还增加了违规行为的法律责任，并允许 HHS 部长和州检察长采取更多的执法行动。

15.3.1　违规通知

HITECH 法案将**违规**定义为违反 HIPAA 隐私规则的不当使用或披露，该行为损害了 PHI 的安全性或隐私。除非适用实体或业务伙伴（如果适用）表明至少基于以下一项因素的风险评估得出 PHI 受损害的可能性很小，否则将不允许使用或披露受保护的健康信息。其中，风险评估因素包括：

- 所涉及 PHI 的性质和程度，包括标识符的类型和重识别的可能性。
- 未经授权使用或披露 PHI 的人。
- 是否实际获取或查看了 PHI。
- 降低 PHI 风险的程度。

如果发生违规行为，适用实体必须通知以下人员：

- **受影响的个人**（affected individual）：适用实体必须在发现违规后 60 天内通过邮件或电子邮件通知受影响的个人。
- **HHS**（Health and Human Service）：如果违规行为涉及的个人达到 500 人及以上，或者对于单次涉及人数较小但超过年基准的小型违规行为，则适用实体必须在发现违规后 60 天内通过 HHS 的 Web 违规报告形式通知 HHS。
- **媒体**（media）：如果违规行为影响到某个州或司法管辖区 500 名以上的居民，则适用实体必须向服务于该州或司法管辖区的知名媒体发布通知。

如果违规涉及不安全的 PHI，则适用实体只须提供所需的通知。不安全的 PHI 是指，未授权人员通过采用 HHS 指南指定的技术或方法未能使其无法使用、阅读或识别的 PHI。HITECH 法案指定了两种技术：加密和介质清理。

HITECH 法案涉及四种公认的数据状态（第 9 章对前三种进行了详细讨论）：

- **静态数据**（data at rest）：驻留在数据库、文件系统和其他结构化存储方法中的数据。
- **动态数据**（data in motion）：正在通过网络进行传输的数据，包括无线传输。
- **使用中的数据**（data in use）：正在创建、检索、更新或删除的数据。
- **处理的数据**（data disposed）：诸如废弃的纸质记录或回收的电子媒介之类的数据。

HITECH 法案确定了保护 PHI 的两种方法：动静态数据加密及数据销毁。HITECH 法案不涉及使用中的数据。HHS 在 2009 年 8 月 24 日的 Federal Register（联邦公报）中发布了相关领域的详细指南，该指南使用了 NIST 发布的规范。本节后续部分将对该指南进行总结。

15.3.2　PHI 加密

从本质上来说，HHS 要求使用安全的加密算法，在该算法中应采取措施确保一个或多个密钥的安全，以防止被未授权人员解密。

实际上 HHS 并没有强制要求实施加密，而是把它当作一种可选选项，也就是说，基本上应该在合情合理的情况下实施加密。尽管实际上多数情况都实施加密，但一般不对加密做严格要求。

静态数据

对于静态数据，其加密方案必须符合 NIST SP 800-111（*Guide to Storage Encryption Technologies for End User Devices*，终端用户设备存储加密技术指南）。SP 800-111 列出了四种可供使用的方法：

- **全盘加密**（full disk encryption）：对整个磁盘进行加密，其中启动磁盘的软件除外。此方案使用身份验证方法来启用磁盘启动，设备启动后将不再保护数据。
- **虚拟磁盘加密**（virtual disk encryption）：对容器的内容进行加密并提供保护，直到用户得到对容器的访问授权为止。
- **卷加密**（volume encryption）：提供与虚拟磁盘加密相同的保护方式，仅将容器替换为卷。
- **文件/文件夹加密**（file/folder encryption）：对加密文件（包括加密文件夹中的文件）的内容进行保护，直到用户得到对文件或文件夹的访问授权为止。

SP 800-111 描述了不同方法的优缺点，并给出了适用的加密和身份验证算法。如第 1 章所述，近期的出版物提供了有关定长密钥的指南，如 SP 800-131A（*Transitioning the Use of Cryptographic Algorithms and Key Lengths*，密码算法和密钥长度的过渡使用）。

动态数据

动态数据是通过网络进行通信的数据。因此，保护动态数据涉及保护 PHI，这包括对 PHI 进行加密并选择适当的安全协议。HHS 提出了三种适用的方法：

- **安全传输层协议（Transport Layer Security，TLS）**：TLS 利用传输控制协议（Transmission Control Protocol，TCP）提供可靠的端到端的安全服务。TLS 是一个复杂的协议，它允许用户相互验证并在传输连接上采用加密和消息完整性技术。相关的 NIST 规范为 SP 800-52（*Guidelines for the Selection and Use of Transport Layer Security Implementations*，选择和使用传输层安全协议的实施指南）。

- **基于 IPsec 的虚拟专用网络（Virtual private networks（VPN）using IPsec）**：VPN 是一种在公共网络（运营商的网络或互联网）中配置的专用网络，目的是利用大型网络的规模经济和管理设施。企业广泛使用 VPN 来创建跨越广阔地理区域的广域网，从而为分支机构提供点对点连接，并且允许移动用户拨连到其公司的 LAN。从提供者的角度来看，公共网络设施由许多客户共享，每个客户的流量与其他流量分开。VPN 流量只能从 VPN 源流向同一个 VPN 的目的地。VPN 通常需要加密和身份验证功能。IPsec 是一个网络标准协议包，它可以增强网络协议（IP）并支持在 IP 层开发 VPN。相关的 NIST 规范为 SP 800-77（Guide to IPsec VPNs，IPsec VPN 指南）。另外，安全套接层协议（Secur Sockets Layer，SSL）是 TLS 的早期版本，现已被 TLS 取代。

- **基于 TLS 的 VPN（VPN using TLS）**：TLS VPN 由用户通过 Web 浏览器连接的一个或多个 VPN 设备组成。Web 浏览器和 TLS VPN 设备之间的流量采用 TLS 协议加密。TLS VPN 使远程用户可以访问 Web 应用程序和客户端/服务器应用程序并连接到内部网络。TLS VPN 具有多功能性且易于使用，由于所有标准 Web 浏览器均包含 SSL 协议，用户通常无须配置客户端。相关的 NIST 规范为 SP 800-113（Guide to SSL VPNs，SSL VPN 指南）。

15.3.3 数据销毁

为了销毁数据，HHS 规定必须采用以下方式之一销毁存储或记录 PHI 的介质：

- 必须粉碎或破坏纸张、胶片或其他硬复制介质，以使 PHI 无法读取或重建。特别地，修订不属于数据销毁手段。
- 必须按照 SP 800-88（Guidelines for Media Sanitization，介质清理指南）清除、擦除或销毁电子介质，以使 PHI 无法被检索。

SP 800-88 将**介质清理**定义为：对介质进行处理，以致无法通过一定程度的恢复工作对介质上的目标数据（即经清理技术处理的数据主体）进行访问。三种清理措施（安全性逐级增强）定义如下：

- **清除（clear）**：应用逻辑技术来清理用户可寻址存储位置中的所有数据，以防止简单的非侵入式数据恢复技术。通常通过标准的读写命令清除存储设备，例如对设备（支持重写）重新赋值或通过菜单选项将设备（不支持重写）重置为出厂状态。
- **擦除（purge）**：应用物理或逻辑技术，使用最新的实验室技术禁止目标数据恢复，这可以通过执行多次覆盖来实现。对于自加密驱动器，可以使用加密擦除。如果驱动器自动对所有用户可寻址位置进行加密，则需要销毁加密密钥，这可以使用多次覆盖来实现。

- **销毁**（destroy）：使用最新的实验室技术禁止目标数据恢复，并导致随后无法使用介质进行数据存储。通常情况下，在外包的金属销毁处或许可的焚化设施中将介质粉碎或焚化。

　　基于对办公设备的风险评估，组织可以为设备上的数据分配安全类别，然后参考图 15-2 的流程图确定如何处置与设备关联的内存。

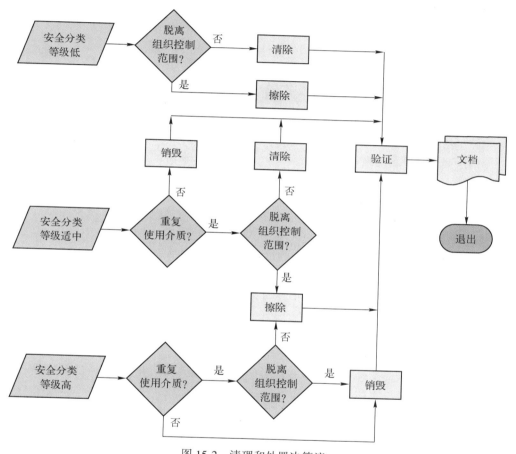

图 15-2　清理和处置决策流

15.4　《儿童在线隐私保护法》

　　《儿童在线隐私保护法》（COPPA）是一项联邦法律，它禁止网站运营商故意收集 13 岁以下儿童的信息，除非该运营商获得了父母的同意，并允许父母对其子女的信息进行审查并限制其进一步使用。COPPA 的主要目标是让父母能够掌握从其子女那里在线收集、使用和披露了哪些信息。

15.4.1　一般规定

COPPA 将**个人信息**定义为可以单独识别的信息，包括：

- 姓名
- 家庭地址或实际居住地址
- 电子邮件地址
- 电话号码
- 社会保险号码
- 任何由联邦贸易委员会（FTC）确定的，允许与特定个人进行物理或在线联系的标识符，可分为
  - 永久标识符可用于对超时用户、跨不同网站或跨在线服务的用户进行识别。此类标识符包括但不限于：cookie 中持有的客户编号、互联网协议（IP）地址、处理器或设备的序列号或设备的唯一标识符。
  - 照片、视频或音频文件，这些文件通常包含儿童的图像或声音。
  - 足以识别街道名称和城市或城镇名称的地理位置信息。
- 网站从儿童那里在线收集到的关于儿童或父母的，并且与上述标识符相结合的其他信息。

为了实现控制网站收集儿童个人信息的目的，COPPA 包括以下内容：

- 要求在对儿童的个人信息进行收集、使用和披露时给予通知。
- 在收集、使用和披露儿童的个人信息时，需要获得父母的同意，并且能够证明获得了父母的同意。
- 为父母提供一种合理的方式，使其能够审查网站从儿童那里收集到的个人信息，并且对该信息的进一步使用或留存拥有拒绝权。
- 禁止为了使儿童能够参加诸如游戏之类的在线活动，而从儿童那里收集超出其合理必要程度的更多的个人信息。
- 要求运营商建立合理的程序来保护儿童个人信息的安全性、完整性和机密性。

15.4.2　COPPA 最终规则

FTC 发布了最终规则，此规则在 COPPA 的一般要求中增加了更多细节。值得注意的是，最终规则要求网站运营商必须在其网站上提供链接，链接指向包含以下信息的隐私声明：

- 网站运营商的名称、地址、电话号码和电子邮件地址。
- 从儿童那里收集的个人信息的类型。
- 收集儿童的个人信息的方式是直接地还是间接地（例如 cookie）。
- 操作员将如何使用此类信息。
- 是否将儿童的个人信息披露给第三方（如果披露，则需提供第三方的其他信息，包括其从事的业务类型以及第三方是否已同意维护个人信息的机密性、安全性和完整性）。

- 关于经营者不得以披露超出合理必要范围的更多个人信息为条件来限制儿童参与活动的声明。
- 父母有权同意收集其子女的信息但拒绝将信息披露给第三方。
- 父母有权审查和删除先前收集到的信息。
- 父母有权拒绝对其子女已收集个人信息的进一步使用和留存。

15.5 《加州消费者隐私法》

《加州消费者隐私法》（CCPA）可能是美国最重要的州级数据隐私法，有望成为其他州隐私法的典范。CCPA 为消费者创造了实质性的新隐私权，其与欧洲公民根据欧盟《通用数据保护条例》（GDPR）所享有的访问、限制和删除权相当。CCPA 所涵盖的个人信息广泛性和行业适用性超出了美国隐私法通常涵盖的范围。CCPA 将对消费者的数据收集和使用提出新的苛刻的合规义务，从而对数据驱动型企业的数据实践产生重大影响。不遵守 CCPA 的企业可能会受到罚款、法规执行和私人诉讼权的处罚。

CCPA 于 2018 年通过，并于 2020 年 1 月 1 日生效。

15.5.1 基本概念

CCPA 中的三个关键概念为消费者、个人信息和企业。

消费者

CCPA 适用于消费者。消费者是指可以通过任何唯一标识符对其进行识别的加利福尼亚州的自然居民。因此，任何居住在加利福尼亚州，且可以以任何方式被识别的人都是消费者。其中，关键术语**居民**包括临时居住在州内的每个个人，以及已于州内定居但临时居住在州外的每个个人，其他个人均为非居民。

个人信息

CCPA 将**个人信息**定义为能够用来识别、关联、描述、直接或间接与特定消费者或家庭关联（或可能关联）的任意信息。个人信息包括但不限于以下内容：

- 标识符，例如真实姓名、别名、邮政地址、唯一的个人标识符、在线标识符、IP 地址、电子邮件地址、账户名、社会保险号码、驾驶执照号码、护照号码或其他类似的标识符。
- 1798.80 节（e）子节中描述的任何类别的个人信息。包括签名、物理特征或描述、地址、电话号码、州身份证号码、保险单号、教育、就业、就业史、银行账号、信用卡号、借记卡号或任何其他财务信息、医疗信息或健康保险信息。
- 其所属分类受加利福尼亚或联邦法律保护的特征。包括种族、宗教信仰、肤色、国籍、血统、身体残障、精神残障、医疗状况和婚姻状况。
- 商业信息，包括个人财产记录；购买、获得或考虑的产品或服务；其他消费历史或趋势。
- 生物特征信息。

- Internet 或其他电子网络活动信息，包括但不限于浏览历史记录、搜索历史记录以及关于消费者与 Internet 网站、应用程序或广告交互的信息。
- 地理位置数据。
- 音频、电子、视觉、热量、嗅觉或类似信息。
- 专业或与就业有关的信息。
- 教育信息，为《家庭教育权利和隐私法》(《美国联邦法》第 34 卷第 99 部分，《美国法典》第 20 卷 1232g 节) 中定义的不可公开获得的个人身份信息。
- 从 1798.80 节 (e) 子节的信息中推断得出的可以用来创建消费者画像，以反映消费者的偏好、特征、心理趋势、倾向、行为、态度、智力、能力和才能的相关信息。

个人信息不包括联邦、州或地方政府记录中合法提供给公众的公开信息。它也不包括适用实体收集的受保护信息或健康信息。其中，适用实体受《加州医疗信息保密法》的约束，或受 HHS 根据《健康保险可携性和责任法》和 1996 年的《责任法》所发布的隐私、安全和违规通知规则的约束。这是对个人信息极为广泛的定义。表 15-3 将该定义与 ISO 29100 (Privacy Framework，隐私框架) 和 GDPR 中的相应定义进行了比较。

表 15-3 个人信息的定义

标准/法规	术 语	定 义
ISO 29100	个人身份信息 (PII)	(a) 可用于识别与该信息相关的 PII 主体的任何信息，(b) 能够直接或间接地与 PII 主体链接的任何信息
GDPR	个人数据	与已识别或可识别自然人有关的任何信息；可识别自然人是指可以直接或间接地通过参考标识符 (例如姓名、识别号码、位置数据、在线标识符) 或一个或多个特定于该自然人的身体、生理、基因、心理、经济、文化或社会身份的因素进行识别的个人
CCPA	个人信息 (PI)	能够用来识别、关联、描述、直接或间接地与特定消费者或家庭关联 (或可能关联) 的信息

该定义为个人信息的构成提供了极为广泛的法律解释，认为个人信息是可以与加利福尼亚州个人或家庭相关的任何数据。该定义中的关键术语是"直接或间接地与特定的消费者或家庭相关联 (或可能关联)"。这远远超出了容易与身份相关联的信息范畴，例如姓名、出生日期或社会保险号码。对于组织而言，避免收集甚至识别出它已经收集了这种"间接"信息 (例如产品偏好或地理位置数据) 要更为困难。对于小型组织而言，为了确保收集到的任何个人信息均满足 CCPA 的同意要求，个人信息的定义可能会带来巨大的资源负担。大型组织拥有大量潜在的应用程序和数据存储，以收集高达 PB 量级的信息，信息范围分布在高度可识别和间接可识别之间。大量数据可能以结构化和非结构化数据组合的形式存储在数据中心和云中，这使组织难以对其实际拥有的数据来源、数据驻留的位置以及数据使用情况有准确的了解。

企业

CCPA 是一部规范企业活动的法律。法律所定义的企业需满足以下条件：

- 为股东或其他所有者的利益或财务收益而组织或运营的独资、合伙、有限责任公司、公司、协会或其他法人实体。

- 收集消费者的个人信息，或作为代表收集这些个人信息。
- 单独或与其他人共同确定处理消费者个人信息的目的和方式。
- 在加利福尼亚州开展业务。
- 满足以下一个或多个阈值。
    - 年总收入超过 2500 万美元。
    - 出于业务商业需求、销售或商业共享的目的，每年从 50 000 名及以上的消费者、家庭或设备处单独或联合购买、接收个人信息。
    - 有 50% 及以上的年收入来自销售消费者的个人信息。

图 15-3 对此定义进行了说明。

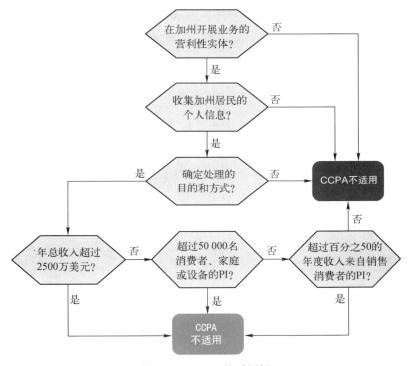

图 15-3　CCPA 的适用性

15.5.2　消费者权利

CCPA 列出了有关消费者个人信息的以下可执行权利：
- 加州人有权获知他们的哪些个人信息正在被收集。
- 加州人有权获知他们的个人信息是否被出售、披露（如果有，明确出售或披露对象）。
- 加州人有权拒绝出售个人信息。
- 加州人有权访问其个人信息。
- 即使加州人行使其隐私权，他们也享有平等服务和价格权。

以下各节将对以上权利做进一步分析。

知情权

知情权涵盖对个人信息的一般和特定收集，包括以下内容：

- **根据要求公开通用收集做法**（disclosure of generic collection practices upon request）：应消费者的要求，企业应披露其收集的个人信息的类别和特定片段。
- **收集时公开通用收集做法**（disclosure of generic collection practices upon collection）：在收集消费者的个人信息时或收集之前，企业应告知消费者要收集的个人信息类别以及使用这些个人信息的目的。企业不得收集未公开类别的个人信息，也不得对个人信息进行秘密使用。
- **向消费者披露与收集的个人信息相关的信息**（disclosure about collected personal information to the consumer）：应消费者的要求，企业应向消费者披露已收集的该消费者个人信息的类别；收集个人信息的来源类别；收集或出售个人信息的企业或商业目的；与企业共享个人信息的第三方的类别；已收集的该消费者个人信息的特定片段。最后一个元素的格式应当具有良好的可携性。

有关出售或披露个人信息的权利

如果企业出售消费者信息，则应消费者的要求，企业应向消费者披露企业收集的该消费者个人信息的类别；若企业根据个人信息类别及第三方的类别，将个人信息分类出售给第三方，应披露消费者个人信息及第三方的类别；出于商业目的披露的消费者个人信息的类别。

拒绝出售个人信息的权利

该权利涵盖两种单独的情况：

- 企业收集消费者的个人信息，然后将该信息出售给第三方。例如，在线零售机构可以将购买信息出售给广告商，而后该广告商将广告推送给消费者。
- 企业收集消费者的个人信息，将该信息出售给第三方，而后第三方将其出售给另一个组织。

针对第一类情况，消费者可以选择拒绝出售个人信息，并且企业至少在 12 个月内不得要求他们更改该决定。另外，掌握与 16 岁以下消费者有关的个人信息（或完全不考虑消费者年龄）的公司可能不会出售个人信息，除非该消费者（13 岁~16 岁）或父母/监护人（13 岁以下）同意。

针对第二类情况，除非为消费者提供了明确的通知以及行使退出权的机会，否则第三方不得将企业出售给自己的消费者个人信息再度出售。如果企业出售个人信息，则它必须在企业的 Internet 主页上提供（标题为**请勿出售我的个人信息**的）明显链接，该链接指向一个 Internet 页面，使消费者或消费者授权的个人能够退出个人信息的销售。

访问和删除个人信息的权利

消费者有权要求收集消费者个人信息的企业向该消费者披露企业收集的个人信息的类别以及特定片段。

企业必须以易于使用的格式提供信息，以便无障碍地将数据移植到另一个实体。消费者一年内向企业发出此请求的次数不得超过两次。企业无须包含从一次性交易中获得的数据，也不需要重识别或链接非可识别形式的信息。

访问权还包括删除权。应消费者的要求，企业应删除从消费者那里收集的有关消费者的任何个人信息。当企业或服务提供商出于以下原因之一需要维护消费者的个人信息时，企业可以拒绝删除请求：

- 用于完成交易或合理预期的交易。
- 用于查找、防止或起诉安全漏洞或非法活动。
- 用于调试、识别和修复会损害现有预期功能的错误。
- 用于行使言论自由（企业或第三方的）或法律规定的其他权利。
- 用于遵守《加州电子通讯隐私法》。
- 用于在有限的情况下从事某些类型的研究。
- 根据消费者与企业之间的关系，仅允许与消费者期望相符的内部使用。
- 用于遵守法律义务。
- 用于在内部以合法的方式使用消费者的个人信息，该方式与消费者提供信息的环境兼容。

值得注意的是，与 GDPR 有所不同，该法律不包括对不准确个人信息进行修正的权利。

平等服务和价格权

CCPA 禁止公司：

- 拒绝向消费者提供商品或服务。
- 对商品或服务收取不同的价格或费率。
- 为消费者提供不同等级或质量的商品或服务。
- 暗示消费者接受不同价格、费率、不同等级或质量的商品或服务。

任何企业不得因消费者行使了本标题下的任何消费者权利而歧视消费者。但企业可以根据消费者的数据差异向消费者收取不同的价格或费率，或向消费者提供不同等量或质量的商品或服务。当然，这种差异应当与消费者的数据差异合理相关。企业可以提供财务激励措施作为对数据收集、出售或删除的补偿。但如果财务激励措施本质上是不公正、不合理、强制性或高利贷的，则不予支持。

15.5.3　与 GDPR 的对比

GDPR 和 CCPA 是信息隐私法规方面近年来最重要的两个进展。两者都考虑到了当前的技术生态系统和对隐私的威胁。相比而言，GDPR 要复杂得多（GDPR 的英文版为 88 页，而 CCPA 则为 24 页）。GDPR 对特定的运营和管理提出了相关要求，例如数据保护官（DPO）和数据保护影响评估（DPIA）。相反，CCPA 主要关注成果、列举享有的权利以及保护这些权利所必须履行的义务。GDPR 适用于所有类型的组织，包括营利性企业、非营利性企业和政府机构，而 CCPA 仅适用于营利性企业。

两者之间另一个值得注意的区别是，CCPA 对**个人信息**的定义比 GDPR 要宽泛得多。

表 15-4 总结了 CCPA 和 GDPR 之间的主要区别。

表 15-4　GDPR 和 CCPA 的对比

概　　念	GDPR	CCPA
个人身份信息	任何与已识别或可识别自然人有关的信息	任何能够识别、关联、描述，与特定个人或家庭相关联（或与之合理关联）的事物
适用实体	任何控制或处理个人数据的实体	任何收集个人数据的营利性企业
披露/透明性义务	要求实体提供数据控制者的身份和上下文详细信息、数据接收者、处理的法律依据和目的、保留期限、访问权等	企业需要提前或在收集信息时通知消费者正在收集什么信息以及收集的必要性
访问权	访问所有已处理个人数据的权利	访问过去两个月收集的个人数据的权利
范围	欧盟居民以及个人识别信息由欧盟内组织处理的个人	加州居民
可携权	必须以用户友好的格式导出和导入某些欧盟个人数据	所有访问请求必须以用户友好的格式导出；无导入要求
纠正权	纠正已处理的个人数据中的错误的权利	不包含在 CCPA 中
停止处理权	撤回同意或以其他方式停止处理个人数据的权利	拒绝出售个人数据的权利
停止自动决策的权利	要求人员做出具有法律效力的决定的权利	不包含在 CCPA 中
停止第三方转移的权利	撤回对涉及特殊类别数据的第二目的的数据传输同意的权利	选择不向第三方出售个人数据的权利
删除权	在某些条件下删除个人数据的权利	在某些情况下有权删除收集的个人数据
平等服务和价格权	不包括在 GDPR 中	必须提供的权利
私人损害赔偿权	无赔偿下限或上限	每次事故下限 100 美元，上限 750 美元
监管机构执行处罚	最高占全球年收入的 4%	每次违规 7500 美元，无上限

15.6　关键术语和复习题

15.6.1　关键术语

anonymization	匿名化	data in use	使用中的数据
Children's Online Privacy Protection Act（COPPA）	《儿童在线隐私保护法》	expert determination method	专家决策法
clear	清除	file/folder encryption	文件/文件夹加密
de-identification	去标识化	full disk encryption	全盘加密
destroy	销毁	Health Information Technology for Economic and Clinical Health（HIT-ECH）Act	《经济和临床健康卫生信息技术法》
data at rest	静态数据	Health Insurance Portability and Accountability Act（HIPAA）	《健康保险可携性和责任法》
data disposed	处理后的数据	HIPAA Privacy Rule	HIPAA 隐私规则
data in motion	动态数据	HIPAA Security Rule	HIPAA 安全规则

（续）

linkability	可链接性	virtual disk encryption	虚拟磁盘加密
media sanitization	介质清理	virtual private network （VPN）	虚拟专用网
purge	清除	volume encryption	卷加密
safe harbor method	安全港协议法		

15.6.2　复习题

1. 美国和欧盟的信息隐私环境之间有哪些主要区别？

2. 简要描述《公平信用报告法》中的隐私方面。

3. 简要描述《公平准确信用交易法》中的隐私方面。

4. 简要描述《金融隐私权法》中的隐私方面。

5. 简要描述《家庭教育权利和隐私法》中的隐私方面。

6. HIPAA 的主要目标是什么？

7. 什么是 HIPAA 隐私规则？

8. HIPAA 适用于哪些类别的个人健康信息？

9. HIPAA 适用实体在什么情况下可以使用或披露 PHI？

10. 描述 HIPAA 允许的两种去标识化方法。

11. 根据《HITECH 法案》，适用实体在确定是否需要违规通知时必须考虑哪些风险评估因素？

12. 描述《HITECH 法案》规定的静态数据保护的技术措施。

13. 描述《HITECH 法案》规定的动态数据保护的技术措施。

14. 描述《HITECH 法案》授权的用于介质清除的三种技术措施。

15. 如何为 COPPA 定义 PII？

16. COPPA 的主要要求是什么？

15.7　参考文献

BENI10: Benitez, K., and Malin, B. "Evaluating Re-Identification Risks with Respect to the HIPAA Privacy Rule." *Journal of the American Medical Informatics Association*, March 2010. https://academic.oup.com/jamia/article/17/2/169/809345

HHS12: U.S. Department of Health & Human Services. *Guidance Regarding Methods for De-identification of Protected Health Information in Accordance with the Health Insurance Portability and Accountability Act (HIPAA) Privacy Rule.* November 26, 2102. https://www.hhs.gov/hipaa/for-professionals/privacy/special-topics/de-identification/index.html

推荐阅读

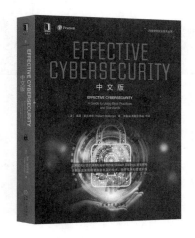

Effective Cybersecurity中文版

作者：[美] 威廉·斯托林斯 (William Stallings) 著　译者：贾春福 高敏芬 陈喆 等

ISBN：978-7-111-64345-6　定价：149.00元

本书由世界知名计算机学者亲笔撰写，全面讲解了如何在组织中高效地实现网络安全，可帮助组织及相关人员正确理解和恰当使用网络安全的相关标准和最佳实践。

全书共18章。首先介绍网络安全的最佳实践、标准与行动计划，然后分三部分组织内容。第一部分（第2~4章）涵盖网络安全规划，介绍管理和控制网络安全功能的方法、定义给定IT环境的特定需求、制定管理安全职能的政策和程序。第二部分（第5~17章）涉及网络安全功能管理，主要讨论实现网络安全所需的具体实施技术和方案，包括对组织的人员、信息、物理资产、系统开发、业务应用、系统与系统访问、网络与通信、供应链与云安全、技术安全、威胁与事故、本地环境和业务连续性所实施的技术与管理方案。第三部分（第18章）探讨安全评估，总结对网络安全进行评测与改进的相关问题。此外，每章后面都附有一定数量的复习题，方便读者练习以加深对书中内容的理解。同时，每章的一些关键术语及其描述性定义会突出显示，章末列出了一些极具价值的参考文献。

本书适合IT和安全管理人员、负责维护IT安全的人员，以及对网络安全和信息安全感兴趣的读者阅读。

计算机安全：原理与实践（原书第4版）

作者：[美] 威廉·斯托林斯（William Stallings）[澳] 劳里·布朗（Lawrie Brown）

译者：贾春福 高敏芬 等　ISBN：978-7-111-61765-5　定价：139.00元

本书是计算机安全领域的经典教材，以理论和实践并重作为核心目标，系统地介绍计算机安全领域的各个方面，全面分析计算机安全领域的威胁、检测与防范安全攻击的技术、方法以及软件安全问题和管理问题，并反映计算机安全领域的最新发展和技术趋势。

全书包括5个部分，第一部分介绍计算机安全技术和原理，涵盖了支持有效安全策略所必需的所有技术领域；第二部分介绍软件安全和可信系统，主要涉及软件开发和运行带来的安全问题及相应的对策；第三部分介绍管理问题，主要讨论信息安全与计算机安全在管理方面的问题，以及与计算机安全相关的法律与道德方面的问题；第四部分为密码编码算法，包括各种类型的加密算法和其他类型的密码算法；第五部分介绍网络安全，关注的是为在Internet上进行通信提供安全保障的协议和标准及无线网络安全等问题。

推荐阅读

数据大泄漏：隐私保护危机与数据安全机遇

作者：[美] 雪莉·大卫杜夫（Sherri Davidoff） 译者：马多贺 陈凯 周川
书号：978-7-111-68227-1 定价：139.00元

系统分析数据泄漏风险的关键成因，深度探索数据泄漏危机的本质规律，总结提炼数据泄漏防范和响应策略，应对抓牢增强数据安全的机遇挑战。

由被《纽约时报》称为"安全魔头"的数据取证和网络安全领域公认专家雪莉·大卫杜夫撰写，中国科学院信息工程研究所信息安全国家重点实验室专业研究团队翻译出品。

通过大量翔实的经典数据泄漏案例，系统分析数据泄漏风险的关键成因，深度探索数据泄漏危机的本质规律，总结提炼数据泄漏防范和响应策略，应对数据安全和隐私保护挑战，抓住增强数据安全的历史机遇。

数据安全和隐私保护的重要性毋庸置疑，数据加密、隐私计算、联邦学习、数据脱敏等技术的研究也如火如荼，但数据大泄漏和大解密事件却愈演愈烈，背后原因值得深思。数据和隐私绵延不断地泄漏到浩瀚的网络空间中，形成了大量无法察觉、无法追踪的数据黑洞和数据暗物质。数据泄漏不是一种结果，而是具有潜伏、突发、蔓延和恢复等完整阶段的动态过程。因为缺乏对数据泄漏生命周期的认识，单点进行技术封堵已经难见成效。本书系统化地分析并归纳了数据泄漏风险的关键成因和发展阶段，对泄漏本质规律进行了深度探索，大量的经典案例剖析发人深省，是一本值得网络空间安全从业者认真研读的好书。

——郑纬民 中国工程院院士，清华大学教授

云计算等新技术给经济、社会、生活带来便利的同时也带来了无法预测的安全风险，它使得数据泄漏更加普遍和泛滥。泄漏的数据随时可能被曝光、利用和武器化，对社会组织和个人安全带来严重威胁。本书深入浅出地剖析了数据泄漏危机及对应机遇，是一本有关隐私保护和数据安全治理的专业书籍，值得推荐。

——金海 华中科技大学计算机学院教授，IEEE Fellow，中国计算机学会会士

数据是网络空间的核心资产，也是信息对抗中各方争夺的焦点。由于数据安全管理和隐私保护意识的薄弱，数据泄漏事件时有发生，这些事件小则会给相关机构或个人带来经济损失、精神损失，大则威胁企业或个人的生存。本书通过大量翔实的经典数据泄漏案例，揭示了当前网络空间安全面临的数据泄漏危机的严峻现状，提出了一系列数据泄漏防范和响应策略。相信本书对广大读者特别是信息安全从业人员重新认识数据泄漏问题，具有重要的参考价值。

——李琼 哈尔滨工业大学网络空间安全学院教授，信息对抗技术研究所所长

实用安全多方计算导论

作者：[美] 戴维·埃文斯 弗拉基米尔·科列斯尼科夫 迈克·罗苏莱克 译者：刘巍然 丁晟超
书号：978-7-111-68140-3 定价：79.00元

**系统分析数据泄漏风险的关键成因，深度探索数据泄漏危机的本质规律，
总结提炼数据泄漏防范和响应策略，应对抓牢增强数据安全的机遇挑战。**

本书由国际著名密码学家David Evans、Vladimir Kolesnikov和Mike Rosulek撰写，系地介绍安全多方计算的理论和实现技术，是该领域的入门必读佳作。

得到国际安全多方计算联盟推荐，斯坦福大学、布朗大学、乔治·华盛顿大学等名校采用。阿里巴巴数据技术及产品部、阿里巴巴-浙江大学前沿技术联合研究中心、safe比实验室专家翻译。

中国科学院院士王小云、阿里巴巴集团副总裁朋新宇专门作序，任奎教授、张秉晟教授、郁昱教授、陈宇教授、汪骁教授倾力推荐。

安全多方计算领域发展迅速，但相关的中文教材与专业书籍较少，这阻碍了此项密码技术在我国的普及与应用。本书是国际著名密码学家David Evans、Vladimir Kolesnikov和Mike Rosulek撰写的安全多方计算技术教材。相信本书的出版将促进我国密码协议的学术研究，吸引更多青年学者投身到密码协议的研究与应用中，并为我国众多的密码应用提供必要的基础知识与技术支撑。

—— 王小云　中国科学院院士、国际密码协会会士

安全多方计算（MPC）是解决数据安全与隐私保护问题的关键安全数据交换技术。然而，MPC涉及复杂的密码学和工程实现技术，行业长期缺乏同时具备MPC研究、应用和实现能力的综合性人才，这阻碍了MPC的快速发展和应用。本书是一本优秀的MPC书籍，将这一学习材料引入国内，将使国内相关从业人员快速了解MPC的基本概念和基本原理，加速推进MPC的实现和应用。

—— 朋新宇　阿里巴巴集团副总裁、数据技术及产品部总经理

安全多方计算是数据安全技术的重点研究方向，涵盖密码学、分布式计算、电路优化等多个计算机科学领域的专门知识，具有较高的学习成本。本书系统地介绍了安全多方计算的理论和实现技术，是一本不可多得的领域入门必读著作。在此向广大师生和相关从业人员郑重推荐这一译著。

—— 任奎　浙江大学网络空间安全研究中心教授